Über dieses Buch und den Autor

Die Theorie, daß die Kontinente ursprünglich eine einzige, zusammenhängende Landmasse waren, ist so neu nicht. Schon im letzten Jahrhundert entdeckten die Forscher bei Fossilienfunden und Felsformationen verblüffende Ähnlichkeiten in weit voneinander entfernt liegenden Kontinenten. Über die Kräfte aber, die es vermochten, die Erdoberfläche auseinanderzureißen, gab es verschiedene Theorien, die meistens von einer Katastrophe, z.B. der in der Bibel verkündeten Sintflut ausgingen. 1915 veröffentlichte als erster Alfred Wegener ein Buch, in dem er versuchte, Beweise für eine Driftbewegung der Kontinente zusammenzutragen. Aber erst heute liefert die Wissenschaft die Bestätigung seiner ursprünglich von ihr abgelehnten Theorie.

Aus einem feurigen Untergrund, so weiß man jetzt, steigen durch „Schornsteine", die ganz oben miteinander verbunden zu sein scheinen, Glutmassen hoch, die den Erdmantel in ewiger Bewegung halten. Die Schollen, die den Meeresboden bilden, wandern dadurch genauso weiter wie die Subkontinente. Wo sie auf verankertes Festland treffen, beginnt z.B. das Auftürmen der Gebirge. Katastrophen wie Vulkanausbrüche und Erdbeben werden erklärbar.

Diese Geschichte der Erderforschung hat Walter Sullivan, Wissenschaftsredakteur der „New York Times", in einem hochinteressanten und spannend geschriebenen Buch mit großer Sorgfalt zusammengefaßt.

Walter Sullivan

Warum die Erde bebt

Der unaufhaltsame Drift der Kontinente

Fischer
Taschenbuch
Verlag

Unter den vielen, die zu den revolutionären Entdeckungen beigetragen haben, die auf den folgenden Seiten beschrieben werden, haben zwei Wissenschaftler eine führende Rolle gespielt. Ihnen sei dieses Buch dankbar gewidmet.

WILLIAM MAURICE EWING
1906–1976

HARRY HAMMOND HESS
1906–1969

Fischer Taschenbuch Verlag
Februar 1980
Umschlagentwurf: Jan Buchholz/Reni Hinsch
Die amerikanische Originalausgabe erschien 1974 unter dem Titel
›Continent in Motion‹
Erschienen bei McGraw-Hill, New York
Aus dem Amerikanischen übertragen von Walter Stegemann
Grafiken: Conrad Höllerer
Fischer Taschenbuch Verlag GmbH, Frankfurt am Main
Lizenzausgabe mit freundlicher Genehmigung der
Umschau Verlag Breidenstein KG, Frankfurt am Main

Gesamtherstellung: Clausen & Bosse, Leck
Printed in Germany
980-ISBN-3-596-26804-4

INHALT

Vorwort

Die Frage, wie die Berge und die Meere unserer Erde entstanden sind, wird immer wieder gestellt. Gewaltige Kräfte bogen, verwarfen und falteten die Gesteinsschichten unseres Planeten. Das läßt sich beispielsweise an den Felswänden der Alpen ablesen. Dramatische Vorgänge haben unserem Planeten seine heutige Gestalt mit Kontinenten und Ozeanen, mit Inselketten und Vulkanen gegeben.
Wir, die wir in der zweiten Hälfte des 20. Jahrhunderts leben, haben das Glück, Zeugen einer umwälzenden Erweiterung des menschlichen Wissens über die großen Naturvorgänge zu sein. Zum erstenmal gewinnen wir eine wirkliche Vorstellung davon, warum unsere Alpen an ihrem Platz stehen, weshalb das Mittelmeer immer kleiner wird und Erdbeben die Länder an seinen Küsten heimsuchen.
Schon früher sind den Wissenschaftlern epochale Entdeckungen gelungen. Aber sie waren selten. Ein Beispiel dafür ist Isaac Newtons Erkenntnis, daß dieselben Gesetze, die den Apfel vom Baum fallen lassen, auch die Bahnen der Jupitermonde und den Kreislauf der Erde um die Sonne bestimmen. Seine mathematische Formel der Anziehungskräfte, mit der sich diese Bewegungen bestimmen lassen, war sowohl eine philosophische als auch eine naturwissenschaftliche Revolution. Die Gesetze, deren Auswirkungen man auf der Erde beobachtete, galten auch im Universum. Newton vertrat die Auffassung, daß die Himmelskörper höheren, uns Menschen nicht erfaßbaren Gesetzen gehorchen. Seine Ansicht, daß es nur ein Naturgesetz gibt, das auf der Erde gleichermaßen wie im Weltall gilt, setzte sich nur allmählich durch.
Weitere Marksteine menschlicher Forschung auf diesem Gebiet waren Charles Darwins Lehre über die Entstehung des Lebens und die Entwicklung der Arten sowie die Relativitätstheorie von Albert Einstein. Da die Auswirkungen der Einsteinschen Relativitätstheorie erst bei enormen Maßen und Geschwindigkeiten, die der des Lichts nahekommen, sichtbar werden, ist sie dem Menschen noch kaum bewußt geworden.
Die neuesten Erkenntnisse über das Bild der Erde stützen sich nur in geringem Maße auf schwierige mathematische Gleichungen; sie betreffen vielmehr Erscheinungen, die uns im täglichen Leben begegnen. Die Ent-

wicklung der neuen Theorie ist eines der spannendsten Beispiele für Spürsinn und Beharrlichkeit in der Wissenschaft überhaupt. Die Art und Weise, wie die Theorie allgemein anerkannt wurde, zeigt, wie sehr sich Wissenschaftler irren können, sie verrät zudem, daß es selbst auf diesen Gebieten Modeströmungen wie bei der Kleidung oder der Haartracht gibt. Wir erkennen ferner, daß Menschen mit einem Blick für Zusammenhänge scheinbar beziehungslose Entdeckungen zu einer Theorie zu verschmelzen vermögen, die nicht nur plausibel ist, sondern auch zahlreiche, schon seit alter Zeit offene Fragen beantwortet.

Es ist eine Geschichte von Ideen, die verworfen, abgewandelt und abermals verworfen wurden, ehe sie schließlich ein Bild unseres Planeten von geradezu biblischer Großartigkeit ergaben. Letztlich bestätigte sich Heraklits These „panta rhei“: „Es gibt nichts Bleibendes, alles ist in stetem Fluß.“ Und das trifft zu. Die Erde lebt. Die Kontinente bewegen sich, weil sich die gewaltigen Schollen, aus denen die Erdkruste besteht, langsam verschieben. Wo diese Schollen aneinanderstoßen, etwa in Kalifornien, auf dem Balkan, in der Türkei, an den Küsten Japans, Alaskas, Chiles und Perus, kommt es immer wieder zu verheerenden Erdbeben und auch zu Vulkanausbrüchen.

Die neue Theorie zeigt uns zum Beispiel, daß es in der Sahara eine Eiszeit gab und in der Antarktis Fossilien afrikanischer Reptilien zu finden sind. Sie erklärt auch, wie es zu Klimaveränderungen und zur Verteilung von Erz und Erdöl gekommen ist. Dank ihr verstehen wir, warum so manche Tier- und Pflanzenart langsam oder plötzlich ausgestorben und andere neu entstanden sind.

Es ist ein typisches Merkmal der Wissenschaft, daß man selten, wenn überhaupt, mit einer Theorie die endgültige Erklärung für ein Naturphänomen gefunden hat. So erwies sich das Weltsystem des Kopernikus, das Galilei tapfer verteidigte, im Lichte von Einsteins Relativitätstheorie nur als unvollkommene Beschreibung der Wirklichkeit. Aber die Lehre des Kopernikus konnte in den Grundzügen nicht umgestoßen werden.

Heute besteht Grund zur Annahme, daß die neuen geophysikalischen Erkenntnisse auch angesichts zukünftiger Forschungen zu bestehen vermögen. Aber so, wie das Geheimnisvolle zur Schönheit einer Frau beiträgt, gibt uns die Natur stets neue, faszinierende Rätsel auf. Je mehr wir uns dabei um eine Lösung bemühen, desto klarer erkennen wir, wie vielschichtig die Probleme sind.

Wir leben in einem Zeitalter erregender Entdeckungen. Wenn der Leser an der Erforschung unseres Planeten teilhaben will, muß er sich zunächst mit einigen Begriffen und Gedanken vertraut machen, die ihm vielleicht noch neu sind. Wir versuchen hier in diesem Buch, den Lernprozeß so schmerzlos wie möglich ablaufen zu lassen. Die Entdeckungen, die auf den folgenden Seiten geschildert werden, gehören zu den bedeutendsten unserer Epoche. Wir hoffen, daß es unseren Schilderungen gelingt, dem Leser ein neues Bewußtsein von der Majestät unseres blauen Planeten zu vermitteln.

Die deutsche Ausgabe von CONTINENTS IN MOTION hält sich an den amerikanischen Text, der nur unwesentlich gekürzt und in wenigen Einzelfällen mit neuesten Forschungsdaten ergänzt wurde.

1 Geburt einer Idee

Als im Jahre 1914 das Dritte Regiment der Queen Elizabeth Grenadier Guards den deutschen Vormarsch in Belgien aufzuhalten versuchte, wurde der junge deutsche Reserveleutnant Alfred Wegener verwundet. Mit einem Schuß in den Arm kam er ins Lazarett. Wegener erholte sich schnell. Aber, kaum an die Front zurückgekehrt, traf ihn erneut eine Kugel, diesmal am Hals. Damit war der Krieg für ihn zu Ende.

Für Wegener sollte die lange Zeit der Genesung entscheidend sein. Jetzt fand der Wissenschaftler Muße, sich wieder mit einer alten Lieblingsidee zu beschäftigen, von der er ganz besessen war. Schon 1910 verblüffte ihn, wie gut die einander gegenüberliegenden Küsten des Südatlantik zusammenpaßten: die nordöstliche Ecke Südamerikas in die Einbuchtung des westlichen Afrika.

Die Vermutung, beide Kontinente seien einmal miteinander verbunden gewesen, schien auf den ersten Blick grotesk. Aber bereits 1911 stieß Alfred Wegener auf einen Bericht, der diese Annahme mit geologischen Daten und fossilen Funden in den Bereich des Möglichen rückte. 1912 legte er der Geologischen Gesellschaft in Frankfurt die Hypothese vor, daß die Kontinente aufeinander zu- beziehungsweise voneinander wegdriften. Eine Expedition nach Grönland und der Ausbruch des Ersten Weltkrieges setzten dann den weiteren Nachforschungen Wegeners leider ein Ende.

Während seines langen Krankenhausaufenthaltes kehrte er zu seinen kühnen Überlegungen zurück. 1915 veröffentlichte er die erste zusammenhängend entwickelte Theorie über die Drift der Kontinente. Für ein kleines Grüppchen wissenschaftlicher Außenseiter war sein Buch mit dem Titel *Der Ursprung der Kontinente und Ozeane* ein ausgesprochener Klassiker. Die allgemeine Lehrmeinung aber hielt seine Theorie für ein typisches Beispiel wirrer Argumentation.

Wegener war nicht der erste, der solche Drift-Spekulationen aufstellte. Nachdem im Verlauf der großen Entdeckerfahrten des 16. und 17. Jahrhunderts einigermaßen genaue Karten der Küstenlinien entstanden waren, fiel manchem Betrachter das auffällige Ineinanderpassen von Erdteilen ins Auge. Sir Francis Bacon wurde bereits 1620 auf solche Über-

einstimmungen aufmerksam. Allerdings scheint ihn vorab die ähnliche Form Afrikas und Südamerikas beeindruckt zu haben.
Die Geologie des 17. und 18. Jahrhunderts glaubte an die Verformung der Erdoberfläche durch die biblische Sintflut. So entstand der Grundgedanke, daß in der Vergangenheit Katastrophen plötzliche und radikale Änderungen bewirkt hätten. Der deutsche Theologe Theodor Christoph Lilienthal schloß 1756 aus Bibelstellen, daß die Erdoberfläche nach der Sintflut auseinandergerissen sei, und führte als Beweis die ineinanderpassenden Küsten an.

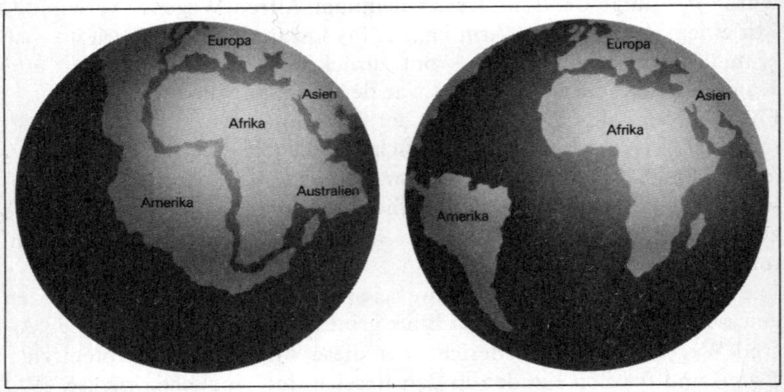

So sah 1858 Snider die Abspaltung Amerikas und die Entstehung des Atlantik.

Im frühen 19. Jahrhundert vermutete Alexander von Humboldt, der Atlantik sei durch eine gewaltige Meereskatastrophe ausgewaschen worden, was zu einem riesigen Tal mit parallelen Flanken geführt habe. Die Überlegungen von Antonio Snider im Jahre 1858 kommen unserer heutigen Sicht der Dinge bereits näher, obwohl auch er immer noch eine Katastrophe zur Erklärung heranzog: Während der Sintflut habe ein gewaltiger Ausbruch aus dem Erdinneren stattgefunden, die Kontinente gespalten und so den Atlantischen Graben geschaffen. Als Beweis führte Snider die Ähnlichkeiten bei Fossilien und bestimmten Felsformationen beiderseits des Ozeans an und veröffentlichte in Paris eine Landkarte, auf der Amerika, Europa und Afrika wie Teile eines Puzzlespiels ineinandergefügt waren.
Andere erklärten den Atlantischen Graben mit der Hypothese von Sir George Darwin, wonach der Mond aus der jungen, schnell rotierenden Erde herausgeschleudert worden ist. Dabei sei das „Loch“ des Pazifik

entstanden, und nachfließende Materie habe Amerika von Europa und Afrika weggezogen.
Um die Jahrhundertwende wich die Idee vergangener Katastrophen als formendes Element der Erdoberfläche dem „Uniformismus". Diese Richtung beinhaltet den Gedanken, wonach alle Kräfte, die heute auf unserer Erde wirksam sind, zur Erklärung des Geschehens vergangener Zeiten herangezogen werden müssen.
Allerdings zeigte sich im Verlauf immer neuer fossiler Funde, daß die Entdeckung des Kontinente verschiebenden Phänomens nicht einfach sein würde. Offensichtlich waren nämlich tropische Gegenden einmal mit Eis bedeckt gewesen, und in polaren Regionen mußte einmal warmes Klima geherrscht haben. 1908 stellte der Amerikaner Frank Bursley Taylor in einer privaten Veröffentlichung die These auf, daß der Mond vor 100 Millionen Jahren, während der Kreidezeit, von der Erdgravitation sehr nahe angezogen worden sei. Der dadurch verursachte Gezeitenhub habe die Kontinente zum Äquator hingezogen. Während dieser Bewegung wären die zum Äquator gerichteten Seiten zu Gebirgsketten, wie den Alpen und dem Himalaya, aufgefaltet worden. Ein anderer Amerikaner, Howard B. Baker, vermutete, daß eine Annäherung der Venus den Mond aus der Erde herausgezogen und die Kontinente in Bewegung gesetzt habe.
Am Ende war es Alfred Wegener, der als erster versuchte, Beweise für eine Driftbewegung der Kontinente zusammenzutragen. Das Faszinierende daran ist, auf wie moderne Art und Weise er dabei vorging. Er wertete nicht nur geologische Daten aus, sondern nützte das gesamte wissenschaftliche Spektrum zur Lösung seines Problems, also Meteorologie, Geologie, Ozeanographie, Seismologie, Paläontologie, Erdmagnetismus und Evolutionslehre, ja sogar Bergsteigen und Polarexpeditionen. Wegener gehörte zu einer ganzen Gruppe wissenschaftlicher Entdecker, die den Polarexpeditionen in den ersten Jahren unseres Jahrhunderts ihren Stempel aufprägten. Dabei war er, aus allem, was wir von seinen Kameraden über ihn wissen, durchaus nicht der Typ des bulligen Eisenfressers, den man oft mit dem Begriff „Abenteurer" verbindet. Johannes Georgi, einer der letzten, die ihn lebend sahen, beschreibt ihn als „einen mittelgroßen Mann, schmächtig und drahtig, mit einem Gesicht, das öfter ernst ist als daß es lächelt, und dessen hervorstechendste Züge die Stirn, der harte Mund und eine kräftige, gerade Nase waren". Trotz des strengen Mundes war Wegener ein unerschütterlicher treuer Kamerad – ein Umstand, der ihn schließlich das Leben kosten sollte.
Wegener wurde 1880 als Sohn eines evangelischen Pfarrers in Berlin ge-

Alfred Wegener

boren. Er beschäftigte sich zuerst mit planetarer Astronomie. 1905 erhielt er für die Umrechnung der aus dem 13. Jahrhundert stammenden Alphonsschen Tafeln über die Bewegung der Planeten in das Dezimalsystem den Doktortitel.

Wegeners Interesse verlagerte sich dann bald auf das Gebiet der Wetterbeobachtung. Am Königlich-Preußischen Luftfahrtobservatorium in Lindenberg, südöstlich von Berlin, experimentierte er mit Fesselballons. Es war die hohe Zeit der Ballonflieger, und fast täglich berichteten die Zeitungen über neue Wagnisse und Rekorde dieser Ritter der Lüfte. Auch Alfred Wegener und sein Bruder Kurt waren begeisterte Ballonflieger. Im Jahr 1906 stellten sie einen Weltrekord im Langstreckenflug auf: Vom 5. bis zum 7. April, zweiundfünfzig Stunden lang, trieben sie über Deutschland und Dänemark, hinaus über das Kattegat, die Meerenge zwischen Dänemark und Schweden, und dann wieder zurück nach Deutschland.

Mit 26 Jahren war Alfred Wegener nicht nur ein qualifizierter Meteorologe, sondern auch ein unternehmungslustiger und wagemutiger Forscher. Er folgte im selben Jahr einer Einladung Dänemarks, an einer Expedition nach Grönland teilzunehmen. Zwei lange Winter blieb er dort, führte Wetterbeobachtungen durch und faßte schließlich eine verhängnisvolle Zuneigung zu dieser Eislandschaft.

Nach seiner Rückkehr nach Deutschland wurde Wegener Dozent für Astronomie und Meteorologie an der Universität Marburg. Dort lernte er Johannes Georgi kennen, der seine Vorlesungen besuchte. Als dann Wegener 1919 Leiter der Meteorologischen Forschungsabteilung der Deutschen Seewarte in Hamburg wurde, folgte ihm Georgi und wurde sein Mitarbeiter. Wegener selbst trat in der Hansestadt die Nachfolge seines verehrten Lehrers, Professor Wladimir Köppen an, dessen Tochter Else er im Jahre 1913 geheiratet hatte.

Nach dem Ersten Weltkrieg suchte Wegener nach weiteren Beweisen für die Drift der Kontinente. Mehrfach arbeitete er sein Buch um. Die letzte Neubearbeitung erschien im Jahre 1928. Wegener ging von der Vorstellung aus, daß bis zum Karbon, vor rund 300 Millionen Jahren, alle Kontinente in einem einzigen Superkontinent vereinigt waren, den er Pangaea nannte. Er zeichnete Weltkarten, die das aus den heutigen Kontinenten wie in einem Puzzlespiel zusammengesetzte Pangaea zeigten, und erläuterte, wie der Superkontinent in mehreren aufeinanderfol-

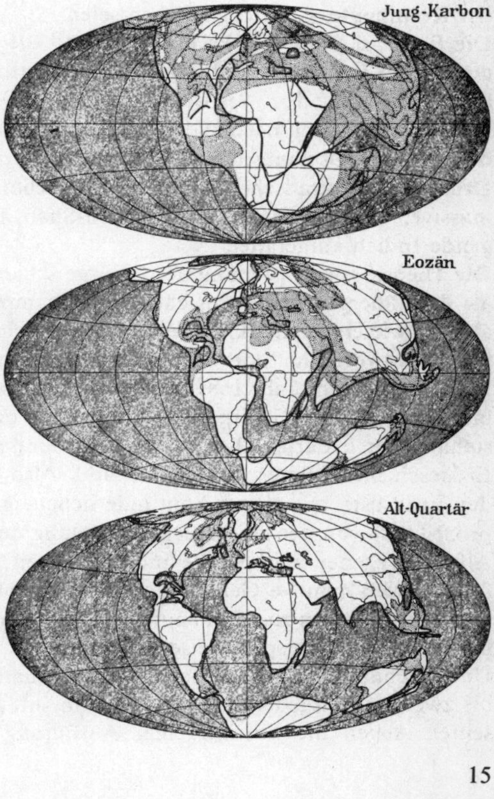

In seinem grundlegenden Werk „Die Entstehung der Kontinente und Ozeane" hat Alfred Wegener diesen Entwurf für das Auseinanderbrechen der Kontinente veröffentlicht.

genden Schritten auseinanderbrach: Die Antarktis, Australien, Indien und Afrika hätten vor etwa 150 Millionen Jahren, in der Jurazeit, als die Dinosaurier lebten, mit der Abspaltung begonnen. In der darauffolgenden Kreidezeit wären dann Afrika und Südamerika losgebrochen „wie Schollen eines geborstenen Eisfeldes". Der letzte Akt war, so Wegener, die Abspaltung Skandinaviens, Grönlands und Kanadas zu Beginn der Eiszeiten, was vor einer Million Jahren oder wenig früher erfolgte.
Der Mittelatlantische Rücken, zu dessen über dem Meeresspiegel sichtbaren Spitzen die Azoren und Island gehören, war in seiner Sicht ein Überbleibsel des Superkontinentes Pangaea: Als die jetzt den Atlantik flankierenden Kontinente auseinanderbrachen, wäre ein Rest des ehemaligen Festlandes zurückgeblieben. Weitgeschwungene Inselketten wie die Antillen, Japan, die Kurilen, auch Florida und die Bahamas betrachtete er als kleinere Teile des Festlandes, die entweder von ihrem „Mutterland" losgebrochen oder – während der allgemeinen Westdrift der Kontinente – zurückgeblieben seien.
Die Berge, die von Alaska bis Feuerland die Westküste Amerikas säumen, seien Falten der Erdkruste. Sie sind infolge des gewaltigen Drukkes entstanden, den westwärts drängende Felsmassen ausübten. Genauso erhoben sich nach Wegener die schneebedeckten Berge über dem dampfenden Dschungel Neuguineas: durch den nordwärts gerichteten Druck der Australisch-Neuguineischen Scholle. Die Asiatischen Bergmassive, vom Himalaya bis zum Tien-Shan, habe das nordwärts drängende Indien aufgefaltet.
Die Theorie zur Entstehung der Gebirge schien Wegener weit plausibler als die althergebrachte Ansicht, ein Schrumpfen des ganzen Planeten, ähnlich wie ein austrocknender, zusammenschrumpelnder Apfel, sei dafür verantwortlich. Eine Idee übrigens, die man zumindest bis zu Sir Isaac Newton ins Jahr 1681 zurückverfolgen kann. Mit der Zeit merkte man aber, daß die Gebirgsbildung nicht auf das frühe Stadium der Entstehung der Erdkruste beschränkt war, sondern, quer durch die ganze Erdgeschichte, immer wieder stattfand. Also erklärte man die Faltung der Erdkruste mit einem kontinuierlichen, graduellen Schrumpfungsprozeß, der von der langsamen Abkühlung des Erdinnern herrührt.
Alfred Wegener aber wollte nicht einsehen, warum dieser Schrumpfungsprozeß manche Gebiete der Erde überhaupt nicht erfaßte und in anderen Regionen zu solch enormen Stauchungen der Erdkruste geführt haben soll, wie beispielsweise in den Alpen. Wegener glaubte an eine Untersuchung, wonach die alpine Landschaft vor ihrer Faltung zehn- bis zwölfmal ausgedehnter gewesen sein soll als heute. Deshalb war in seinen Augen die Version einer Auffaltung der Gebirge durch den

Druck der kontinentalen Drift weit wahrscheinlicher als diejenige einer Faltung durch gleichförmiges, überall stattfindendes Schrumpfen.
Alfred Wegener wurde auch nie müde, auf die Ähnlichkeiten bei lebenden und fossilen Tier- und Pflanzenarten zu beiden Seiten von Ozeanen hinzuweisen. Die Lemuren beispielsweise, die primitivsten Affenarten, findet man nur auf der Afrika vorgelagerten Insel Madagaskar und, auf der anderen Seite des Indischen Ozeans, in Ceylon, Indien und Südostasien. Warum diese merkwürdige geographische Verteilung einer Spezies? Darüber hinaus gibt es auf Madagaskar Flußpferde, genau wie auf dem afrikanischen Festland. Angenommen, diese Bewohner schlammiger, träge dahinfließender Gewässer hätten sich auf dem Festland entwickelt, wie hätten sie das Meer – immerhin eine Strecke von 400 km – überwinden sollen, das Afrika und Madagaskar trennt? Die einzige vernünftige Folgerung konnte nur heißen: Einstmals hatte ein Kontinent existiert, der Indien, Madagaskar und Afrika miteinander verband. Wegener nannte ihn Lemuria. Dieser Auffassung entsprechend schien ihm auch eine Verbindung zwischen Australien und Südamerika wahrscheinlicher als eine solche zwischen Australien und den relativ nahe gelegenen Sunda-Inseln im Norden. Beuteltiere wie Känguruh und Opossum findet man heute nur in Australien und in Amerika. Wegener schrieb einmal, es sei eigenartig, daß die heute lebenden Tierarten Australiens, verglichen mit denen auf den Sunda-Inseln, „so fremdartig sind, als wären sie von einem anderen Planeten gekommen".
Das wohl spannendste Puzzle dieser Art beschäftigt sich mit der Verteilung fossiler Bäume und anderer Pflanzen aus dem Karbon. Ihr typischster Vertreter war eine Farnpflanze, wegen ihrer zungenartigen Blätter Glossopteris genannt. Und die Botaniker waren überrascht, Glossopteris-Fossilien in so weit voneinander gelegenen Gegenden zu finden wie Indien, Australien, Südamerika und Südafrika. Zu allem Überfluß fand die Südpolexpedition von Scott und Shackleton den fossilen Farn auch in Kohleflözen nahe dem Südpol.
Geologen entdeckten in Indien ausgedehnte Lager der Glossopteris-Flora. Der österreichische Geologe Eduard Sueß bemerkte, daß solche Formationen auch in Afrika und auf Madagaskar vorkommen. Er folgerte daraus, diese Gebiete seien vormals ein zusammenhängender Kontinent gewesen, nur sei inzwischen der größte Teil davon in den Grund des Indischen Ozeans abgesackt. Um die Jahrhundertwende schrieb Sueß in seinem fünfbändigen Werk *Das Antlitz der Erde:* „Wir haben allen Grund anzunehmen, daß das Gestein auf dem Grund des Indischen Ozeans demjenigen der umgebenden Kontinente ähnelt." Dies war eine Vermutung, die sich inzwischen als irrig herausgestellt hat.

Sueß nannte diesen großen Kontinent Gondwanaland, nach einer Landschaft in Indien, die reich an Glossopteris-Formationen war und von dem Eingeborenenstamm der Gond bewohnt wurde. Er nahm auch an, daß sich Gondwanaland über Afrika hinweg bis nach Brasilien erstreckt habe.

Im Südatlantik hat das britische Forschungsschiff *Challenger* etwa in der Mitte zwischen Afrika und Südamerika eine relativ flache Stelle entdeckt, was der uralten Vorstellung eines versunkenen Kontinents namens Atlantis neuen Auftrieb gab. Daß es sich hierbei lediglich um den den ganzen Atlantik „halbierenden" Mittelatlantischen Rücken handelte, hatte man mit den damals recht dürftigen wissenschaftlichen Methoden nicht festgestellt. Wie dem auch sei: Sueß betrachtete den Bericht der *Challenger* als weitere Stütze für seine Hypothese von Gondwanaland.

Wegener argumentierte dagegen, es sei physikalisch unmöglich, daß so ausgedehnte Festlandsgebiete praktisch spurlos im Meer verschwänden. Sie würden sich nach dem neuentwickelten Prinzip der Isostasie richten. Danach schwimmen sämtliche Bestandteile der Erdkruste – Kontinente, Inseln und Meeresgrund – auf einer Masse, die sich wie eine zähe Flüssigkeit verhält.

Diese Theorie stützt sich auf die ständige Aufwärtsbewegung derjenigen Gebiete Skandinaviens und Nordamerikas, die während der letzten großen Eiszeit mit einem Eispanzer bedeckt gewesen waren. Das Eis hatte sie in die Quasi-Flüssigkeit hinabgedrückt, und nach dem Abschmelzen treiben die Felsschollen nun wieder nach oben.

Die Kontinente verhalten sich also wie große Lastkähne: Wenn einer beladen ist, sinkt er tiefer, und das ihn umgebende Wasser strömt beiseite, um seinem vergrößerten Volumen Platz zu machen. Wird der Kahn entladen, drückt ihn das Wasser wieder hoch.

Wenn jedoch die Masse unter der Erdkruste flüssig sein soll, warum sinken dann Gebirge und Hochplateaus nicht nach unten, bis sie eine geringere Höhe einnehmen? 1855 unternahmen britische Wissenschaftler nahe dem Himalaya in Nordindien Experimente mit einem Senkblei, die einen Einfluß dieses gewaltigsten Bergmassivs der Erde auf die Schwerkraft am Ort des Lots nachweisen sollten. Gravitation entsteht durch die Masse der Erde als Ganzes. Man nahm aber an, der Himalaya besäße genügend Masse, um das Lot in horizontaler Richtung abzulenken. Die Wissenschaftler erwarteten eine Abweichung von der Vertikalen um etwa eine Bogenminute, aber es zeigte sich, daß die gemessene Abweichung höchstens ein Sechzigstel dieses Wertes betrug.

Der Grund dafür war, daß die Gebirgsmassive bereits bis zu ihrer

„Gleichgewichtshöhe“ abgesunken waren! Sie ragen nur deswegen immer noch hoch in den Himmel, weil sie auf einer dicken Schicht relativ leichten Gesteins standen; etwa so wie ein Eisberg, der von neun Zehntel seiner bezüglich Wasser spezifisch leichteren Masse getragen wird.
Und wie stand es mit der Erdkruste auf dem Meeresgrund? War sie ebenfalls quasi-flüssig? Wegener verwies auf ein bemerkenswertes Merkmal der Erdoberfläche: Die Kontinente sind in der Regel von einem Gürtel seichter Randmeere umsäumt. Diese sogenannten Schelfmeere können sich in ihrer Breite von wenigen Kilometern bis auf einige 100 km ausdehnen und fallen dann steil in die Tausende von Metern tiefe Hochsee ab. Zeitweise stand in der Erdgeschichte der Spiegel der Ozeane höher, und das Wasser reichte weiter ins Inland als heute; entsprechend breiter dehnte sich zu jenen Zeiten der Schelfgürtel aus. Während der Eiszeiten war ein Teil der Weltmeere zu festen Eispanzern geworden, der Wasserspiegel lag etwa 50 m tiefer als in unseren Tagen und machte einen großen Teil der Schelfmeere zu Festland. Deshalb gab es beispielsweise auch eine Landbrücke zwischen Alaska und Sibirien.
Formal kann man also anstatt der Küstenlinien den Steilabfall in die Tiefsee als den eigentlichen Rand der Kontinente ansehen, obwohl er meistens einige Kilometer weit draußen unter Wasser liegt. Alfred Wegener wies darauf hin, daß die Erdoberfläche offensichtlich in zwei „Ebenen“ aufzuteilen ist: einmal der Grund der Tiefsee, der 2–5 km unter dem Meeresspiegel liegt, und zum anderen die Ebene der Kontinente einschließlich des Schelfs. Dazwischen, auf einem mittleren Niveau, findet sich nur ein ganz kleiner Prozentsatz der Erdoberfläche.
Wegener nahm an, daß die untere Ebene des Tiefseegrundes eine tiefere Schicht der Erdkruste darstellte und aus Gestein bestand, auf dem die Kontinente „schwimmen“. Das Gestein einer solchen Schicht mußte dichter sein als kontinentaler Fels, genauso wie Wasser dichter ist als das Eis eines Eisberges – sonst würde er ja nicht schwimmen. Bestand der Meeresgrund aus kontinentalem Fels, mußte die Schwerkraft über der Tiefsee etwas geringer sein als auf den Kontinenten: Es wäre weniger Masse da, die Schwerkraft erzeugen könnte. Sollte dagegen der Tiefseeboden aus sehr dichtem Fels bestehen, könnte dies den Massenunterschied kompensieren.
In den 20er Jahren waren Gravitationsmessungen auf hoher See ein Ding der Unmöglichkeit: Wie wollte man ein empfindliches Pendel, das Meßinstrument, auf einem im Seegang rollenden und stampfenden Schiff handhaben? Aber dann erhielt der niederländische Geodät Felix Andries Vening Meinesz die Erlaubnis, in einem U-Boot der Königlich Niederländischen Marine eine Fahrt nach Java mitzumachen und unter-

wegs mit einem Pendel Schwerkraftmessungen anzustellen. Das Ergebnis war, daß sich die Gravitation unter dem Meeresspiegel – über der Tiefsee – und die Gravitation auf festem Boden kaum voneinander unterscheiden.
Das bedeutete, daß der Meeresgrund tatsächlich aus sehr dichtem Material bestand und in der ihm angemessenen Tiefe „trieb“, während – in Wegeners Augen – die Wahrscheinlichkeit dafür geringer war, daß Kontinente in die Tiefen der See hinabsinken.
Eine Möglichkeit, den Meeresgrund besser kennenzulernen, konnte nur sein, Proben an die Oberfläche zu bringen.
Tatsächlich brachte man in den folgenden Jahren mit Schleppnetzen Felsbrocken an die Oberfläche, die fast alle dichter waren als der für die Kontinente typische Granit. Heute, ein halbes Jahrhundert später, kann man sich mit Bohrern durch sämtliche Ablagerungsschichten auf dem Meeresboden arbeiten und aus dem darunterliegenden Fels Proben entnehmen. Dabei bestätigt sich ganz eindeutig die moderne Drifttheorie.
Anhänger der Ansicht, Kontinente sänken manchmal ab, um zu Meeresgrund zu werden, und der Meeresgrund hebe sich entsprechend und werde zu Festland, sahen sich in ihrer Meinung durch Funde mariner Fossilien auf dem Festland bestätigt. Wegener widersprach und meinte, das seien fast alles Lebewesen aus flachen Randmeeren gewesen. Der für Tiefseesedimente typische rote Ton aber werde nur selten auf dem Festland gefunden.
In späteren Ausgaben seines Buches führt Wegener Entdeckungen und Erkenntnisse von verschiedenen Anhängern der kontinentalen Drift an. Einer von ihnen beschrieb, als Hinweis dafür, Afrika und Südamerika seien einst miteinander verbunden gewesen, die brasilianische Landschaft: „Jeden Kenner Südafrikas muß die Geologie Brasiliens verblüffen. Auf jedem Schritt werde ich an die Formationen Namalands und Transvaals erinnert. Die Aufeinanderfolge der brasilianischen Schichten entspricht genau und in jeder Einzelheit der Schichtenfolge des südafrikanischen Schildes.“ Diamanthaltige Schichten findet man auf den gegenüberliegenden Seiten des Ozeans in einander entsprechenden Landschaftsformen, ebenso in Indien. Der südafrikanische Geologe Alexander L. Du Toit schrieb während eines Südamerikaaufenthaltes: „Sogar bei näherem Hinschauen hatte ich die größte Mühe, mir vorzustellen, daß dies ein anderer Erdteil war und nicht ein Teil eines der südlichen Distrikte der Kapprovinz ...“
Du Toit, Professor an der Universität von Johannesburg, war ein glühender Verfechter der Drifttheorie, obwohl sich seine Version in einigen Punkten von der Wegenerschen unterschied. Er stellte sich zwei ur-

sprüngliche Kontinente vor: Laurasien im Norden, das Europa, Asien, Nordamerika und Grönland einschloß, und einen Südkontinent, den er Gondwanaland nannte. Er übernahm damit den Sueßschen Namen, ohne die Vorstellung natürlich, es habe einen Kontinent gegeben, der jetzt zum größten Teil unter dem Indischen Ozean liege.

Als Gondwanaland sich loslöste, trieben laut Du Toit zwei der Bruchstücke, Afrika und Indien, nach Norden. Dabei schoben sie den Grund eines damals existierenden Meeres, der Tethys-See, vor sich her und falteten ihn zu den Alpen beziehungsweise zum Himalaya auf. Hätten die Geologen dieser Theorie Glauben geschenkt, wäre eines der verwirrendsten Rätsel ihrer Wissenschaft damals schon gelöst gewesen: Die Tatsache nämlich, daß die Felsen, aus denen die höchsten Berge der Erde, des Himalaya, bestehen, nichts anderes sind als gefaltete, gestauchte oder auf den Kopf gestellte Platten ozeanischer Sedimente.

Wegener fand auch zu beiden Seiten des Nordatlantik zueinander passende Strukturen. Beispielsweise war schon lange bekannt, daß der Kaledonische Schild – vom Nordkap bis über Nordschottland hinaus reichend – vieles mit den Appalachen in Nordamerika gemein hatte. Man hatte aber immer angenommen, dies käme nur davon, daß sie beide infolge ähnlicher Prozesse entstanden oder Teile eines einzigen Gebirgszuges seien, der beide unter dem Meeresspiegel verbände. Wegener war der Ansicht, die Formationen seien direkt aneinandergestoßen, als der Atlantik noch nicht existierte.

Schließlich erwähnte Wegener die Hinweise auf große Klimaschwankungen: In der Antarktis fand man Kohleflöze, auf Spitzbergen fossile Palmen, was zeigte, daß diese Gebiete einmal ein warmes Klima besessen hatten. Ablagerungen von Sand, Kies, Findlingen und Ton, die ein typisches Überbleibsel schmelzenden Eises sind, legen den Schluß nahe, daß Südafrika einstmals teilweise von Eis bedeckt war. Ausgedehnte Gipsvorkommen in Iowa, Texas und Kansas, Ablagerungen aus dem Perm vor etwa 250 Millionen Jahren, weisen auf ein heißes, trockenes Klima in diesem Gebiet hin; genauso Salzlager, die – so Wegener – zu gleicher Zeit in Europa und Kansas entstanden sind. Er meinte, die einzige vernünftige Begründung für dies alles sei in einer Verbindung von kontinentaler Drift und einer Verschiebung der Erdachse zu sehen.

Zu Beginn unseres Jahrhunderts hatte der ungarische Physiker Baron Roland von Eötvös, ein außergewöhnlich genauer und begabter Experimentator mit Schwer- und Zentrifugalkraft, folgende Überlegung angestellt: Da die Erde rotiert und zum Äquator hin etwas ausgebuchtet ist, muß eine ziemlich schwache Kraft existieren, welche die kontinentalen Blöcke zum Äquator hin zieht. Diese Kraft – Wegener nannte sie die

Polfluchtkraft – könnte in Verbindung mit einer westwärts gerichteten Gezeitenkraft eine Wanderbewegung der Kontinente bewirken. Wegener glaubte darüber hinaus, wenn sich die Drehachse der Erde von Zeit zu Zeit ändere und so den verformbaren Erdball zwinge, sich der neuen Polfluchtkraft anzupassen, würden eine neue äquatorische Ausbuchtung und neue Driftrichtungen entstehen.
Bei den Überlegungen zur auslösenden Kraft für die Drift kam Wegener in einer kurzen Schilderung möglicher Konvektionsströme innerhalb des flüssigen Erdinnern unseren heutigen Vorstellungen am nächsten. Konvektionsströme entstehen in jeder Flüssigkeit, die von einer Wärmequelle erhitzt wird. Warme Schichten über dem Gefäßboden steigen auf, teilen sich, kühlen an der Flüssigkeitsoberfläche ab und sinken an den Gefäßwänden nach unten, um wieder erhitzt zu werden und erneut aufzusteigen. Wegener vermutete, heiße Felsmassen im Erdinnern würden in derselben Weise eine Fließbewegung ausführen, unter den Kontinenten hochsteigen, sich teilen, abkühlen und unter den Meeresgrund absinken. Er war der Ansicht, ein solcher Konvektionsstrom könnte die ursprünglichen Superkontinente aufgebrochen haben.
Kritiker der Drifttheorie argumentierten, aus verschiedenen Umständen gehe hervor, das Erdinnere sei so hart wie Stahl. Wegener entgegnete, das könne durchaus der Fall sein und widerspräche nicht seiner Theorie: Wenn Stahl erhitzt und großem Druck ausgesetzt wird, verhält er sich wie eine sehr zähe Flüssigkeit. Bei rasch und kurzzeitig angreifenden Kräften benehme sich Fels wie eine starre, spröde Masse, bei kontinuierlich und lange wirkenden Kräften eher wie eine Flüssigkeit, etwa wie Eis in einem Gletscher.
Wegener meinte, bevor die für die Drift verantwortlichen Kräfte die Erdkruste durcheinandergebracht hätten, könnten flache, kontinentale Schollen die gesamte Erde bedeckt haben. Darüber habe es einen einzigen großen Ozean („Panthalassa“) gegeben. Dann hätten Driftprozesse die Erdkruste gewellt und aufgefaltet und dadurch den darunterliegenden, dichteren Fels freigelegt, der zum Meeresboden wurde. Das erste dieser großen Tiefseebecken sei wohl der Pazifik gewesen.
Eines Tages hielt Wegener einen Bericht in Händen, den er als „ersten präzisen astronomischen Beweis der kontinentalen Drift“ betrachtete. Dänische Kollegen der Grönland-Expedition der Jahre 1906–1908 hatte er gebeten, ihre Längengradbestimmungen mit denen früherer Jahre zu vergleichen. Sie fanden Meßwerte, die auf eine Westwärtsdrift Grönlands und Amerikas hinzuweisen schienen. 1922 stellten die Dänen mit der Funkpeilung, die von größerer Präzision war, weitere Beobachtungen an. Vergleiche mit früheren Resultaten zeigten anscheinend eine

ständige Westwärtsbewegung um etwa 35 m pro Jahr. Andere Beobachtungen gaben einen jährlichen Zuwachs der Entfernung zwischen Paris und Washington von etwa 30 cm an.

Die wissenschaftliche Welt aber war, was die Genauigkeit dieser Messungen anging, recht skeptisch. Die Daten beruhten meistens auf Beobachtungen des Winkels zum Mond. Auf diese Art und Weise gemessene Längengradwerte enthalten aber gerne verborgene, vom Meßsystem bedingte systematische Fehler.

1936 und 1948, lange nach Wegeners Tod, wiederholten die Dänen ihre Messungen und fanden diesmal keine Hinweise auf eine kontinentale Drift. Tatsächlich sind ja bereits die theoretischen Driftraten viel zu klein, um mit gewöhnlichen Positionsbestimmungen erfaßt zu werden.

Heute arbeiten mehrere Laserreflektoren auf dem Mond, die amerikanische Astronauten und sowjetische unbemannte Raumfahrzeuge dort aufgestellt haben. Amerikanische, japanische, französische und sowjetische Stationen haben diese Reflektoren inzwischen benutzt, um gebündelte, sehr intensive Laserlichtimpulse hinauf und wieder zurück zur Erde zu schicken. Von diesen äußerst genauen Bestimmungen der relativen Beobachtungsposition her könnte es möglich sein, über einen Zeitraum von zehn Jahren eine Kontinentaldrift nachzuweisen.

Die letzte Station auf Alfred Wegeners Lebensweg war eine Grönlandexpedition, die sein Freund und ehemaliger Schüler Johannes Georgi angeregt hatte. Wegener hatte nach jahrelangem vergeblichen Bemühen um eine Anstellung an einer deutschen Universität endlich eine Professur in Österreich an der Universität von Graz erhalten. Den deutschen Universitäten paßte er zu wenig in das starre klassische Bild eines wissenschaftlichen Forschers. Seine Argumentation war eher qualitativ als numerisch-mathematisch und umfaßte das gesamte Spektrum der Naturwissenschaften.

Georgi hatte von der Nordwestecke Islands aus Wetterbeobachtungen angestellt und hatte dabei einen sehr kräftigen und hochreichenden Luftstrom von Grönland her beobachtet. Diese Strömung ist uns heute als „Jetstream" geläufig. Um diesen Luftstrom und seinen Einfluß auf das europäische Wetter zu untersuchen, wollte der junge Wissenschaftler auf dem höchsten Punkt des grönländischen Inlandeises eine Wetterstation einrichten. 1928 schrieb er an seinen Lehrer und früheren Chef, um dessen Rat als Grönlandexperte einzuholen.

Zu Georgis Plan, mitten in Grönland eine Beobachtungsstation einzurichten, äußerte sich Wegener begeistert: „Das ist ein langgehegter Plan von Freuchen, Koch und mir selbst! Wenn damals der Krieg nicht ausgebrochen wäre, hätten wir ihn schon längst durchgeführt. Aber jetzt hat

Freuchen ein Bein verloren, Koch liegt im Krankenhaus, und auch ich habe so meine Schwierigkeiten und bin längst kein junger Mann mehr."

Der von Wegener erwähnte Peter Freuchen hatte Bücher verfaßt, die in spannender Form von seinem Leben unter den Eskimos berichteten, und J. P. Koch war Wegeners Begleiter auf der Grönlandexpedition von 1913 gewesen. Georgis Anfrage hatte zur Folge, daß Alfred Wegener noch einmal die Abenteuerlust packte. Er wurde Leiter und Organisator der neuen Grönlandexpedition. Abgesehen von der Wetterbeobachtung sollte eine seiner Aufgaben sein, die Dicke des Eispanzers im Inland zu messen. Dazu wendete man eine neue Methode an: Kleine Sprengungen wurden ausgelöst und dann die Zeit gemessen, die der Schall bis zum Felsboden hinunter und wieder zurück zur Eisoberfläche brauchte. Das Eis erwies sich als 2 000 m dick.

Das Hauptziel der Unternehmung blieb jedoch die Errichtung einer Station (später „Eismitte" genannt), von der aus Wetterbeobachtungen während der Polarnacht durchgeführt werden sollten.

Die Expedition war mit Islandponys, Hunden und propellergetriebenen Schlitten gut ausgerüstet – aber trotzdem ging einiges schief. Eis und Schneesturm behinderten das Abladen der Vorräte. Die Männer hackten eine große Grube in den höchsten Punkt des Inlandeises und errichteten eine vorläufige Station, von der aus bis zum Eintreffen einer vorfabrizierten Hütte und von Vorräten für die Überwinterung Wetterbeobachtungen möglich waren. Wegener sollte das Material an der Küste abholen. Nach einer endlosen Reihe von Verzögerungen und Schwierigkeiten, die Wegener schier zur Verzweiflung brachten, brach er schließlich am 21. September 1930 wieder in Richtung Eismitte auf. Die fünfzehn Schlitten waren mit Vorräten schwer beladen, genug um Wegener und die beiden in Eismitte auf ihn wartenden Männer über den langen Winter zu bringen. Der Treck bestand aus 13 Grönländern, Wegener und Fritz Loewe. Es war schon reichlich spät im Jahr, und nach rund 150 km Kampf durch Neuschnee, Sturm und extreme Kälte kehrten alle Grönländer bis auf einen um.

Wegener war jedoch fest entschlossen, zu den beiden Männern in der Forschungsstation Eismitte zu stoßen, bevor die Polarnacht sie isolierte, oder ihnen gegebenenfalls beim Rückzug zu helfen. Loewe und der Grönländer Rasmus Willumsen waren bereit, mit ihm zu kommen. Der größte Teil der Vorräte mußte zurückgelassen werden. Die drei Männer nahmen lediglich etwas Benzin, Weihnachtsgeschenke, ein Grammophon und wissenschaftliche Geräte mit; aber auch diese mußten sie schließlich unterwegs zurücklassen.

Inzwischen war in Eismitte die Stimmung auf dem Tiefpunkt angelangt. Georgi, einer der beiden Wartenden, schrieb am 29. Oktober in einem Tagebuchbrief an seine Frau: „Wir fühlen uns hier von allen verlassen. Eine Überwinterung, mitten in Grönland, ist wirklich kein Pappenstiel. Und wir haben das Pech, dies auch noch unter solch ungünstigen Umständen tun zu müssen! Wir sind sehr niedergeschlagen . . ."

Am nächsten Morgen kehrte sich ihre Stimmung ins Gegenteil. Die Männer lagen in ihren Schlafsäcken; sie hatten den Ofen ausgemacht, um ihre mageren Benzinvorräte zu schonen. Plötzlich knirschte der Schnee über ihren Köpfen. Sie krochen, nur mit ihrer Unterwäsche bekleidet, hinaus. Vor ihnen stand ein grinsender Eskimo, dick vermummt in seiner Fellkleidung, neben einem Hundeschlitten und wies auf Wegener und Loewe, die nur ein kurzes Stück hinter ihm kamen.

„Eine prächtige Leistung bei einer Temperatur von –65°!" schrieb Georgi in sein Tagebuch. „Ich bin mir sicher, daß niemand jemals in Grönland bei solchen Temperaturen unterwegs war." Loewes Füße waren so stark erfroren, daß er nicht mehr zurück konnte.

„Wegener will sich morgen schon sehr früh mit Rasmus auf den Rückweg machen", fährt Georgi fort. „Mit ihren abgekämpften Hunden ist das ein Wettlauf mit dem Tod."

Die drei Männer überlebten trotz kleiner Rationen den harten Winter in der Forschungsstation Eismitte. Wegener und Willumsen aber erreichten die Küste nicht mehr.

Als sie allmählich überfällig wurden, geriet die Besatzung der Küstenstation in Unruhe. In ihrer Nähe hatte die britische Arctic Air Route-Expedition unter dem Kommando von H. G. („Gino") Watkins, der selber zwei Jahre später in Grönland umkam, ihr Lager aufgeschlagen. Die Briten wollten wissen, ob und welche Bergzüge und Wettererscheinungen die Einrichtung einer direkten, über das Polargebiet führenden Flugroute von Europa nach Amerika behindern könnten. Watkins bot den Einsatz seiner beiden Flugzeuge an, um nach den Vermißten zu suchen, aber der harte Winter machte einen Start unmöglich. Im Sommer des darauffolgenden Jahres fand man Wegeners Leiche. Offenbar war er nicht erfroren, sondern vermutlich einer Herzattacke erlegen. Er war 50 Jahre alt geworden. Der Eskimo hatte die Leiche begraben und seinen Weg mitsamt Tagebüchern und Briefen fortgesetzt; aber er wurde nie gefunden. Nur Georgis Brief an seine Frau blieb erhalten, da Alfred Wegener eine Kohlepapierkopie bei sich trug.

So endete der Lebensweg eines der glühendsten Verfechter der Idee der kontinentalen Drift – eines Mannes, der, wäre er alt geworden, die Bestätigung vieler Punkte seiner Theorie noch erlebt hätte.

2 Die Pole wandern

Vielleicht sind wir heute auf dramatische Ereignisse so versessen, weil unser Alltag so eintönig ist. Deshalb hat möglicherweise auch die Idee, daß die Menschheit von fliegenden Untertassen aus fernen Welten beobachtet wird, so viele Anhänger. Und der Hunger nach Dramatik könnte auch der Grund sein, warum in der öffentlichen Meinung die Katastrophentheorie zur Entstehung der Erde immer noch blüht, während die Mehrzahl der Wissenschaftler das Interesse an der Drifttheorie lange Zeit verloren hatte.

Die Katastrophenhypothesen zur Erdgeschichte sind für die Wissenschaft nicht neu. Bis zur Mitte des 19. Jahrhunderts wollte man damit z. B. die riesigen Ablagerungen von Sand, Kies, Schlamm und erratischen Blöcken erklären – jener Felsen, die nicht zum lokalen Grundgestein gehören –, die in vielen Teilen Nordeuropas und Amerikas zu finden sind. Man nahm an, daß sie durch eine oder mehrere große Überschwemmungen verstreut wurden, und verwies auf die in der Bibel beschriebene Sintflut. Andere Wissenschaftler waren der Meinung, die Erde sei periodisch ins Taumeln geraten und dabei hätten die Ozeane die Kontinente überflutet und den Sand und das Gestein zurückgelassen. Derartige Katastrophen, so dachte man, könnten auch die fossilen Rückstände ausgestorbener Tiere erklären, von den Dinosauriern und Mammuts bis hin zu einer Unzahl kleinerer Lebewesen. Denn was sonst, so fragte man sich, konnte so viele Tiere einfach ausrotten.

Die Geologen nahmen an, daß konvulsivische Zuckungen der Erde die Felsschichen verdreht und umgeschichtet oder die Gebirge aufgetürmt hätten.

Einer der großen Wissenschaftler des 18. Jahrhunderts, George Louis Leclerc Comte de Buffon, gilt als der Vater der Idee, wonach jeweils eine Verlagerung der Erdachse die Katastrophen ausgelöst habe. Als einer der ersten, die an eine Evolution glaubten, machte er sich Gedanken über das Kommen und Gehen der Arten. Er nahm an, daß einige Arten degenerieren, genauso wie sie sich entwickeln. So betrachtete er die Affen als degenerierte Menschheitsformen und den Esel als degeneriertes Pferd.

Ein anderer französischer Naturwissenschaftler, der geboren wurde, als Buffon bereits ein alter Mann war, entwickelte diese Argumentation weiter. Es war Georges Léopold Chrétien Frédéric Dagobert Baron Cuvier, der das Studium der fossilen Wirbeltiere zur Wissenschaft erhob. Man ging damals davon aus, daß die riesigen Knochen, welche man in England fand, Überreste jener Elefanten waren, die die Römer dort hingebracht hatten. Cuvier aber bewies, daß es sich tatsächlich um fossile Überreste vorsintflutlicher Verwandter unseres heutigen Elefanten handelte. Er fand auch eine Erklärung dafür: Das Meer sei periodisch über das Land geflutet und habe dabei eine Unmenge von Lebewesen ausgelöscht. Eine solche Katastrophe, so schloß er, habe erst vor verhältnismäßig kurzer Zeit stattgefunden. Es sei ganz offenkundig, daß das Antlitz unseres Globus durch eine ungeheure und plötzliche Umwälzung, durch eine Revolution, wie er sagte, gestaltet wurde, und das sei gerade erst 5 000 oder 6 000 Jahre her. Weiterhin habe diese Katastrophe die früher von Menschen bewohnten Länder verschwinden lassen, ebenso die meisten Tierarten. Andererseits sei bei der Umschichtung der Meeresboden trockengelegt worden. Hier entstanden dann die heute bevölkerten Länder. Immerhin aber, so Baron Cuvier weiter, seien damals einige wenige Individuen verschont geblieben und hätten sich dann wieder vermehrt.

„Die heute bevölkerten Gegenden, die bei der letzten Naturkatastrophe trocken blieben, waren einst bewohnt, wenn vielleicht auch nicht von Menschen, dann aber zumindest von Landtieren. Wir müssen davon ausgehen, daß letztlich eine vorausgegangene Revolution das Land in den Fluten untergehen ließ. Die Überreste der Tiere, die wir noch finden und in verschiedene Klassen einzuteilen versuchen, lassen darauf schließen, daß es zwei oder drei Überflutungen gegeben haben muß."

In den dreißiger Jahren des 19. Jahrhunderts entwickelte der Schweizer Naturwissenschaftler Jean Louis Rodolphe Agassiz eine andere Theorie. Er glaubte, daß die so gewaltigen Findlinge auf den Jurahöhen an der französisch-schweizerischen Grenze durch Gletscher dorthin gelangt seien. Er kam zum Schluß, daß die alpinen Gletscher einst wesentlich größer gewesen sein müssen und früher die gesamte Schweiz unter einer einzigen riesigen Eisschicht gelegen habe. „In der Tat", so schrieb er, „bedeckte einst eine gewaltige Eisschicht, vergleichbar mit der des heutigen Grönland, alle jene Länder, in denen ungeschichtetes Gestein und Geröll gefunden wurde. Als diese Eisschicht schmolz, blieben die losen Ablagerungen zurück."

Mittlerweile gelang Charles Darwin und anderen Forschern die Erklärung, wie es zum Aussterben ganzer Tierarten gekommen ist. Die Evolutionstheorie und die Annahme, daß nur die kräftigsten Individuen überleben könnten, machte deutlich, daß, wenn sich die Umwelt verändert oder leistungsfähigere Lebewesen entstehen, alle diejenigen Kreaturen zugrunde gehen müssen, die unfähig sind, sich an die neue Situation anzupassen.

In der Geologie hatte sich zu jener Zeit die Auffassung durchgesetzt, daß die Gebirge durch gewaltige Erderschütterungen aufgeworfen wurden. Dies öffnete den Blick dafür, daß der Prozeß, der das Antlitz unserer Erde formte, heute noch stattfindet und, wenn wir ganz genau hinschauen, auch zu erkennen ist.

Damit war das Ende der Katastrophentheorien gekommen. An ihre Stelle trat die Erkenntnis des englischen Geologen Charles Lyell, die auch Charles Darwin stark beeinflußte, wonach sich die Erde langsam aber stetig verändert.

Hugh Auchincloss Brown, ein wenig bekannter Elektroingenieur, war 1974, im hohen Alter von 94 Jahren, immer noch von den Thesen Wegeners fasziniert, mit denen er sich bereits seit Jahrzehnten beschäftigte. Er fand heraus, was daran jetzt noch so sensationell ist.

Im Jahre 1911 hörte er zum ersten Mal von den „tiefgefrorenen" Mammuts, die man noch mit Butterblumen zwischen den Zähnen im arktischen Eis gefunden hatte. Vielleicht, so überlegte er, haben wachsende Eismassen an einem oder gar beiden Polen die rotierende Erde immer wieder aus dem Gleichgewicht gebracht, so daß sie, wie ein überladenes Boot, ins Schwanken geriet. Dies würde die katastrophalen plötzlichen Klimaveränderungen erklären, die Überschwemmungen ganzer Kontinente, wie sie als Sintflut in der Bibel beschrieben sind.

Als Ingenieur wußte er, daß der größere Umfang der Erde am Äquator die Umdrehung des Globus stabilisiert. Aber ein Anwachsen des antarktischen Eises, das an einigen Stellen immerhin 3–5 km dick ist, wäre durchaus in der Lage, diesen Stabilisierungseffekt zu stören. In einer Serie von Eingaben an Kongreßabgeordnete, Regierungen, Wissenschaftler und Journalisten, schließlich auch in einem auf eigene Kosten herausgegebenen Buch, behauptete Brown, die Erde würde in Abständen von rund 8 000 Jahren kentern, jedes Mal alles vernichtend, was die Zivilisationen in dieser Zeit geschaffen haben. Die nächste Katastrophe sei überfällig, meint er, und die Eskimos könnten die einzigen Überlebenden sein, da die in Bewegung geratenen Wassermassen diese Gebiete kaum noch erreichen würden.

Über viele Jahre hinweg waren die „schockgefrorenen" Mammuts sein und seiner Anhänger stärkstes Argument.

„Die Tatsache, daß sie in diesem Zustand gefunden wurden", erläuterte er 1948 einem Reporter der *New York Times*, „zeigt ganz deutlich, daß sie durch einen überfallartigen Frost getötet und auf der Stelle konserviert wurden. Was allein könnte die Ursache dafür gewesen sein? Doch zweifellos nur eine drastische und plötzliche Wetteränderung, wobei sich tropische Zonen blitzartig in arktische verwandelten."

Brown wies auch darauf hin, daß sich Erzählungen von plötzlichen Überflutungen und dem Auftauchen und Verschwinden riesiger Landmassen in den Sagen und Legenden aller Rassen und Völker finden. Er war durchaus nicht der einzige seiner Zeit, der die Überlieferungen vergangener Sintfluten in dieser Weise interpretierte. Im Jahre 1946, als die UNO gegründet wurde, hob er die Global Stabilization Organization aus der Taufe, eine Gesellschaft, deren Aufgabe es sein sollte, mit Atombomben oder anderen Mitteln das antarktische Eis, falls notwendig, zu reduzieren.

Es gibt tatsächlich Anzeichen dafür, daß die Erdachse schwankt. Man sucht aber immer noch eine eindeutige Erklärung für dieses Phänomen. An ein plötzliches Umkippen der Erde infolge der Eismassen am Südpol glaubt kein ernsthafter Wissenschaftler.

Das Taumeln der Erde ist ein Rätsel – könnten wir es lösen, wären viele Probleme geklärt, die zur stetigen Wandlung des Planeten, auf dem wir leben, beitragen.

Die Schwankungen der Erdachse lassen sich in zwei Kategorien einteilen. Sie werden einmal von außerirdischen Kräften beeinflußt, also von der Anziehungskraft des Mondes und von der Sonneneinstrahlung am Äquator. Wesentlicher noch ist die Stellung der Erdachse im Weltraum. Sie beschreibt einen vollständigen Kreis, wozu sie jeweils 25 800 Jahre benötigt. Gegenwärtig zeigt die Achse auf den Polarstern.

Die zweite Kategorie betrifft die von der Erde selbst beeinflußten Abweichungen, wie das Wandern des geographischen Nord- und Südpols. Sie beruhen auf den Veränderungen im Erdinneren, einem Wechsel in der Verteilung der Masse.

Wäre die Masse gleichmäßig und symmetrisch um die Erdachse verteilt, müßte sich die Erde gleichmäßig drehen. Nord- und Südpol würden genau in ihrer Lage verharren. Aber die Massenverteilung ändert sich ständig. Durch Erosion werden die Kontinente abgetragen, das Material lagert sich auf dem Grund der Ozeane ab. Luft und Wasser wandeln sich mit den Jahreszeiten. Erdbeben verschieben plötzlich ganze Teile der Erdkruste. Deshalb hat man schon lange vermutet, daß die Erde leicht taumelt.

Man kann ihre Situation etwa mit einem Fußball vergleichen, der von der Eckfahne aus vor das Tor getreten wird. Würde er sich dabei genau

um seine Achse drehen, dann wäre sein ballistischer Flug stabil. Ist die geometrische Achse des Balles aber nicht identisch mit der Umdrehungsachse, dann gerät er ins Trudeln.
Der große Schweizer Mathematiker Leonhard Euler kam bereits im 18. Jahrhundert zu folgender Erkenntnis: Bei einem gegebenen Objekt, das sich mit einer gegebenen Geschwindigkeit dreht, wird das Maß des Schwankens gleich bleiben, gleichgültig, ob es kaum oder sehr deutlich wahrnehmbar ist. Demzufolge errechnete er, daß die Erde in einem Rhythmus von 305 Tagen oder 10 Monaten eine Schwankung vollzieht, mit anderen Worten, alle 305 Tage kehrt der Nordpol der Erdachse in die gleiche Lage zurück.
Generationen von Astronomen suchten nach diesem Effekt, aber ohne jeden Erfolg. Schließlich begann man im Jahre 1891 in Berlin und in Waikiki auf Hawaii, die sich auf der Erdkugel genau gegenüber liegen, exakte Messungen vorzunehmen. Man fand heraus, daß der Breitengrad, auf dem Berlin liegt, länger wurde, der von Waikiki schrumpfte, und umgekehrt. Genau das hatte man erwartet, wenn die Erdachse schaukelt.
Inzwischen hatte S. C. Chandler, ein amerikanischer Amateurastronom, die astronomischen Aufzeichnungen der letzten Jahre studiert. Er kam dabei zu dem Ergebnis, daß die Taumelbewegungen des Globus eine Kombination zweier Effekte sein müßte. Der eine liegt im Jahreszyklus begründet, im Laufe dessen das Wasser der Ozeane und die Atmosphäre auf der Oberfläche umverteilt werden. Dabei scheint das winterliche Hochdruckgebiet über Sibirien eine wichtige Rolle zu spielen. Der andere Beitrag zur Taumelbewegung hat einen 14-Monats-Zyklus und ist heute unter dem Namen Chandler-Wobble bekannt.
Auf der Grundlage dieses 14-Monats-Zyklus fand Simon Newcomb, daß infolge der Elastizität des Erdinneren die Bewegung der Eulerschen Figuration von 10 in 14 Monate geändert werden kann. Eine hundertprozentige Erklärung fand jedoch niemand.
Die verwirrende Natur des Taumelns, des „Wobbelns", ist inzwischen allgemein bekannt. Seit 1900 hat eine internationale Gesellschaft, die sich heute „Internationaler Polbewegungsdienst" nennt, den „Breitengraddienst" übernommen. Diese Organisation hält ständig 5–6 Stationen rund um den Erdball besetzt. Sie liegen alle auf dem gleichen Breitengrad (39°8' Nord), und in jeder klaren Nacht wird stets der gleiche Stern mit den genau gleichen technischen Geräten beobachtet. Allein auf diese Weise kann das kaum wahrnehmbare Taumeln der Erdachse festgestellt werden: durch die Kombination sämtlicher Daten von allen Stationen. Die Observatorien befinden sich in Ukiah in Kalifornien, in

Mizusawa, Japan, in Gaithersburg in Maryland, in Carloforte auf einer Insel nahe Sardinien und in Kitab in der Sowjetunion.
Man fand heraus, daß die totale Drift der Pole in einem Zeitraum von 14 Monaten nicht mehr als etwa 22 m beträgt, wobei die Wanderung ungefähr kreisförmig erfolgt. Zuweilen heben sich der 12-Monats- und der 14-Monats-Zyklus fast gegeneinander auf, die Polbewegung ist dann minimal. Andererseits wirken alle 7 Jahre beide Effekte zusammen, dann erreicht die Drift volle 15 cm pro Tag.
Kürzlich beobachtete man, daß die seismische Aktivität während der Zeit maximaler Polbewegung einen Höhepunkt erreicht. Die Eigenschaften des Erdinneren reduzieren oder dämpfen offenbar die Schwankungen, die dann periodisch wieder einsetzen. Diese Reaktivierung verblüfft die Geologen stets aufs Neue. Einige vermuten, daß große Erdbeben der sich drehenden Erdachse von Zeit zu Zeit einen Stoß versetzen, aber diese Erklärung ist noch umstritten.
Wenn auch die sensationellen Warnungen von Hugh Auchincloss Brown über die Veränderungen der Eiskappen nur wenig wissenschaftliches Interesse erregten, so erreichte dies ausgerechnet ein Science fiction-Heft. Eines Abends in den ersten Tagen des Jahres 1950 diskutierten drei Wissenschaftler am Institut für Ozeanographie in La Jolla, Kalifornien, über diese Story: Walter Munk, Roger Revelle und John Isaacs. Simon Newcomb hatte bekanntlich eine Erklärung für den Chandlers Wobble-Effekt angeboten. In dem Science fiction-Magazin wurde nun dargelegt, daß er seine Schlußfolgerungen dank sehr ausführlichen und genauen Beobachtungen der Mondstellung in bezug auf gewisse Landmarken auf der Erde gefunden habe. Es gab Zeiten, da der Mond scheinbar nicht an seinem Platz stand, und zwar augenscheinlich, weil es Veränderungen in der Geschwindigkeit der Erdumdrehung gegeben hatte. Das alles paßte irgendwie nicht zusammen.
Newcombs Entdeckung hatte die Wissenschaftler fast ein Jahrhundert lang irritiert. Im Jahre 1876 hatte sich Lord Kelvin bereits über Newcombs Ideen mokiert: „Völlig verwirrt von der Vorstellung, daß die Erde nachgeht wie eine Taschenuhr, konnte ich an nichts anderes mehr denken als an Nutation, Gezeiten, das Absinken der Äquatorzonen und das Abschmelzen des Polareises."
Nun war es gerade dieser letzte Gedanke, der Munk, Revelle und Isaacs beschäftigte. Was, so malten sie sich aus, würde passieren, wenn das Eis Grönlands oder der Antarktis oder gar von beiden in einem solchen Maße abschmelzen würde, daß sich die Meereshöhe weltweit hebt? Würde die Erdkruste Zeit genug haben, unter dem Gewicht der dann wesentlich schwereren Ozeane einzusinken? Wenn nicht, würden die

Ozeane in der Nähe des Äquators anschwellen und die Drehung der Erdachse verlangsamen? Denselben Effekt erreicht ein Eiskunstläufer, der sich schnell dreht, und dann die Arme ausstreckt, um die Pirouette abzubremsen.

Als die kalifornischen Wissenschaftler ihre Analyse zu Papier brachten, legten sie auch gleich Beweise vor. Aus Himmelsbeobachtungen war abzulesen, daß sich ziemlich plötzliche Änderungen der Erdrotation bei drei Gelegenheiten gezeigt hatten, nämlich in den Jahren 1860, 1900 und 1920. Diese Beobachtungen waren nicht nur vom Internationalen Breitengraddienst gemacht worden, sondern auch vom Pariser Bureau International de L'Heure, das Beobachtungen sammelte, die sowohl in Beziehungen zu den Schwankungen als auch zur Umdrehungsgeschwindigkeit der Erde stehen.

Eigene Berechnungen von Munk, Revelle und Isaacs ergaben, daß bei einem Ansteigen der Meere um 10 cm die Umverteilung der Masse an der Erdoberfläche den Nordpol um 1 m in Richtung Chicago verschieben würde. Wäre die Zunahme der Meereshöhe allein auf das in Grönland geschmolzene Eis zurückzuführen, so würde die Drift 9 m in Richtung Grönland betragen. Sollte das Eis von Grönland und der Antarktis schmelzen, dann würde sich der Nordpol um 2 m in Richtung auf Neufundland zu bewegen.

Tatsächlich hatte sich zwischen 1900 und 1925 durch ein Zusammentreffen beider Faktoren der Pol um 3 m auf Grönland zubewegt. Munk und Revelle schlossen daraus, daß sich eine kleine Bewegung dieser Art weiter vollzieht. Geht die Eisschmelze und die Gewichtsverschiebung zum Äquator weiter, dann wird sich die Drehung der Erdachse weiter verlangsamen. Sollten die Polarkuppen aber wieder dicker werden, wird sich die Rotation beschleunigen.

Derart allmähliche Veränderungen aber stehen in keinem Zusammenhang mit den abrupten Änderungen in der Kreiselbewegung der Erde. Die kalifornischen Wissenschaftler vermuteten deshalb eine Ursache tief im Erdinneren. Hat vielleicht der flüssige Kern Auswirkungen auf die Erdoberfläche, indem sich das magnetische Feld verhältnismäßig rasch verschiebt?

Munk und Revelle schien vor allem eins bemerkenswert: Die Achse zwischen den beiden magnetischen Polen driftet langsam westwärts rund um den Erdball. Wenn man von der Vorstellung ausgeht, daß im Erdinneren, in der Masse, eine magnetische Barriere besteht, dann wäre dieser Magnet stets außerhalb des Erdzentrums. Er würde sich in Richtung auf Brasilien bewegen, und zwar immerhin so schnell, daß er in etwa zwei bis drei Jahrhunderten unterhalb von Peru liegen dürfte.

Stimmt diese Annahme, dann ändert sich irgend etwas im Erdkern ziemlich schnell. Es existieren vielleicht – weil es gewisse mechanische Zusammenhänge zwischen dem flüssigen Kern und dessen Ummantelung gibt – elektromagnetische Verbindungen, die ziemlich abrupt an- oder abgeschaltet werden. Das würde mit den beobachteten Veränderungen in der Umdrehungsgeschwindigkeit übereinstimmen.
Im Jahre 1960 veröffentlichten Munk und Gordon J. F. MacDonald von der Universität von Kalifornien in Los Angeles eine weitere umfangreiche Studie über die Erdrotation, in der sie die Möglichkeit noch größerer Polverschiebungen untersuchten. Gestützt auf zahlreiche Untersuchungen in mehreren Kontinenten über den Magnetismus im Gestein, kamen sie zum Schluß, daß der heutige magnetische Nordpol einmal den Pazifik durchwandert haben muß, bevor er seinen heutigen Standort erreichte. Die Wissenschaftler nahmen an, daß damit auch eine Wanderung der magnetischen Erdachse stattfand.
Eisenhaltiges Gestein liefert Anhaltspunkte für diese Wanderung. Als sich feuerflüssige Gesteine einst abkühlten und langsam fest wurden, passierten sie den Curie-Punkt, eine für die Magnetisierung entscheidende Schwelle. Ist die Materie zu heiß, kann sie nicht magnetisch werden. Unter dem für Eisenoxyd etwa bei 670 °C und für Nickel bei etwa 350 °C liegenden Curie-Punkt bewegen sich die Atome langsam genug, damit das Metall magnetisiert werden kann. Über dem Curie-Punkt gibt es keine Magnetisierung.
Das magnetische Feld, in dem die Abkühlung vor sich geht, ist für die Ausrichtung der magnetischen Teilchen im Gestein für immer maßgebend. Demzufolge halten diese Gesteine den einmal gefundenen „magnetischen Nordpol“ fest, mag er sich befunden haben, wo er will.
Wir wissen heute, daß Gesteine, die sich zur Triaszeit, also vor 225 Millionen Jahren, abkühlten, ihren magnetisehen Nordpol in Japan hatten. Daraus dürfen wir schließen, daß die magnetische Erdachse wandert. Zudem kennen wir jetzt auch eine weitere sonderbare Verhaltensweise von ihr: alle paar Millionen Jahre kehrt sie sich um, dann wechseln Nord- und Südpol die Plätze!
Die Auffassung über die Wanderung der Pole hat Tradition. Schon 1876 vertrat Lord Kelvin die Idee, daß sich die Pole in früheren Zeiten sehr weit entfernt von ihrem gegenwärtigen geographischen Standort befunden haben. Auch Alfred Wegener hat an die Polwanderung geglaubt, und verschiedene amerikanische Forscher haben zwischen 1950 und 1960 diese Theorien vertieft. Hapgood und Campbell meinten 1955, daß die größten Polwanderungen vor 8 000 und 18 000 Jahren stattgefunden haben. Die nächste erwarten sie in 10 000 bis 15 000 Jahren.

3 *Welten stoßen zusammen*

Von allen zeitgenössischen Theorien über die Entwicklung unseres Planeten bis zu seinem heutigen Zustand hat diejenige von Immanuel Velikowsky den größten öffentlichen Widerhall gefunden. Aber es gibt auch keine andere, die bei den Wissenschaftlern so viel zornige Entrüstung ausgelöst hat. Als 1950 sein Buch *Welten stoßen zusammen* erschien, löste es im Verlagsgeschäft fast ebensogroße Veränderungen aus, wie die von ihm vertretenen Theorien in der Wissenschaft.

Velikowsky ist ein ungewöhnlicher Mann. Er wurde 1895 im russischen Witebsk geboren und entschloß sich schon früh zum Medizinstudium. Für einen Juden im zaristischen Rußland aber war das so gut wie unmöglich. Er ging deshalb zunächst nach Frankreich und ließ sich dann, nach einem kurzen Aufenthalt in Palästina, in Edinburg nieder, wo er seine vormedizinische Ausbildung abschloß. Als er 1914 Rußland besuchte, wurde er dort vom Kriegsausbruch überrascht, konnte jedoch in Moskau sein Medizinstudium fortsetzen und 1921 erfolgreich abschließen.

Sein Herz hing ebenso sehr an der jüdischen Sache wie an der Medizin. Als junger Assistenzarzt in Berlin lernte er Chaim Weizmann kennen, der später das erste Staatsoberhaupt Israels wurde. Weizmann plante damals die Errichtung einer hebräischen Universität in Jerusalem. Velikowsky beteiligte sich an der Redaktion der *Scripta Universitatis*, einer Schriftenreihe jüdischer Gelehrter, deren Erlös der jungen Universität zugute kam. Die Abteilung Mathematik und Physik betreute kein Geringerer als Albert Einstein.

Weizmann wollte Velikowsky das Gründungsrektorat übertragen, aber der lehnte ab, weil ihm Spenden sammeln und Verwaltungsarbeit nicht behagten. Dennoch zog Velikowsky im Jahre 1923 mit seiner Frau nach Palästina, wo er eine Arztpraxis eröffnete und gleichzeitig Psychoanalyse studierte. Er lernte Freud kennen und stand mit ihm im Briefwechsel; zu dessen Wiener Zeitschrift *Imago* steuerte er einen Artikel *Tolstois Kreutzer-Sonate und die unbewußte Homosexualität* bei. Er wagte sogar, den großen Meister selbst zu analysieren und schrieb einen langen Beitrag über *Freuds eigene Träume*.

1939 ging Velikowsky nach New York, um Material für ein Buch über

Freuds drei „Helden“ Oedipus, Echnaton und Moses zu sammeln. Als er sich in die altägyptischen und hebräischen Texte vertiefte, fiel ihm auf, daß einige der biblischen Plagen auch in ägyptischen Schriften erwähnt wurden, wie etwa das Feuer, das vom Himmel fiel, die Zeit der Finsternis und die Teilung des Roten Meeres. Sollte es sich dabei vielleicht um Naturkatastrophen weltweiten Ausmaßes gehandelt haben? Um die Antwort zu finden, studierte Velikowsky die alten Chroniken aus dem vorkolumbischen Amerika, aus China, Indien, Babylon, Israel, Ägypten, Island, Finnland, Griechenland und Rom.
Vielerorts fand er ähnliche Berichte von Katastrophen, die, so schloß er, zur selben Zeit stattgefunden haben mußten. Er entwickelte schließlich eine Theorie, die er selbst als außergewöhnlich bezeichnete: Im geschichtlichen Zeitraum dieser Berichte hätten Zusammenstöße mit anderen Himmelskörpern auf der Erde eine Serie von kosmischen Katastrophen hervorgerufen. Die Venus war dabei die Hauptübeltäterin. Der Planet sei einst als Masse vom Jupiter weggeschleudert worden und habe zunächst wie ein Komet die Sonne umkreist. Dann sei er zweimal in die unmittelbare Bahnnähe unseres Planeten gelangt.
Velikowskys Theorie hatte mit den Gedanken, die Howard B. Baker 1911 in einer Reihe von Artikeln veröffentlicht hatte, einiges gemeinsam: Baker behauptete, daß sich Venus und Erde einmal so nahe gekommen seien, daß die Anziehungskraft des Nachbarplaneten der Erde unseren Mond entriß. Im dadurch entstandenen Loch habe sich der Pazifische Ozean gebildet. Die Landmassen rückten nach, der Atlantik entstand. Baker zufolge ereignete sich dies vor rund 20 Millionen Jahren. Velikowsky nimmt für diese Weltkatastrophen eine sehr viel jüngere Zeit an: das biblische Zeitalter.
Kohlenwasserstoffe aus dem Kometenschweif der Venus seien als Feuerregen auf die Erde gefallen, folgerte Velikowsky. Die Drehachse der Erde habe sich verlagert, so daß die Sonne stillstand. So wie es Josua berichtet. Die Ozeane überfluteten das Land und entleerten vorübergehend das Rote Meer. Die Venus sei auch einmal mit dem Mars zusammengestoßen, der seinerseits der Erde einige Male bedrohlich nahegekommen war, bevor sich die Planetenbahnen in ihrer jetzigen Lage stabilisierten.
Velikowsky belegte seine sehr persönlichen Auslegungen der Vorgeschichte der Erde mit neuen wissenschaftlichen Erkenntnissen. Die Tatsache, daß sich das Magnetfeld der Erde mehrmals umgekehrt hat, führte er darauf zurück, daß bei den Annäherungen anderer Himmelskörper an die Erde gewaltige elektrische Entladungen stattfanden, die das Erdmagnetfeld umpolten.

Mit Hugh Brown stimmte er darin überein, daß sich die Erdachse mehrfach verlagert habe, wodurch sich sowohl die Lage der Pole als auch die Richtung der Erdachse – dies in bezug auf die Gestirne – veränderte. Bei Herodot glaubte er einen Beweis dafür gefunden zu haben, daß sich sogar die Drehrichtung der Erde einmal umgekehrt hat. Herodot gibt die Berichte der ägyptischen Priester wieder. „Von der Zeit des ersten Königs bis zu jenem Priester von Hephaestus, der der letzte war, lebten 342 Generationen. In diesem Zeitraum hat die Sonne viermal ihren Lauf geändert; zweimal erhob sie sich, wo sie jetzt untergeht, und zweimal ging sie unter, wo sie sich jetzt erhebt ..."

Wohlweislich hat Velikowsky bei diesem Zitat folgende Sätze ausgelassen, weil sie nicht in sein Konzept der unweigerlich darauf folgenden Katastrophen paßten. Herodot: „In Ägypten aber änderte sich nichts, weder im Ertrag des Stromes noch des Landes, auch nicht bei Krankheit oder Tod."

Wie andere Verfechter der Erdachsenverlagerung führte Velikowsky die Kohlevorkommen in polnahen Gebieten und die Spuren, die Eisdecken in den Tropen hinterlassen haben, als Beweis für radikale Klimaveränderungen an. Er wies auch auf die Ergebnisse neuerer Probebohrungen auf dem Meeresgrund hin. Die gefundenen Ablagerungen waren erstaunlich dünn. Es gab keine dicken Schichten, obwohl man solche erwarten müßte, wenn der Meeresboden hunderte von Millionen Jahre lang ruhig und friedlich geruht hätte.

Velikowsky erzählte seine Geschichte in fast biblischer Prosa. In seinem Werk *Earth in Upheaval* schreibt er: „Wirbelstürme fegten über den Erdball, Urwälder brannten und wurden vernichtet, Gebirge schmolzen wie Wachs, Lava floß aus der geborstenen Erde, ein Regen von Teer und Öl zerstörte die Städte, und die Menschen suchten in Höhlen und Felsspalten Schutz vor den Ozeanen, die sich aufbäumten und auf das Land stürzten, während Flutwellen über die Pole hinwegrollten ..."

Bei diesen Katastrophen wurden neue Gebirge aufgeworfen. Riesige Fluten schwemmten Sand, Kies, Schlamm und die Findlinge, die man den Eiszeiten zugeschrieben hatte, über die Erde.

„... Tiere wurden weit nach Norden geschwemmt, Wale aus den Meeren auf Berggipfel geschleudert. Die Felstrümmer einstürzender Gebirge zogen über die Kontinente hinweg, von Norwegen in die Karpaten, den Harz und nach Schottland, vom Montblanc in den Jura. Die Rocky Mountains wanderten viele Meilen weit, die Alpen verlagerten sich hundert Meilen nach Norden ..."

Velikowsky hat sicher genau erkannt, daß die verwegenen Planetenbahnen, die seine Theorie erforderte, nicht mit den als gültig erkannten Ge-

setzen der Himmelsmechanik zu vereinbaren waren. Er behauptete daher, es müßten im All starke Magnetfelder vorhanden sein, die solche Abweichungen bewirken. Das Magnetfeld der Erde, das auf der Oberfläche unseres Planeten gerade ausreicht, eine reibungsarm aufgehängte Kompaßnadel zu bewegen, müsse in größerer Entfernung immer stärker werden und auch die Pendelbewegungen des Mondes beeinflussen.
Viele Wissenschaftler – vor allem Astronomen – bedachten Velikowskys Werk mit Spott. Sie drohten dem Verlag Macmillan, der es herausgebracht hatte, ihre eigenen Werke nicht mehr in der angesehenen wissenschaftlichen Abteilung des Hauses herauszugeben. Den aufgebrachten Briefschreibern antwortete der Cheflektor des Verlages: „Velikowskys Welten sind niemals als wissenschaftliches Werk, sondern eher als Science Fiction in der Art eines Jules Verne oder H. G. Wells gedacht gewesen." Unglücklicherweise jedoch hat der Verlag das Buch in seinem Katalog unter der Rubrik „Wissenschaft" aufgeführt. Er übergab deshalb Velikowskys Werk einem anderen Verlag, um die eigene wissenschaftliche Buchproduktion nicht zu gefährden.
In der Zwischenzeit hatte Gordon Atwater, eine Randfigur der astronomischen Szene, den Fehler begangen, Velikowskys Theorien ernstzunehmen. Er war damals Direktor des Planetariums im Naturhistorischen Museum von New York. Atwater folgte zwar Velikowsky nicht in allen Punkten, aber er war von dessen Ausführungen so beeindruckt, daß er die kosmische Katastrophentheorie sogar in einem Planetarium-Programm darstellen wollte. Daraufhin verlor Atwater seinen Posten.
Eine Gegenreaktion mußte unweigerlich kommen. Einige Physiker taten sich zusammen und verlangten eine sachliche Auseinandersetzung mit Velikowsky. Auch einer der angesehensten Geologen Amerikas, Harry H. Hess, Chef der Geologischen Abteilung an der Universität Princeton, forderte nachdrücklich eine sachliche Auseinandersetzung mit Velikowsky. Die beiden kannten sich, seit Velikowsky 1952 nach Princeton gekommen war, um in der Universitätsbibliothek für die *Earth in Upheaval* zu recherchieren.
1956 schlug Velikowsky verschiedene Experimente zur Überprüfung seiner Thesen für das Internationale Geophysikalische Jahr 1957/58 vor. So sollte z. B. untersucht werden, ob das Magnetfeld der Erde oberhalb der Atmosphäre stärker ist als an der Erdoberfläche, ob die Pendelbewegungen des Mondes mit entsprechenden Veränderungen der irdischen Magnetpole zusammenhängen und ob sich Beweise für die magnetischen Umpolungen in biblischer Zeit finden lassen. Hess leitete diese Vorschläge an die Organisatoren des IGJ weiter.
Hess, 1963 Vorsitzender der Weltraumwissenschaftskommission der

amerikanischen Akademie der Wissenschaften, leitete in dieser Eigenschaft einige von Velikowskys Vorschlägen für Weltraumexperimente weiter. Gleichzeitig aber schrieb er an Velikowsky: „In unserer Philosophie stehen wir meilenweit auseinander, weil ein jeder die Denkungsweise und Logik des anderen nicht anerkennt. Ich bin freilich von Ihrer Ernsthaftigkeit überzeugt, und ich bewundere das umfassende Wissen, das Sie sich in vielen Jahren mühsam angeeignet haben. Ich bin jedoch nicht bereit, mir Ihre Form des Denkens zu eigen zu machen, auch wenn sie einige Erfolge aufzuweisen hat."

Hess hat Velikowskys Theorien als Prüfstein für den analytischen Verstand seiner Studenten verwendet. Er organisierte 1965 ein Kolloquium, das er *Kosmos und Chronos* nannte. Dort befaßte man sich mit dem Thema *Katastrophen in der Weltgeschichte.* Das Beispiel machte Schule, und bald war Velikowsky an den Universitäten als Symbolfigur für die Auflehnung gegen wissenschaftliche Orthodoxie berühmt und beliebt.

Ich selbst durfte ihn 1966 in Princeton erleben. Vor einem überfüllten Auditorium gab er sich wie ein biblischer Prophet. Mit sonorer Stimme und in ruhigen, ernsten Worten erinnerte er daran, daß die Planeten jetzt zwar stabile Bahnen angenommen haben, daß die Erde jedoch noch nicht zur Ruhe gekommen sei. Die Menschheit bewahre die Erinnerung an kosmische Katastrophen und scheine danach zu streben, sie mit Waffen eigener Herstellung noch zu übertreffen.

Aus seiner Kenntnis der Freudschen Psychologie heraus schloß er, daß die Menschheit die Erinnerung an vergangene Sintfluten in einen tiefen, verborgenen Winkel der Seele verdrängt hat, und prägte dafür den Ausdruck „kollektiver Gedächtnisschwund".

Für die meisten Wissenschaftler waren Velikowskys Argumente zu absurd, um sich eingehend mit ihnen auseinanderzusetzen. Den Laien aber überzeugten seine Prophezeiungen, wenn sie auch auf den zweiten Blick nicht mehr so eindrucksvoll waren.

Dank der Weltraumfahrt kann man heute z. B. die Magnetfelder der Erde vermessen. Sie werden keineswegs oberhalb der Atmosphäre stärker, wie Velikowsky angenommen hatte.

Vielmehr enden sie an einer ziemlich genau erkennbaren Grenze, ungefähr bei einem Viertel der Entfernung zum Mond. Eine Ausnahme bildet das Feld direkt gegenüber der Sonne, wo sie vom „Sonnenwind" in eine langgestreckte Tropfenform geweht werden. Beim Sonnenwind handelt es sich um stark beschleunigte Gaspartikel, die von der Sonne ausgestrahlt werden. Diese Teilchen führen sehr wechselhafte Magnetfelder mit sich, die aber so schwach sind, daß sie nur mit höchstempfindlichen Geräten registriert werden können.

Die Ergebnisse der Mond-Exkursionen haben einwandfrei Velikowskys Behauptung widerlegt, wonach das Gestein auf der Oberfläche des Mondes noch vor weniger als dreitausend Jahren flüssig gewesen sei. Sämtliche gefundenen Steine waren seit mindestens drei Milliarden Jahren fest.

Wenn der Mond seit so langer Zeit allenfalls durch Meteoriteneinschläge verändert wurde, dann dürften auch die Veränderungen der Erdoberfläche nicht auf kosmische Katastrophen, sondern allein auf innere Vorgänge zurückzuführen sein.

Eine weitere Hauptstütze von Velikowskys These über eine plötzliche Achsenverschiebung der Erde waren die „schockgefrosteten" Tiere, die man in der Arktis fand – Zeugen einer schlagartigen Klimaveränderung. Hapgood nahm zwar eine langsamere Verlagerung der Achsen an, dennoch stürzte auch er sich mit Wonne auf die Meldungen über aufsehenerregende Funde, wie den eines kompletten Mammuts, das noch das Maul voller Butterblumen hatte.

Velikowsky stützte seine Theorien vor allem auf Tierfunde, die man im gefrorenen Schlamm beim Goldtagebau in Alaska machte. Dabei hatte man einmal mit gewaltigen Wasserstrahlen den gefrorenen Schlammboden eines ganzen Tales abgetragen, um an die goldhaltigen Kiesschichten heranzukommen. Man schwemmte die oberste, aufgetaute Schicht weg, so daß die darunterliegende Schicht tauen konnte. Auf diese Weise wurden die seit Jahrtausenden eingefrorenen Überreste von Pflanzen und Tieren freigelegt. Man fand Mammuts, Löwen, Kamele, Bisons, Pferde, zwei ausgestorbene Moschusochsen-Arten, die allesamt zu Kolumbus' Zeiten schon verschwunden waren, ferner Elche, Luchse und Rentiere.

„Wie kam es zu diesem Massensterben?" fragte Velikowsky. Er glaubte, daß die Ozeane die Kontinente wiederholt überflutet haben.

Hapgood sah alles weniger dramatisch; aber in seinem Buch *Die wandernde Erdkruste* nahm auch er schlagartige Klimaveränderungen an. Er führte vor allem das Mammut von Berezowka an, das heute präpariert und teilweise ergänzt im Zoologischen Museum von Leningrad steht. Es wurde 1901 am Ufer der Berezowka in Nordostsibirien entdeckt. Es wird berichtet, daß sich im Maul des Tieres eine Mischung verschiedener Gräser befand, im Magen Überreste zahlreicher Pflanzenarten, darunter auch von einer Art Butterblume. Viele Pflanzen waren für die arktische Wiese typisch. Aus der Entwicklung und dem Blütenstand dieser Pflanzen schloß man, daß das Mammut sein letztes Mahl im Juli oder August zu sich genommen haben mußte.

Hapgood folgerte: Durch die Verschiebung der Erdkrusten kommt es zu

gewaltigen Vulkanausbrüchen. Die ausgeworfene Asche verdunkelte den Himmel, ein plötzlicher Temperatursturz ist die Folge. „Das Mammut äst friedlich auf der Wiese. Gerade hat es ein Maul voll Butterblumen verschluckt; mit seinem Rüssel reißt es ein paar wilde Bohnen ab. Es ist warm, und nichts deutet auf die bevorstehende Katastrophe." Als die vulkanische Asche den Himmel verdunkelt, erfriert das Tier.
In seinem zwölf Jahre später erschienenen Werk *Die Wanderung des Pols* gab sich Hapgood sachlicher. Tatsächlich läßt sich die Theorie gigantischer Schockfrostung von Tieren angesichts neuerer Erkenntnisse nicht mehr halten. Das chaotische Durcheinander von Tier- und Pflanzenresten läßt sich allein durch die Zerstörungskraft der Wasserstrahlen erklären, die beim Tagebau eingesetzt wurden.
Überdies hat Troy Péwé von der Universität in Alaska, ein Experte für die Bodenveränderungen durch die Eiszeiten, festgestellt, daß die Elefantenfriedhöfe, wo man viele Knochen fand, meist am Zusammenfluß urweltlicher Flüsse lagen, welche die Knochen und andere Überreste von den Höhen heruntergeschwemmt hatten.
Den stärksten Beweis gegen die Schockfrost-Theorie lieferten die inzwischen erfolgten Altersbestimmungen der beim Tagebau in Alaska gefundenen Tierteile.
Im Sommer 1935 war ich im Auftrag des Naturhistorischen Museums von New York auf den Tagebaustätten in Alaska bei Fairbanks, um dort nach Knochen und anderen eiszeitlichen Relikten zu suchen. Meine größte Trophäe war der Unterschenkel eines Riesenbisons mit Fell, Sehnen, Hufen und teilweise intakter Muskulatur. Sonst war nicht mehr viel zu finden. Der Zersetzungsprozeß war durch die Goldgräber nach Jahrtausenden wieder in Gang gekommen.
Mancherorts hat man vorgeschichtliche Flußbetten freigelegt, an deren Ufern sogar die Grasnarbe erhalten war. Ich fand runde Flecken von der Größe eines Suppentellers. Als ich sie mit dem Messer herausschnitt, stieß ich auf das Winternest einer Erdhörnchenfamilie. Im Inneren fanden wir die Tierchen, die sich zum Winterschlaf zusammengekringelt hatten. Ein winziger Tunnel führte von der Höhle nach oben zur Vorratskammer, wo wir noch Getreide fanden, ein weiterer nach unten, zur Abfallgrube.
Damals vermutete ich, daß zur Eiszeit irgendein Winter einfach für die Tiere zu streng war. Verhungert waren sie offensichtlich nicht, verfügten sie doch noch über Vorräte. Péwé dagegen nahm an, daß die Tiere bei einem starken Frühjahrshochwasser ertranken oder durch einen Erdrutsch verschüttet wurden. Er glaubt sogar, daß auf diese Weise Mammuts begraben und eingefroren wurden. Andere mögen in Schlammlö-

cher gefallen sein, die schließlich zufroren. Wieder andere starben im Sommer, verwesten aber im kühlen Klima nur unwesentlich, ehe eine Mure und dann schließlich der Winter die Kadaver in die Tiefkühltruhe der Natur einschloß. Jahrtausende später erst kamen sie durch den Bergbau oder natürliche Erosion, wie an der Berezowka, wieder ans Licht.
Im Gegensatz zu den Funden in Sibirien fand man in Alaska fast keine vollständig erhaltenen Tiere. Zwar entdeckte man 1948 bei Fairbanks ein Mammutbaby, von dem der Kopf mit Hals und Rüssel sowie ein fast kahles Vorderbein erhalten geblieben waren. Einige Jahre darauf fand man den Kopf eines riesigen erwachsenen Mammuts mit 4 m langen Stoßzähnen und einem Teil seines Felles.
In Sibirien entdeckte man auch mehrere teilweise recht guterhaltene Nashörner. Diese Tierart wanderte offenbar nie über die damals noch bestehende Landbrücke nach Alaska, vielleicht weil sie auf dem Weg dorthin keine geeigneten Weideplätze fand.
Das Bild der eiszeitlichen Landschaft prägten die riesigen Mammutherden. Allein in Sibirien fand man in den letzten 250 Jahren Stoßzähne, Knochen und andere Überreste von 117 000 Tieren. An der englischen Küste bei Norfolk hatte man Tausende von Stoßzähnen aus dem Meer gebaggert. Auch an der Ostküste der USA sind solche Funde in den Schleppnetzen der Trawler keine Seltenheit. Sie stammen aus einer Zeit, in der ein Teil der Wassermassen der Erde als Eis mit dem Festland verbunden war. Der Meeresspiegel war um viele Meter niedriger als heute, und die Tiere weideten auf dem Land vor den heutigen Küsten, das jetzt unter dem Meere liegt.
Velikowsky glaubte, daß die Mammutherden bei einer oder mehreren gewaltigen Fluten umgekommen seien. Die Funde in Alaska stammen aus „eher neuerer Zeit“ – entweder Ende der Eiszeit oder in den unmittelbar folgenden Jahrtausenden. Er erkannte, daß der Zeitpunkt ihres Todes für seine Theorie von entscheidender Wichtigkeit war. „Archäologen müssen die Frage klären“, sagte er, „ob die Auslöschung der Mammutherden und anderer Tiere in Alaska und Mittelasien entweder im achten und siebten oder aber im fünfzehnten Jahrhundert vor unserer Zeitrechnung erfolgte – also entweder zu Zeiten Jesaiahs oder des Auszugs aus Ägypten.“
In den Jahren, seit denen Velikowsky seine Theorie veröffentlichte, wurde die C_{14}-Methode zur Altersbestimmung organischer Materie entwikkelt. C_{14} ist ein radioaktives Isotop des Kohlenstoffs. Es entsteht in der Stratosphäre durch Strahlung aus dem Weltraum. In der Luft ist es stets im etwa gleichen Anteil enthalten. Es zerfällt zu Stickstoff und wird durch Neubildung in der Stratosphäre ergänzt. Ist es einmal von Tieren

oder Pflanzen aufgenommen worden, kann es nicht mehr ergänzt werden. Durch Bestimmung des Anteils von C_{14} im Verhältnis zu normalem Kohlenstoff kann das Alter organischer Stoffe ermittelt werden.
Auf diese Weise schätzt man das Alter des Mammuts von der Berezowka auf rund 45 000 Jahre. Es starb also im ersten Teil der jüngsten Eiszeit, die vor 73 000 Jahren begann und vor 10 000 Jahren endete. Die in Alaska gefundenen Tierteile sind etwa 30 000 Jahre alt. Für eine oder mehrere der Velikowskyschen Weltkatastrophen gibt es keinerlei Anhaltspunkte. Die Mammut-Funde sind allesamt viel älter als Velikowsky angenommen hatte.
Diese Fakten sprechen gegen seine Argumentation. Tatsache aber ist, daß das Ende der letzten Eiszeit für die großen Säugetierarten katastrophal war. In allen Teilen der Welt starben in verhältnismäßig kurzer Zeit viele Arten aus. Allein vom amerikanischen Doppelkontinent verschwanden 49 Arten, wobei das einzelne Tier durchschnittlich mehr als 45 kg wog. Faultiere von Elefantengröße konnten Baumwipfel herunterziehen und das Laub abfressen. Auch Kamele mit Giraffenhälsen, die ebenfalls an Baumkronen knabberten, verschiedene Pferdearten, darunter zebraähnliche, Nagetiere so groß wie Nashörner, nilpferdähnliche Pflanzenfresser, ein Riesenbiber, verschiedene Elefantenarten, insgesamt ein kompletter Zoo seltsamer Tiere gingen ein. Man schätzt, daß durch das Aussterben der Riesenbisons, Mammuts und Urpferde das Gesamtgewicht aller lebenden Tiere sich um etwa 90 % vermindert hat. All diese Tierarten hatten drei Eiszeiten überlebt. Wieso gingen sie in der Endphase der letzten Eiszeit unter? Das ist eine der interessantesten Fragen der Naturgeschichte. Die Antworten reichen von Epidemien über schnelle Klimaveränderungen – allerdings nicht katastrophenartigen, wie Velikowsky und Hapgood annahmen –, die den Tieren keine Zeit zum Wandern oder Anpassen ließen, oder plötzliche Veränderungen der Flora bis hin zum „Overkill durch den Menschen".
Die letzte Theorie hat der Amerikaner Paul S. Martin entwickelt. Er wies darauf hin, daß das Aussterben der Tiere vor rund 40 000 Jahren in Afrika begann, sich dann durch Europa und Nordasien über die Landbrücke der Beringstraße nach Amerika fortsetzte und vor etwa 8 000–13 000 Jahren sogar das isolierte Australien erreichte. Paul S. Martin glaubt, daß die Großwildjagd durch den Menschen zur Ausrottung vieler Tierarten führte. Er weist in diesem Zusammenhang vor allem auf die sogenannten Clovis-Spitzen hin, Steinspitzen, die mit großer Kunstfertigkeit geschlagen wurden. Sie besitzen einen gerillten Schaft und konnten so in eine geschlitzte Speerstange gesteckt werden. Ihren Namen erhielt sie nach der Ausgrabungsstätte in Neumexiko.

Sind solche und ähnliche Speerspitzen wirklich frühe Massenvernichtungswaffen gewesen? Waren sie für die erste katastrophale Einwirkung des Menschen auf seine Umwelt verantwortlich?
Viele Forscher lehnen Martins Theorie des „Overkills durch den Menschen" ab. Einige führen an, daß es lange vor dem Aussterben schon Menschen in Amerika gegeben habe. Andere bezweifeln, wie ein paar tausend Einwohner, über den ganzen Kontinent verstreut, Millionen riesiger Säugetiere ausrotten konnten. Warum überlebten aber nicht wenigstens die paar Exemplare, die zur Erhaltung der Art erforderlich gewesen wären? Manche glauben, der Mensch sei es gewesen, der den wenigen Überlebenden einer anderen Katastrophe den Gnadenstoß gab.
Immerhin aber wissen wir, daß der Mensch schon in seiner Frühzeit für die Massentötungen von Tieren verantwortlich gewesen ist. In Solutré, der Ausgrabungsstätte in Frankreich, die einem vorgeschichtlichen Zeitalter den Namen gab, fand man an einer einzigen Stätte die Gebeine von über 100 000 Pferden. Der Russe K. K. Wereschtschagin berichtet von vielen hundert Skeletten in engen Schluchten, wohin die Tiere von eiszeitlichen Jägern getrieben und dann mit Keulen, Speeren und anderen Waffen abgeschlachtet wurden. Oft haben die Jäger auch Feuer entfacht, um die Tiere zu jagen, wobei Hunderte oder sogar Tausende umkamen oder verstümmelt wurden. Dabei vernichtete der Mensch mit seinem Feuer zugleich die für die Erhaltung der Art wichtigen Weiden.
Paul Martin zufolge kamen die Jäger über die Landbrücke der Beringstraße nach Nordamerika. Als sich die Haupteisschicht über Kanada nach Osten zur Hudson-Bay zurückzog und auch die von den westlichen Gebirgen ausgehenden Gletscher schwanden, konnten die Menschen in der Mitte des Kontinents nach Süden vordringen. Das geschah vor ungefähr 11 500 Jahren. Sie befanden sich nunmehr in einem Land, dessen Tiere noch nie zweibeinigen Räubern begegnet waren. Deshalb fielen sie den Speeren als leichte Beute zum Opfer.
Sind auf diese Weise auf der ganzen Welt zahlreiche Tierarten ausgerottet worden? Die Suche nach einer befriedigenden Erklärung geht weiter. Man untersucht dabei Blütenstaub, der bei den Tierüberresten gefunden wurde, und auch den Dung, den einige Tierarten in Höhlen hinterließen. Man schließt daraus auf die Zusammensetzung ihrer Nahrung.
Auf diese Weise stellte man fest, daß das Northrotheriops, ein Faultier von der Größe eines Ponys, das in Nevada, Arizona und Neumexiko lebte, Wüstensträucher wie den Mormonentee oder den Josuabaum fraß. Lebten sie von diesen Pflanzen, die für andere Weidetiere wenig verlockend waren? Oder war diese Nahrung ein verzweifelter Versuch, in einer immer unwirtlicher werdenden Umgebung zu überleben? Die

Antwort darauf und die auf die Frage nach der Rolle, die der Mensch beim Aussterben der Tiere gespielt hat, muß erst noch gefunden werden. Es mag sein, daß die Ausrottung von Tierarten durch den Menschen einem besonderen Trägheitsgesetz unterliegt. Bis heute haben wir einen großen Teil der Lebensräume für Wildtiere beseitigt, um für unsere Landwirtschaft, unsere Wohnungen, Industrien und Verkehrswege Platz zu schaffen. Sind wir also dabei, aus der Erde einen Planeten mit Monokultur zu machen, wobei der Mensch am Ende das einzige Produkt ist? Er wäre dann allen Gefahren und Seuchen unterworfen, die jede Art von Monokultur bedrohen.

Trotz der entrüsteten Reaktion auf Velikowskys Theorien hat man in den fünfziger Jahren unseres Jahrhunderts die Ablehnung aller Katastrophentheorien, die ihren Ursprung im 19. Jahrhundert hatten, allmählich überwunden. Auch sehr zurückhaltende Wissenschaftler begannen die Möglichkeit einzubeziehen, daß dramatische Ereignisse von Zeit zu Zeit das Angesicht der Welt verändert haben.

John T. Hollin, ein englischer Geologe, der bei Hess in Princeton studiert hatte und danach in einer amerikanischen Forschungsstation im Wilkes-Land an der antarktischen Küste stationiert war, entwickelte eine Theorie, um die Entstehung von Velikowskys Katastrophen-Überschwemmungen zu erklären. 1964 hatte er einen Aufsatz des Neuseeländers A. T. Wilson gelesen, der die Entstehung der Eiszeiten mit periodischen Schwankungen der antarktischen Eisdecke zu erklären suchte.

Die Eisschicht, die den ganzen Kontinent bedeckt, wird durch den jährlichen Schneefall ständig vermehrt; das Eis fließt zur Küste und bricht in Form von Eisbergen ab. Wilson behauptete nun, ebenso wie Velikowsky und Hapgood, daß die Zunahme größer ist als der Abbau. Die Eisschicht wird dicker und sperrt dabei die von der Erde aufsteigende Wärme ein. Dieser Wärmestau führt schließlich dazu, daß das Eis ganz unten schmilzt und eine Wasserschicht bildet, auf der die Eisdecke zum Gleiten kommt. Auf diese Weise seien von Zeit zu Zeit schon große Teile der antarktischen Eisdecke ins Meer gerutscht.

Dort, wo das Eis vom Land aus als Schelfeis ins Meer vorstößt, ist es ziemlich gleichmäßig 200 m dick, auch wenn die Schicht an Land wesentlich dicker ist. Wilson zufolge würde die Eismasse, die bei gleichbleibender Dicke eine Fläche von der Größe ganz Europas bedecken würde, sich bald zu einer gleichmäßigen, 200 m dicken Schicht ausbreiten, wenn sie ins Meer gleitet. Diese Fläche wäre zusammen mit der schneebedeckten Antarktis ein brillantweißer Reflektor von der Größe des asiatischen Kontinents. Er würde alsdann so viel Sonnenenergie in den Weltraum zurückstrahlen, daß sich die Erdatmosphäre langsam ab-

kühlen und damit unweigerlich eine neue Eiszeit beginnen würde. Hollin hat in seinen Darlegungen darauf hingewiesen, daß ein solches Abgleiten den Meeresspiegel um 70 m anhöbe. Ein teilweises Abgleiten, das er für wahrscheinlicher hält, würde immerhin das Meer um 20 m steigen lassen. Ob sich dieser Vorgang innerhalb von Jahren oder von Tagen abspielte, die Folgen für die großen Städte und die fruchtbaren Gebiete an den Küsten der Welt wären katastrophal.
Die größte Eisverschiebung unserer Zeit ereignete sich in den Jahren 1935–1938 bei Spitzbergen. Der Gletscher von Bråsvellbreen schob sich auf einer Breite von 32 km um 21 km vor.
Gletscherspuren an den Küstengebirgen der Antarktis zeigen, daß die Eisschicht einmal sehr viel dicker war als heute, aber Hollin führt dies auf kurzfristige Veränderungen längs der Küste zurück. Die große Eismasse im Landesinneren müsse sich seit 73 000 Jahren dort angesammelt haben, als ein großes Abgleiten die letzte Eiszeit auslöste. Eine Probebohrung im Inlandeis ergab, daß die Schicht 2 200 m dick ist; unter ihr befindet sich tatsächlich eine Wasserschicht. Durch Radarmessung aus der Luft hat man sogar ausgedehnte Seen festgestellt.
Ein weiteres Indiz für die Wahrscheinlichkeit großer Eisrutsche fand Hollin in der Tonerde bei London, die man früher als Relikt der Sintflut ansah. Die Ziegel, aus denen das alte London erbaut war, wurden hauptsächlich aus Ton von der Themsemündung hergestellt. Er lag dort in Schichten, die jeweils durch Lagen von pflanzlichem Material getrennt waren. Dies deutet auf wechselnde Fluten und Zeiten neuer Grünflächen. Es gibt aber eine einzige Schicht, die ungefähr 10 m dick ist und die auf einmal entstanden zu sein scheint. Im Laufe des letzten Jahrhunderts fand man in dieser Schicht die Knochen zahlreicher eiszeitlicher Tiere. In einer einzigen Tongrube entdeckte man die Überreste von 84 Elefanten jeden Alters und jeder Größe. Es schien plausibel, in ihnen Opfer der biblischen Sintflut zu sehen. Andere Tiere, etwa Hirsche und Raubtiere, wurden kaum gefunden, so daß man annahm, daß es diesen behenderen Tieren gelungen sei, sich auf höheres Gelände zu retten. Leider ist diese Tonschicht nicht mehr zugänglich, weil die Gruben erschöpft sind oder das Gelände darüber bebaut wurde.
Untersuchungen des Sauerstoffgehalts in tieferen Schichten des Grönlandeises ergaben, daß das Klima vor rund 89 500 Jahren wärmer war als heute, sich dann aber plötzlich zu dem einer Eiszeit abkühlte. Kurzfristig wurde es dann wieder wärmer. Die letzte Eiszeit dürfte vor etwa 73 000 Jahren begonnen haben. Untersuchungen des Meeresbodens im Golf von Mexiko führten zu ähnlichen Ergebnissen. Dies könnte sehr wohl auf einen Erdrutsch in der Antarktis, aber auch auf starke vulkani-

sche Tätigkeit zurückzuführen sein, die den Himmel verdunkelte und damit die Sonne aussperrte.
Eine schreckliche Folge dieser Theorie ist die Befürchtung, eine Großmacht könnte mit Hilfe von Atombomben versuchen, einen solchen Eisrutsch auszulösen. Er würde die meisten Städte und landwirtschaftlichen Gebiete der Küstenstationen – und damit zugleich der meisten Industriestaaten – vernichten.
Wer würde von solch einem Schlag profitieren? Logischerweise allenfalls ein küstenfernes Binnenland am Äquator. Eine längere Gletscherperiode würde in den heute gemäßigten Klimazonen arktische Verhältnisse schaffen, die Tropen dagegen hätten ein angenehmes Klima mit ausgiebigen Regenfällen.
Während es umstritten bleibt, ob sich große Eisabgänge wirklich ereignet haben, so ist heute eines der Phänomene, die Velikowsky als Beweis vorgeschichtlicher Weltkatastrophen ansah, weitgehend anerkannt. Im Gegensatz zu seiner Annahme aber hängt dies nicht mit plötzlichen Verschiebungen der Erdachse zusammen. Velikowsky hatte sich unter anderem auf einen Bericht der schwedischen Tiefseeexpedition von 1947–48 gestützt, demzufolge plötzliche Ereignisse den Meeresgrund verändert haben. In den Kriegsjahren entwickelten die Schweden ein Verfahren, dem Meeresgrund Bohrproben zu entnehmen. Dazu wurde ein Rohr in die Ablagerungsschichten getrieben. Die Schichten der entstehenden Bohrungen sind wie die Seiten einer Jahrtausende alten Chronik des Meeres. Tag für Tag sterben winzige Organismen, die schwebend im Wasser leben, und ihre Körper rieseln wie ein ständiger sanfter Schneefall auf den Meeresgrund.
Art und Dichte dieser Lebewesen hängen vom Klima und von der Wassertemperatur ab; so geben die Schichten Zeugnis sowohl von der Evolution der Meerestiefe als auch vom Wasserklima.
Die Geschichte dieser Evolution konnte teilweise rekonstruiert werden. Man vermag durch Untersuchung der winzigen Muscheln in einer Ablagerungsschicht festzustellen, vor wieviel tausend oder Millionen Jahren sie entstanden ist. Weil tausend Jahre nur eine Schichtdicke von 1 cm ausmachen, kann man unter Umständen von einem Bohrkern von einigen Metern Länge die Geschichte von hunderttausend und mehr Jahren ablesen.
Der Schwede Kullenberg entwickelte einen verbesserten Bohrer, der ähnlich wie eine Kolbenspritze arbeitet und das Probenmaterial in seine Röhre hineinsaugt. Mit einem solchen Gerät war die schwedische Expedition ausgerüstet, außerdem hatten sie Wasserbomben dabei. Die Druckwellen der Explosion werden vom Meeresboden reflektiert und

erlauben Rückschlüsse auf die Dicke der Ablagerungen bis zu einer Tiefe von 1 km.

Hans Petterson, Direktor des ozeanographischen Instituts von Göteborg, berichtete über die Ergebnisse der Expedition. Velikowsky zitierte ihn ausgiebig. Es wurden etwa 200 Bohrproben entnommen, deren Kerne zusammen länger als 1,6 km waren. Sie enthielten Zeugnisse der gewaltigen Katastrophen, die das Gesicht unserer Erde verändert haben. Außer von Eiszeiten und gewaltigen Vulkanausbrüchen berichten sie von Ereignissen, die den Meeresboden Hunderte, ja Tausende von Metern hoben oder senkten.

Den Beweis für diese Annahme lieferte die Entdeckung, daß es auf dem Meeresgrund mitten im Ozean Sand und Schlick gibt, wie er durch Erosion an den Küsten entsteht. Außerdem entdeckte man Schluchten, die am Rand tief in den Kontinentalschelf einschneiden und dort am Abhang hinunter zum Tiefseegrund führen. Eine der bekanntesten dieser Schluchten liegt vor der Mündung des Hudson bei New York. Sie ist gewissermaßen die Fortsetzung des Flußlaufs auf dem Meeresboden. Wäre der Ozean trocken, wäre sie mit Felswänden von 1 000 m Höhe so eindrucksvoll wie der Grand Canyon. Sie reicht 200 km weit, bis sie auf die Ebene des Tiefseebodens mündet.

Ähnliche Stromtäler gibt es vor den Mündungen zahlreicher großer Flüsse. An ihrem Ende befinden sich mächtige Ablagerungen, wie man sie an der Mündung eines Stromes in seichtes Meer erwarten würde. Das Ende der Hudson-Schlucht liegt 4 500 m unter Wasser. War der Meeresspiegel einmal so viel niedriger, daß nur flache Seen an den tiefsten Stellen der Ozeanbecken übrigblieben? Oder sank der Meeresboden so weit ab, wie das sagenhafte Atlantis? Wie sonst konnten die Ströme tiefe Täler durch massives Gestein geschnitten und Sand von der Küste in die Tiefsee getragen haben?

Velikowsky wollte dies mit gewaltigen Erschütterungen der Erde erklären; andere aber suchten nach wahrscheinlicheren Lösungen. Eine mögliche Antwort kam nicht aus der Tiefsee, sondern aus der Schweiz.

Genauer gesagt aus dem Bodensee und dem Genfer See. Der eine wird vom Rhein, der andere von der Rhone durchflossen. Man entdeckte, daß dort, wo die Flüsse in die Seen münden, die Einschnitte der Stromtäler weit in die Seen hineinreichen.

1883 legte F. A. Forel der französischen Akademie der Wissenschaften einen Bericht vor, demzufolge im Genfer See die Schlucht der Rhone 6 km weit bis in einen sehr tiefen Teil des Sees reicht, und versuchte zu erklären, wie der scheinbar gemächliche Lauf des Wassers diesen Einschnitt geschaffen haben könnte:

Bei der Frühjahrsschneeschmelze habe das kalte Wasser, das durch mitgeführte Stoffe sehr schwer ist, den Boden regelrecht weggescheuert. An der Oberfläche bemerke man nichts von den Kräften, die in der Tiefe walten.
Ein Kubikmeter Rhonewasser enthält zur Zeit der Schneeschmelze 130 g Gesteinsmaterial, das die Gletscher von den Bergen abgeschliffen haben. Süßwasserströme, die ins Meer münden, würden keine derartige Wirkung ausüben, weil Süßwasser leichter ist als Meerwasser und darum an der Oberfläche bliebe ... Damit scheint er jedoch unrecht zu haben. Man muß sich dazu den Hudson vor zehntausend Jahren vorstellen, als die große Eisdecke abschmolz, aber noch nicht den St. Lorenz-Strom als zweiten Abfluß freigelegt hatte. Große Mengen eiskalten, abriebbeladenen Wassers flossen durch das Hudsontal hinaus über den Kontinentalschelf, der damals wegen des tieferen Meeresspiegels teilweise über Wasser lag. Auf diese Weise könnte unter Wasser ein mächtiges Stromtal entstanden sein.
Der Harvard-Professor Reginald Daly war der erste, der 1936 die Entstehung der Tiefseeschluchten mit den Beobachtungen im Genfer See in Beziehung zu bringen suchte. Der Vorgang, den man heute als Aufschwemmung bezeichnet, schien damals zu gewagt, um akzeptiert zu werden. Inzwischen hat man jedoch erkannt, daß solche Strömungen bei der Gestaltung des großen Teils der Erde, der unter Wasser liegt, eine wesentliche Rolle spielen. Die Spuren dieser Vorgänge in den Urmeeren fand man an Gesteinen, die durch die Umschichtungen ins Hochgebirge verlagert wurden. Eine Aufschwemmungsströmung ist ein Ereignis von nahezu unvorstellbarer Gewalt, die noch kein menschliches Auge wahrgenommen hat. In wenigen Stunden schafft sie es, Tausende von Quadratkilometern des Meeresgrunds mit Sand, Kies und Schlick zu bedecken, der aus Hunderten von Kilometern Entfernung stammt.
Die einzig vergleichbaren Ereignisse auf dem Land sind Staubschneelawinen und die glühenden Lavagase bei Vulkanausbrüchen wie dem von Martinique, der im Jahre 1902 binnen weniger Sekunden alle 30 000 Einwohner der Stadt St. Pierre tötete – alle bis auf einen Gefangenen, der in einem unterirdischen Kerker überlebte.
In beiden Fällen vermischt sich Materie – Schnee oder vulkanischer Staub – mit der Luft und bildet so eine Art überschwerer Luft, die den Hang hinunterfegt. Da sie von fast keiner Reibung gebremst wird, kann sie Geschwindigkeiten erreichen, die denen eines Flugzeugs im Sturzflug gleichkommen. Eine Staubschneelawine entsteht nur bei Pulverschnee. Sie rast nicht nur den Abhang hinunter, sie kann auch Täler überqueren

und den Gegenhang ein Stück hinaufsteigen. Im Februar 1970 erfaßte eine gewaltige Staubschneelawine ein neu erbautes Hotel in Val d'Isère. Sie war einen gegenüberliegenden Hang herabgedonnert, hatte einen Fluß und eine Autostraße überquert und schließlich die Terrassenfenster des Hotels eingedrückt. 38 Menschen kamen bei dem Unglück um.
Bei den glühenden Lavagasen sind es Vulkanasche und glühendheiße Gase, die sich mit der Luft vermischen.
Fast niemand nahm Dalys Theorie ernst, bis Philip Kuenen in der Universität von Groningen eine Reihe von Versuchen in einem Tank durchführte. Dessen Boden kann geneigt werden, um die Bedingungen zu simulieren, unter denen solche Turbiditätsströmungen entstehen. Kuenens Studien veranlaßten Bruce C. Heezen und Maurice Ewing von der Columbia Universität in New York, die Auswirkungen eines Seebebens zu untersuchen, das 1929 die Grand Banks vor Neufundland heimgesucht hatte. In diesem Gebiet laufen viele Seekabel zusammen, von denen zwölf zerrissen. Die Kabel waren alle in Betrieb, so daß man den Zeitpunkt der Unterbrechung genau feststellen konnte. Sechs Stränge, die sich im Umkreis von 95 km vom Zentrum des Bebens befanden, brachen gleichzeitig. Ein weiter entferntes Kabel brach 13 Minuten später. „Noch 13 Stunden nach dem Beben“, schreibt Heezen, „brachen nach und nach immer neue Kabel, die weiter und weiter vom Bebenzentrum entfernt waren. Der letzte Bruch ereignete sich tief auf dem Meeresboden 480 km vom Epizentrum entfernt.“
Aus der zeitlichen Folge der Unterbrechungen schlossen Heezen und Ewing, daß die Turbiditätsströmung anfangs eine Geschwindigkeit von 83 km/h auf ziemlich breiter Front hatte.
Spätere Sondierungen des Meeresbodens ergaben, daß auf diese Weise mindestens 100 000 qkm des Meeresgrundes in einer Entfernung bis zu 800 km vom Zentrum des Bebens mit einer bis zu 1 m dicken Sand- und Schlickschicht überzogen wurden. Das dabei abgelagerte Material hat ein Volumen von ungefähr 100 cbkm. Daß alles auf einmal in einem gewaltigen Strom herunterkam, sieht man auch an der Schichtung, die für Turbiditätsablagerungen typisch ist. Die größeren Kieselsteine fallen dabei zuerst aus der Wolke heraus und bilden die erste Schicht über dem typischen Schlick des Meeresgrunds. Danach folgen die schweren und die leichteren Sandkörner, zum Schluß das staubfeine Material. Auf diese Weise erhält man von unten nach oben eine charakteristische Folge von grob bis fein.
In diesem Falle wurde zwar das abgelagerte Material von einem Beben und den davon ausgelösten Schlicklawinen am Steilhang des Kontinentalschelfs aufgewirbelt. Solche Lawinen lösen sich aber auch in regelmä-

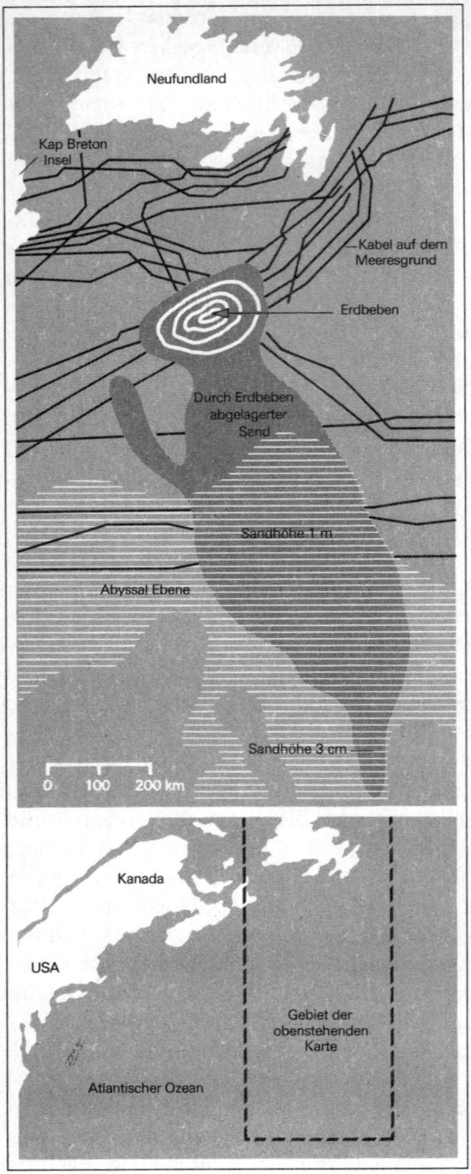

Am 18. November 1929 sind mindestens ein Dutzend auf dem Meeresboden verlegter Überseekabel durch das Erdbeben bei Grand Banks beschädigt worden. 1951 stellten Bruce Heezen und Maurice Ewing bei der Untersuchung dieser Vorgänge fest, daß eine unterseeische Lawine weit in den mittleren Atlantik gelangt ist und dabei schürzenförmig Sedimente auf dem Meeresboden abgelagert hat.

ßigen Abständen an Flußmündungen, wo sich mitgeführte Schwebestoffe an einem Hang ablagern, bis die Masse zu groß wird und sich ablöst. Eingehende Untersuchungen der Kongomündung mit dem Forschungsschiff *Vema* ergaben, daß die Mündungsschlucht unter dem Meer von 100 m hohen Steilufern gesäumt ist. Ähnliche Böschungen gibt es vor der Hudsonmündung und, in kleinerem Maßstab, auf dem Grund des Genfer Sees bei der Rhoneeinmündung. Sie werden offenbar von Ablagerungen aus den Turbiditätsströmungen vor den Flußmündungen gebildet.

Wie plötzlich abgelagerte Schichten abrutschen und eine Turbiditätsströmung auslösen können, sieht man am Beispiel der Mündung des Rio Magdalena in Kolumbien. Dort hat man die Molen beiderseits der Mündung mehrfach erneuern müssen, weil der Untergrund nachgab und ins Meer gespült wurde. Einmal verschwanden sogar über Nacht 250 m einer Mole. Als man sie wieder aufbauen wollte, war das Wasser an der Stelle 40 m tief. Als man ein gerissenes Kabel 24 km vor der Mündung aus einer Tiefe von 1 500 m zur Reparatur hoch holte, war es von grünem Flußgras umschlungen.

Es ist zwar noch immer umstritten, wie es zu den großen Schluchten und Tälern auf dem Meeresgrund kam, aber man nimmt heute vielfach an, daß einige davon durch Turbiditätsströmungen entstanden sind, die von den gewaltigen Ablagerungen auf dem Kontinentalschelf am Ende der Eiszeiten herrührten.

Auf jeden Fall steht fest, daß sich plötzliche Katastrophen nicht nur an Land, sondern auch unter Wasser ereignen. Diese Tatsachen erschüttern jedoch das Konzept der Lehre der Gleichförmigkeit nicht, solange man sie weit genug auslegt. Es besteht keine Notwendigkeit, an übernatürliche Ereignisse zu glauben, wenn wir das Werden der Gestalt der Oberfläche unserer Erde – über und unter Wasser – erklären wollen, auch wenn es einmalige und katastrophale Entwicklungen gegeben haben mag.

Im frühen 19. Jahrhundert waren Religionslehre und Geologie manchmal miteinander verquickt. William Buckland schrieb 1823 in seinem Buch *Spuren der Sintflut*, die Geologie sei „die wirksame Dienerin und Kammerzofe der Religion". In seiner Vorstellung gab es eine „gewaltige Flut, die die Vierbeiner von den Kontinenten wegspülte, die gewachsenen Schichten der Erde aufriß und die Oberfläche der Erde verwüstete".

Die Lehre von der Gleichförmigkeit, die inzwischen die Katastrophenlehre abgelöst hat, hat sich in zwei Schulen gespalten: Die einen glauben an die „Gleichförmigkeit der Entwicklungsgeschwindigkeiten und der materiellen Voraussetzungen" (woraus sich eine Skepsis gegenüber einzelnen Katastrophen ergibt); die anderen nehmen an, daß die Naturgesetze stets und unverändert über Raum und Zeit hinweg gelten, auch wenn sie gelegentlich dramatische Ereignisse zulassen. Aufgrund dieser Überzeugung hat Sir Charles Lyell, der im vergangenen Jahrhundert die moderne Geologie begründete, „Wunder zur Erklärung geologischer Vorgänge ausgeschlossen“.

Es ist bemerkenswert, daß ausgerechnet Harry Hess, Velikowskys vornehmster Fürsprecher – allerdings mehr in menschlicher, als in wissenschaftlicher Hinsicht –, eine Theorie mitbegründete, die in ihrem Ablauf zwar langsamer, aber nicht weniger dramatisch ist als die von Velikowsky. In seiner Vorstellung sind es aufeinanderstoßende Platten der Erdkruste, die die Gestalt der Erde verändern. An manchen Stellen dehnen sie sich aus, an anderen werden sie nach unten ins Erdinnere gedrückt.

Die ersten Verfechter dieser Lehre mußten zwar nicht den beißenden Spott ertragen, den Velikowsky während seiner ganzen Karriere erduldete; dennoch wurden sie einige Jahre lang von ihren Kollegen sehr argwöhnisch beobachtet.

Vor dem Erscheinen dieser Theorie gab es noch eine weitere, die in ihrer Einfachheit geradezu ideal anmutete; sie betrachtete die Erde schlicht als Ballon, der sich ausdehnt.

4 *Die Erde als Ballon*

Wenn man die Formen der Erdteile aus Papier ausschneidet, ist es möglich, sie auf einem Luftballon entsprechender Größe so zusammenzusetzen, daß sie fast die ganze Oberfläche bedecken. Bläst man dann den Ballon weiter auf, rücken die „Kontinente“ auseinander und in den Zwischenräumen entstehen „Ozeanbecken“.

Der Versuch, die Wanderungen der Kontinente durch Ausdehnung der Erdkugel zu erklären, ist von verschiedenen Forschern unternommen worden. In leicht abgewandelter Form wurde der Gedanke bis in die 70er Jahre hinein verfochten.

S. Warren Carey, Ordinarius für Geologie an der tasmanischen Universität in Hobart, ist wohl der eifrigste und beredteste Verfechter dieser Lehre. Er organisierte 1958 ein internationales Symposium über die Drifttheorie. Dazu lud er Chester Longwell aus Yale als wichtigsten Gastredner ein.

Longwell machte schon in seiner Begrüßungsansprache deutlich, daß er mehr an Polwanderungen als an Verschiebungen der Erdteile untereinander glaube. Mit besonderem Argwohn betrachtete er Wegeners Hypothese von den kontinentalen „Schiffen“, die ein Meer der „ozeanischen Kruste durchpflügen“. Er hielt die Ozeankruste für starrer als Wegener. „Kann denn ein Schiff ein Meer durchpflügen, das fester ist als sein eigener Bug?“ fragte er.

Carey beantwortete die Frage mit der Ausdehnung der Erde. Dadurch würden die Landmassen auseinandergerissen, Ozeane entstünden dazwischen, und es brauchte nicht gepflügt zu werden. Die junge Erde war im Durchmesser weniger als halb so groß wie heute, die Oberfläche betrug dementsprechend nicht einmal ein Viertel der gegenwärtigen. Infolgedessen bedeckten die Kontinente die ganze Oberfläche des Erdballs. Durch das stetige Wachstum wurden die Landmassen auseinandergerissen, und das nachdrückende Material unter den Krustenplatten führte zur Entstehung von Gebirgszügen.

Das eigentliche Problem, so räumte Carey ein, bestehe darin, eine plausible Erklärung für eine solche Ausdehnung zu finden. Wenn die Erde zu Beginn kalt war, könnte die Erwärmung einen Teil der Ausdehnung

verursachen. Die Umwandlung eines Teils der Materie aus dem Inneren in Gase würde den Ballon noch weiter aufblähen, ebenso wie weitere „Phasenverschiebungen". Aber all diese Ursachen zusammen reichten wohl nicht aus, den Durchmesser des Planeten zu verdoppeln.
Carey appellierte daher an die Physiker, ihm eine Erklärung zu liefern. Seine Pflicht als Geologe sei es, unbeirrt seinen Beobachtungen zu folgen. „Vielleicht gerate ich dabei einmal ins Absurde, so daß ich die Idee fallenlassen muß, aber dies war bisher noch nicht der Fall. Im Gegenteil, meine Erkenntnisse ermutigen mich, die Physik um ein Weltmodell zu bitten, bei dem die Erde sich im Laufe der Zeit immer mehr ausdehnt."
In der Tat haben einige Physiker Theorien vorgelegt, nach denen alle Himmelskörper im Laufe der Zeit wachsen. Die Reaktion von Niels Bohr auf die erste solcher Thesen mag indes typisch sein. Eines Tages im Jahre 1937 kam er in seinem Kopenhagener Institut in das Zimmer des in Rußland geborenen Kosmologen George Gamow. Bohr schwenkte die neueste Ausgabe der englischen Zeitschrift *Nature* und rief: „Schau mal, was alles geschehen kann, wenn Leute heiraten!"
Er spielte auf die Hochzeit zwischen dem britischen Theoretiker P. A. M. Dirac und der Schwester des ungarischen Physikers Eugene Wigner an. Dirac hatte den Gedanken aufgeworfen, daß sich das Größenverhältnis zwischen Schwerkraft und elektrischer Kraft langsam verschiebt. Dabei wird die Schwerkraft – die einzige Kraft, die über große Entfernungen im All wirksam ist und die Bahnen sämtlicher Planeten und der übrigen Himmelskörper bestimmt – allmählich schwächer. Dirac zufolge war das Zahlenverhältnis dieser Kräfte, das jetzt sehr groß ist – weil die Schwerkraft so schwach ist –, einmal eins zu eins. Die Schwerkraft habe stetig abgenommen; aus dem heutigen Verhältnis könne man das Alter des Universums errechnen. Wenn nun die Schwerkraft abnimmt, läßt auch der Druck auf die Masse des Erdinnern nach, also dehnt sich die Erde aus.
Obwohl Dirac als theoretischer Physiker beinahe so viel Ansehen genießt wie Einstein, wurde seine These mit starker Zurückhaltung aufgenommen. Edward Teller, der spätere „Vater der Wasserstoffbombe", wies darauf hin, daß bei einer stärkeren Schwerkraft die Sonne auch mehr Energie abgegeben haben müsse, so daß die Erde zu heiß gewesen sei, um Leben zu entwickeln. Die Temperatur auf der Erdoberfläche wäre demnach vor 200 bis 300 Millionen Jahren dem Siedepunkt nahe gewesen – den Sauriern wäre es unangenehm warm und Leben erst vor relativ kurzer Zeit möglich geworden.
Teller stützte sich dabei auf die 1940 vorherrschenden Schätzungen des

Alters des Universums. Mittlerweile hält man es für mindestens dreimal älter. Folglich müßte auch das Nachlassen der Schwerkraft über einen sehr viel größeren Zeitraum hinweg erfolgt sein.
Der Hamburger Physiker Pascual Jordan baute Diracs Theorie weiter aus, die auch von Laszlo Egyed, Professor am Geophysikalischen Institut in Budapest unterstützt wurde. Egyed führte dabei an, daß alle diesbezüglichen Forschungen ergeben haben, daß die von Wasser bedeckte Fläche der Erde im Laufe der letzten 400 Millionen Jahre zwar mit Unterbrechungen, doch stetig abgenommen hat. Der Grund dafür schien ihm offenkundig zu sein: Anfangs bedeckten die Kontinente die ganze Oberfläche der Erdkugel; als der Planet sich ausdehnte, entstanden immer größere Ozeanbecken, die das vorhandene Wasser aufnahmen, so daß Landgebiete trockengelegt wurden.
In Princeton kamen währenddessen Robert H. Dicke und sein früherer Schüler Carl H. Brans aus ganz anderen Gründen zum gleichen Schluß. Sie hatten Einsteins Gravitationstheorie (die „allgemeine Relativitätstheorie") genau unter die Lupe genommen und befunden, sie müsse abgeändert werden, um ein langsames Nachlassen der Schwerkraft einzubeziehen.
„In der überlieferten Überzeugung", so faßte Dicke zusammen, „hat entlegene Materie im All, die kugelförmig um die Erde angeordnet ist, keinen sichtbaren Einfluß auf unser Sonnensystem. Die Ausdehnung des Alls hat für uns keine unmittelbar wahrnehmbaren Folgen." „Aber", so fragte er, „sind wir wirklich so unberührt vom All, das uns umgibt?" Er und Brans schlossen gemeinsam, daß die Schwerkraft nachläßt, während das Universum sich ausdehnt – eine von Dirac etwas abweichende Theorie. (1971 entwarf Fred Hoyle noch eine andere Auffassung, wonach die Schwerkraft schwächer wird, die Masse aller atomaren Teilchen dabei aber zunimmt.)
Aus der Geschwindigkeit, mit der sich das All heute ausdehnt, errechnete Dicke 1957, daß die Schwerkraft im Laufe der letzten 3,25 Milliarden Jahre abgenommen und sich die Erde infolgedessen um 15 % ausgedehnt hat. Dies bedeutet, daß ihr Durchmesser um 1 800 km zugenommen haben würde – das reicht in keinem Falle aus, um die Entstehung der Ozeanbecken erklären zu können. Diese Ausdehnung würde allenfalls etwa 50 Spalten von jeweils 20 km Breite auf dem Meeresgrund aufreißen. Eine andere Möglichkeit wäre die, daß eine große Menge kleiner Spalten entstünde, die sich bald mit Ablagerungen verstopften. Oder sie wären durch „Kriechen" des Meeresbodens zugedeckt worden.
Die Oberfläche des Mondes hat sich im Gegensatz zu der der Erde kaum durch Erosion und Ablagerungen verändert. Dennoch ist sie an einigen

Stellen durch „Rillen“ unterbrochen, von denen die Apollo 15-Astronauten eine untersuchten. 1972 funkte die Raumsonde Mariner 9 Bilder vom Mars zur Erde, auf denen ebenfalls deutliche Risse in der Planetenoberfläche zu erkennen waren.

Die Anhänger des Prinzips der nachlassenden Schwerkraft stürzten sich sofort auf diese neue Untermauerung ihrer Lehre. Den eindrucksvollsten Beweis lieferte indes die Erforschung des Meeresbodens, die nach dem Zweiten Weltkrieg intensiv betrieben wurde. Die Reisen der Schiffe *Albatross* und *Atlantis* im Jahre 1947 öffneten jedoch den Vorhang zu einer bisher unbekannten Welt, die immerhin mehr als zwei Drittel der Oberfläche unserer Erde einnimmt, nur ganz leicht.

Neuentwickelte Meßgeräte ermöglichten es später, die Wasserdecke gleichsam zurückzuschlagen, um einen Blick auf den Meeresboden zu werfen. Neben den Kernbohrern, wie sie auf der *Atlantis* und der *Albatross* eingesetzt wurden, verwendete man Sprengladungen, um die Tiefen der Ablagerungen auszuloten, ferner Unterwasser-Kameras, empfindliche Wärmemesser, mit denen man den Wärmefluß aus dem Erdinneren durch den Meeresboden messen konnte, und Magnetometer von derart großer Empfindlichkeit, daß man schon kleine Veränderungen der magnetischen Eigenschaften von Gestein mehrere Kilometer unter dem Meeresspiegel registrieren konnte, wenn man die Geräte über die Oberfläche schleppte.

Die Anwendung dieser Techniken wurde in mehreren Fällen von der US-Marine großzügig gefördert. Sie verfügte in den Nachkriegsjahren noch über bedeutende Mittel und war eine der wenigen Regierungsstellen, die es sich leisten konnte, Grundlagenforschung zu finanzieren.

Das Echolot war das Gerät, mit dem man zuerst den Meeresboden bloßzulegen begann. Mitten im tiefen Ozean war es bis dahin nahezu hoffnungslos gewesen, mit dem traditionellen Bleilot mit Schnur Tiefenmessungen vorzunehmen.

Solche Lotungen erforderten geradezu heroische Anstrengungen. Auf seiner 111 000 km langen Reise durch Atlantik und Pazifik in den Jahren 1872–1876 ließ das britische Forschungsschiff *Challenger* mehrfach ein 100 kg schweres Lot an einer Hanfleine hinunter. Jede Messung dauerte Stunden. Zum ersten Mal gelang damals der Beweis, daß die Tiefe der Ozeane die Höhe der höchsten Gebirge an Land übertrifft. Man entdeckte auch den Gebirgszug, der mitten durch den Atlantik läuft. Weil die Tiefenmessungen in einem Abstand von 160 km gemacht wurden, blieb es unklar, ob es sich dabei nun um einen Buckel oder ein regelrechtes Gebirge handelt.

Als man im letzten Drittel des vorigen Jahrhunderts daranging, Telegraphenkabel unter dem Meer zu verlegen, führte man weitere Messungen durch. Die Erfindung des Echolots jedoch revolutionierte die Kartographie des Meeresbodens. Bei den frühen Ausführungen solcher Geräte wurde ein Schallimpuls vom Sender, der sich am Schiffsboden befand, ausgesandt. Gleichzeitig machte ein Schreibstift eine Markierung auf einen Papierstreifen, der mit gleichmäßiger Geschwindigkeit ablief. Wenn das vom Meeresboden reflektierte Signal wieder vom Empfänger aufgefangen wurde, machte der Stift eine zweite Markierung aufs Papier. Der Abstand zwischen Sendemarkierung und Empfangsmarkierung ist proportional der Zeit, die der Impuls für den Weg zum Grund und zurück braucht; daraus ergibt sich die Wassertiefe.

Diese Echolotungen wurden ständig wiederholt, während das Schiff fuhr. Aus den Markierungen auf dem Papierstreifen konnte man dann das Profil des Meeresbodens rekonstruieren. Das erste Echolot-Profil des Atlantik wurde in den zwanziger Jahren von einem amerikanischen Schiff erstellt. Vollautomatische Echolotgeräte kamen im Zweiten Weltkrieg zum Einsatz; sie waren jedoch nicht für die großen Tiefen der Ozeanmitte konstruiert, sondern schützten die Schiffe vor dem Auflaufen in Untiefen.

In den Jahren 1925 bis 1927 unternahm das deutsche Forschungsschiff *Meteor* eine ausgedehnte Echolot-Erkundung des Atlantik; dabei wurde zum erstenmal die zerklüftete Gestalt des mittelatlantischen Gebirgsrükkens sichtbar gemacht. Man fand, daß es zwischen New York und London tatsächlich mehr Berge als zwischen New York und San Francisco gibt. Im Südatlantik untersuchte die *Meteor* den Salzgehalt und die Temperatur des Tiefseewassers. Dabei zeigte sich, daß eine Art Barriere existieren müßte – der erste Hinweis darauf, daß sich das atlantische Gebirge durch den ganzen Ozean von Nord nach Süd erstreckt.

Kurz darauf entdeckte das dänische Forschungsschiff *Dana* einen Gebirgszug im Indischen Ozean. Nach der Brauerei, die die Reise finanziert hatte, nannte man es das Carlsberg-Gebirge. Mitte der dreißiger Jahre machte dann das englische Schiff *John Murray* eine Entdeckung, welche die Diskussion um die Erdausdehnung nachhaltig bestimmte. Mit Hilfe eines frühen Echolots stellte man fest, daß das Carlsberg-Gebirge von einem tiefen Tal durchzogen wird, das von der Insel Scotora bis zur Mündung des Golfs von Aden reicht.

Nahebei, im arabischen Meer, entdeckten die Engländer ein weiteres Gebirge, das sie Murray-Massiv nannten. Auch dieser Gebirgszug ist durch ein Spalttal geteilt. Das Carlsberg-Tal war, bezogen auf die umliegenden Gipfel, ungefähr 300 m tief. Die Leiter der Murray-Expedition, Seymour Sewell und John D. H. Wiseman, hoben in ihrem Bericht die

Ähnlichkeit dieser Schluchten mit jenen hervor, die sich vom Jordantal durch das Rote Meer und den Golf von Aden ziehen. Die Untersee-Schluchten schienen entstehungsgeschichtlich mit den Spaltentälern verwandt, die sich, vom Roten Meer ausgehend, durch ganz Afrika fortsetzen.

Die beiden Forscher hoben auch hervor, daß die Karten der Erdbebenhäufigkeit, die damals allerdings noch unvollständig entwickelt waren, längs des Carlsberg- und des mittelatlantischen Gebirges Zonen stärkerer Erdbebentätigkeit verzeichneten. „Während dies eine weitere Gemeinsamkeit zwischen dem arabisch-afrikanischen Spalttal und dem Carlsberg-Gebirge zeigt", schrieben sie, „zeigt das Vorhandensein der Erdbebenzonen deutlich jene Gebiete der Erdkruste auf, die in einem unstabilen Zustand sind. Wiseman und seine Mitarbeiter vermuteten, daß das mittelatlantische Gebirge ebenfalls von einem Spalttal durchzogen wird. Die für 1940 geplante Expedition mußte wegen des Weltkriegs abgesagt werden.

Nach dem Kriege wurden die Seismographen erheblich verbessert, nicht zuletzt zu dem Zweck, die Erschütterungen durch Atomversuche von natürlichen Beben unterscheiden zu können. Die vorhandenen Stationen wurden mit weiterentwickelten Geräten ausgestattet, neue Seismographen wurden in bisher unerschlossenen Gebieten installiert. In Indien, Südafrika und an anderen Orten richtete man seismographische Beobachtungsketten ein. Bald wurde offenbar, daß die Linien der Zonen starker Erdbebenhäufigkeit ein weltumspannendes Netz bilden. Bei einem Symposium der Royal Society in London 1953 zeigte J. P. Rothé, Leiter des Internationalen Seismologischen Büros in Straßburg, eine Karte der Erdbebenhäufigkeit der letzten dreißig Jahre. „Immer deutlicher zeichnet sich eine zusammenhängende seismische Zone ab, die mit einer Gesamtlänge von 30 000 km sowohl den Atlantischen wie den Indischen Ozean durchtrennt." Er wies darauf hin, daß sich diese Zonen auf halbem Wege zwischen Afrika und der Antarktis vereinigen. „Sie bilden eine nahezu perfekte und kontinuierliche Folge vom Golf von Aden bis Spitzbergen", sagte er. (Seine Karte der Erdbebentätigkeit siehe Seite 77.)

Die Anstrengungen der Geologen der Columbia-Universität führten schließlich dazu, daß die Aufmerksamkeit auf den vollständigen Verlauf dieses Erdbebenzuges gelenkt wurde. Anfang der fünfziger Jahre begann Marie Tharp, eine junge Mitarbeiterin des Lamont-Instituts, aufgrund der mittlerweile recht zahlreich vorhandenen Echolot-Messungen eine Karte des Atlantik zu zeichnen.

Leider waren die Aufzeichnungen der Reise der *Meteor* bei den Bom-

benangriffen auf Berlin vernichtet worden. Miss Tharp stützte sich daher auf neuere Messungen durch Forschungsschiffe. Ihr fiel eine Gemeinsamkeit in den Lotungen über dem mittelatlantischen Gebirge auf. Jedesmal, wenn ein Schiff es überquerte, zeigte das Echolot eine tiefe Spalte. Wiseman und Seymours alte Voraussage schien sich zu bewahrheiten.
Da lediglich ein halbes Dutzend Meßlinien zur Verfügung standen, schenkte man den Forschungsergebnissen von Marie Tharp wenig Beachtung, bis sie sich mit einer anderen Aufgabe befaßte. Die amerikanische Bell Telephone Gesellschaft bat um Hilfe bei der Aufklärung einer Reihe von Brüchen in Seekabeln. Sollten diese auf Seebeben mitten im Atlantik zurückzuführen sein? Marie Tharp verglich die Bebenzonen mit den Orten der Risse, um zu sehen, ob sie sich deckten. Sie fand heraus, daß nahezu alle Beben ihren Ursprung in geringer Tiefe unter dem Boden des Spalttales hatten, das die mittelatlantische Gebirgskette durchläuft.
Ihr Chef Bruce Heezen erkannte, daß diese Linie der Erdbebentätigkeit nicht nur um Afrika herum in den Indischen Ozean reichte, sondern sich weltweit fortsetzte. Alle bildeten ein Netz, das von der Arktischen See nach Sibirien und vom Indischen Ozean südlich von Australien bis in den Pazifik reichte. Sollte es vielleicht längs dieser Strecken Gebirge mit Spalttälern geben?
Die Kenntnisse des Pazifikbodens waren immer noch bruchstückhaft. Vereinzelte Lotungen um die Jahrhundertwende hatten einen Buckel auf dem Meeresgrund vor Mexiko entdeckt. Als dann im Jahre 1946 die Expedition der US-Marine mit dem Namen „Operation Highjump" in südlicher Richtung den Pazifik überquerte, erhielten die elf Schiffe Anweisung, Fahrtrouten einzuhalten, die in einem Abstand von mindestens 80 km parallel liefen. Ich habe an dieser Expedition teilgenommen. Die simultan vorgenommenen Echolotmessungen überzogen in einem breiten Band den Ozean. Dadurch wurde die Existenz eines großen, von Nord nach Süd laufenden Gebirges bestätigt, das bei der Osterinsel die Meeresoberfläche durchstößt und an seinem nördlichen Ende vor der mexikanischen Küste liegt. Es ist heute als „ostpazifische Erhebung" bekannt, viel weniger steil und schroff als das atlantische Gebirge, und nicht von einem Spaltteil durchzogen. Aber genau wie längs der anderen weltumspannenden Gebirge kommt es auch hier immer wieder zu Erdbeben.
Der Gedanke, daß das weltweite Netz der Erdbebenzonen gleichzeitig ein Netz unterseeischer Gebirgszüge mit intensiver Aktivität des Meeresbodens ist, kam zu einem günstigen Zeitpunkt. Im Rahmen des Interna-

tionalen Geophysikalischen Jahres 1957/58 starteten die seefahrenden Nationen das bisher anspruchvollste Programm zur Erforschung des Meeresbodens, das jemals unternommen wurde. Eine Reihe von Forschungsschiffen, darunter die *Vema* und die *Conrad* vom Lamont-Institut der Columbia-Universität, die *Argo*, die *Horizon* und die *Spencer Baird* von der Scripps Institution für Ozeanographie in Kalifornien und die beiden britischen Schiffe *Owen* und *Discovery*, unternahmen Echolot-Meßfahrten entlang der Erdbebenzonen der Gebirgszüge. Die Forschungsergebnisse zeigten klar, daß tatsächlich ein weltweites System existiert.

Bei der Erkundung der Gebirgsketten war es besonders schwierig, die Teile unter dem Packeis der Arktis nachzuweisen, die für Schiffe nicht zugänglich sind. Ein bisher unbekanntes Gebirge entdeckten amerikanische und sowjetische Stationen mit Lotungen von Eisschollen aus. Es liegt näher an der pazifischen Seite der Arktis als die Erdbebenzone. Im Bereich dieses Gebirges, das Lomonossow-Gebirge getauft wurde, gibt es selbst keine Erdbebentätigkeit. Vereinzelte Lotungen durch das Eis führten zu der Vermutung, daß längs der Erdbebenzone ein zweites, aktives Gebirge liegt. Diese Annahme ist später durch die Reise der atomgetriebenen Unterseeboote *Nautilus* und *Skate*, die sich unter das arktische Packeis wagten, Ende der fünfziger Jahre bestätigt worden. Die U-Boote machten Tiefenmessungen des Meeresbodens und zeichneten auch das untere Profil der Eisdecke auf.

Als das weltumspannende Ausmaß der Gebirge und Täler bekannt war, bezeichneten es Heezen, Tharp und Ewing als die ausgedehnteste geographische Formation auf unserer Erde – ein Gebirgssystem unter dem Meeresspiegel, insgesamt 65 000 km lang, das in alle Ozeane hineinreicht und auf weite Strecken von einem tiefen Mitteltal durchzogen ist. Heezen führte zum Vergleich den Grand Canyon in Colorado an, der längs seiner eindrucksvollsten 80 bis 100 km langen Strecke höchstens 1 000 m tief und im Durchschnitt zwischen 3 und 60 km breit ist. Die mittelatlantische Schlucht ist zwar dem menschlichen Blick verborgen, aber sie ist doppelt so tief und auf einer Länge von Hunderten von Kilometern zwischen 12 und 50 km breit. Dieses System der tiefen Meeresschluchten, die in ewiges Dunkel gehüllt sind, wollen französische und amerikanische Ozeanographen mit dem Tieftauchboot erforschen.

Heezen führte die Entstehung der Täler auf die Ausdehnung der Erdkugel selbst zurück, ganz ähnlich wie Carey es sich vorgestellt hatte. J. Tuzo Wilson von der Universität Toronto dagegen nahm ein etwas bescheideneres Ausmaß der Ausdehnung an. Später, als Präsident der Internationalen Vereinigung für Geodäsie und Geophysik, spielte er eine wichtige Rolle dabei, einer zweifelnden Wissenschaft die Drifttheorie zu „verkaufen". Er wies darauf hin, daß die parallelen Gebirgszüge unter dem Meer eine Fläche bedecken, die ungefähr der entspricht, die durch den Zuwachs infolge der von Dicke angenommenen Ausdehnung erzeugt würde. Er folgerte, daß die Gebirge bei der Ausdehnung als Nebenprodukte entstanden sein müßten.

Dicke selbst begrüßte zuerst die scheinbare Bestätigung seiner Theorie. Bis 1962 aber hatte man genügend magnetische Daten der Erde gesammelt, um den Schluß ziehen zu können, daß die beiden Seiten des Atlantik heute genauso weit auseinander liegen wie vor 200 Millionen Jahren (nach geologischen Maßstäben ein relativ kurzer Zeitraum). Die Ausdehnungsgeschwindigkeit, die nötig wäre, um den Ozean in dieser kurzen Zeit zu bilden, wäre 300 mal größer als die, die seiner Theorie zugrunde liegt. Außerdem hätte die Erde bei so rascher Ausdehnung ihre Eigendehnung verlangsamt, so daß die Dauer eines Tages im Laufe der letzten zweitausend Jahre merklich länger geworden wäre. Dicke führte Beweise gegen eine solche Entwicklung an. Er kam zum Schluß, daß die Gebirge und Täler in den Ozeanen nicht durch Ausdehnung entstanden sein könnten. Wenn die Schwerkraft nachgelassen hat und so die Ausdehnung verursachte, dann vollzog sich dies so langsam, daß dadurch entstandene Risse durch jene schneller wirkenden Prozesse, welche die Erdoberfläche ständig strecken, drücken und zudecken, wieder getilgt worden wären.

Obwohl sich Carey sehr für die Ausdehnungstheorie engagierte, hat sie heute nur noch wenige Anhänger. Einer der prominentesten ist Pascual Jordan, der, vom Gedanken ausgehend, daß die Gravitationskonstante nicht konstant ist, weiterhin die Hypothese der „Erdausdehnung" vertritt. Mittlerweile haben neue und alte Entdeckungen und Erkenntnisse über den Meeresboden den Forschern, die unsere Erde zu verstehen versuchen, eine neue große Aufgabe gestellt. Es ist offensichtlich, daß die Meere und die Kontinente wenig gemeinsam haben.

Kontinente besitzen charakteristische, gefaltete Gebirge, große Granitmassen und Gestein jeden Alters (mindestens drei Milliarden Jahre alt) sowie sehr komplizierte Strukturen. In den Ozeanbecken dagegen gibt es nur vulkanische Gebirge. Ihr Boden ist von Flüssen von Lava und Basalt, und nicht von Granit bedeckt. Das Gestein ist in der Regel relativ jungen Ursprungs, die Strukturen sind einfach. Die Aufgabe der Forscher besteht jetzt darin, diese unterschiedlichen Eigenschaften in einer plausiblen Theorie zur Entstehung der Erde zu vereinigen.

5 Diskussion der Manteltheorie

Am 26. März 1957 hielt Bruce Heezen in Princeton einen Vortrag über die kurz vorher entdeckten Erdspalten, die Gräben im Meeresboden. Nachdem er seine Rede beendet hatte, stand Harry H. Hess, der Vorsitzende der Geologischen Fakultät der Universität Princeton, auf und sagte: „Sie haben die Grundmauern der Geologie erschüttert."

Für Hess war die Entdeckung der Erdspalten von größter Bedeutung. Sie sollten in der geologischen Revolution, an der er innerhalb der nächsten drei Jahre beteiligt war, eine Schlüsselrolle spielen.

Hess selber war ein sehr bedächtiger, ja fast vorsichtiger Mann. Lediglich sein Kettenrauchen ließ auf vulkanische Aktivität schließen. Seine Ansichten waren in den Augen der Washingtoner Bürokratie so weise, daß man ihn zum Vorsitzenden des Rates für Weltraumforschung ernannte, verantwortlich für die Führung des Weltraumprogramms der Nation. Und das geschah, obwohl sein Hauptinteresse eher in entgegengesetzter Richtung lag, nämlich „unten" und nicht „oben".

In seiner ganzen Laufbahn ging es Hess darum, herauszufinden, was unter den Ozeanen lag. In den frühen 30er Jahren begleitete er Vening Meinesz, den holländischen Gravitationsexperten, auf einer Forschungsfahrt mit dem U-Boot zu den Westindischen Inseln. Sie wollten dort die Erdanziehungskraft bei den Tiefseegräben im Meeresboden messen. Vening Meinesz hatte bereits in den 20er Jahren mehrere U-Boot-Reisen unternommen, wobei er seine Pendel in der stabilen Umwelt eines getauchten Bootes schwingen ließ, um örtliche Gravitationsschwankungen festzustellen. Bei seiner Fahrt zu den Ostindischen Inseln fand er eine 160 km breite und 8 000 km lange Zone von bemerkenswert geringer Gravitation. Sie folgt einer Reihe von Gräben, die parallel zur Südflanke des indischen Inselbogens verlaufen, dann nach Norden abbiegen und westlich an Neuguinea vorbei führen bis zur Ostküste der Philippinen. Eine ähnliche Gravitationsanomalie entdeckte man, als man den Gräben vor der Pazifikküste von Japan und bei den Westindischen Inseln folgte.

In den 50er Jahren zeigte es sich, daß diese Gräben auf dem Meeresgrund zu den bemerkenswertesten Erscheinungen der Erdoberfläche ge-

hören. Die erstaunlich schwache Gravitation in diesen Gebieten vermittelte Hess und anderen Forschern die entscheidenden Anhaltspunkte für das Geschehen unter den Ozeanen. Die Gräben sind wie lange, klaffende Wunden der Erde rund um den Rand des Pazifikbeckens verstreut. Einige liegen um 1 000 m oder noch tiefer im Meer, als der Mount Everest hoch ist. Typischerweise befinden sie sich seewärts von einem Bogen vulkanischer Inseln oder von Bergketten mit vulkanischer Aktivität in Küstengebieten wie z. B. in den Anden. Dabei ist einleuchtend, daß das Heraufwachsen der Inseln oder Berge und das Absinken der Gräben auf den gleichen Prozeß zurückzuführen sind.
Da der Wasserdruck auf den Böden der Meeresgräben ca. 1 t/qcm beträgt, wird es noch einige Zeit dauern, bis zur Erforschung des Meeresbodens Räderfahrzeuge in der Lage sein werden, die versunkenen Landstraßen der Tiefsee zu befahren. So eine Reise dürfte jedenfalls gespenstisch werden. Sie wird in völliger Dunkelheit stattfinden, abgesehen von der Begleitung einiger leuchtender Seekreaturen, die dort leben. Außerdem muß das Gefährt über eine Reihe von Sätteln klettern, die die Abschnitte der tiefsten Gräben voneinander trennt. Könnte man die Wände sehen, sie wären beeindruckend. Einige von ihnen werden sich mit sieben aufeinandergeschichteten Grand Canyons vergleichen lassen, die von New York bis Kansas City reichen.
Mitte der 50er Jahre gab es nur drei Schiffe, die über genügend Kabel verfügten, um Geräte zur Bodenprobenentnahme auf den Grund der Gräben herunterzulassen. Eines war die *Albatross* der Schwedischen Expedition von 1947–48, die später auch von den Dänen bei der Galathea-Expedition von 1950–52 benutzt wurde, ein weiteres die amerikanische *Spencer F. Baird* und das dritte das sowjetische Forschungsschiff *Vityaz*. Den Gräben Bodenproben zu entnehmen, ist deshalb besonders schwierig, weil die Einschnitte so schmal sind, daß ein Schiff ständig Gefahr läuft, von seiner Position direkt über dem Grabenboden abzudriften, während es seine Schleppnetze oder andere Geräte hinunterläßt. Die bemerkenswerteste Entdeckung bei diesen Bodenentnahmen war möglicherweise die Beschaffenheit der Sedimente, die aus diesen außerordentlichen Tiefen heraufgebracht wurden. 1955 stellten Roger Revelle und sein Kollege Robert L. Fisher fest, daß selbst Materialproben, die aus den tiefsten Gräben stammten, weitgehend Ablagerungen in seichtem Wasser ähneln.
Für Revelle und Fisher waren die Spalten im Meeresboden von außerordentlichem Interesse. „Die Größe und die merkwürdige Form der Pazifikgräben“, schrieben sie, „wecken unseren Sinn für Wunder. Welche ungeahnten Kräfte können den Meeresboden in so großem Umfang zer-

stört haben? Warum sind die Spalten so schmal, so lang und so tief? Was geschah mit dem verlagerten Material? Sind sie jung oder alt – und was bedeutet die Tatsache, daß sie entlang des Feuergürtels des Pazifik liegen – der Zone mit aktiven Vulkanen und gewaltigen Erdbeben, die den weiten Ozean umringt?"

Sie betonten, daß die Vulkane, die um einen großen Teil der pazifischen Randzone liegen, sehr explosiv sind. Dies im Gegensatz zu den Vulkanen von Hawaii, deren Lava recht flüssig ist und deren Eruptionen relativ harmlos sind. Die Außenhänge der Vulkane auf Hawaii, wie z. B. des Mauna Loa, verlaufen eher gradlinig, weil die Lava von der Stelle der Eruption schnell wegfließt und dabei einen hohen Berg entstehen läßt, der das Profil eines Schildes hat. Dies steht in krassem Widerspruch zu den steilen Kegeln der Vulkane Fudschijama in Japan, Rainier in Washington, Shishaldin in Alaska, Popokatepetl in Mexiko und anderen, die rund um den Pazifik liegen. Die explosive Natur der Vulkane der Randzone ist der dort lebenden Bevölkerung nur allzu vertraut. 1883 blies der Vulkan Krakatau seine Spitze in die Ostindischen Inseln, wobei ca. 20 cbkm Felsbrocken und Staub bis 80 km hoch geschleudert wurden. Die Eruption wurde sogar in Australien, 3 500 km entfernt, gehört. 1912 explodierte der angeblich erlosche Vulkan Katmai in Alaska, und die Kodiak-Inseln, 160 km entfernt, wurden mit einer 30 cm hohen Ascheschicht bedeckt.

1956 stieß der Vulkan Bezymyannyy in Kamtschatka seinen ganzen Gipfel weg, wobei der Staub 43 km weit flog. Dabei wurde die Rinde von Bäumen, die 20 km vom Ausbruch entfernt waren, abgerissen. Wolkenbrüche aus Asche und Schneematsch gingen noch in 80 km entfernten Tälern nieder. Die Eruption des Vulkans Agung auf Bali brachte 1963 1100 Menschen den Tod. Dabei wurde so viel Staub in die Stratosphäre geschleudert, daß es für viele Monate in den Vereinigten Staaten und vielen anderen Ländern dramatisch rote Sonnenuntergänge gab.

Der Vulkan Taal auf den Philippinen war mehrfach tätig. Eine Eruption im Jahre 1965 forderte fast 200 Menschenleben. Im Pazifik schuf die Vulkantätigkeit einige der besten Häfen. Die von der Antarktis abgetrennte Deception-Insel ist ein großer, vom Meer überfluteter Krater. Der Vulkan ist immer noch tätig. Walfangschiffe, die bei einem Ausbruch nicht rechtzeitig fliehen konnten, verloren durch kochendes Wasser ihre Farbe am Rumpf. Zuletzt kam es im Jahre 1967 zu einer Eruption, bei der allerdings niemand Zeuge war.

Dieser „Feuerring" rund um den Pazifik steht offensichtlich in einer Beziehung zu den Gräben, die parallel zur Innenseite dieses Rings laufen. Was immer die Gräben im Meeresboden verursacht hat, das muß auch für die vulkanischen Aktivitäten verantwortlich sein. Revelle und Fisher bemerkten, daß die Gravitationsabweichung über den Gräben, die von Vening Meinesz an Bord seines U-Bootes festgestellt wurde, zu den stärksten gehört, die auf der Erde bekannt sind. „Die Kräfte, die solche Gräben hervorrufen, müssen der Gravitation entgegenwirken", meinten sie, „sie drücken die Erdkruste unter den Gräben in die Tiefe."

Um diese Zeit hatte Hugo Benioff vom Technologischen Institut von Kalifornien ein weiteres hervorstechendes Merkmal entdeckt, das mit den Gräben und den naheliegenden Zonen zu tun hat. Mit verfeinerten Methoden versuchte er den genauen Punkt zu finden, wo ein Erdbeben entstanden war. Er entdeckte, daß es eine abfallende Zone intensiver Erdbebenaktivität gibt, die in seichten Tiefen unterhalb eines Grabens beginnt, und sich unter einem Inselbogen nach unten und landwärts fortsetzt, wie auf den Aleuten, oder unter einem Kontinentalrand, wie in Chile.

Benioff lokalisierte alle Erdbeben, die sich von 1906 bis 1942 in Südamerika zutrugen, und fand heraus, daß sie eine abfallende Zone von 4 500 km Länge umschließen, die dem Westrand des Kontinents folgt. Sie beginnt in relativ seichten Tiefen unterhalb des Grabens, der die Küste umsäumt; aber unter den Anden und weiter östlich breitet sie sich mehr als 600 km nach unten aus – ein Zehntel der Strecke zum Zentrum der Erde. Zu vulkanischen Eruptionen kommt es über diesem Teil des Hangs, wohingegen Erdbeben in Tiefen bei nahezu 100 km stattfinden. Diese abfallenden Regionen, heute als Benioff-Zonen bekannt (siehe Diagramm) tauchen unter den Kontinenten in einem Winkel von ungefähr 45° ein (jedoch unterscheiden sich die Hänge von Ort zu Ort). Es war verführerisch anzunehmen, daß die Beben aus dem Gegeneinander eines abfallenden Meeresbodens und eines Kontinentalblocks, der unterwandert wird, entstehen. Wenn dabei das Material des Meeresbodens eine kritische Tiefe erreicht (ca. 100 km), schmelzen Hitze und Druck die unbeständigsten Bestandteile heraus, die dann als Lava nach oben gedrückt werden. Innerhalb des Pazifik-Umkreises ist die chemische Zusammensetzung dieser Ausbrüche erstaunlich ähnlich. Das dabei entstehende Gestein wird Andesit genannt, weil es für die Anden typisch ist. Es gibt eine klare Andesit-Linie, die die Inseln im Westpazifik, die durch diesen Prozeß geformt wurden und dabei dieses typische Gestein besitzen, von denen im Mittelpazifik, wie zum Beispiel Hawaii, trennt.

Weiter entdeckte man zwei weitere wichtige Merkmale der Gräben. Eines war, daß die hervorstechendsten alle ungefähr dieselbe Tiefe haben und etwa 10 km unter der Meeresoberfläche liegen. Dies läßt die Vermutung zu, daß sie alle Produkte eines ähnlichen, einheitlichen Prozesses sind. Das andere Merkmal war, daß die Kontinentalseite eines Grabens dazu neigt, steiler zu sein als die Ozeanseite. Letztere wölbt sich nach unten in einer Art, als ob das Material untergesaugt würde.

Während Hess weiterhin versuchte herauszufinden, welche Kräfte das Ozeanbecken geformt haben mögen, durchdachte er noch einmal alle wichtigen Schlüsse. Da fiel ihm eine Entdeckung ein, die er im Zweiten Weltkrieg gemacht hatte. Er war Kommandant eines Truppentransporters gewesen. Während sein Schiff zwischen den Marianen, den Philippinen und Iwo Jima hin und her pendelte, bestand er darauf, daß das an Bord befindliche Echolot ständig in Aktion war. Dadurch bemerkte er, daß sich, weit unterhalb des Schiffes, der Boden abrupt zu einem Gipfel mit flacher Spitze erhöhte. Das Ganze glich einem Vulkan, dem oben ein Stück abgeschnitten worden war. Nach Kriegsende veröffentlichte er seine Entdeckung von 160 dieser „ertrunkenen ehemaligen Inseln im Pazifikbecken", die sich 3 000 bis 4 000 m über dem Meeresboden erheben, aber kaum näher als 1 000 m an die Wasseroberfläche herankommen. Er nannte diese „Plattgedrückten" alsbald „Guyots", zu Ehren von Arnold Guyot, dem ersten Geologie-Professor in Princeton.

Es schien so gut wie sicher, daß diese Guyots einmal Vulkane gewesen waren, die über die Wasseroberfläche hinausragten und durch die Wasserbewegung abgeflacht wurden. Aber warum hatten sie keine Atolle gebildet? Eine der erinnerungswürdigsten Leistungen von Charles Darwin war, daß er gezeigt hat, daß die Atolle des Pazifik ehemalige Vulkaninseln sind, die im Meer versanken und dabei eine Wasserlinien-Plattform schufen, auf der winzige Meeresorganismen Korallenriffe bauen konnten. Während die Inseln sanken, wuchsen die Korallen und selbst wenn eine Insel ganz unter dem Wasser verschwunden war, blieb eine Kette von Koralleninselchen zurück, die eine seichte Lagune einschlossen – typische Atolle.

Hess glaubte zuerst, daß die Guyots irgendwann im Präkambrium entstanden sind, vor mehr als 600 Millionen Jahren, also bevor sich die korallenbildenden Organismen entwickelt hatten und die Meere noch viel seichter waren als heute. Dann, 1956, konnten Sedimente aus den Spitzen einiger mittelpazifischer Guyots entnommen werden. Sie enthielten Fossilien von Seichtwasser-Arten, die aus der relativ jungen Erdperiode, der Kreidezeit, vor 100 Millionen Jahren stammen. Hess fragte sich, was dazu geführt haben mag, daß diese Berge in so kurzer Zeit in derartige Tiefen getaucht sind!

Man entdeckte auch, daß einige der Seeberge an der Kante von Ozeangräben so gekippt waren, daß sie, obwohl aufrecht geformt, nun in den Graben rutschten. Einer davon, auf der seewärtigen Kante des Tonga-

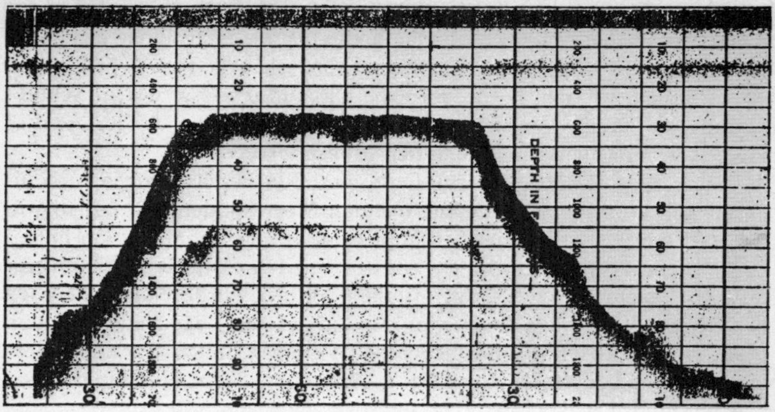

Oben ein Tiefenprofil des Pazifikbodens, das Harry Hess während des zweiten Weltkrieges an Bord eines Kriegsschiffes aufzeichnete. Es zeigt einen der Tafelberge, die er „Guyots" nannte. Die Gipfelebene liegt 1000 m unter dem Meeresspiegel, die Talsohle 3000 m tief. Unten die Aufzeichnung eines „Guyot" an fast der gleichen Stelle, ca. 600 km östlich der Insel Saipan, durch ein Echolot der USNS Lynch *im Jahre 1972. Das Schiff brauchte zur Überquerung der Hochebene ca. 50 Minuten, die Breite beträgt demnach etwa 15 km. Der Höhenmaßstab ist vergrößert.*

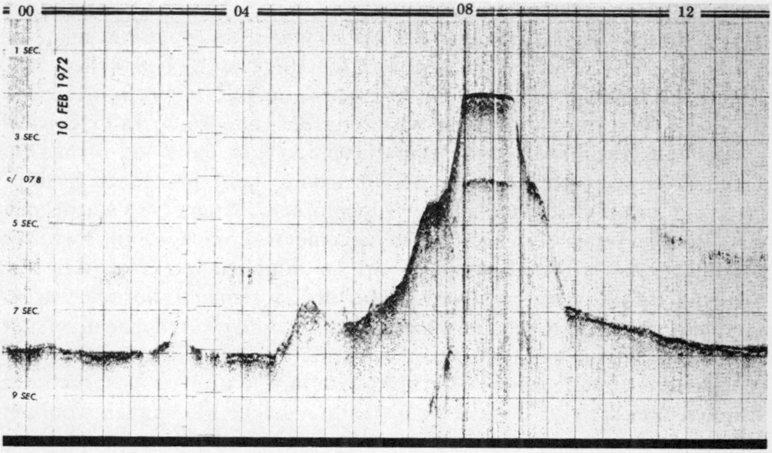

Kermadec-Grabens, erhebt sich 8 200 m vom Meeresboden und kommt bis 370 m an die Wasseroberfläche heran. Er ist damit einer der höchsten Berge der Welt, aber, wenn man ihn sehen könnte, würde er so schief stehen, wie der Turm von Pisa. Das führte Hess zu dem Schluß, daß diese Seeberge langsam in einen Abgrund gezogen werden, und er sagte: „Sie rutschen hinunter in den ‚Backenbrecher'."

Als Hess diese Erklärung formulierte, besaß er bereits einige erstaunliche Daten über den Hitzestrom, der den Meeresboden aufheizt. Bis in die 50er Jahre gab es dazu überhaupt keine Informationen. Zwar hatten europäische Bergarbeiter im 16. und 17. Jahrhundert, als sie tiefer gruben, festgestellt, daß das Gestein immer wärmer wurde. Wahrscheinlich hat Robert Boyle, der Entdecker des Gasgesetzes, das seinen Namen trägt und den Zusammenhang zwischen Volumen und Druck eines idealen Gases bei konstanter Temperatur beschreibt, zuerst über diese Tatsache Vermutungen angestellt. Er selbst machte keine Messungen, nahm aber die Aussagen der Bergleute entgegen, wonach die Temperatur ständig anstieg, je tiefer man mit den Schächten vorstieß. Er vermutete, daß ganz tief unten wirkliches Feuer sei und die entstehende Hitze nach oben strömt.

Erst Ende des 19. Jahrhunderts wurden systematisch Versuche unternommen, den Hitzefluß, der vom Erdinnern zur Oberfläche führt, zu messen. Falls die Hitze gleichmäßig durch die Erde fließt und an der Oberfläche entweicht, kann das Ausmaß dieses Flusses berechnet werden, indem man den Temperaturabfall in der Erde mißt, wenn die Hitze in Richtung Oberfläche strömt. Dazu sind Temperaturmessungen in zwei Tiefen erforderlich, die in einem bekannten Abstand voneinander liegen, ferner eine Bestimmung der Leitfähigkeit des Materials, das zwischen diesen beiden Punkten liegt und die Hitze nach oben weiterleitet. Auf dem Kontinent führt man solche Messungen in tiefen Bohrlöchern und Schächten durch, in denen witterungsbedingte Temperaturschwankungen ausgeschlossen sind. Das Hauptproblem dabei ist nicht, die Temperatur festzustellen, sondern die exakte Leitfähigkeit zu bestimmen, von der die Genauigkeit der Ergebnisse abhängt. 1935 wurde von der „British Association for the Advancement of Science" ein Komitee gegründet, das Informationen über die Leitfähigkeit von Gestein in Minen und Bohrlöchern, wo bereits Messungen gemacht worden waren, sammeln sollte. Ein junger, energischer Geophysiker der Universität Cambridge, damals Ende Zwanzig, wurde zu einem der beiden Versuchsleiter ernannt. Es war Edward C. Bullard. Kurz vor Ausbruch des Zweiten Weltkrieges fragte er sich, wie man solche Messungen wohl am Meeresgrund vornehmen könnte.

Man nahm an, daß der Hitzestrom dort wesentlich geringer ist als auf dem Festland, da bekannt war, daß z. B. Granitberge auf dem Festland infolge relativ reichhaltiger Einschlüsse von radioaktiven Elementen (Uran, Thorium und die radioaktive Form von Kalium) Hitze erzeugen. Bei den Bohrungen in der Tiefsee sollte eigentlich kein naturreiner Granit gefunden werden, da man annahm, daß der Meeresboden aus Basalt bestehe, einem dunklen, dichten, lavaähnlichen Gestein mit geringem Vorkommen radioaktiven Materials. Darunter würde das noch weniger radioaktive „Grundgestein" liegen.
Bullard erkannte, daß es nicht nötig sein würde, tief in den Meeresgrund einzudringen, da es in solchen Meerestiefen keine saisonbedingten Temperaturschwankungen des Wassers mehr geben dürfte und die Temperatur deshalb sehr stabil sein müßte.
Nach dem Krieg versuchte er, ein Stipendium für sein Hitzefluß-Experiment zu erhalten und ein Schiff zu finden, mit dem er es ausführen könnte. Schließlich, 1948, half ihm das Scripps Institut für Ozeanographie. Er schloß sich dort mit Arthur E. Maxwell, einem promovierten Studenten, zusammen. Nach einigen Versuchen, die ergebnislos blieben, gab Bullard auf und wurde Direktor des Nationalen Physikalischen Labors in England. Maxwell aber arbeitete mit seinen Kollegen vom Scripps Institut weiter.
In der Zwischenzeit hatten die Schweden an Bord der *Albatross* einige Meßversuche unternommen, die offensichtlich zu keinen schlüssigen Ergebnissen führten. 1950 waren Maxwell und Revelle, der Direktor des Scripps Instituts, zu einem Versuch auf breiter Basis bereit. Als Gerät verwendeten sie einen hohlen Stahlspeer, 3 m lang und mit einem Durchmesser von 4,2 cm, mit einer wasserdichten, drucksicheren Kammer am oberen Ende, die die Aufzeichnungsvorrichtungen barg. Das Gerät wurde bis unmittelbar vor den Meeresboden heruntergelassen und dort belassen, bis es die sehr niedrige Wassertemperatur erreicht hatte. Dann stieß man es in die Erdkruste. Für 30 bis 40 Minuten blieb es dort, damit die beim Eindringen entstandene Reibungswärme entweichen konnte.
Zwei Temperatur-Sensoren, einer in der Nähe der Speerspitze und der andere in der Nähe des Schaftfußes, übermittelten die Ablesungen an die Aufzeichnungsvorrichtung in der wasserdichten Kammer. Am selben Ort ließ man ein Kerngehäuse herab, das Material der Erdkruste sammeln sollte. Auf diese Art führte das Forschungsschiff *Horizon* von Scripps sechs Messungen an verschiedenen Stellen im tiefen Pazifik durch. Bei allen, außer einer, war der Wärmefluß von unterhalb des Meeres vergleichbar mit dem an Land. Maxwell und Revelle machten

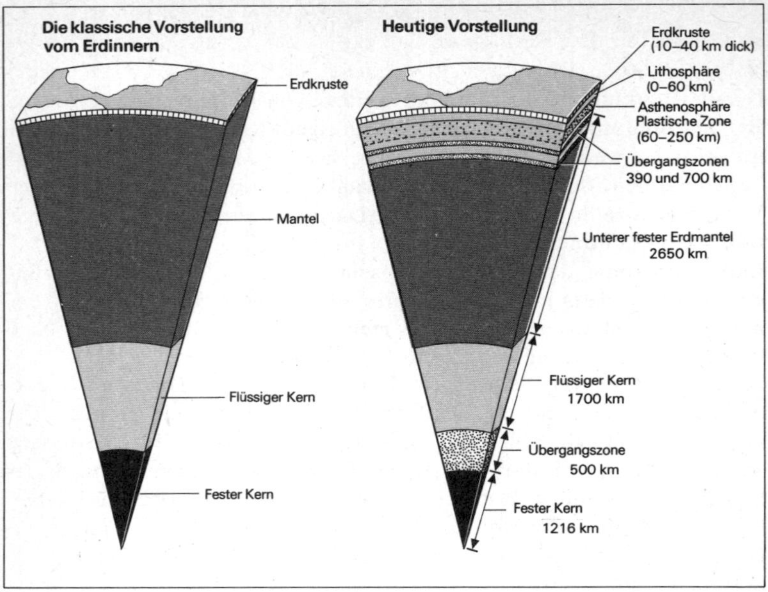

sich klar, daß, sollte die Ozeankruste, die nur 5–9 km dick ist, aus ozeanischem Basalt bestehen, dies nur 15 % des beobachteten Flusses erklären könnte. Und der Wärmefluß nach oben, der dem Abkühlen des tiefen Inneren zuzuschreiben ist, könnte nur 20 % des Gemessenen erklären. Also, meinten sie, gibt es entweder eine bemerkenswert hohe Konzentration von radioaktivem Material unmittelbar unter der Ozeankruste (im oberen Teil der sehr dicken Region, die als Mantel bekannt ist und die Kruste vom flüssigen Kern trennt) oder es muß durch das Mantelmaterial emporsteigen und zwar in Form eines leitenden Stromes, der die Hitze mit sich bringt.

Gegen beide Ideen gab es starke Einwände. Es war schwer zu glauben, daß der Mantel unter den Ozeanen wesentlich radioaktiver sein sollte als der unterhalb der Kontinente. Ein leitender Strom im Mantel erschien auch nicht plausibel. Gestützt auf Beobachtungen der Erdbebenwellen, die sich durch die tiefsten Teile des Mantels fortpflanzen, schien es so, als sei der Mantel bis zum flüssigen Kern (2 900 km unterhalb der Oberfläche) so hart wie Stahl.

Während Hess alle Erkenntnisse, die den Meeresboden betrafen, ordnete, dachte er auch an seinen alten Mentor Vening Meinesz und dessen

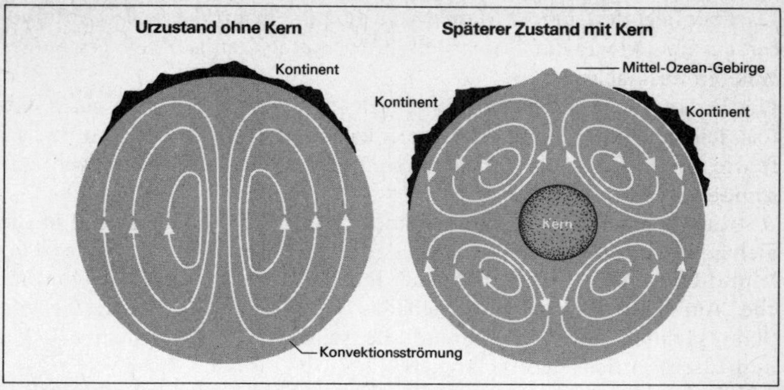

Nach der Theorie von Vening Meinesz gab es am Anfang keinen Kern aus schwerem Material im Erdinneren. Das flüssige Innere war ein einziges Strömungssystem, eine „Konvektionszelle“. Dann sammelte sich die leichtere Materie an der Oberfläche und bildete einen Urstrom, die schweren Elemente sanken nach unten und bildeten den Kern. Durch das weitere Anwachsen des Kerns wurde der Urstrom in mehrere kleinere Systeme aufgeteilt. Die entstehende Gegenströmung zerriß den Kontinent. An der Rißstelle entstand das mittelozeanische Gebirge.

Wärmestrom-Hypothese. Der große alte Mann der holländischen Wissenschaft hatte 1930 die erstaunlich schwache Gravitation über den Ozeangräben vor den karibischen und Ostindischen Inseln gefunden. Damals fing er an, über die Möglichkeit von Wärmeleitungsströmen tief im Erdinnern nachzudenken. Mit diesen Strömen versuchte er die Verteilung der Kontinente über die Erdoberfläche zu erklären.
In einem Topf steigt heißes Wasser sprudelnd direkt über der Flamme auf, breitet sich aus, kühlt an der Oberfläche ab, wird dabei schwerer und sinkt an den Seiten ab, kommt zurück zur Flamme und wird wieder erhitzt. Dieses Zirkulationsmuster ist eine „Wärmeübertragungszelle“. Ähnliches geschieht auch mit einem Luftstrom, der in einem Raum durch eine Heizung erwärmt wird. Und dies, so glaubte Vening Meinesz, könnte in geringem Maße auch tief in der „festen“ Erde und unter unseren Füßen geschehen.
Meinesz nahm an, daß das Material des Mantels ausreichend heiß und verformbar ist, um so zu fließen, wie scheinbar festes Eis in einem Gletscher fließt. Aber dann sah man, bei Erdbebenstudien, daß die Erde einen festen inneren Kern hat, vermutlich aus Nickel und Eisen, der von einem Mantel mit ähnlichem Material in flüssigem Zustand umgeben ist.

Darüber liegt der „harte“ Mantel, aus dem die Hauptmasse des Erdinneren besteht, so wie das Fruchtfleisch des Apfels den größten Teil seines Inneren ausmacht.
Die Erdkruste ist relativ dünn – vergleichbar mit der Schale eines Apfels. Die Erkenntnis, daß die Erde einen flüssigen äußeren Kern besitzt, führte zur Erforschung der Schubkraftwellen, die durch Erdbeben entstanden sind.
Als die Erde jung war, meinte Meinesz, sank alles kalte Material in die gleiche Gegend. Diesem Sinken widerstanden die leichteren Bestandteile und blieben – wie der „Schaum“ im Wasserkessel – auf der Oberfläche. Auf diese Weise häufte sich das verhältnismäßig leichte Gestein (hauptsächlich Granit), während die schwersten Materialien (Nickel und Eisen) in den Kern gelangten.
Als der Kern eine beträchtliche Größe erreicht hatte, gab es weniger Platz, und einige aufsteigende Ströme rissen den ursprünglichen Superkontinent auseinander. Die Streuung des steigenden Materials stieß die Teile weit auseinander und formte dabei das Ozeanbecken. Entlang der Mittellinie dieses Beckens schuf das steigende Material einen Graben, wobei in dessen Mitte, dem „central rift valley“, durch die Spannung, die bei der Streuung entstand, dieses zentrale Tal gebildet wurde.
Da der Kern weiter wuchs, entstanden immer neue Gräben und Täler. Die Drift der Kontinente änderte sich, und neue Mittelozeangräben öffneten sich.
Zu dieser These gab es einige Einwände. Viele Geophysiker hielten das Erdinnere für viel zu hart für derartige Bewegungen.
Gordon J. F. MacDonald, ein junger Erdwissenschaftler, der zusammen mit Walter Munk vom Scripps Institut die Erdrotation und ihre innere Reaktion auf Belastung untersucht hatte, behauptete, daß die Abflachung an den Polen zu stark war, um nur durch die heutige Umdrehungsgeschwindigkeit der Erde entstanden zu sein. Es sei eher wahrscheinlich, daß die Abflachung entstand, als die Erde sich vor etwa zehn Millionen Jahren schneller drehte, als sie noch völlig flüssig und in der Lage war, sich an eine sich ändernde Umdrehungsgeschwindigkeit anzupassen. Es besteht also eine 10 Millionen Jahre alte Verzögerung, in der sich die äußere Form der Erdkugel der langsameren Drehung anpassen konnte.
Dies setzt ein sehr hartes Inneres voraus, sagte MacDonald, und deshalb werden große Temperaturunterschiede benötigt, um es in Bewegung zu versetzen. Hitzeflußmessungen bei den Gräben im Ostpazifik ergaben, verglichen mit dem gesamten Ozeanboden, hohe Temperaturen. Die Werte im Acapulco-Graben, bei Mexiko, waren ungewöhnlich niedrig.

Trotzdem wären wesentlich größere Temperaturunterschiede als die beobachteten nötig, um in der angenommenen Art im Mantel Bewegungen auszulösen. Deshalb darf diese Hypothese verworfen werden.
Bullard, Maxwell und Revelle glaubten jedoch weiterhin an Übertragungsströme im Erdmantel, weil es einfach keine andere Erklärung für die Hitzemenge gab, die aus dem Meeresboden kommt. Auf den Kontinenten ließ sich die Hitze mit der Radioaktivität des Granits erklären. Der Meeresboden aber war, wie man annahm, aus Basalt, der nur ein Drittel so radioaktiv ist, und trotzdem war die Hitze, die dort entstand, ähnlich der auf dem Festland.
Bullard und seine Kollegen argumentierten weiter: Wenn die Hitze unter den Ozeanen hauptsächlich durch aufstrebende Übertragungsströme entsteht, dann müßte es entsprechende Regionen von geringem Hitzefluß geben, und zwar da, wo Materie absinkt. Der Acapulco-Graben, so meinten sie, sei ein solches Beispiel.
Allzuoft ist bei wissenschaftlichen Entdeckungen der Wunsch Vater der Entdeckung. In diesem Fall waren die Autoren erfrischend ehrlich. Zusammenfassend, so schrieben sie, scheint es nicht unmöglich zu sein, die Einwände gegen die Existenz von Übertragungsströmen im Mantel zu entkräften.
Harry Hess erreichte, was Wegener nicht schaffte. Er entwickelte ein verständliches Bild der großen Bewegungen, die auf dem Meeresboden stattfinden. Das war der Anfang für das, was schließlich allgemein akzeptiert wurde: die Theorie der beweglichen Schollen.
Obwohl Hess sich als „angepaßten Konformisten“ bezeichnete, glaubte er, wie Meinesz, an eine „große Katastrophe“, die den Umsturz im Erdinneren einleitete. Bei diesem Prozeß sank der schwerste Stoff und bildete den Erdkern, der leichteste blieb an der Oberfläche, wobei das leichtere Gestein einen großen Urkontinent bildete.
Als der Kern größer wurde, stiegen die Konvektionsströme infolge des zunehmenden Drucks unter den Mittelozeanrücken auf, flossen in Richtung der Kontinente davon und verschwanden dann unter den Gräben. Allmählich wurden die Rücken zu verlängerten Gebirgszügen, und damals müssen ihre Fließformen bananenförmig gewesen sein, meinte Hess.
Für ihn waren die neu entdeckten Spaltentäler entlang der Mittellinien der Rücken ein Beweis für dieses Fließen. Dies würde auch ein anderes Rätsel erklären: Die Sedimentdecke auf den meisten Meeresböden ist so gering, daß, setzt man eine vernünftige Rate für die Sedimentation voraus, die Anhäufung nicht älter als 200 bis 300 Millionen Jahre sein kann. Wäre das Ozeanbecken so alt wie die Kontinente, müßte die Ansamm-

lungszeit zehn- oder zwanzigmal länger sein. Hess wies auch auf einen Bericht der Brüder Ewing hin, wonach es im Mittelatlantik-Rücken fast kein Sediment gibt, also kein Schichtgestein, das vermutlich in den Tälern lag. Ein ähnlicher Bericht kam auch vom Ostpazifik-Rücken, was eine spätere Entstehung verdeutlichte. Die Ablagerungen von Fossilien des Meeres, die man heben konnte, waren kaum älter als aus dem Mesozoikum, das vor rund 225 Millionen Jahren begann. Die Fossilien auf dem Festland aber bewiesen, daß ozeanisches Leben zehnmal älter war. Wie aber konnten die Ozeanbecken alt und von dauerhafter Gestalt sein, wenn sie keine wirklich alten Fossilien enthielten? Am wichtigsten war, schloß Hess, daß das Gestein am Meeresboden kein Teil der Erdkruste ist. Es ist im wesentlichen die Spitze des Mantels. Seit seiner Studentenzeit hatte er sich für die Zusammensetzung des Mantels interessiert, dieser weiten und unerreichbaren Region, die 84% des Erdinnern umfaßt. Als er seine Theorie veröffentlichte, spielte Hess eine wichtige Rolle in dem sogenannten Mohole-Projekt, dessen Ziel es war, dem Mantel Proben zu entnehmen, damit man sicher bestimmen könne, woraus der größte Teil der Erde besteht.
Hess glaubte, daß sich Fragmente des Mantels bereits in geologischen Sammlungen befinden, so Teile der St. Pauls Rocks, die sich, auf der Höhe von Brasilien, im mittelatlantischen Rücken erheben. Dieses Gestein war erst in jüngster Zeit aus dem Erdinnern geschleudert worden. Er schloß daraus, daß die Meeresböden aus Mantelgestein bestehen, hauptsächlich aus Peridotit, das durch chemische Reaktion mit Wasser in Serpentin verwandelt wird.
Die Idee, daß die Kontinente auf Mantelmaterie ruhen, die als eine tiefere Erdschicht den Meeresboden bildet, entsprach Wegeners These, allerdings mit einem grundlegenden Unterschied: In dem Prozeß, der Hess vorschwebt, gibt es keine Notwendigkeit, daß die Kontinente die Meeresböden durchpflügen wie Schiffe das Eis. Für Hess steigt Mantelmaterie bei den Ozeangräben aus dem Erdinnern auf, und bildet dabei einen neuen Meeresboden, der von den Meeresgräben in beide Richtungen wegtreibt. Somit befindet sich der Meeresboden in ständiger Bewegung (siehe Skizze Seite 75) auf Gegenden wie die Pazifikgräben zu, wo er wieder in die Tiefe gerät. „Das ist nicht genau dasselbe wie die Drift der Kontinente“, sagte Hess. Die Kontinente pflügen nicht, angetrieben von unbekannten Kräften, durch die ozeanische Kruste, sie reiten eher passiv auf der Mantelmaterie, wenn diese bei den Meeresgräben an die Oberfläche steigt und dann seitwärts davon driftet.
Er schloß daraus, daß die Guyots im Pazifik und die tief unter Wasser liegenden Berge vulkanisch sind und den Kamm einer Pazifikkette ge-

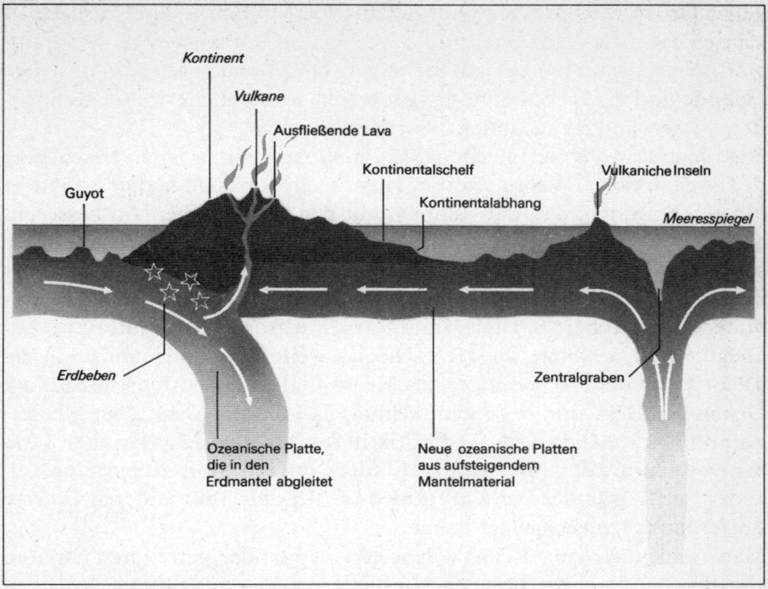

Das Konzept von Harry Hess über die wichtigsten Bewegungen der Meeresböden.

bildet haben, der zur Erdoberfläche aufstieg. Die Bergkette war vor rund 150 Millionen Jahren aktiv, ist aber jetzt erloschen. Die gegenwärtige Flußrichtung des sich neu bildenden Meeresbodens, der von dieser Kette wegtreibt, trägt die Berge langsam in immer tieferes Wasser und in manchen Fällen zuletzt hinab in den „Backenbrecher“ der ozeanischen Randgräben. Wo Kontinente mit einem absinkenden Ozeanboden zusammenkommen und kältere Mantelmaterie in die Tiefe zurücksinkt, führt der Druck gegen die Kontinentalfront zu gewaltigen Deformationen. Ein Beispiel dafür sind die Anden.

Hess bezeichnet folglich die Erde als „dynamischen Körper“, dessen Oberfläche sich ständig verändert. „Der Atlantik, der Indische und der arktische Ozean sind von abgesplitterten Kontinent-Enden umgeben, die sich ständig weiter vom Festland weg bewegen. Der Pazifik hingegen sieht sich den Randzonen der Kontinente gegenüber, die sich in Richtung des Inselbogens bewegen und die nach unten fließenden Glieder der Mantelübertragungszellen repräsentieren . . .“

Die aktive Lebenszeit der mittelozeanischen Gräben ist nur so lang, wie die der Übertragungsströme, etwa 200 oder 300 Millionen Jahre. „Der ganze Ozean wird praktisch alle 300 bis 400 Millionen Jahre ausgefegt", schrieb Hess, was für das dünne Furnier der Ozeansedimente verantwortlich ist. Zusammengefaßt meint er: „Die Ozeanböden sind unstetige Gebilde und die Kontinente stetig, obwohl sie möglicherweise auseinandergerissen und ihre Ränder deformiert werden."

Hess hielt sein Papier für ein „Essay in Geopoesie" – einen freien Flug der Spekulation. „Während diese Theorie der Revision bedarf", fügte er hinzu, „hoffe ich, daß der Rahmen mit den notwendigen Ausbesserungen und Reparaturen vielleicht die Basis für eine neue und solidere Struktur bildet."

Hess diskutierte seine Ideen mit einem anderen Erforscher des Meeresbodens, mit Robert S. Dietz vom Navy Electronics Laboratory in San Diego. Dietz arbeitete die Hess-Theorie weiter aus und nannte sie die Theorie von der „Ausbreitung des Meeresbodens" (sea-floor spreading). Genau wie Hess kam er zu dem Schluß, daß die Berge auf dem Meeresgrund im westlichen Teil des Pazifik in die Mühlen des Marianen-Grabens wandern. Dietz wies auf die Entdeckung hin, wonach einzelne Teile des Pazifikgrundes vor Kalifornien im Vergleich mit anderen enorme Entfernungen zurückgelegt haben.

Man fand auch eine Reihe von weit voneinander getrennten Streifen von Bergbändern, die sich von Nordamerika westwärts durch den Pazifik ausbreiteten. Entlang dieser sogenannten Bruchzonen konnte vulkanische Aktivität nachgewiesen werden. Eine eingehende Prüfung an der Westküste ergab ein nord-süd-gestreiftes Muster, indem einzelne Streifen etwas weniger oder etwas mehr magnetisch waren als der Durchschnitt des Meeresbodens als Ganzes.

Während man noch nach dem Grund für dieses Muster forschte, waren einzelne Streifen in den Bruchzonen gebrochen, wobei die Form eine außergewöhnlich quer verlaufende Verschiebung anzeigte. In den verschiedenen Bruchzonen betrug die Verschiebung von 200 km oder weniger bis zu 1 200 km in der Mendocino-Bruchzone. Diese Verschiebung ist bei weitem die größte, die auf der Erde gemessen wurde. „Eine ähnliche Verschiebung würde einen Kontinent in zwei Hälften teilen", sagte Henry Menard von Scripps. „Was auch immer den Ozeanboden auseinandergerissen hat", fügte er hinzu, „der angrenzende Kontinent wurde nicht wesentlich beeinträchtigt – eine schwer zu verstehende Situation."

Dietz nahm die Bruchzonen als Beweis dafür, daß Abschnitte des Meeresbodens lange Zeit mit relativ unterschiedlichen Geschwindigkeiten in Bewegung waren, wie Züge, die parallel mit verschiedenen Geschwindigkeiten in die gleiche Richtung fahren. „Die Kontinente treiben auf dem fließenden Mantel", sagte er, „bis ein abfallender Übertragungs-

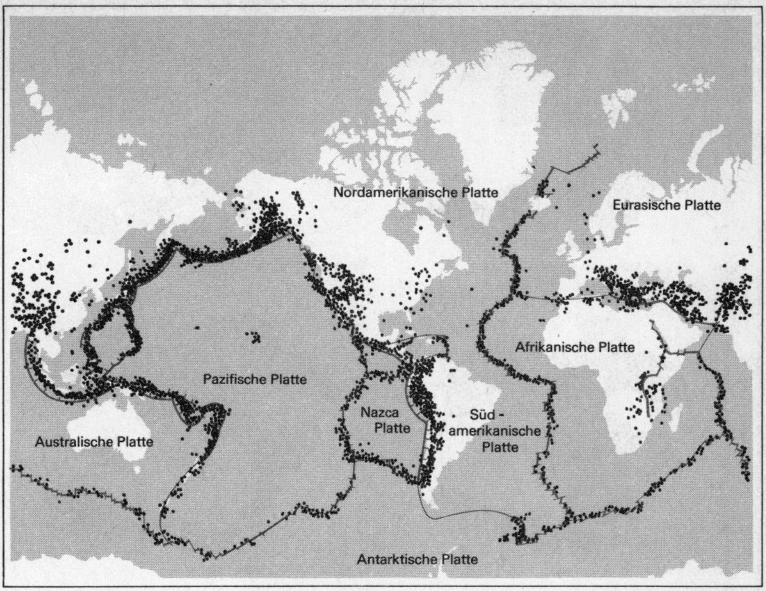

Die weltweite Aufzeichnung der Erdbebentätigkeit zeigt ein zusammenhängendes System geologisch aktiver Meeresgebirgszüge. Heute wird angenommen, daß sich die Erdoberfläche bei diesen Gebirgszügen in riesige Schollen gliedert. In den unterseeischen Gebieten dieser Schollen kommen Erdbeben so gut wie gar nicht vor. Die Verteilung der erdbebenintensiven Gebiete spielte bei der Entwicklung der Hess-schen Theorie der Ausdehnung und Neubildung des Meeresbodens eine wichtige Rolle.

strom auf einen anderen stößt. Trifft ein Kontinent auf eine solche Zone, kommt er zum Stillstand, wie ein schwimmendes Seifenstück in einer Badewanne mit rotierendem Wasser. Es bleibt stehen, bis sich der Wasserstrom ändert. So neigen Kontinente dazu, von laufenden Strömen zusammengedrückt zu werden. Darauf sind die Bodenfalten der Alpen zurückzuführen."

Dietz glaubte, daß das Muster der Magnetstreifen im rechten Winkel zur Richtung der Meeresboden-Ausbreitung läuft und eine Art „Belastungsmuster" darstellt. Im nächsten Kapitel aber werden wir sehen, daß die Streifen noch bedeutend wichtiger sind.

Der Enthusiasmus für die Hess-Dietz-Hypothese war keinesfalls allgemein. Arthur A. Meyerhoff schrieb, daß diese Argumentation ernsthafte Zweifel offenließ.

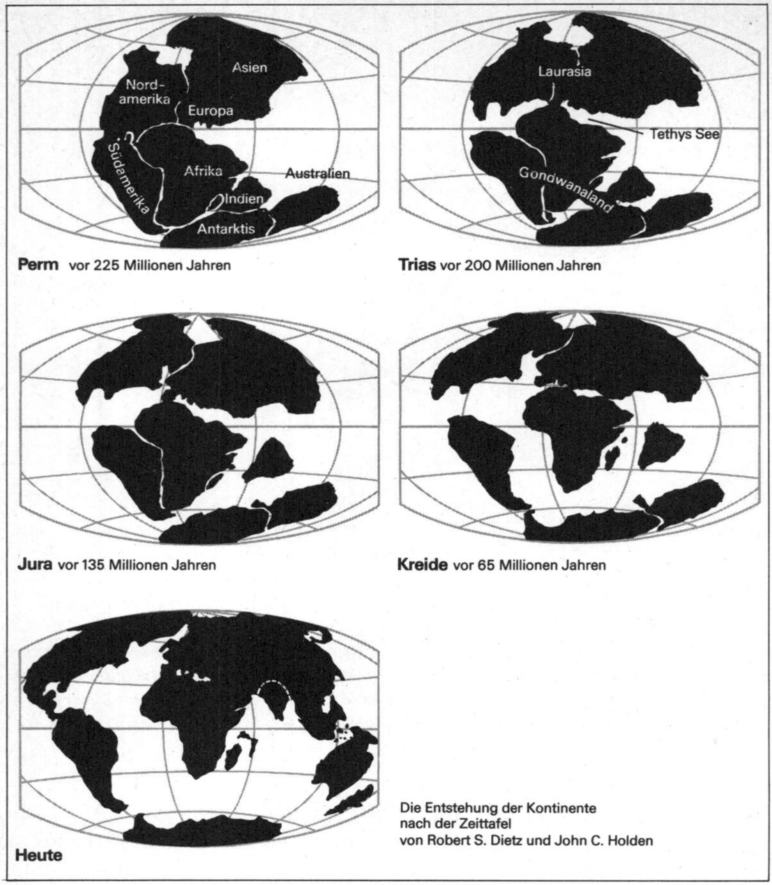

Die Entstehung der Kontinente
nach der Zeittafel
von Robert S. Dietz und John C. Holden

Er zitierte im besonderen eine Hypothese, die 1931 von Arthur Holmes von der Universität Edinburgh veröffentlicht wurde. Nach Holmes' Ansicht hat sich neben einem mittelozeanischen Graben heißes Gestein erhoben, ist vom Graben weggeflossen und schleppte dabei Kontinentalblöcke mit sich. Später senkte sich das Gestein dann in Ozeangräben.
Meyerhoff gab dagegen zu, daß er auch nicht behaupten könne, daß die Hypothesen von der Meeresboden-Ausbreitung von Holmes stamme. Tatsächlich geht sie vor allem auf einen englischen Pfarrer zurück, der sie ein halbes Jahrhundert zuvor entwickelt hat. Dieser relativ unbe-

kannte Prophet, Reverend Osmond Fisher, war mit 18 Jahren ans Jesus College in Cambridge gekommen. Er war einer der ersten, der mathematische Techniken in der Geologie anwandte und die Formationen von Dorsetshire, Ost-Anglia und der Isle of Wight studierte. In seinem Buch *Physik der Erdkruste*, das in mehreren Folgen von 1881 bis 1891 herauskam, stehen viele Argumente, die später in den 60er Jahren als neu präsentiert wurden. Obwohl damals das Konzept, wonach die Erde ein geschrumpfter Apfel sei, sehr beliebt war, sagte er, daß damit das gewaltige Zusammenpressen einiger Gegenden nicht erklärt werden könnte. Je mehr man die Unstabilität der Erdkruste betrachte und die Ausdehnung der Bewegungen, die auftraten, um so mehr verliere man sich in Staunen, schrieb er. Das Gestein einer einzigen geologischen Periode, dicker als die Höhe der höchsten Berge, wurde auf bestimmten Gebieten abgelagert, sank, kam wieder hoch, verfaltete sich und steht noch immer als stattlicher Berg. Er glaubte deshalb, daß es fließende Zellen mit flüssiger Materie geben müsse, die unter der harten Kruste zirkulieren. Er nannte sie „Übertragungsströme". Sie seien für die Faltung verantwortlich. Unter den Ozeanen erhebt sich geschmolzenes Gestein, sagte er, es wird gegen die Küsten getrieben und erhebt sich zu Bergketten, die parallel zu den Kontinentalrändern verlaufen.

Lava bricht hauptsächlich unter den Mittelozeangräben aus, die er „Plateaux" nannte. Durch sie sind die Inseln in diesem Gebiet entstanden, sagte er und erklärte weiter: „Wo geschmolzenes Gestein in die Nähe eines Kontinents kommt, und wieder in die Tiefe sinkt, können sich beängstigende Belastungen in der Erde entwickeln. Heute ist bekannt, daß die meisten Erdbeben, die die oft geschüttelten japanischen Inseln heimsuchen, unterhalb des Meeres auf der Seeseite entstehen, was zeigt, daß die subozeanische Kruste in dieser Gegend sehr unstabil ist, gerade so, als ob sie sinken würde."

Fisher glaubte, daß die Abwärtsströme etwas von der Kruste mit sich ziehen. Er beschrieb, wie sich auf den Lavaseen des Kilauea-Vulkans in Hawaii eine Kruste bildete, die für eine Weile tragend blieb, dann abkühlte und versank. Mark Twain schilderte diesen Vorgang, den er bei seiner Reise nach Hawaii 1866 beobachtete, so: „Hier war eine gähnende Grube, deren Grund die russische Armee beherbergen könnte und trotzdem noch Raum böte. Der größere Teil des Kraterbodens war tiefschwarz. Über eine Quadratmeile aber war er geringelt, gestrichelt und gestreift mit tausend Strömen von flüssigen und prächtig sprühenden Feuern. Manchmal brach die geschmolzene Lava, die unter der darüberliegenden Kruste schwamm, hervor – spaltete wie ein Blitz einen vorüberziehenden Streifen von 500 bis 1 000 Fuß Länge. Dann teilte sich

Fläche um Fläche der kalten Lava in Stücke, dreht sich mit ihren Rändern zuerst nach oben und plumpste dann in die Tiefe, verschlungen von dem blutroten Kessel."
Fisher glaubte ähnliches. Die abtreibende Erdkruste würde unter den Meeren kühl und dicht und sinke dann zurück in die Tiefen, wenn sie Kontinentalhöhen erreicht habe.
Fisher schloß sich auch Sir George Darwins Vorschlag an, wonach der Mond aus einer sich schnell drehenden Erde herausgerissen wurde und dabei einen großen Teil der Kruste fortnahm. Dieser Vorfall habe das Pazifikbecken als ein riesiges Loch hinterlassen, das die großen Übertragungsströme in der Erde auslöste, meinte Fisher.
Sir George Darwin, der Sohn von Charles Darwin, dem Urheber der Evolutionstheorie, glaubte, daß die Mond-Ejektion vor ca. 50 Millionen Jahren stattgefunden habe, zu einer Zeit, in der sich die Erde alle fünf Stunden einmal um sich selbst drehte.
Damals strömte, so folgerte Fisher, geschmolzene Materie vom Innern der Erde nach und füllte das Loch. Diese Strömung habe Amerika von Europa und Asien getrennt, sie gegen die pazifische Aushöhlung getrieben und den Atlantik geschaffen. Dabei setzte sich die Strömung innerhalb der Erde in Bewegung und blieb als Übertragungsstrom unterhalb der Meere bestehen. Als Beweis für diese flüssigen Bewegungen zitierte er die wechselnde Orientierung des Erdmagnetfeldes. Der Magnetismus, meinte er, wird durch diesen Fluß hervorgerufen und ändert seine Richtung mit den unterschiedlichen Bewegungen der geschmolzenen Materie in der Erde.
Die Vorstellung, daß das Erdinnere, unterhalb der Kruste von ca. 35 km Dicke, aus heißer, flüssiger Lava besteht, war damals die anerkannte Ansicht. Sie erwies sich aber als unmöglich, als William Thomson, der spätere Lord Kelvin, klarmachte, daß, falls die Erde ganz flüssig wäre, sie auf die Anziehungskraft der Sonne und des Mondes wie die Meere reagieren, und zweimal täglich Gezeiten haben müßte, sowohl an Land als auch auf See. Hätten Land und Meer gleichzeitig Gezeiten, gäbe es keine sichtbaren Gezeiten an den Küsten. Kelvin schloß daraus, daß die Hauptmasse des Erdinnern hart wie Stahl sei. Deshalb war Fishers Idee der Übertragungsströme bald vergessen, obwohl er die moderne Auffassung vorweggenommen hat, wonach der Magnetismus durch einen Fluß im flüssigen Kern entsteht.
Man kann annehmen, daß schon Benjamin Franklin gewisse Ahnungen des modernen Konzepts hatte, nach dem die Schollen durch den Fluß darunterliegender Materie getrieben werden.
In einem Brief an Abbé Soulavie schrieb er am 22. September 1782: „Ich

stelle mir vor, daß die inneren Teile der Erde aus dichterer Flüssigkeit bestehen und ein höheres spezifisches Gewicht haben als alle uns bekannten festen Bestandteile, die deshalb vielleicht in oder auf diesen Flüssigkeiten schwimmen. Die Erdoberfläche wäre somit eine Muschel, die von den gewaltigen Bewegungen der Flüssigkeit, auf der sie läge, zerbrochen und durcheinander gebracht würde ..."

Da der Umfang der wissenschaftlichen Erkenntnisse bedenkliche Ausmaße annimmt, wird es für einen Forscher immer schwieriger, herauszufinden, ob seine Arbeit ursprünglich ist und vorangegangene Versuche vermeidet. Aber, wie die Geschichte der Bewegung des Meeresbodens zeigt, existierte das Problem schon vor der Flut von wissenschaftlichen Veröffentlichungen, die sich dazu in den letzten Jahren jenes Jahrhunderts häuften.

Eine Entwicklung, kurz nachdem Hess und Dietz ihr Konzept vorgetragen hatten, ließ die Theorie plausibler klingen. Es war die Bestätigung einer alten und diskreditierten Idee, daß unter der Erdoberfläche eine relativ weiche Gesteinsschicht zwischen 60 und 250 km Dicke liege. Anfang des Jahrhunderts nahm man an, es handle sich dabei um Ablagerungen von Lava, die aus den Vulkanen stamme. Es wurde aber klar, daß die Erdkruste von festerem Gestein unterlegt ist, von dem man glaubte, daß es der äußerste Teil des Mantels sei.

Nach einem Erdbeben im Jahre 1909 beobachtete Andrija Mohorovičić an der Universität von Zagreb, daß Seismographen, weniger als 800 km von dem Beben entfernt, zwei Erschütterungsschübe wahrgenommen hatten, so, als hätte es zwei Erdbeben gegeben. Je weiter ein Instrument vom Erdbeben entfernt war, desto größer war die Trennung von der Erstankunft beider Wellenteile. Er schloß daraus, daß die Wellen durch zwei Lagen gewandert waren, eine tiefere, die dichter und fester war als die obere, welche die Wellen schneller transportierte. Die Demarkation zwischen den beiden Lagen, so nahm man an, markierte die Grenze zwischen der Kruste und dem Mantel. Man bezeichnet sie als Mohorovičić-Diskontinuität, oder auch kurz „Moho"-Grenze. Auf den Kontinenten liegt sie ca. 40 km unter der Erdoberfläche und in den Ozeanen 5–10 km unter dem Meeresgrund.

Schon 1926, vier Jahre bevor er seine Heimatuniversität Frankfurt verließ, um zum California Institute of Technology zu gehen, berichtete Beno Gutenberg, daß Erdbebenwellen in einer Tiefe von ca. 150 km 6 % langsamer wandern als unmittelbar unter der Kruste. Das könnte bedeuten, meinte er, daß die Mantelmaterie sich in dieser Tiefe, unter den dort bestehenden Bedingungen von Hitze und Druck, von einer kristallinen zu einer „gläsernen" Form wandelt, also fast fließt. Deshalb glaubte

Gutenberg, daß Kontinentalverschiebung immerhin eine Möglichkeit sei – zu seiner Zeit kein populärer Standpunkt.
Es waren Atomwaffenversuche, die Gutenberg die Bestätigung für seine Vermutung gaben. Eine unterirdische Atomexplosion erzeugt, verglichen mit dem Poltern eines natürlichen Erdbebens, einen scharfen Knall und bringt deshalb klarere Erdbebendaten, die von speziell entwickelten Instrumenten mit einem Unterscheidungsvermögen zwischen Erdbeben und Atombombenversuch aufgezeichnet werden.
Als Folge des geophysikalischen Jahres 1957–58 bemühte man sich auf internationaler Ebene um das „Obermantel-Projekt". Der sowjetische Wissenschaftler Wladimir V. Beloussow, Mitglied der sowjetischen Akademie der Wissenschaften, hatte es angeregt und hervorgehoben, daß Prozesse im Obermantel der Erde weitgehend für Phänomene verantwortlich seien, die für das menschliche Wohlergehen wichtig sind, wie Vulkaneruptionen, Erdbeben und Bergbildungen.
Als dieses Programm 1970 auslief, zeigten die ausgeklügelten Erdbebenbeobachtungen, daß es in der Tat eine Schicht von geringerer Härte gab, die rund 60 bis 250 km unter der Oberfläche liegt. Sie ist offensichtlich nicht aus glasigem Basalt, wie Gutenberg annahm, sondern aus kristallinem Gestein. Infolge der in diesen Tiefen herrschenden Kombination von Druck und Temperatur ist auch eine kleine, aber kritische Beimischung freien Wassers vorhanden. Man spricht deshalb von „Kristallmatsch", obwohl diese Vorstellung übertrieben ist. Die Erdbebenstudien zeigten, daß die meisten Erdbeben, die mit Vulkaneruptionen zu tun haben, aus Tiefen zwischen 60 und 200 km stammen, was die Annahme stützt, daß die Lava ursprünglich aus dieser Matsch-Schicht stammt.
Eines der gewaltigsten Erdbeben unseres Jahrhunderts, das Chile am 22. Mai 1960 erschütterte, trug dazu bei, die wissenschaftliche Welt von der Realität der weichen Schichten zu überzeugen. Das Beben verursachte einen so starken Schub, daß die Erde als Ganzes bebte. Frank Press und Don L. Anderson, der damals am Kalifornischen Technologie-Institut bei ihm studierte, analysierten das Beben, das von Detektoren aufgenommen wurde, die auf Langzeit-Erdbebenwellen eingestellt waren. Es zeigte sich, daß die Ergebnisse am besten mit der Existenz von Weich-Schichten erklärt werden konnten.
Anfang dieses Jahrhunderts erklärte ein amerikanischer Geologe, Joseph Barell, daß die Erde nur bis zu einer Tiefe von 100 km fest ist, darunter sei sie verformbar. Er nannte die feste Schicht „Lithosphäre", von „lithos", dem griechischen Wort für Stein. Darunter, meinte er, sei die „Asthenosphäre", von dem griechischen Wort für schwach „asthenes" abgeleitet. Diese Begriffe werden jetzt allgemein benutzt, um die abtrei-

benden Schollen zu beschreiben, die aus der festen Lithosphäre geformt sind (einschließlich dem obersten Teil des Mantels sowie der Kruste darüber), und die verformbare Asthenosphäre, auf der die Schollen treiben. Der Ausdruck „Kruste“ entstand zu einer Zeit, als man noch glaubte, die Erdoberfläche sei eine Schlackenschicht auf einem geschmolzenen Innern. Die Beschaffenheit des „Moho“ – der Grenzzone zwischen der Kruste und dem oberen Mantel – ist noch nicht genau bestimmt. Man glaubt heute, daß entweder ihre chemische Zusammensetzung oder die molekulare Struktur von einer weniger dichten oberen Phase zu einer dichteren darunterliegenden Phase wechselt (siehe Diagramm).
Die Entdeckung der verformbaren Asthenosphäre führte zu neuen und wichtigen Erkenntnissen über die Drift. Tuzo Wilson von der Universität Toronto sprach jetzt von einem „lubricating channel“, einem Schmierkanal, auf dem sich die Kontinente und der Meeresboden bewegen. Er betonte, daß, falls ozeanische Inseln und Guyots auf Meeresgräben entstanden sind und auf dem Förderband des sich bewegenden Meeresbodens wegwandern, müßten die Inseln in der Nähe der Rücken relativ jung sein, die weiter entfernten entsprechend alt.
Wilson hielt seine Studenten an, die wissenschaftliche Literatur von etwa 40 Inseln zu studieren, um etwas über deren Alter zu erfahren. Bei der beschränkten Information, die zur Verfügung stand, ergab sich, daß, je weiter eine Insel von einem mittelozeanischen Rücken entfernt ist, sie desto älter ist. Außerdem haben einige mittelatlantische Rücken für Millionen Jahre großzügig Lava gespendet, die infolge der Fließrichtung des Meeresbodens sowohl nach Westen als auch nach Osten getragen wurde. Eine solche Materialquelle befindet sich offensichtlich unter der Insel Tristan da Cunha im Südatlantik. Von hier aus erstrecken sich Unterwasser-Bergketten nach Südamerika und nach Afrika. Ähnliche Formationen des Meeresgrunds reichen auf dem mittelatlantischen Rücken von Island bis Europa und Grönland. (Zeichnung Seite 232 und Karte Seite 169.)
Auch die Hawaii-Inseln sprechen für diese Hypothese. Jede wird von Südwest nach Nordwest älter. Die große Insel von Hawaii im Südosten ist die jüngste der Kette und besitzt als einzige noch voll aktive Vulkane. Ihr nächster Nachbar im Nordwesten trägt den schlafenden Vulkan Haleakala.
Wilson suchte auch nach Anhaltspunkten für eine frühere Verbindung, eine „Heirat“ zwischen Nordamerika und Europa. Eine der bemerkenswertesten geographischen Erscheinungen der Britischen Inseln ist der „Great Glen Fault“. Diese Verwerfung teilt Schottland in zwei Hälften und verläuft von Inverness an der Nordsee durch Loch Ness und Loch

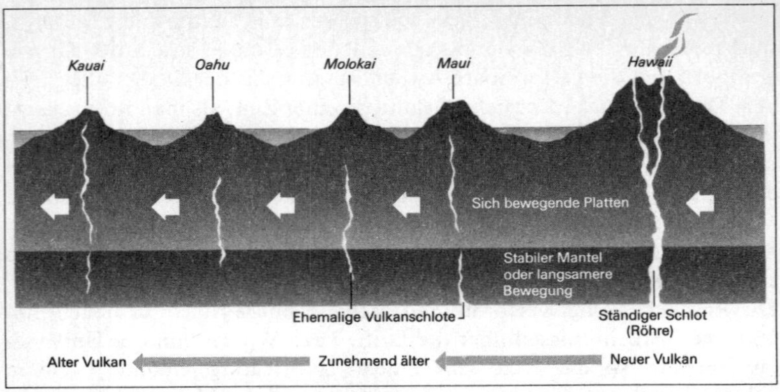

So stellte sich J. T. Wilson die Entstehung der Inseln von Hawaii vor.

Linnhe diagonal südwärts zur Insel Mull auf der Atlantikseite. Sie führte zu einer Verschiebung von Nordschottland um 105 km südwärts, verglichen mit der Beständigkeit von Britannien.

In Nordamerika gibt es eine ähnliche Spaltung, sagte Wilson, obwohl diese nicht so sensationell ist. Sie teilt Neufundland und trennt Neuschottland von Neubraunschweig, folgt dann der Küste von Maine und Massachusetts bis Rhode Island. Er nannte sie „Cabot Fault". Sowohl Cabot Fault als auch Great Glen Fault, meinte er, entstanden im späten Devon und in der frühen Kreidezeit, vor ungefähr 350 Millionen Jahren, als Europa und Amerika noch gemütlich beieinander lagen. Wilson nahm an, daß sie eine einzige fortlaufende Verwerfung bildeten. Einer der salamanderähnlichen Erdbewohner jener Zeit hätte von Boston bis zur Gegend von Inverness dieses tiefe Tal noch zu Fuß durchschreiten können.

Wilson geht von der Vorstellung aus, daß es einen früheren Atlantik gegeben haben muß, einen „niedrigeren paleozoischen Atlantik", der vor einigen hundert Millionen Jahren existierte und dann durch eine frühere Phase der Kontinentaldrift vernichtet wurde. Als Bestätigung für diese Theorie weist Wilson auf einige fossile Überbleibsel hin, die aus den Küstengewässern jener frühen Periode stammen. So sind Fossilien von Schottland und der norwegischen Küstenzone den amerikanischen Arten dieser Periode viel ähnlicher als den europäischen. Dementsprechend hatten einige Fossilien von nordamerikanischen Küsten eher europäische als amerikanische Affinitäten.

Nach Wilson bildete sich, nachdem der frühe Atlantik geschlossen war, ein großer Kontinent. Europa, Afrika und Amerika wurden zusammengeschweißt. Dann fiel dieser Kontinent wieder auseinander und der Atlantik entstand. Aber Teile, die früher zu Europa und Afrika gehört hatten, blieben an Nordamerika kleben, und Teile von Nordamerika an Europa. Mit anderen Worten, die Trennung erfolgte nicht an genau der gleichen Stelle wie die ehemalige Vereinigung. So kam ein Teil der Kontinentalkruste, der Fossilien eines ehemaligen Europa trug, nach Amerika und umgekehrt.

Wilson, der ein Zweifler war, wurde auf diese Weise Verfechter der Drifttheorie, die für eine komplexe Geschichte von Bewegungen eintritt, bei denen ein Kontinent den anderen heiratete, sich scheiden ließ und abdriftete, um ein Stück neuen Eigentums zu erwerben. Seine Theorien fanden aber wenig Beifall.

Er selbst meinte: „Die Drifthypothese wird nur von wenigen Geologen akzeptiert, von denen einige, wie ich selbst, ihren Standpunkt wechseln. Für die meisten von uns aber ist es schwierig anzuerkennen, daß ein großer Teil von dem, was wir einmal geschrieben haben, falsch war."

Alle großen Revolutionen werfen ihre Schatten voraus. Griechische Astronomen kündigten die Erkenntnisse des Kopernikus schon 2 000 Jahre vor seiner Geburt an, Darwin erhielt seine Ideen zur Evolution von seinem Großvater. Es sollte uns also nicht wundern, wenn Wegeners und Holmes' Ideen schon vor uns da waren, ohne akzeptiert zu werden.

Um die Drifttheorie stichhaltig zu beweisen, müßte man herausfinden, ob die Kontinente bei ihren Wanderungen auf dem Meeresboden Spuren hinterlassen haben. Wilson glaubte, in den Ketten der Unterwassergebirge, welche die mittelatlantischen Inseln, wie Tristan da Cunha, mit den Kontinenten auf beiden Seiten verbinden, die Sogspuren von Kontinental-Driften gefunden zu haben. Ein wesentlich überzeugenderes Zeichen aber ist in den Meeresboden eingeprägt. Obwohl Wilson dies damals noch nicht erkannte, hatte man die ersten Proben schon entdeckt. Es handelte sich um die „stripped magnetic patterns", die streifenartigen Magnetmuster des Pazifikbodens vor Nordamerika, Muster, die bis auf wenige Kilometer an das Auditorium von Berkeley herankamen, wo Wilsons Zuhörer saßen.

6 *Magnetische Fußabdrücke*

Es ist fast unglaubwürdig, aber zutreffend: Etruskische Vasen erzählen eine Geschichte aus der Vergangenheit des Erdkerns. Gegen Ende des 19. Jahrhunderts fand man bei der Erforschung des Magnetismus, daß bestimmte Materialien – zu denen auch der Töpferton gehört – nach starker Erhitzung und Abkühlung das Magnetfeld der Erde widerspiegeln. Die Kraftlinien dieses Feldes, so wie sie an der Erdoberfläche beobachtet werden, entsprechen denen, die man mit einem Magnetstab nahe dem Erdzentrum erzeugen könnte.

An der Erdoberfläche verlaufen die Kraftlinien bei den magnetischen Polen vertikal und beim magnetischen Äquator horizontal. Da sich die Kompaßnadel nach der horizontalen Komponente des Feldes der Erde orientiert, schwingt sie an den magnetischen Polen (wo es keine horizontale Komponente gibt) hin und her. Am magnetischen Äquator (der dem geographischen Äquator sehr nahe ist) wirkt die Kraft, die eine Kompaßnadel kontrolliert, am stärksten.

Ein wichtiges Instrument des Polarforschers ist eine Magnetnadel, die einem Kompaß ähnelt, aber in der vertikalen statt in der horizontalen Ebene schwingt. Die Neigung der Nadel zeigt ungefähr die Distanz zum Magnetpol an. Wenn sie vertikal steht, weiß der Forscher, daß er am Magnetpol steht.

Um 1907 waren Magnetanalysen an etruskischen Vasen des 8. Jahrhunderts v. Chr. ausgeführt worden, ebenso an griechischen Vasen des 7. Jahrhunderts v. Chr., an Töpfen aus der Eisenzeit (ungefähr 1 500 v. Chr.) und an verschiedenen vulkanischen Lavagesteinen, die ebenfalls das örtliche Magnetfeld speicherten, als sie abkühlten. Man nimmt an, daß alle Töpfe aufrecht stehend gebrannt worden sind, und der in ihnen verbliebene Magnetismus deshalb die örtliche Inklination der Magnetnadel des Feldes zur Zeit ihres Brennens anzeigte. Daraus ergab sich, das örtliche Magnetfeld in der Gegend, wo jedes dieser Objekte gebrannt wurde, mußte sich in der Zwischenzeit verändert haben.

Seit dem 17. Jahrhundert wußten Seeleute, daß es eine leichte jährliche Veränderung des Magnetfeldes gibt, was kleine Korrekturen am Kompaß erforderte. Diese Veränderungen haben örtliche Besonderheiten,

die wahrscheinlich mit der inneren Zusammensetzung der Erde zusammenhängen. Die Gesamtachse des Feldes driftet langsam westwärts, wobei es ungefähr 10 000 Jahre dauert, bis eine Reise um die Erdachse vollendet ist.
Die Stärke des Magnetfeldes kann an jedem beliebigen Punkt innerhalb mehrerer 1 000 Jahre bis zu 50 % variieren. Es ist lange Zeit angenommen worden, daß diese Änderung irgendwelche Formen von Aktivität tief im Inneren des Planeten anzeigten.
Das Magnetfeld der Erde wird noch auf eine weitere Art für die Zukunft abgebildet: durch Unterwasserablagerungen. Bevor sich Material am Meeresgrunde setzt oder loses, feuchtes Sediment verdichtet und schließlich zu Fels wird, richten sich die magnetischen Strukturen darin nach dem jeweiligen Magnetfeld der Erde. Einmal abgelagert oder zu Stein geworden aber sind die Strukturen fixiert. In den 40er Jahren des 20. Jh. untersuchten amerikanische Wissenschaftler eiszeitliche Lehmablagerungen in Neuengland. Sie fanden dabei, daß von Neuengland aus gesehen der magnetische „Norden" zwischen 15 000 und 9 000 v. Chr. auf beiden Seiten des wirklichen Nordens vorwärts und rückwärts driftete.
Und wie steht es mit den Felsen, die aus Ablagerungen von viel höherem Alter gebildet werden? John W. Graham fand in Amerika überzeugende Beweise dafür, daß eine magnetische Erinnerung überlebt hat. Einen noch überzeugenderen Beweis liefern Lavaströme. In einigen Gegenden der Erde, wie auf Island, in Kalifornien, Oregon, den Aleuten, Hawaii und Japan, gab es während vieler Millionen Jahre diskontinuierliche Eruptionen, die Lavaschicht auf Lavaschicht legten, von denen jede, wenn sie abgekühlt war, das Magnetfeld eingefangen hatte. Wenn Eisen- und Titaniumoxide in der Lava über einen bestimmten Punkt erhitzt werden (Curie-Punkt), richten sich die Atome in diesen Substanzen nach dem lokalen magnetischen Feld aus und verharren nach dem Abkühlen in dieser Ausrichtung.
Frühere Studien über die Spuren des Magnetismus in alten Lavaströmen und Sedimentfelsen ließen vermuten, daß sich die Lage der magnetischen Pole in der entfernten Vergangenheit stark von den heutigen unterschied. Einige Wissenschaftler wollten damit das langsame Wandern der Erdachse (in bezug zur Oberflächengeographie) beweisen. Da es jedoch keine anerkannten Erklärungen für das Hauptmagnetfeld der Erde und seine Beziehung zur Erddrehung gab, war ein solcher Beweis der Polwanderung schwer durchführbar. Nachdem Patrick M. S. Blackett im Jahre 1946 an der Royal Institution in London eine herausfordernde Vorlesung über das Thema gehört hatte, begann er, den Magnetismus zu

untersuchen, einschließlich der magnetischen Eigenschaften von Felsen auf der Erdoberfläche. Die Ergebnisse führten ihn schließlich ins Lager der Anhänger der Wanderungstheorie. Er war das erste Mitglied jener wissenschaftlichen Aristokratie, der „Nobel Laureates", das sich dazu bekannte, und ein Meister der Theorie der Erdteilwanderung.
Die Art und Weise, auf die rotierende Körper, die nicht elektrisch geladen sind (wie die Erde), magnetische Felder erzeugen, war für Blackett von besonderem Interesse, da er nach einer Erklärung für das Verhalten von kosmischen Strahlen suchte. Die „Strahlen" sind Atomkerne, die sich beinahe mit Lichtgeschwindigkeit fortbewegen. Sie müssen in bestimmten Gegenden des Kosmos erzeugt werden, und doch regnen sie gleichmäßig von allen Richtungen auf die Erde nieder (obwohl das Magnetfeld der Erde ihre Pfade bei der Annäherung ändert). Die Energie einiger von ihnen übersteigt bei weitem die von allen Teilchen, die durch Prozesse generiert werden, die auf der Erde heimisch sind. Wenn man herausfinden könnte, woher sie kommen, wäre das ein Schlüssel zur Art ihres Ursprungs. Die Tatsache, daß sie aus allen Richtungen eintreffen, ließ annehmen, daß es im Weltraum etwas gibt, das ihre Wege ablenkt, so daß ihre letzte Annäherung kein Schlüssel für ihren Ursprung ist.
Die augenfällige Erklärung für eine solche Ablenkung war die Existenz von weit ausgedehnten Magnetfeldern im Weltraum. Man hatte gerade entdeckt, daß einige Sterne magnetisch sind. Das Fehlen jeglicher gut entwickelten Theorie, mit der man erklären kann, wie solche Felder erzeugt werden, zog Blacketts Aufmerksamkeit auf dieses Problem. Er versuchte es zu lösen, indem er sich Gold von der Bank von England lieh, um eine Annahme zu testen, die ungefähr 30 Jahre vorher gemacht worden war. Danach entsteht der Magnetismus von Erde und Sonne als Abfallprodukt der Rotation eines massiven Gegenstandes. Diese Idee hatte schon Einstein gefesselt. Gegen Ende des Jahres 1930 schrieb ein Elektrizitätsingenieur an Einstein, wobei er für eine Verbindung zwischen den Magnet- und Schwerkraftfeldern der Erde plädierte, eine Verbindung, die, so dachte der Briefschreiber, einen Weg zu einer vereinigten Theorie für die zwei grundlegenden Phänomene Schwerkraft und Elektromagnetismus liefern könnte. Einstein antwortete: „Ihr Brief hat mich äußerst interessiert, da ich seit langem davon überzeugt bin, daß das Magnetfeld der Erde nicht durch magnetische Körper produziert wird, sondern durch die Gesamtheit der Materialmasse, die mit der Erdrotation verbunden ist. . ."
Da, so konnte man annehmen, nur Gegenstände mit beträchtlicher Masse auf diese Weise eine bedeutende Menge Magnetismus erzeugen wür-

den, wandte sich Blackett an die Bank von England, die ihm helfen sollte, eine Kugel von beträchtlicher Menge, aber brauchbarer Größe zu konstruieren. Dank vertrauensvoller Zusammenarbeit konnte er in seinem Laboratorium einen Zylinder aus purem Gold herstellen, der 15,2 kg wog. Die tägliche Drehung der Erde ließ den Zylinder entsprechend dem Firmament rotieren. Blackett entwickelte ein besonders empfindliches Magnetometer, um zu sehen, ob Magnetismus produziert wurde. Er konnte keine Spur nachweisen. Es blieb seinem Kollegen Edward Bullard und Walter Elsasser, einem deutschen Geophysiker, der in den 30er Jahren nach Amerika gekommen war, vorbehalten, eine weithin akzeptierte Erklärung für den Erdmagnetismus vorzuschlagen. Er soll durch einen dynamoähnlichen Prozeß erzeugt werden, der die Drehung der Erde und Bewegungen von geschmolzenem Eisen im äußeren Kern mit einschließt.

Mit einem superempfindlichen Magnetdetektor bewaffnet, wandte Blackett seine Aufmerksamkeit dem magnetischen Gedächtnis in altem Gestein zu. Er sah in den erstarrten Kompaßnadeln in Felsen jeden Alters und aus jeder Gegend der Welt einen Weg, nicht nur die Geschichte des Magnetfeldes der Erde zu enthüllen, sondern auch die Möglichkeit von Erdteilwanderungen abzuschätzen.

In einer Vorlesung in Jerusalem im Jahre 1954 sagte er: „Die größeren Länder werden den Magnetismus ihrer Felsen genauer studieren müssen. Ich habe überhaupt keine Zweifel, daß das Resultat dieser Arbeit in den nächsten zehn Jahren die Hauptfaktoren der Landbewegung feststellen und so eine tiefe Wirkung auf die geophysischen Studien der Erdkruste haben wird."

Als Blackett sich das erste Mal für die Kontinentalwanderung interessierte, war er Physikprofessor in Manchester. Die Mitglieder der geologischen Abteilung standen seiner Theorie von der Wanderung zurückhaltend gegenüber, wie schon sein Vorgänger Lawrence Bragg erfahren hatte. Bragg ging eines Tages mit Sydney Chapman, der später die in der Welt führende Autorität auf dem Gebiet des Erdmagnetismus werden sollte, im Hügelland von Derbyshire spazieren. Chapman hatte gerade eine Wanderung durch Norwegen beendet, in deren Verlauf er Jakob A. B. Bjerknes, den großen norwegischen Meteorologen besuchte, als dort eine Konferenz von deutschen und norwegischen Wetterdienstforschern stattfand. Chapman war eingeladen worden, an den Sitzungen teilzunehmen, und hörte, wie Alfred Wegener seine Wanderungstheorie darlegte. Chapman war von der Idee der wandernden Kontinente sehr angetan, und auf seinem Spaziergang mit Bragg erklärte er sie ausführlich.

„Chapmans Beschreibung dieser Theorie fesselte mich so stark“, schrieb Bragg später, „daß ich mich genau an die Stelle erinnern kann, wo er darüber zu sprechen begann. Ich war so beeindruckt, daß ich Wegener um eine Darstellung der Theorie bat, sie übersetzen ließ und der Manchester Literary and Philosophical Society überreichte.“ Diese renommierte Organisation war ein Jahrhundert vorher von John Dalton, dem Vater der modernen Atomtheorie, gegründet worden. Aber, so sagte Bragg, ihre mit Geologie befaßten Mitglieder waren außer sich. Bis dahin, fügte er hinzu, hatte er nie gewußt, was es heißt, Schaum vor dem Mund zu haben. Wörter können ihre völlige Verachtung für etwas so Lächerliches wie diese Theorie nicht beschreiben. Nun war Blackett allerdings kein Mann, der sich von einem unpopulären Konzept abschrekken ließ, besonders nicht, als er herausfand, daß sein neues Interessengebiet, der in altem Gestein erhaltene Magnetismus, die Kontroverse auflösen könnte. Seine Studenten schwärmten über England und weit entfernte Gebiete der Welt aus, um Proben zu sammeln und durch Laboranalysen die Anordnung der Magnetfeldlinien zu bestimmen, die Tausende oder Millionen Jahre vorher durch sie geflossen waren.
Wenn man die Lage der Proben sorgfältig notiert, bevor man sie der Elternformation entnahm, konnte die frühere Anordnung der Magnetkraftlinien in ihnen bestimmt werden, und zwar nicht nur in bezug auf ihre Neigung wie in den alten Töpfen, sondern dreidimensional (in Form der vertikalen Nord-Süd- und Ost-West-Ebenen und der horizontalen Ebene).
Eines der ersten Anzeichen für eine veränderte Geographie, die aus solchen Analysen entstand, ging von drei Mitgliedern von Blacketts Gruppe aus: J. A. Clegg, Mary Almond und Peter H. S. Stubbs. Sie entdeckten, daß die „Kompaßnadeln“ in den Felsen, die sich in England während der Triasperiode vor 200 Millionen Jahren ablagerten, nicht zum Magnetpol jener Periode zeigten, der von Felsen anderer Länder abgeleitet worden war. Die öffentliche Erklärung dafür, so berichteten sie 1954, war, daß England in der Zwischenzeit um 34 Grad im Uhrzeigersinn rotiert war. Ähnlich kam vom europäischen Festland der Beweis, daß Spanien sich von Frankreich entfernt hatte, wobei sich die Biscaya-Bucht aufgetan hatte, und in der Gegend, die als Scharnier wirkte, die Pyrenäen aufgefaltet wurden.
Der Protegé von Blackett, der der führende britische Vorreiter für die Drifttheorie werden sollte, war S. Keith Runcorn. Er untersuchte Lavaströme in Oregon und kletterte in den Grand Canyon, wo er Schieferproben „von oben bis unten“ sammelte. Aus diesen und anderen Proben konnte man die Wanderroute des magnetischen Nordpols während der

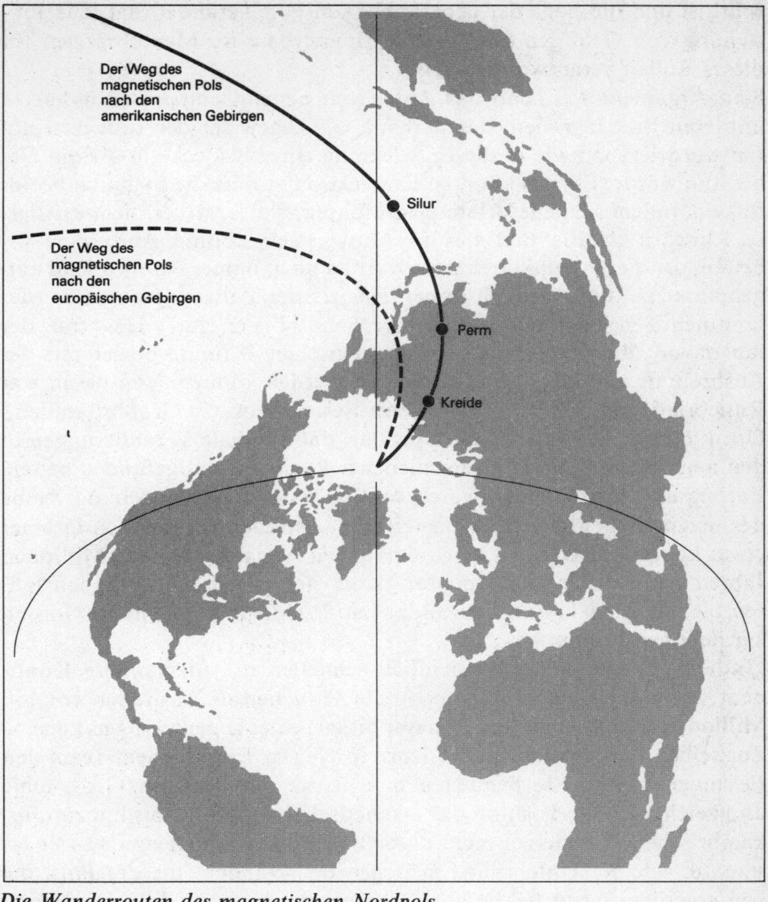

Die Wanderrouten des magnetischen Nordpols

vergangenen 100 Millionen Jahre rekonstruieren, vom Südostpazifik zu den Philippinen (in Begriffen gegenwärtiger Geographie), dann Richtung Norden über China und Sibirien in den arktischen Ozean bis zu seinem heutigen Standort. Weil die Arbeit über den Lehm von Neuengland darauf hinwies, daß in vergangenen Zeiten der magnetische Pol nie sehr weit vom geographischen Nordpol (der auf der Erdachse liegt) weggewandert war, schien es Runcorn, daß auch die Erdachse wandert. „Wir können nur vermuten", schrieb er, „daß. . . . der Planet 'herumgerollt' ist und die Lage der geographischen Pole verändert hat. Die Entstehung von Gebirgen oder Konvektionsströme im Mantel mögen für dieses Rollen verantwortlich sein.“

Sein Argument war, daß das Aufwerfen neuer Gebirge, besonders in mittleren Breitengraden, das perfekte Gleichgewicht der Erdachse stören würde, genau wie es die Entwicklung einer Eisdecke in diesem Gebiet tun würde. Ebenso könnten Konvektionsströme die Stabilität beeinflussen, indem sie neues Material einführen, wo es vorher nicht existierte. Runcorn glaubte, daß dies die Antwort sein könnte. Aber seine Arbeiten, die diesen Punkt betrafen, wurden nicht immer wohlwollend aufgenommen. Runcorn blieb seiner Theorie der Polwanderung treu (der kontinentalen Drifttheorie widersprechend), bis er Harry Hess traf, der ihn davon überzeugte, daß die magnetischen Befunde besser mit der Ausbreitung des Meeresbodens erklärt werden können. Von da an war Runcorn der entschiedenste Vertreter dieser Theorie in Großbritannien.

Um 1960 war es Blacketts Gruppe klar, daß radikale Veränderungen in den magnetischen Breiten verschiedener Regionen stattgefunden hatten. Europa und Nordamerika waren vor 300 Millionen Jahren in der Nähe des magnetischen Äquators, sagten sie. Australien scheint sich in einer etwas komplizierteren Art bewegt zu haben. Vor ungefähr 400 Millionen Jahren war es nahe beim Äquator, dann trieb es vor 200 Millionen Jahren bis auf 2 300 km an den Südpol und schließlich Richtung Norden zur heutigen Breite.

„Indien bewegte sich offensichtlich schneller als jeder andere Kontinent“, schrieben sie, „von einer Breite südlicher als Australien vor 150 Millionen Jahren, über den Äquator bis zu seiner gegenwärtigen Lage.“

Zur selben Zeit untersuchte Runcorn in Newcastle mit einem Team den Felsmagnetismus. Sie benutzten eine Karte der heutigen Geographie und zeichneten die Position des magnetischen Nordpols bis hin zur vorkambrischen Periode vor mehr als 600 Millionen Jahren ein. Was sie erstaunte, war der Unterschied zwischen der Wanderroute des Pols, die von amerikanischen Felsen abgelesen wurde, und der, die aus europäischen Felsen entstand. Die Positionen, die auf europäischem Gestein basierten, lagen immer östlich von den amerikanischen. Gab es vielleicht zwei magnetische Pole? Es erstaunte Runcorn und seine Kollegen, daß, wenn sie Europa gegen Nordamerika verschoben, die zwei angeführten Polarbewegungslinien übereinstimmten. Für Runcorn und andere war diese Feststellung ein starkes Argument für die Drifttheorie. Ein anderer Aspekt des Erdmagnetismus aber zeigte die Ausbreitung des Meeresbodens (sea-floor spreading) in einer Weise, daß ihn die größten Skeptiker nicht mehr ignorieren können.

Ein lange bestehendes Rätsel war die Entdeckung, die Bernard Brunhes 1909 machte. Er fand, daß einige alte Lavaströme im Zentralplateau – dem Gebirge mitten in Frankreich – mit einer magnetischen Polarität geprägt sind, die sich genau umgekehrt zu der anderer Felsen, die etwas jünger oder älter sind, verhalten. Brunhes vermutete, es handle sich um ein lokales Phänomen. 1929 aber fand der Japaner Montonori Matuyama, daß in Japan viele etwa 700 000 Jahre alte Felsen umgekehrt magnetisiert waren. War es möglich, daß das ganze Magnetfeld der Erde zeitweise umgeschlagen war, so daß eine Kompaßnadel, die normalerweise nach Norden zeigt, nun nach Süden wies? Das schien zu absurd. In den nächsten drei Jahrzehnten entdeckte man weitere Formationen mit umgekehrter Polarität, und 1950 schlug John Graham eine Theorie vor, nach der einige Felsen aufgrund ihrer Eigenschaften mit umgekehrter Polarität gekennzeichnet sind. Labortests bestätigten das; aber diese „Selbstumkehrung" war nur für weniger als 1 % solcher Exemplare charakteristisch, die alle vor langer Zeit eine umgekehrte magnetische Polarität erhalten hatten.

Außerdem schien das Gestein, das in der großen Spanne der geologischen Zeit entstanden war, zwei gleiche Teile zu bilden, nämlich einen Teil mit normaler und einen Teil mit umgekehrter Polarität. Das zeigte sich auch bei einer großen Zahl von Lavaströmen in Island und anderen Gebieten der Erde aus der Zeit der späten tertiären Periode, vor 1 Million bis 20 Millionen Jahren. Damit erschienen Blitze oder andere lokale Ereignisse als Ursache unmöglich zu sein.

Für Allan Cox, G. Brent Dalrymple und Richard R. Doell aus Menlo Park in Kalifornien waren diese Umkehrungen eine wissenschaftliche Herausforderung. „Die Idee, daß sich das Magnetfeld der Erde umkehrt, scheint zuerst so absurd", schrieben sie später, „daß man eine Verletzung eines physikalischen Grundgesetzes vermutet, und viele Forscher, die daran arbeiten, wollten gerne wissen, ob die Umkehrung mit der physikalischen Theorie des Magnetismus vereinbar sei."

Sie zitierten die „Dynamo"-Theorien des Magnetfeldes der Erde, wie sie von Bullard und Elsasser entwickelt worden waren. In einem Dynamo erzeugt die Bewegung elektrischer Leiterschleifen (die Drähte der Wicklungen) im magnetischen Feld Elektrizität. In der Erde ist es der Konvektivstrom von geschmolzenem, Elektrizität leitendem Material, der das Magnetfeld herstellt. In einer Kraftanlage wird etwas von der erzeugten Elektrizität benutzt, um das notwendige Magnetfeld herzustellen. Aber um den Prozeß in Gang zu bringen, benötigt man Elektrizität von irgendwoher – oder magnetisches Material. Was den „Dynamo" in der Erde in Gang setzte, bleibt daher ein Rätsel, und, wie Cox, Doell und Dalrymple es ausdrückten, „nach Jahrhunderten der Erforschung ist das Magnetfeld der Erde eines der am besten beschriebenen und am wenigsten verstandenen Phänomene".

Daß das Magnetfeld der Erde tatsächlich von Zeit zu Zeit umkippt, konnte das Forschertrio mit dem Vorkommen zweier Prozesse in Gestein zeigen, das nach der Eruption erkaltet. Einer ist das Einfrieren der magnetischen „Kompaßnadeln", der andere das Ingangsetzen einer „Stoppuhr", die Millionen Jahre später abgelesen werden kann. Sie zeigt an, wieviel Zeit seit der Abkühlung vergangen ist.

Die Natur dieser Stoppuhr wurde zuerst 1940 von Robley D. Evans vom Massachusetts Institute of Technology erkannt. Sie beruht auf einer radioaktiven Form von Kalium (Kalium 40). Kalium 40 zerfällt sehr langsam in Argon 40, ein Gas. Da das letztere nicht chemisch reagiert, sammelt es sich nur in der Kristallstruktur des Felsens an. Wenn das Material jedoch schmilzt, kann das Argon entweichen. In diesem Fall beginnt der Akkumulationsprozeß erneut, wenn der Felsen abkühlt. Das heißt, die Stoppuhr startet wieder bei Null.

Wenn man den Anteil von Kalium in einer Gesteinsprobe mißt, kann man bestimmen, wieviel Kalium 40 vorhanden war, als der Fels abkühlte. Mißt man dann die Menge Argon 40, ergibt sich, wie lange die Akkumulation von Argon aus dem Kalium 40-Zerfall gedauert hat, d. h. die Zeitdauer von dem Augenblick an, als der Fels abkühlte und das damals existierende Magnetfeld einschloß.

Indem man auf diese Weise magnetische Umkehrung mit dem Alter in Verbindung brachte, war es möglich nachzuweisen, daß Felsen, die zu irgendeiner Zeit gebildet wurden, fast alle die gleiche magnetische Polarität hatten, ungeachtet ihres Ursprungs in der Welt. Einige Perioden lang ähnelte die Polarität der heutigen, während anderer Perioden war sie umgekehrt.

Im frühen Stadium seiner Untersuchungen erkannte Blackett, daß der Zeitplan solcher Umkehrungen für Geologen nützlich sein könnte. Falls, so sagte er, die Umkehrungen in unregelmäßigen Abständen aufgetreten sind, ist es vielleicht möglich, ein System von Umkehrungen an verschiedenen Orten der Erde zu erkennen. Falls Umkehrungen sehr selten sind, z. B. nur einmal in 100 Millionen Jahren, dann müßte das Aufspüren einer solchen Umkehrung quer über die Erde relativ leicht sein, man könnte die Ergebnisse für geologische Datierungszwecke nutzen.

Eine ähnliche Methode, die auf den unregelmäßigen Abständen zwischen Baumringen beruht, wird von Archäologen benutzt. Jährliche Klimaschwankungen produzieren eine Folge von dicken und dünnen Ringen, die allen Bäumen, die in einer bestimmten Gegend zu einer bestimmten Zeit wachsen, eigen sind. 1946 traf ich an der Universität von Alaska Louis Giddings, der eine Reise auf dem Mackenzie gemacht und Treibholzstämme auf Jahresringe untersucht hatte, die das ganze Leben des Baumes zeigten.

Auf diese Weise rekonstruierte Giddings die Folge von fetten und mageren Jahren im Tal des Mackenzie über mehrere Jahrhunderte. Weil Holz im arktischen Klima kaum zerfällt, waren viele der Stämme außergewöhnlich alt. Jedesmal wenn Giddings einen fand, der älter war als alle vorherigen, konnte er die Geschichte weiter zurückverfolgen. An der arktischen Küste waren die ältesten vom Wind poliert und grau. Als er seine Chronologie einmal aufgestellt hatte, konnte Giddings, dank seiner Übung und nur mit einem Vergrößerungsglas bewaffnet, fast genau das Jahr bestimmen, in dem ein Baum zu wachsen angefangen hatte, und wann er gestorben war, sogar wenn es vor Jahrhunderten geschah. Manchmal konnte er sogar den Nebenfluß des Mackenzie identifizieren, wo der Baum gewachsen war, bevor er den Fluß heruntertrieb, denn jedes Tal hatte bestimmte kleine klimatische Eigenheiten.

Solche Chronologien haben Archäologen befähigt, vorgeschichtliche Plätze, die Tausende von Jahren alt sind, zu datieren, indem sie einfach hölzerne Gegenstände untersuchten, die dort gefunden wurden.

Falls magnetische Umkehrungen einem mehr oder weniger regelmäßigen Zeitplan folgten, wie z. B. dem 11-Jahre-Zyklus der Sonnenflecken, waren sie von geringem Nutzen, aber schließlich stellte sich heraus, daß sie keineswegs regelmäßig waren. Die gegenwärtige Richtung des Erdmagnetismus stellte sich als charakteristisch für zumindest das Gestein heraus, das in den vergangenen 700 000 Jahren abgelagert wurde. Diese Jahre nennt man die Brunhes-Epoche, zu Ehren des Franzosen, der den umgekehrten Magnetismus als erster aufspürte. Davor liegt für ungefähr 1,8 Millionen Jahre die große Matuyama-Epoche der umgekehrten Polarität, benannt nach dem japanischen Pionier auf diesem Forschungsgebiet. Zuvor war das Feld normal, wie es heute ist. Auf den ersten Blick verwirrend war eine Beobachtung, die in der Lava der Olduval-Felsschlucht in Tansania gemacht wurde, die für ihre Spuren von den ältesten Vorfahren des Menschen bekannt ist. Zwei Forscher der Universität von Berkeley, C. S. Grommé und Richard L. Hay, fanden, daß Lavaströme, die aus der Matuyama-Epoche datierten und deshalb umgekehrte Polarität angenommen haben müßten, normale Polarität zeigten.

Man bezweifelte den Wert dieses Fundes, bis Cox, Dalrymple und Doell in Menlo Park herausfanden, daß Proben von drei Lavaströmen auf den Pribilof-Inseln in der Beringsee, deren Alter von 1,9 Millionen Jahren praktisch identisch war mit dem der Olduvai-Proben, ebenfalls normale

Polarität zeigten, obwohl sie sich während der Matuyama-Periode gebildet hatten. Überdies waren diese Ströme zwischen älteren und jüngeren Lavaströmen eingelagert, die die typische umgekehrte Polarität der Matuyama-Epoche zeigten.

Auch I. McDougall und Don H. Tarling aus Australien, die einen Zeitplan der Umkehrungen aufbauten, waren zuerst sehr skeptisch. Dann aber fand McDougall auf der Réunion-Insel im Indischen Ozean den Beweis für ein Ereignis, das vor ungefähr 1 Million Jahren stattfand. „So kam es", berichtete Cox später, „daß Doell und Dalrymple unabhängig voneinander *auch* noch ein Ereignis in Neumexiko entdeckten, das vor ungefähr 1 Million Jahren geschehen war." Es wurde in einem Lavastrom nahe dem Jaramillo-Fluß sichtbar, und es handelte sich eindeutig um das gleiche Ereignis.

Bis heute sind mindestens drei solcher „Purzelbäume" identifiziert worden (in einigen Fällen mit offensichtlichen Unterteilungen). Man nennt sie nach den Gegenden, in denen sie zuerst identifiziert wurden, das Jaramillo-Ereignis, das Gilsa-Ereignis und das Olduvai-Ereignis. Es wird auch noch von einem Geschehen aus der neueren Brunhes-Normal-Epoche berichtet, dem Laschamp-Ereignis.

Als sich die Amerikanische Geophysikalische Vereinigung im April 1966 in Washington traf, konnten diese Entdeckungen aufgeklärt werden. „Ich führte den Vorsitz einer Gruppe bei diesem Treffen", schrieb Cox später, „als Neil Opdyke vom geologischen Observatorium Lamont zu mir kam und sagte, er wolle seine Gesprächsgruppe wechseln, da er neue, aufregende Informationen hätte. Er und ein promovierender Student hatten erste Magnetumkehrungen in Tiefseesedimenten gefunden. Erstaunlicherweise betrafen sie das gleiche Ereignis. So fanden drei Gruppen unabhängig voneinander die gleiche Feinstruktur auf einer weltumfassenden Skala."

Bald waren 28 Querschnitte von Sedimentgestein vom Grunde des Ozeans untersucht worden, vierzehn davon von südlich der Aleuten, acht aus dem Äquatorgebiet des Pazifik und sechs aus der Nähe der Antarktis. Opdykes Analysen über die Anordnung magnetischer Teilchen innerhalb dieser Kerne verriet den gleichen Zeitplan wie der der Felsproben.

Bis 1967 hat die Menlo Park-Gruppe das Alter von ungefähr 135 Landproben bestimmt, die eine Spanne von fast 4 Millionen Jahren abdeckten. Diese zerfielen in etwa 16 Perioden normaler und umgekehrter Polarität, die von weniger als 50 000 Jahren bis zu mehr als einer Million Jahren reichten. Ihre Unregelmäßigkeit erlaubte die Ausarbeitung eines Identifizierungscodes für die magnetischen „Baumringe" auf dem Mee-

resgrund. Der Code eignete sich auch für die Erforschung von Tiefseekernen, von denen einige, die Opdyke untersuchte, wenigstens 12 m lang waren. Durch den Wechsel der Polarität konnte man nachweisen, daß sie die Ablagerungen in einer Zeitpanne von ungefähr 5 Millionen Jahren verkörpern.
Eine verwirrende Beobachtung, die James D. Hays aus Lamont machte, war die Tatsache, daß zur Zeit solcher Umkehrungen bestimmte winzige Meereslebewesen ausstarben. Er untersuchte die Verteilung der Skelette, die von einzelligen Organismen, den Radiolaria, zurückgelassen wurden. Er fand heraus, daß zu bestimmten Zeiten einige dieser Arten überreichlich vorhanden waren; dann verschwanden sie plötzlich. Von den acht Arten, die während der 2,5 Millionen Jahre, für die die Aufzeichnungen am vollständigsten waren, aus den Kernen verschwanden, starben sechs nahe der Zeit der Umkehrung aus.
„Die Beziehung zwischen Umkehrung und Auslöschung ist tatsächlich verblüffend“, schrieb Hays. Er hielt fest, daß das große Sterben von See- und Landtieren in der entfernten Vergangenheit mit Zeiten zusammenzufallen schien, als Perioden mit wenigen Umkehrungen von solchen mit häufigen Umkehrungen abgelöst wurden. Gegen Ende des Perms, vor ungefähr 250 Millionen Jahren, wurde z. B. die Hälfte der bekannten Familien von großen und kleinen Tieren ausgelöscht. Es war die Zeit, als die Amphibien und Farnwälder von den Reptilien und modernen Pflanzen abgelöst wurden. Die nächste große Umwälzung erfolgte zu Ende der Kreidezeit, als die Dinosaurier und andere Reptilien verschwanden und Säugetiere und blühende Pflanzen auftauchten. Während einige der Seereptilien, fliegenden Reptilien und andere Arten schon früher ausstarben, nahm mit dem plötzlichen Wechsel die Zahl der gehörnten Dinosaurier zu.
„Diese Zeiten des Untergangs löschten viele Tierarten weltweit aus“, schrieb Hays, „dabei traf es alle Tiere, gleichgültig ob sie im Wasser, in der Luft oder auf der Erde lebten.“ Während sich jede dieser Untergangsperioden wahrscheinlich über mehrere Millionen Jahre erstreckte, starben einige Tierarten plötzlich aus.
Wie schnell die Zeit wirklich ablief, läßt sich schwer sagen, denn ein Zentimeter in einer Ablagerung bedeutet bereits eine Zeitspanne von 1 000–10 000 Jahren, und es besteht immer die Möglichkeit, daß ein Teil der Ablagerung weggewaschen worden ist, und so die Aufzeichnung eines langsamen Aussterbens fehlt. Hays fand in keinem Fall einen Beweis für einen allmählichen Wechsel, dafür stellte er fest, daß einige Arten vor ihrem Aussterben besonders zahlreich auftraten. Für jede Einschätzung von möglichen Verbindungen zwischen Umkehrung und Aus-

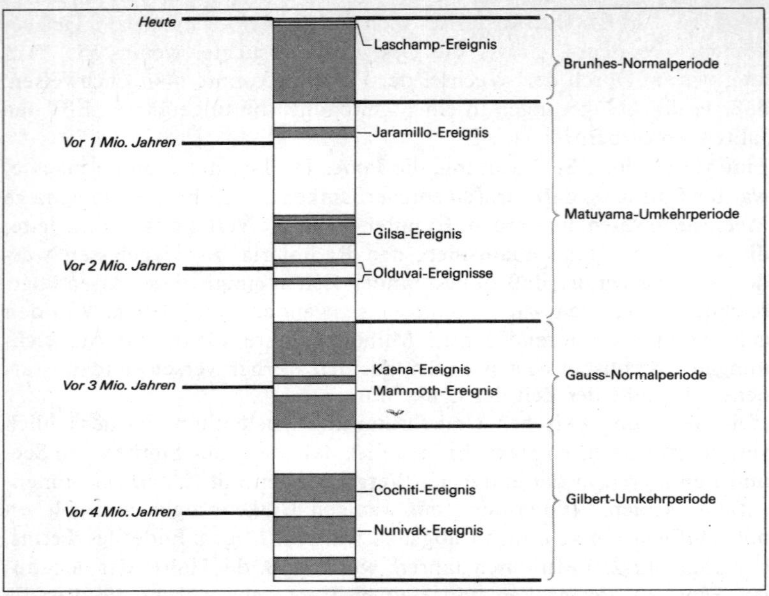

Zeittafel für die Umkehrung des erdmagnetischen Feldes im Verlauf der letzten 4,5 Millionen Jahre. Die heutige „normale" Polarität ist schwarz, umgekehrte Polarität hellgrau.

sterben war die Kenntnis wichtig, wie lange es dauert, bis das Magnetfeld der Erde umschlägt, und was während dieses Vorgangs geschieht. Wahrscheinlich trat der Wechsel nicht so plötzlich wie bei der Drehung eines Lichtschalters ein. Der Zeitablauf ist aber sehr schwer zu bestimmen, da, nach den Zeitspannen, die sich aus den Messungen mit der Kalium-Argon-Methode ergaben, die Umkehrung plötzlich erfolgt sein mußte.

Was man zur weiteren Abklärung benötigte, war eine Serie von Lavaströmen, die nach in kurzen Abständen erfolgten Eruptionen niedergegangen waren. Sie könnten genauer Auskunft darüber geben, was während einer Umkehrung geschieht. 1971 wurde eine solche Sequenz in der Nähe des Mount Rainier gefunden, die einen Übergang von umgekehrter zu normaler Polarität vor 14 Millionen Jahren dokumentiert. Es zeigte sich, daß das magnetische Feld, bevor überhaupt eine Änderung in der Orientierung stattfindet, einige Zeit zuvor – vielleicht einige tausend Jahre vorher – stetig etwa ein Zehntel seiner ursprünglichen Stärke verliert. Wie im Fels des Mount-Rainier-Nationalparks festgehalten, begann die Polarität des Feldes dann auf eine immer wildere Art hin und her zu schwanken. Auf dem Höhepunkt dieses sprunghaften Verhaltens schien der magnetische Pol fast zum andern Ende der Erde und zurück zu schwingen. Dann wanderte der Pol, der im Süden gewesen war, um das nördliche Ende des Globus und nahm schließlich eine Position ein, die genau entgegengesetzt seiner ursprünglichen war. Obwohl die Techniken zur Bestimmung des Gesteinsalters den Zeitplan dieser Bewegung nicht genau bestimmen konnten, schienen sie 1 000 bis 4 000 Jahre gedauert zu haben, wobei das Feld dann allmählich wieder seine ursprüngliche Stärke erreichte.

Weshalb konnte eine solche Umkehrung für das Aussterben von Tieren und Pflanzen verantwortlich sein? 1963, bevor irgendwelche Hinweise für ein Aussterben von Arten durch Polwanderung bekannt waren, hatte Robert J. Uffen angenommen, daß während der Umkehrung des Magnetfeldes der magnetische Schirm zusammenbricht, der die meisten kosmischen Strahlen von den mittleren Breiten ableitet. Da diese Strahlen hochwirksam sind, nimmt man an, daß sie den genetischen Code in den lebenden Zellen zerstören können. So kann es zum Tod oder zur Artveränderung kommen. Es ist auch eine These aufgestellt worden, daß kosmische Strahlen für den Alterungsprozeß verantwortlich sind. Wegen des Magnetfeldes der Erde bestimmt die magnetische Breite, in der man lebt, in welchem Maße die Lebewesen jeweils der Strahlung ausgesetzt sind. So wird in New York City jeder Quadratmeter mit einer Rate von 10 000 Partikeln in der Sekunde bombardiert, wohingegen diese Rate am Äquator nur 2 000 pro Sekunde beträgt. Würde sich das Magnetfeld auflösen, müßte die Rate, abgesehen von den Polarregionen (wo sie vermutlich sinken würde), überall steigen. Außerdem würde der Strahlungsgürtel seine Partikel in die Atmosphäre schleudern, sensationelle Feuerwerke produzieren und die Strahlung in einigen Gebieten der Erde erhöhen.

Als Hays seine Analyse 1971 veröffentlichte, wurde die Idee, daß die steigende Strahlung aus dem Weltraum schuld war, nicht mehr überall akzeptiert. Man wies darauf hin, daß die meisten kosmischen Strahlen auch ohne magnetischen Schirm von der Atmosphäre abgeschirmt und nur wenige ins Meer eintreten würden, wo das Aussterben stattgefunden hatte.

Eine andere Idee war, daß Perioden mit relativ schneller Polwanderung die Feldmuster im flüssigen Kern ändern, magnetische Umkehrungen bewirken und somit die Ausbuchtung am Äquator verändern, die sich der neuen beweglichen Achse anpaßt. Diese Anpassung müßte zu weit

verbreiteten Eruptionen führen. Die Sonne würde durch vulkanische Asche verdunkelt, was zu Klimaumschwüngen, Eiszeiten und Verschmutzung der Meere führen würde. Auf diese Weise könnten einige Arten ausgestorben sein.
Tatsächlich aber läßt sich dieser Zusammenhang nicht nachweisen. Hays selber bevorzugt als Grund für die Ausrottung eine biologische Empfindlichkeit gegenüber schwachen magnetischen Feldern. Er führt an, daß Schlammschnecken, Plattwürmer und Fruchtfliegen schwache Magnetfelder fühlen können, und fragt, warum sie diese Sensibilität haben, wenn sie sinnlos sein sollte.
Die Beziehung zwischen dem Aussterben und den magnetischen Umkehrungen bleibt weiter unklar. Auch die Frage, was zur Umkehrung führt, wird weiter diskutiert. Eine weitere Theorie besagt, daß kleine Veränderungen der beweglichen Erdachse verantwortlich sind, ohne aber vulkanische Eruptionen und andere dramatische Effekte radikalerer Achsenveränderungen auszulösen.
Bruce Heezen nimmt an, daß sich das Magnetfeld ändert, wenn die Erde von riesigen Meteoriten und Kometen getroffen wird. Er begründet das hauptsächlich mit der Entdeckung, daß ein außergewöhnliches Ereignis kleine Glasfragmente, die als Tektiten bekannt sind, über die Erde verteilte, und zwar zur Zeit der letzten Umkehrung vor ungefähr 700 000 Jahren. Der stromlinienförmige Umriß der Tektiten weist darauf hin, daß sie in geschmolzenem Zustand durch die Atmosphäre flogen. Viele glauben, es handle sich um Spritzer von flüssigem Gestein, das bei einer verheerenden Katastrophe entstand. Einige Tektiten-Felder sind auf der Erde gefunden worden, das größte entstand vor 700 000 Jahren.
In den vergangenen Jahren fand man in weiteren Gebieten Tektiten. Während Heezen und Glass die Rolle dieser Einschläge abschätzen, führen sie aus, daß täglich kleine Meteoriten die Erde treffen. Ein Meteorit, der groß genug ist, um beim Einschlag einen Krater zu hinterlassen, fällt alle 1 000 Jahre, ein kosmischer Körper, der einen Wechsel im geomagnetischen Feld verursacht, kommt alle paar 100 000 Jahre vor. Einschläge, die Tektitenfelder hinterlassen und Wendepunkte in der Erdgeschichte bedeuten, sind noch seltener, vielleicht nur alle 10 Millionen Jahre.
Ein anderer Grund ist jedoch für die magnetischen Umkehrungen wahrscheinlich plausibler. Während der letzten 2 500 Jahre ist das Magnetfeld der Erde um ungefähr 50 % schwächer geworden. Das deutet auf eine neue Umkehrung in einigen 100 Jahren hin. Wenn das geschieht, bevor die Ursachen geklärt sind, wird das Ereignis die Anhaltspunkte

liefern; das betrifft nicht nur die Ursache, sondern auch die Auswirkungen auf die Umgebung der Erde und alle, die auf ihr leben oder aussterben werden.

Die Art, in der die magnetischen Umkehrungen die Frage der Tiefengräben lösen half, kam aus einer völlig unerwarteten Richtung. Während des Zweiten Weltkrieges hatte das Problem, wie man U-Boote aus der Luft aufspüren könnte, zu der Entwicklung einer außergewöhnlich empfindlichen Anlage geführt, des Magnetic Airborne Detector (M. A. D.). Er steckte in einer tropfenförmigen Kapsel, die so von einem Luftschiff oder Aufklärungsflugzeug herabgelassen wurde, daß man sie außerhalb der eigenen magnetischen Störbereiche unter und hinter dem Flugzeug herziehen konnte. Nach dem Krieg wurde der M. A. D. von Geologen verwendet, die nach ölhaltigen Formationen suchten. Wäre es nun nicht möglich, etwas über den Meeresboden zu erfahren, indem man einfach ein Magnetometer hinter einem Schiff herzieht? Falls die Zugleine etwa 100 m lang wäre, müßte das Gerät, das hinterhergezogen würde, vom magnetischen Störeinfluß des Schiffmetalls relativ frei sein.

Um diese Idee zu testen, wurde im Jahre 1952 ein Magnetometer von Samoa nach San Diego gezogen. Es zeigte sich, daß der Meeresboden, verglichen mit der recht einheitlichen Topographie der Strecke, ziemlich unterschiedliche magnetische Eigenschaften aufwies.

Weitere Forschungsfahrten ergaben, daß die magnetische Intensität des Meeresbodens am größten war, wenn das Schiff die Mittellinie des Atlantischen Rückens überquerte.

Im Jahre 1955 begann der United States Coast and Geodatic Survey ein intensives Tiefwasser-Kartierungsprogramm vor der Westküste Amerikas. Das Forschungsschiff *Pioneer* fuhr auf einer Folge von gedachten Bahnen hin und her, die in ost-westlicher Richtung jeweils 8 km auseinander lagen. Nach einer anfänglichen Periode eintönigen Hin- und Herfahrens brachten die Wissenschaftler die angesammelten Daten zum Laboratorium zurück, wo ein zu Besuch weilender britischer Wissenschaftler, Ronald G. Mason, die Unterschiede in der magnetischen Intensität, so wie sie entlang der Bahnen aufgezeichnet worden waren, zu Papier brachte.

Als Gegenstück zeichnete er eine Höhenkurvenkarte, die die Hügel mit hoher magnetischer Intensität und die Täler mit niedriger magnetischer Intensität anzeigte. Obwohl die Intensitätsunterschiede zwischen diesen parallel verlaufenden Nord-Süd-„Hügeln“ und -„Tälern“ nur ein paar Prozent betrugen, waren die Hauptzüge, die in der Breite von wenigen Kilometern bis zu einigen -zig Kilometern variierten, unübersehbar. „Keine Untersuchung des Landes“, sagte Arthur D. Raff, der das zieh-

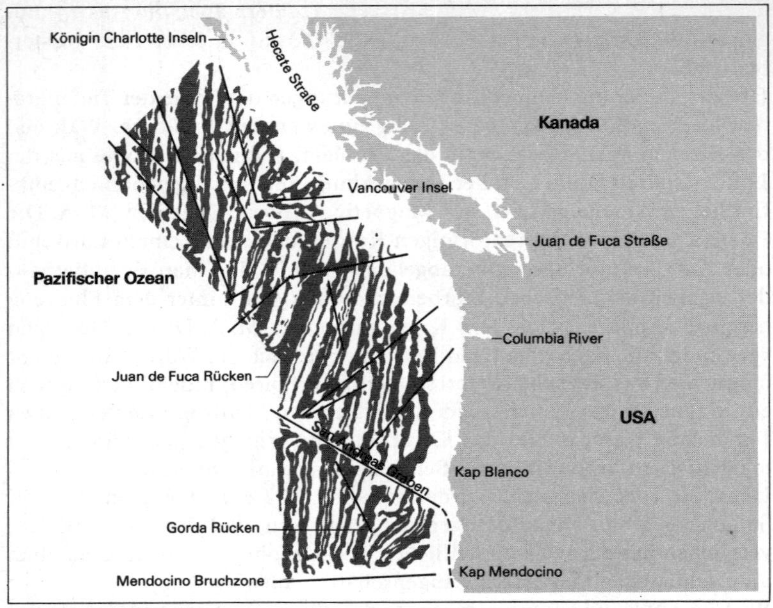

Magnetprofil des Pazifikbodens aufgrund der 1955–56 gewonnenen Daten. Mittlerweile hat man an fast allen anderen Stellen des Meeresbodens ähnliche Muster nachgewiesen. Die eingezeichneten Linien weisen auf vermutete Verwerfungen im Muster hin. Die Symmetrie beiderseits des Juan de Fuca-Rückens nahmen Vine und Wilson als Beweis für die These, daß sich von hier aus der Meeresboden ausgedehnt hatte. Schwarz erscheinen die Zonen überdurchschnittlichen Magnetismus, weiß die Gebiete mit unterdurchschnittlichem Magnetismus. (Nach Raff und Mason, Bulletin der Geological Society of America, 1961).

bare Magnetometer entwickelt hatte, „enthüllte jemals eine Linienführung, die dieser in Gleichmäßigkeit und Ausdehnung nahe kam."

So kehrten die Wissenschaftler – diesmal mit mehr Begeisterung – zum *Pioneer* zurück und fuhren weiter hin und her. Ende 1956 hatte man eine Fläche vom Meeresboden untersucht, die mehrere hundert Kilometer breit war und sich über mehr als 2 000 km von der Küste Mexikos bis nach British Columbia erstreckte. Das Modell von Nord-Süd-Streifen mit abwechselnd überdurchschnittlichem und unterdurchschnittlichem Magnetismus auf dem Meeresboden bedeckte die ganze Region. Einige dieser magnetischen Berg- und Talstraßen mit ihren charakteristischen Breiten und Zwischenräumen konnten über 2 000 km verfolgt werden. An einigen Punkten, wo sie durch Ost-West-Verwerfungen unterbrochen wurden, waren auch Muster und Meeresboden stark verschoben. Das Ausmaß der Westverschiebung wurde auf späteren Forschungsfahrten vermessen. Man fand dabei, daß z. B. die sogenannte Mendocino-Verschiebung mehr als 1 100 km betrug.

In einem 1961 erschienenen Artikel im *Scientific American* diskutierte Raff eine Anzahl von möglichen Erklärungen für diese bemerkenswerten magnetischen Streifen. Eine war ein komplexes System von elektrischen Strömen in der Erdkruste, obwohl, wie er sagte, nicht eine Spur von Beweis diese Annahme stützte. Der unterschiedliche Magnetismus könnte in Basaltgestein entstanden sein, das den Meeresboden bildet. Dies schien denkbar, denn es wurde weithin angenommen, daß der Fels unmittelbar unter den Sedimenten Basalt sei, und solches Gestein kann stark magnetisch werden. Aber wie wurde es in einer so seltsamen Weise magnetisiert? Es gab da, so stellte Raff heraus, die „Hot Spot"-Theorie. Wenn Gesteinsstreifen wechselweise zu heiß wären, um magnetisiert zu werden, könnte dies das Muster erklären. Aber das schien wenig glaubhaft.

Einen anderen Vorschlag machte Robert Dietz. Er nahm an, daß die Anomalien durch Druck entstanden seien. Das Muster könnte durch denselben Druck geformt worden sein, der die Bergketten parallel zur amerikanischen Westküste gefaltet hatte. Da das Muster rechtwinkelig zur Richtung der Erddrehung liegt, mußte es irgendwie mit den Gezeiten oder mit einer Angleichung der Erdgestalt bei abnehmender Drehgeschwindigkeit zusammenhängen.

Nachdem er alle diese Möglichkeiten durchgegangen war, entdeckte Raff, daß seine Vorstellungen dicht am Rande der wirklichen Erklärung lagen. „Eine weitere Spekulation mag hier erwähnt werden", schrieb er und zitierte die kurz vorher gemachte Entdeckung eines weltweiten Netzes von mittelozeanischen Gebirgszügen. Er stellte fest, daß die Magnetbänder, die bei der *Pioneer*-Untersuchung und zur gleichen Zeit auch noch anderswo im Pazifik entdeckt worden waren, „im allgemeinen parallel zu den dort vorhandenen Rücken verlaufen. Es sieht so aus, als seien beide miteinander verbunden."

Auf jeden Fall waren die Magnetstreifen eine Herausforderung an die Wissenschaft. Im folgenden Jahr – 1962 – untersuchte die britische Fregatte *HMS Owen*, die sich bei einer internationalen Expedition im Indischen Ozean aufhielt, den Magnetismus des Carlsberg-Rückens in einem Gebiet von 74 × 93 km. Das Echolot zeigte, daß das Schiff über einer Anzahl von Rücken hin und herfuhr, die 1 000 m hoch oder höher waren und parallel zum Carlsberg-Rücken und seinem zentralen Senkungsgraben verliefen. Als Drummond H. Matthews von der Universität

Cambridge mit seinen Magnetmessungen nach Hause kam, übergab er sie Frederick J. Vine zur Analyse. „Ich glaubte schon an die Kontinentalverschiebung, die Ausbreitung des Meeresbodens und die Umkehrungen des Magnetfeldes der Erde“, schrieb Vine später dem Autor dieses Buches, „und suchte besonders nach einem Anzeichen für Drift und Ausbreitung des Meeresbodens innerhalb der Ozeanischen Becken.“
Was Vine bei seiner Analyse der Daten mit Hilfe eines Computers zuerst auffiel, war die Tatsache, daß die magnetische „Signatur“ eines der ozeanischen Berge im Indischen Ozean seine umgekehrte Polarisierung anzeigte. War vielleicht der ozeanische Berg ein vulkanisches Gebilde, das während einer Periode geformt wurde, als das Magnetfeld der Erde umgekehrt war?
Wenn dies der Fall wäre und die Theorie vom Auseinanderweichen des Meeresbodens – kurz vorher von Hess vorgeschlagen – richtig war, dann würde das Material, das entlang dem mittelozeanischen Rücken eruptierte, bei der Abkühlung mit der Polarität des Erdmagnetismus versehen worden sein, die zu jener Zeit bestand. Nachdem dieser Rücken von neuem Meeresboden aufgespalten und durch zusätzliches Material, das entlang dem Rücken eruptierte, beiseite geschoben worden war, würde sich auch die Polarität des eingeprägten Magnetismus umkehren. Die Wirkung dieses Vorgangs wäre – nach einer Anzahl von Umkehrungen – die Entstehung einer Serie von Erhebungen des Meeresbodens, die zum Rücken parallel verlaufen und in der magnetischen Polarität alternieren.
Als Vine und Matthews 1963 ihren Artikel veröffentlichten, hatten auch Lawrence W. Morley und A. Larochelle eine ganz ähnliche Idee, die sie ein Jahr später in einer speziellen Publikation der Royal Society of Canada darlegten. Diese Thesen erregten zuerst nicht viel Aufsehen, jedoch 1965 hielt man den Schlüssel für die Bestätigung der Vine-Matthews-Hypothese in Händen, obwohl es anfänglich niemand bemerkte. Zu Beginn des Jahres kamen in Cambridge die begeistertsten Vertreter der Drifttheorie zusammen: Tuzo Wilson, Hess, Vine, Matthews und Sir Edward Bullard. Hess war von der Vine-Matthews-Idee überzeugt, weil sie so gut in sein Konzept der Ausbreitung des Meeresbodens paßte. Wäre sie richtig, könnte man – wäre einmal das Alter einiger magnetischer Streifen durch Tiefseebohrungen bestimmt worden – das Alter aller anderen Teile des Meeresbodens mit Hilfe einer magnetischen Karte ermitteln.
Während der Diskussionen erkannten Vine und Wilson: Wenn die langen Magnetstreifen oder Anomalien auf einem Gebirgskamm im Meer entstehen, während sich ein neues Band bildet, werden sie gespalten und beiseite geschoben. Die dann entstehenden magnetischen Strukturen

müßten auf beiden Seiten des Kamms symmetrisch sein. Also sollte auch die Folge von breiten und schmalen Streifen auf beiden Seiten des Kamms identisch sein.

Zu dieser Zeit war nur der Meeresboden westlich von Nordamerika exakt vermessen. Soviel sie wußten, existierte in diesem Gebiet kein aktiver Rücken. Wilson aber nahm an, daß ein kurzes Rückensegment, seitlich der Enge von Juan de Fuca liegen würde. Seine Vermutungen wurden durch die Seekartenlinien bestärkt, die für dieses Gebiet Erdbebenaktivität anzeigten. Er und Vine studierten daraufhin die magnetische Karte und nannten ihr Gebiet Juan de Fuca-Rücken.

Zu der Zeit hatten Cox, Doell und Dalrymple einen groben Zeitplan der magnetischen Umkehrungen aufgestellt, die vor etwa 1 Million, 2,5 Millionen und 3,4 Millionen Jahren stattgefunden hatten, mit kurzen Umkehrungen vor 1,9 Millionen und möglicherweise vor 3 Millionen Jahren. Vine und Wilson wollten die Hypothese prüfen, wonach dieser Zeitplan auch in die „Magnetstraßen" beiderseits des Juan de Fuca-Rückens eingegraben sein sollte.

Sie berechneten das Profil, das sich ergeben würde, wenn man ein Magnetometer über einen Rücken schleppt, der Zonen von normal und umgekehrt polarisierten Felszonen, entsprechend dem Zeitplan, geschaffen hat. Sie erkannten, daß die zentrale Straße unter der Mittellinie des Rükkens doppelt so breit wie die anderen sein müßte. Da sie die Rate, mit der sich der Meeresgrund vom Rücken weg bewegt, nicht kannten, nahmen sie verschiedene Raten an, um zu sehen, ob eine davon ein Profil wie über dem Juan de Fuca-Rücken ergab.

Vine und Wilson folgten einem Vorschlag von Hess, wonach der Magnetismus hauptsächlich in einer dünnen Basaltschicht vorhanden ist, die auf einer tieferen schlangenförmigen Schicht liegt. Man nahm an, der Basalt repräsentiere den am ehesten geschmolzenen Bruch des Mantelfelsens, der im Rücken aufgestiegen war. Dieses helle weiche Bruchstück war auf die Oberfläche geflossen, abgekühlt und hatte eine magnetisierte Schicht von ungefähr 1 000 m Dicke, dünn bedeckt mit Sediment, gebildet.

Wilson und Vine fanden heraus, daß bei der Annahme einer Fließrate von 2 cm pro Jahr auf jeder Seite des Rückens das sich ergebende Profil dem „wirklichen" aktuellen stark ähnlich war.

Im folgenden November wurde die volle Bedeutung des Musters im Meeresboden auf einem Treffen der Geological Society of America in Kansas City deutlich. Dort stellten Cox, Doell und Dalrymple einen erweiterten und detaillierten Zeitplan der Umkehrungen vor, der ein neues „Signal" in der Sequenz enthielt – das „Jaramillo-Ereignis".

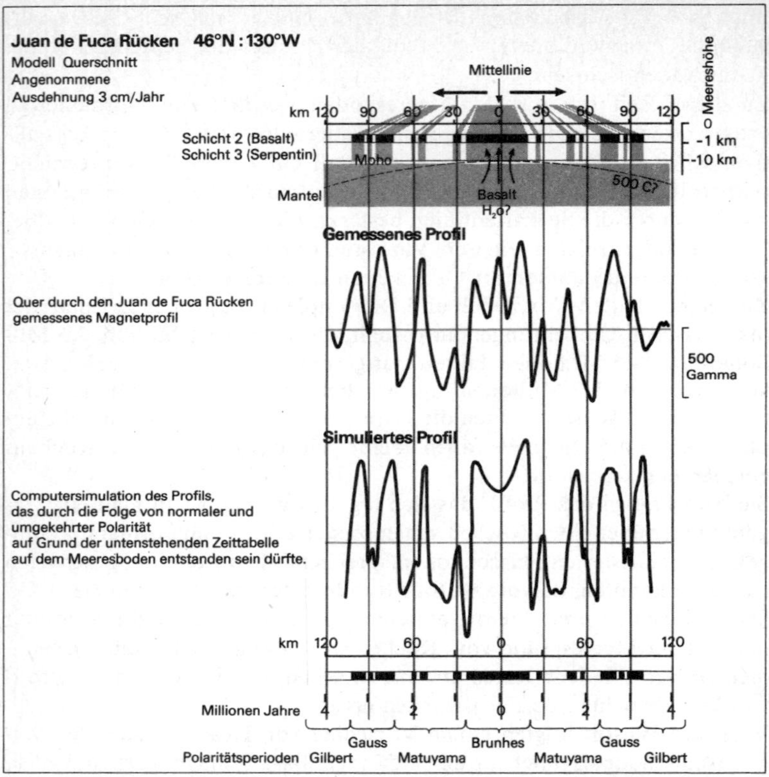

Das von Forschungsschiffen gemessene Magnetprofil des Juan de Fuca-Rückens im Pazifik vor dem US-Bundesstaat Washington wurde von Vine und Wilson mit einem vom Computer simulierten Profil verglichen. Es beruhte auf der Annahme, daß der Meeresboden zu beiden Seiten des Rückens symmetrisch entstand und mit der Zeittafel der Umkehrungen des Erdmagnetfeldes versehen ist. Es wurden verschiedene angenommene Ausdehnungsraten ausprobiert. Ein Wachstum von 3 cm pro Jahr entsprach am ehesten dem tatsächlichen Profil.

Unterdessen hatte James Heirtzler 1962 vorgeschlagen, daß die US Navy den Reykjanes-Rücken untersuchen solle. Ausgedehnte magnetische Messungen hatten eine starke magnetische Anomalie entlang der Mittellinie des Rückens ergeben, besonders im Reykjanes-Sektor. Aufgrund der Navy-Flüge konnte die Lamont-Gruppe ein Gebiet kartieren, das sich 320 km entlang des Rückens und auf beiden Seiten 200 km weit

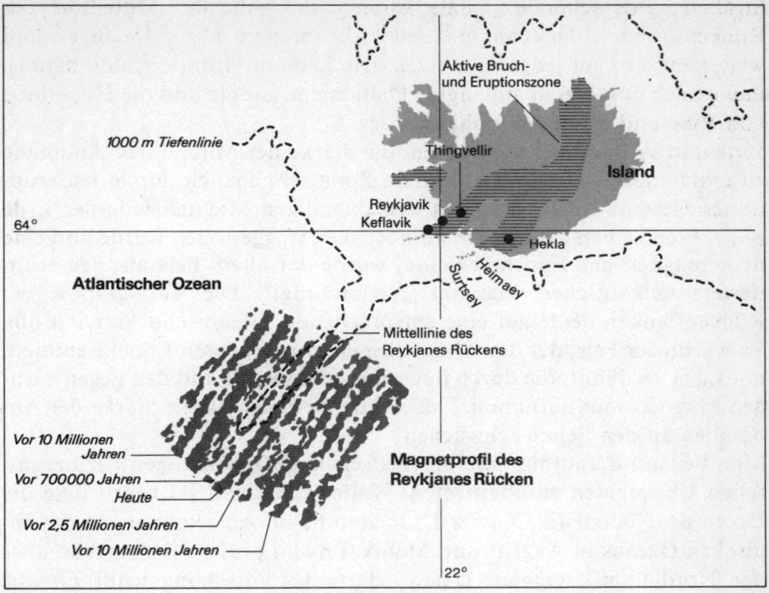

Ein Flugzeug der US-Marine zeichnete 1965 bei 58 Überfliegungen des Reykjanes-Rückens südwestlich von Island dieses Profil auf. Es ergab eine erstaunliche Symmetrie des Musters beiderseits der Mittellinie. Das aufgrund der magnetischen Polarität angenommene Alter der Neubildungen ist eingetragen. Die hier wirksamen Kräfte sind auch in Island selbst zu beobachten. Für Fred Vine war diese Aufzeichnung das entscheidende Beweisstück für seine Theorie über „Sea-floor spreading", das Auseinanderdriften des Meeresbodens.

erstreckte. Man fand ein ganz symmetrisches Muster magnetischer Streifen beiderseits des Rückens. Eine starke Anomalie war entlang der Mittellinie festzustellen, parallel dazu lag eine Aufeinanderfolge schmaler Streifen. Diese dehnten sich über 110 km auf beiden Seiten aus, wonach die magnetischen Streifen beträchtlich breiter und in der Intensität schwächer wurden.

Erst zwei Jahre nach den Beobachtungsflügen wurde die Karte veröffentlicht, also fast zur gleichen Zeit wie die Arbeit von Vine und Wilson zur magnetischen Struktur des Juan de Fuca-Rückens. Die Lamont-Gruppe war aber, was den Reykjanes-Rücken und seinen Zusammenhang mit dem Auseinanderweichen des Meeresbodens betraf, noch skeptisch. Man nahm vielmehr an, daß es zwei Klassen magnetischer

Straßen gäbe, schmale „axiale Anomalien" nahe der Mittellinie des Rückens und „Flankenanomalien", die breiter, unregelmäßiger und weiter entfernt auf jeder Seite seien. Die Lamont-Gruppe schloß daraus, daß es sich um zwei unabhängige Phänomene handle und die Hypothese von Vine und Matthews unhaltbar sei.

Vine und Wilson aber versuchten, die Stärke der Mittellinien-Anomalie zu erklären. Sie sagten, die mittlere Zone sei gänzlich durch neu eruptiertes Gestein entstanden, das den damaligen Magnetismus der Erde zeige. Wenn solch ein Gestein vom Rücken weggestoßen würde und eine neue magnetische Epoche begann, würde der ältere Fels mit neu eruptiertem vulkanischen Material „verunreinigt". Die Topographie der Rückenflanken deute auf eine entsprechende vulkanische Aktivität hin. So wurde der Fels, der den Magnetismus einer früheren Epoche enthielt, mit Lava verdünnt, die durch ihn eruptiert, abkühlt und den gegenwärtigen Magnetismus aufnimmt. Das würde die magnetische Stärke der Anomalien an den Seiten schwächen.

Man begann daraufhin, alle magnetischen Aufzeichnungen der ozeanischen Übersichten zu überprüfen. Walter C. Pitman III bearbeitete die Daten des Südpazifik, Xavier Le Pichon nahm Aufzeichnungen des Indischen Ozeans in Angriff und Manik Talvani prüfte die Angaben über den Nordatlantik. Genaue Daten lieferte das Forschungsschiff *Eltanin.* Alle Daten ergaben symmetrische Strukturen, worauf die Vine-Matthews-Hypothese allgemein akzeptiert wurde. „Magnetische Anomalien", schrieb Vine in *Science,* „können die Geschichte der Ozeane und des magnetischen Erdfeldes für 2×10^8 Jahre bezeugen".

Vine wies nach, daß die beobachtete „spreading rate" für den Nordatlantik ausreicht, um das Öffnen des Ozeans zu erklären. Inzwischen gibt es viele Daten aus allen Meeren. Es scheint, daß in allen Ozeanen das gleiche Muster vorherrscht. Ausgehend von jedem aktiven Rücken gibt es eine Abfolge von breiten und schmalen magnetischen Streifen, die mit dem Zeitplan der Umkehrungen übereinstimmen. Dieselbe „magnetische Botschaft" wurde überall aufgezeichnet, obwohl es lokale Variationen und Verzerrungen gibt. Während die „spreading rate" in einem bestimmten Gebiet die Breite der Bänder beeinflußt, folgt die *relative* Breite in jeder Sequenz dem Zeitplan. Obwohl es regionale Unterschiede in der Geschwindigkeit gibt, scheint die Fließrate von irgendeinem Rükken auf dem Meeresboden während vieler Millionen Jahre konstant geblieben zu sein.

Um 1968 hatte man für die Hälfte der ozeanischen Böden die hauptsächlichen Strukturmerkmale der Ausbreitung aufgezeichnet. Die meisten Daten konzentrieren sich auf die mittelozeanischen Rücken.

Le Pichon versuchte die Geschichte der Kontinentaldrift für die vergangenen 200 Millionen Jahre zu rekonstruieren. Auch für die begeistertsten Protagonisten der Drift hatte es bisher wenig Hinweise gegeben, wie die Kontinente einmal zusammengepaßt hatten und auf welchen Routen und mit welchen Zeitplänen sie auseinanderdrifteten. Nun fand man die Geschichte dieser Bewegung auf dem Meeresgrund eingezeichnet. Das Wachsen des Meeresbodens südlich Australiens hatte diesen Kontinent und die Antarktis weggedriftet. Der ganze Atlantik scheint sich entlang dem mittelatlantischen Rücken ausgedehnt zu haben. Im Nordpazifik bewegt sich fast der ganze Meeresboden nach Nordwesten, gleitet am Rand von Kalifornien vorbei und verschwindet unterhalb Japans und der Aleuten.

„Die magnetischen Linien im Meeresgrund", sagte Heirtzler, „sind die Fußabdrücke der Kontinente, die fortlaufend ihre Position markierten bevor sie ihre heutige Lage erreichten." Es scheint, daß die heutigen Kontinente aus ursprünglichen Kontinenten entstanden sind: Gondwana im Süden und Laurasia im Norden. „Wir fanden, daß die langsamen, aber stetigen und verlängerten Bewegungsraten", fährt Heirtzler fort, „ausreichen, um Südamerika von Afrika zu trennen – und so den ganzen südatlantischen Ozean zu schaffen. Das geschah in ungefähr 200 Millionen Jahren. Australien dürfte sich in ungefähr 40 Millionen Jahren von der Antarktis getrennt haben."

Dies waren berauschende Schlußfolgerungen. Aber noch gab es führende Wissenschaftler, die den magnetischen Beweis in Frage stellten und erklärten, daß bei diesen „Fußabdrücken" in Wahrheit der Wunsch der Vater der Gedanken gewesen sei.

7 *Die Zweifler*

„Es ist offensichtlich, daß kein einziger Aspekt der Hypothese über das Auseinanderdriften des Ozeanbodens der Kritik standhalten kann. Diese Hypothese basiert auf einer flüchtigen Verallgemeinerung von Daten, deren Bedeutung man ungeheuer überschätzt hat. Sie verdreht Naturerscheinungen und ist voller pauschaler Behauptungen. Sie brachte den Erdwissenschaften ein fremdes grobes Schema, das von totaler Unwissenheit über die tatsächlichen Eigenschaften des Mediums durchdrungen ist."

Mit diesen Worten formulierte der sowjetische Wissenschaftler Wladimir Beloussow im Jahre 1970 in der Zeitschrift *Tectonophysik* seine bereits bekannte vehemente Ablehnung des „Sea-floor spreading"-Konzepts. Die britische Zeitschrift *Nature,* die auf diesen Disput aufmerksam wurde, beschrieb Beloussow als „den ausgezeichnetsten Geophysiker der Sowjetunion". Einige Gegner der Theorie, hieß es im Vorwort, könnten als verstockte Reaktionäre bezeichnet werden, als Anhänger einer älteren und überholten Weltordnung. „Aber", so fügt *Nature* hinzu, „ein Mann wie Beloussow kann nicht so leicht beiseitegeschoben werden."

Bereits 1964, als der magnetische Beweis erst teilweise gelungen war, begannen die Skeptiker ihre Argumente zu überprüfen. In jenem Jahr überzeugten Lord Blackett und Sir Edward Bullard den Präsidenten der Royal Society Howard W. Florey davon, daß die Theorie der kontinentalen Drift für die Society – eine der ehrwürdigsten und angesehensten wissenschaftlichen Akademien in der Welt – eine außerordentliche Bedeutung erlangt habe. Man müsse diesem Thema jetzt ein Hearing widmen!

Blackett, Bullard und Keith Runcorn organisierten daraufhin ein zweitägiges Symposium, das am 19. und 20. März 1964 in Londons Royal Institution stattfand und die entschiedensten Verfechter der Drifttheorie aus aller Welt zusammenführte.

Der Höhepunkt des Treffens war die Präsentation eines Versuchs von Sir Edward und seinen Mitarbeitern. Sie hatten den EDSAC-2-Computer des mathematischen Labors der Universität Cambridge benutzt, um die Übereinstimmung von Küstenlinien zu überprüfen, die, entsprechend der Drifttheorie, einst miteinander verbunden waren. Wie Bullard betonte, seien viele Wissenschaftler immer noch nicht davon überzeugt, daß die heutigen Erdteile einst eng zusammengefügt waren. Sir Harold Jeffreys, ein führender Kopf der Antidriftschule, hätte kürzlich festgestellt: „Ich leugne einfach, daß es irgendeine Übereinstimmung gibt." J.H. Taylor vom King's College, London, erinnerte beim Treffen daran, daß der Wissenschaftler A.H. Voisey 1958 die Übereinstimmung von Küstenlinien ins Lächerliche gezogen hatte, indem er zeigte, wie bequem sich Ostaustralien an den Osten Nordamerikas anschmiegen könnte. Es gäbe sogar unterstützende geologische Beweise, behauptete Voisey: Die takonische Schichtung der Felsen in den Vereinigten Staaten entspreche genau den Schieferarten von Brisbane in Australien.

Der Zweck des Cambridge-Experiments war nach Bullards Worten, „die Tatsachen jenseits jedes Zweifels darzulegen, indem man die besten verfügbaren Daten benutze und das 'beste Zusammenpassen' durch objektive arithmetische Methoden herausfinde."

Es war offensichtlich, daß ein weit besseres Zusammenpassen erreicht wurde, wenn man die äußeren Ränder der Kontinentalsockel – die sogenannten kontinentalen Hänge – als Grenzen zusammenfügte und sich nicht an die heutigen Küstenlinien hielt. Dies hatten schon frühere Befürworter der Drift erkannt. So gelang es Carey, einem Anhänger der Expansion des Erdballs aus Tasmanien, mit Hilfe der neuen ozeanischen Schallmessungen eine auffällige Deckungsgleichheit herzustellen, indem er Plastikausschnitte der kontinentalen Blöcke auf einem Globus hin- und herschob. Aber dies hatte er weniger mit mathematischen Mitteln als mit Augenmaß getan.

Die Cambridge-Gruppe stützte sich bei ihrem Experiment auf ein Dutzend Karten des Hydrographischen Instituts der USA, die den gesamten Globus umfaßten und die Meerestiefen für 100, 500, 1000 und 2000 Faden angaben (1 Faden = 1,8 Meter).

Der Computer wurde mit den Daten für die Umrisse der kontinentalen Ränder gefüttert und versuchte dann, Serien von „Zusammenschiebungen" auf der Grundlage von „Rotationspolen" zu finden.

Eulers Theorem besagt: „Wenn ein Teil der Oberfläche einer Sphäre sich über dieser Sphäre bewegt (wie ein driftendes Stück der Erdkruste), kann seine Bewegung als Rotation um eine Achse betrachtet werden, welche die Oberfläche der Sphäre an einem bestimmten Punkt – dem Rotationspol – schneidet." Wenn man eine Orange schält und ein Stück der Schale (das einen Teil der Sphäre darstellt), in ein und derselben Richtung über die Oberfläche der Orange gleiten läßt, dann bewegt sich

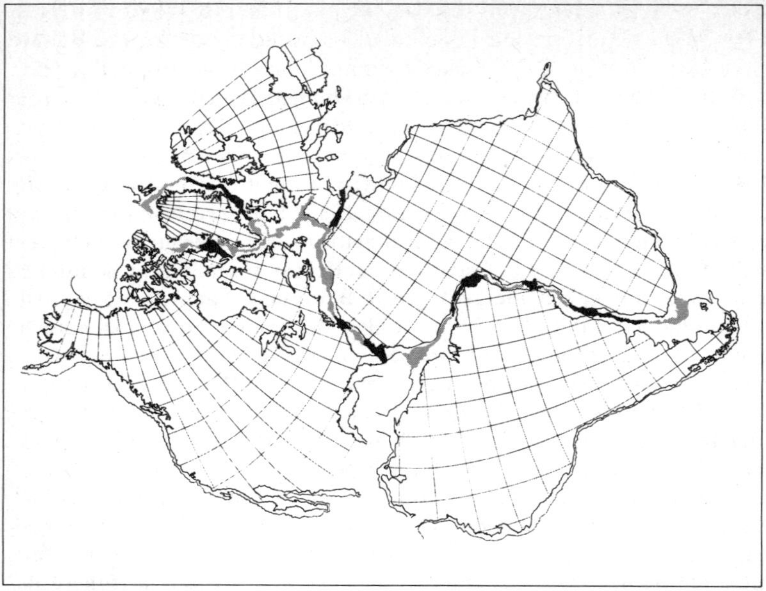

So könnten die Kontinente einst aneinandergelegen haben. Die Rekonstruktion beruht auf einer Computerauswertung der 1000 m-Tiefenlinie des Kontinentalschelfs (Universität Cambridge). Die schwarzen Zonen bezeichnen Überlappungen, die grauen Gebiete Lücken. Die Längen- und Breitenkreise entsprechen der heutigen Lage der Landmassen.

das Schalenstück um einen gewissen „Pol" auf der Orange. Dabei ist die Geschwindigkeit, mit der sich die Schale über die Orange bewegt, nicht überall die gleiche. In dem Bereich, der dem Rotationspol am nächsten liegt, ist die Bewegung am langsamsten. Und würde sich das Schalenstück so weit wie jener Pol ausdehnen, dann könnte der Punkt am Pol rotieren, ohne seinen Ort zu verändern.

Die Cambridge-Gruppe arbeitete für das „Zusammensetzspiel" der Küstenlinien mit diesem Rotationspol. Man fand heraus, wie Carey angenommen hatte, daß die besten Zusammensetzresultate bei der 500-Faden-Umrißlinie erzielt wurden. Bei dieser Tiefe fällt der Rand eines Erdteils in typischer Weise am steilsten ab.

Zuerst fügte der Computer Südamerika und Afrika zusammen. Dies war die offensichtlichste Möglichkeit. Dann fügte er die Landmassen auf beiden Seiten des Nordatlantik zusammen: Nordamerika, Grönland und Europa. „Die Übereinstimmung übertraf unsere Erwartungen und bestätigt die Arbeit von Carey in vollem Umfang“, sagte Bullard. Er und seine Kollegen versuchten dann, die beiden Blöcke zusammenzusetzen: den Nordatlantik-Block und den Südatlantik-Block. Hier war das Ergebnis weniger gut, obwohl die Karten auffällige Übereinstimmungen zeigten.

Offenbar ist man bei diesen Versuchen recht „großzügig“ verfahren. So wurden Inseln, die sich vermutlich seit der Öffnung des Atlantik geformt hatten, wie etwa Island, verschiedene Grate auf dem Meeresboden und das Sedimentdelta, das sich in der Bucht von Afrika beim Niger abgelagert hat, ausgelassen.

Auf der anderen Seite wurden heute überschwemmte Gebiete, die man aber für mögliche Erdteilfragmente hält, sozusagen „aus dem Wasser gehoben“, wie etwa die Rockall Bank zwischen Island und Irland. Diese zuerst willkürlich erscheinende Maßnahme erwies sich später als korrekt. In ähnlicher Weise drehte man Spanien im Uhrzeigersinn, um den Golf von Biskaya zu schließen. Damit rückten Spanien und Britannien eng zusammen, die Pyrenäen wurden flach. Wie bereits früher bemerkt, lag der Beweis dafür im alten Magnetismus des europäischen Gesteins. Es verrät, daß dies die ursprüngliche Lage von Spanien gewesen ist. Die Rückdrehung gab dann auch eine beeindruckende Übereinstimmung der französischen und der spanischen Küste. Magnetische Kartenzeichnungen des Golfs von Biskaya bestätigten später, daß dessen Boden auseinandergedriftet war, wodurch Spanien von Frankreich wegtrieb.

In Bullards Rekonstruktion ist Spanien auch etwas westwärts verschoben worden. So konnte die Lücke zwischen der Pyrenäenhalbinsel und dem kontinentalen Rand vor Neufundland geschlossen werden. Deshalb erscheint es möglich, daß die Pyrenäen ebensosehr durch das Ostwärtsgleiten von Spanien in seine gegenwärtige Position wie durch die Loslösung von Britannien gefaltet wurden.

Skeptiker, wie z. B. J. Lamar Worzel vom Geologischen Observatorium Lamont, konnten die neuen Theorien nicht überzeugen. Worzel war in die Fußstapfen von Vening Meinesz getreten, indem er von U-Booten aus Schwerkraftmessungen vornahm. Später half er mit, Methoden zu entwickeln, die es erlaubten, solche Untersuchungen auch von einem schlingernden Schiff aus durchzuführen. „Wir haben gesehen, wie autoritär ein Computer die Kontinente rekonstruiert hat“, sagte Worzel sarkastisch. „Das scheint sehr überzeugend. Aber was soll mit Mittelamerika, Mexiko, dem Golf von Mexiko, der Karibischen See und Westindien geschehen, die gemeinsam prämesozoisches Gestein besitzen?“ Es ist älter als die angenommene Öffnung des Atlantik.

Mysteriös sei auch, was mit all dem Gestein geschehen sei, das auf dem Boden des Pazifik der Westwärtsdrift der beiden Amerika im Wege gelegen hätte. Wieso, fragte er, konnte ein Erdkrustenbereich so groß wie der Atlantik im Pazifik eliminiert werden, während eine neue Kruste im Atlantik gebildet wurde?
Und er zählte weitere Einwände auf. Das Bild von der Hitzeströmung erschien ihm nicht mehr so einleuchtend. Auf den Graten hätte man Stellen gefunden, wo die Strömung bescheiden war. Falls der Boden des Pazifik im Vergleich zu dem des Atlantik alt war, warum waren ihre Gesteinsböden so ähnlich und warum sind die Atlantikablagerungen durchschnittlich zweimal so dick wie die des Pazifik? Man möchte annehmen, das Umgekehrte sei der Fall. Und schließlich, so sagte er, wenn sich der Pazifikboden von der ostpazifischen Erhebung gegen die Westküste von Südamerika schiebt, und das Material aus dem Mittelatlantik-Rücken gegen die Ostküste Südamerikas wandert, dann dürfte ein schrecklicher Kampf nicht fern sein: „Falls es eine kontinentale Drift gibt, wird Südamerika jetzt oder bald der Schauplatz einer gigantischen Auseinandersetzung zwischen dem westwärts treibenden südatlantischen Mittelozeanrücken und dem ostwärts wandernden Osterinselrücken des Südpazifik sein."
Worzel hatte sich auf die Übergangszonen zwischen Kontinent und Ozean konzentriert. An Bord des U-Boots *U.S.S. Tusk* führte er in den 1950er Jahren Schwerkraftmessungen quer über dem Kontinentalsockel und im tiefen Ozean von Kap Hatteras, Kap May und Martha's Vineyard aus durch. Seine Forschungen führten ihn dazu, daß er die „Seafloor spreading"-These in Frage stellte. Wenn es Gräben gibt, wo der Meeresboden, der sich vom Zentralrücken wegbewegt, unter die Kontinente hinabgleitet, wo sind dann die Gräben beiderseits des Atlantik? Er zog den Schluß, daß die Spannung der Erdkruste die Gräben erzeugt, und vermutete wie Heezen, der mittelozeanische Rücken sei ein Produkt der Erdausdehnung. Wenn die Gräben am Rand des Nordwestpazifik den Meeresboden schlucken, der entlang eines mittelozeanischen Rükkens entsteht, fragte er, wo ist jener Rücken? Der nächste liegt 10 000–11 000 km entfernt. Der Gedanke, daß eine Konvektionszelle so groß sei, erschien ihm unglaublich. Deshalb schrieb er in einem seiner Berichte: „Es darf angenommen werden, daß die Struktur von tiefen ozeanischen Gräben und einem mittelozeanischen Rücken weder die These von der extensiven kontinentalen Drift noch die These von den Konvektionsströmungen im Erdmantel unterstützt." Worzel zog diesen Schluß allerdings vor der Entdeckung der „magnetischen Fußabdrücke", welche die meisten seiner Kollegen für die Gegenseite gewann.

Ein großer Teil der Konfrontation bei der Royal Society konzentrierte sich auf die Art und Weise, wie große Teile des Meeresbodens im Atlantik und im Pazifik nebeneinander entlanggeglitten sind. War dies ein Beweis für oder gegen die Drifttheorie? Vacquier vom Scripps-Institut berichtete von den bedeutenden Verschiebungen, die durch die magnetischen Ausläufermuster des Pazifik enthüllt wurden. Kombiniere man die Mendocino- und Pionier-Verwerfungen miteinander, so sei die Nordseite im Verhältnis zur Südseite 1400 km westwärts geglitten. Henry Menard, sein Kollege von Scripps, wies darauf hin, daß die Clipperton-Bruchzone von der Ostpazifik-Erhebung, ausgehend von Mittelamerika, quer über den Pazifik, fast bis zu den Line-Inseln nachgewiesen werden kann, was über ein Viertel des Erdumfangs sei. Ebenso zeige der Mittelatlantik-Rücken in seiner Schlangenlinie von Island bis zum Südatlantik Hunderte oder sogar Tausende Kilometer lange Ausläufer nach der einen oder anderen Seite. (Siehe Karte auf Seite 77.)
Wo der Mittelatlantik-Rücken – oder jeder andere ozeanische Rücken – solche Ausläufer aufweist, sind die verschobenen Teilstücke durch Verwerfungen miteinander verbunden. Sie sind in der Struktur den extrem ausgedehnten Bruchzonen des Pazifik ähnlich. Diese Verwerfungen verbinden nicht nur die Ausläufersegmente des Rückens, sondern setzen sich oft weit jenseits von ihnen in beiden Richtungen fort.
Was konnte diese außergewöhnlichen Merkmale erklären? Dem konventionellen Geologen erschienen diese Verwerfungen, die Ausläufersegmente verbinden, einfach als Risse im Meeresboden, wobei der Rükken auf irgendeine Weise auseinandergezogen worden war. Solche Verwerfungen, wo eine Seite im Verhältnis zur anderen in ihrer ganzen Länge nach rechts (oder links) gleitet, sind auf dem Land als Gegenstromverwerfungen wohl bekannt. Aber warum sollten die Rücken Ausläufer von dieser Form haben?
Dietz schlug folgende Möglichkeit vor: Wenn verschiedene Teile des Pazifikbodens mit verschiedenen Geschwindigkeiten driften, dann stellen die Bruchzonen die Grenzbereiche zwischen schnelltreibenden und langsamtreibenden Sektoren dar. In diesem Fall – oder in dem einer Gegenstromverwerfung – sollte man infolge der Rißbildung entlang der ganzen Verwerfung Erdbebenaktivität erwarten. Dies jedoch, so berichtete Lynn R. Sykes, ein Seismologe, der bald zur Lamont-Gruppe stieß, der Londoner Versammlung, war nicht der Fall. Erdbeben gab es nur an den Verbindungsstellen der Rückenausläufer.
Die Lösung für dieses Puzzlespiel fand sich ein Jahr später in Bullards Laboratorien in Madingley Rise bei Cambridge anläßlich der Klärung der „magnetischen Fußspuren".

Es ist, wie bereits erwähnt, ein besonderes Merkmal der aktiven Verwerfungszonen des Meeresbodens – und vor allem bei der San Andreas-Verwerfung entlang dem Westrand von Nordamerika –, daß sie dazu neigen, in einem Rücken zu enden, oft ungefähr im rechten Winkel zum Rücken. Die San Andreas-Verwerfung setzt sich, nachdem sie in das Innere von Kalifornien eingemündet ist, ab San Francisco in nördlicher Richtung entlang der Küste fort. Sie wendet sich dann ins Meer hinaus und hört offensichtlich dort auf, wo sie auf ein kurzes Segment eines unterseeischen Rückens trifft, der vom nördlichen Kalifornien wegläuft. (Siehe Karte Seite 289.)
Tuzo Wilson fand die Antwort. Während er in einem Büro in Madingley Rise saß und mit Papiermodellen spielte, erkannte er, daß als Folge des Wegdriftens von den Rücken ein bislang von den Geologen unbemerkter Verwerfungsprozeß im Gange war. Er nannte ihn „transform faulting" (Wandelverwerfung). Dort, wo die Verwerfung auf einen Rücken trifft, wird sie durch Erdbebenaktivität in den Rücken selbst verwandelt. Anstatt daß die Rückensegmente auseinandergezogen wurden, war es genau umgekehrt. Der Grund dafür ist, daß die Rückensegmente in bezug aufeinander fixiert waren, wobei sich der Meeresboden von jedem von ihnen wegbewegte.
Wilsons Theorie erklärte, warum Bruchzonen, die sich weit jenseits des aktiven Teils einer Wandelverwerfung – d. h. jenseits des Sektors zwischen den Rückenausläufern – ausdehnen, frei von Erdbeben sind. Wenn die Driftgeschwindigkeit, die den Meeresboden von allen Rükkensegmenten wegführt, gleich ist, dann ist der einzige Teil der Verwerfung, wo ein Block gegen einen anderen reibt, derjenige zwischen den Rückensegmenten. Andernfalls geht die Bewegung auf beiden Seiten bei derselben Geschwindigkeit in dieselbe Richtung, was das Fehlen von Erdbeben erklären würde.
Wilsons Hypothese konnte mit den Apparaturen überprüft werden, mit denen man unterirdische Atomtests von Erdbeben zu unterscheiden vermag. Damit wurde, wie Bruce A. Bolt, Leiter des seismologischen Stationsnetzes der University of California erklärte, „die Seismologie von einem vernachlässigten Waisenkind der Physik zu einem Familienliebling."
Ein Element dieser Umwandlung war die Errichtung des World-Wide Standardized Seismograph Network, das mit Unterstützung des United States Coast and Geodetic Survey mit mehr als 125 Stationen rund um den Erdball zusammenarbeitet. In allen Observatorien zeichnen jetzt Langzeit-Seismographen lange Wellen auf – solche, die eine Station in Intervallen von Minuten anstelle von Sekunden oder Bruchteilen von

Sekunden passieren. Mit diesen einheitlichen Aufzeichnungen konnte z. B. die Kontroverse über die plastischen Eigenschaften des Erdmantels beendet werden. Man stellte auch fest, daß bei der Explosion einer Atombombe Gestein in alle Richtungen auseinandergeschleudert wird, während sich ein Erdbeben aus dem Schieben eines Blocks gegen einen anderen entwickelt. Im Falle einer Explosion ist als erste Auswirkung in der Erdkruste ein Druckzuwachs, eine Bodenbewegung weg von der Explosionsstelle, feststellbar. Weil ein Erdbeben durch ein Schieben in eine bestimmte Richtung entsteht, zieht es einen Teil der Erdkruste mit sich und verschiebt andere. Stationen, die in der Richtung liegen, die von der Ziehbewegung betroffen ist, werden anfangs einen Druckabfall registrieren. Die Zeiger ihrer Seismographen werden zuerst eine Bewegung zur Ereignisgegend anzeigen – nicht weg von ihr, wie im Falle einer Atombombe.

Dank des weltweiten seismographischen Netzes ist es möglich, jedes Ereignis dreidimensional zu betrachten und so die Richtung des Gleitvorganges zu bestimmen. Jetzt kann man auch sagen, welche Seite der Verwerfung in welche Richtung geglitten ist. Dazu muß man die Ergebnisse von Stationen auf der einen Seite der Verwerfung mit denen einer Station auf der anderen Seite vergleichen.

Sykes wurde zuerst durch seine Beobachtung verwirrt, wonach Erdbeben nur entlang jener kurzen Teilstücke von ozeanischen Verwerfungen vorkamen, die verschobene Segmente eines Rückens verbanden. Als Heirtzler und Pitman die „magnetischen Fußspuren" analysiert hatten, begann er jedoch die Daten von ozeanischen Erdbeben zu sichten.

Um 1966, als in New York eine Versammlung ähnlich dem Royal Society-Symposium stattfand, konnte er erste vorläufige Resultate vorlegen. Die Konferenz wurde vom Institut für Weltraumstudien der Nationalen Raumfahrtbehörde organisiert, und als die Protokolle dieser Tagung 1968 veröffentlicht wurden, waren seine Ergebnisse noch interessanter. Sykes hatte 30 Beben analysiert, die an Zentrumslinien der mittelozeanischen Rücken stattfanden sowie entlang der Verwerfungen, die ihre Ausläufer bis nach Afrika hinein kennzeichneten. Jedes Beben bestand ohne Ausnahme aus dem Gleitvorgang, wie ihn Wilson vorhergesagt hatte. Es verlief entlang der Ausläuferverwerfungen vorwiegend horizontal und paßte sich dem Wandelgleiten an. Entlang der Rücken verliefen die Erdbeben primär aufwärts, kamen aus dem Inneren der Erde und gingen in gewissem Maße von dem Rücken fort. Weiter fand er 1969 heraus, daß sich bei Erdbeben nahe den Gräben um den Pazifik der Meeresboden auf die Gräben zu bewegte, wie es wegen des Auseinanderdriftens des Bodens zu erwarten war.

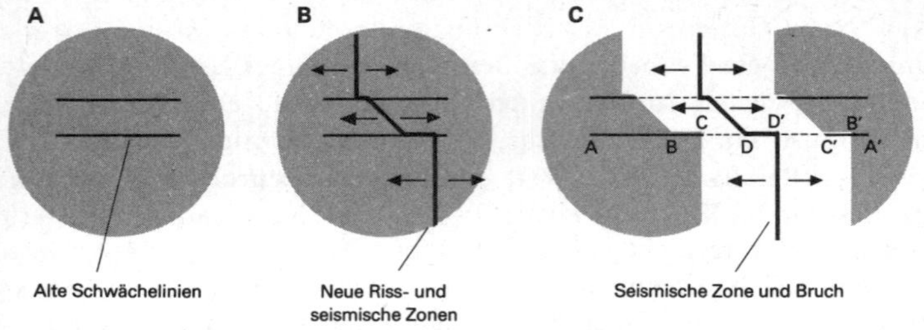

Tuzo Wilson vermutete, daß die Verwandlungsverwerfungen im mittelatlantischen Rücken entlang alter Schwächelinien entstanden, als die beiden Seiten des Atlantik erstmals auseinanderwanderten.

Wenn die Erdbebenaktivität nur entlang von Segmenten der Wandelverwerfungen vorkommt, die Ausläuferteile des Rückens vereinigen, warum setzen sich dann diese Verwerfungen manchmal über Tausende von Kilometern jenseits der Grenzen der Aktivität fort? Die Erklärung lautet: Entlang des aktiven Teils, wo sich Bereiche des Meeresbodens in entgegengesetzte Richtungen bewegen, erzeugt ihr Gegeneinanderreiben Riffe, Kliffs und Eruptionen. Diese Narben bleiben erhalten, auch wenn der Boden in eine Region gerät, wo er parallel mit der Nachbarregion fließt.

Als Sykes seinen Vortrag auf dem NASA-Treffen beendet hatte, stellte ihm Don Anderson vom California Institute of Technology folgende kritische Frage: „Was läßt zuerst die Rücken ausufern?“ Ein großer Teil der Diskussion drehte sich um diesen Punkt. In seiner ursprünglichen Vorstellung der Wandelverwerfungen glaubte Wilson, daß die Ausläufer entlang alter Schwächelinien geformt wurden. Sie entstanden, als die Kontinente, die den Atlantik flankieren, auseinandergezogen wurden. Aber warum gibt es diese Zickzacknatur des Rücken-und-Verwerfung-Modells, das nicht in den kontinentalen Rändern sichtbar wird, die sich vermutlich von diesen Rücken loslösten? Genauere Untersuchungen der Ozeanrücken zeigten, daß dieses Zickzackmuster für die meisten, wenn nicht alle ozeanischen Rücken typisch ist, sogar dort, wo der Rücken oder die Spalte ganz gerade ist. Die Rücken kennzeichnen die Spalten, von wo der Meeresboden auseinanderdriftet, und die Wandelverwerfungen, durch die die Rücken mit Ausläufern versehen werden.

Auf dem Mittelatlantik-Rücken geht die Drift direkt vom Rücken weg, aber im Golf von Aden z. B. verläuft die Bewegung schräg zum Rücken – ein wichtiger Faktor beim Versuch, die Bewegung von Arabien im Verhältnis zu Israel und Ägypten zu bestimmen.
Auf dem NASA-Treffen schlug Menard wie in London vor, daß die Rücken ursprünglich gerade waren und durch eine große Konvektionszelle gebildet wurden. Diese zerbrach dann in kleinere Zellen, was den Rücken in entsprechende Segmente auseinanderriß.
Vine wies darauf hin, daß die magnetischen Muster auf dem Boden des Nordostpazifik auf eine komplizierte Vergangenheit deuten. Variationen der Driftgeschwindigkeiten, sowohl örtlich wie zeitlich, könnten die Rücken gespalten haben. Bruce Heezen meinte, daß dies zumindest im Atlantik nicht zutreffen dürfte. Der Meeresboden scheine vom Mittelrücken aus ost- und westwärts gedriftet zu sein und habe dabei die Kontinente in gerader Richtung mit Ost-West-Verwerfungen weggeschoben. „Dieser Ozean hatte meiner Meinung nach vom allerersten Anfang an Ausläufer mit eingebaut", erklärte er. „Der Rücken war niemals gerade. Darum kann die Hypothese, daß die Unregelmäßigkeit irgendwann aus einer geraden Linie bestehen mußte und später verschoben wurde, nicht als alleinige Möglichkeit angesehen werden."
Menard, der im Pazifik gearbeitet hatte, sagte: „Bruce und ich geraten immer wieder in Schwierigkeiten, weil unsere Ozeane nicht genau die gleichen sind." Die Debatte blieb ergebnislos, und noch 1972 sah sich Sykes zu dem Kommentar veranlaßt, daß die Ausläufer der Rücken „eine der großen, ungelösten Fragen" sei.
Damals hatte jedoch ein Geologe herausgefunden, was er für eine verkleinerte Wiedergabe der Rückenausläufer- und Wandelverwerfungen-Generation innerhalb eines Kraters hielt. Wendell A. Duffield vom Hawaii-Vulkan-Observatorium machte 1970/71 am Rand des Kilauea-Kraters eine Reihe von Aufnahmen von der schäumenden Aktivität innerhalb des Kraters von Mauna Ulu auf Kilaueas östlicher Rißzone.
Er entdeckte, daß die Lava in ein Meter breiten Linien aufstieg. Während sie sich von den weißglühenden Linien ausbreitete, kühlte ihre Oberfläche sofort in dunklen Basalt ab, der eine Kruste bildete, die von dieser Linie durch darunterfließende Lava weggetragen wurde, bis die Kruste plötzlich in die flüssige Tiefe hinabsank. Die Strecke des Absinkens war ebenfalls ungefähr einen Meter breit. Außerdem war die weißglühende Linie der aufsteigenden Lava manchmal mit Ausläufern versehen, wie wir sie von den Wandelverwerfungen der mittelozeanischen Rücken her kennen. Die Lavaoberfläche befand sich 40 m unterhalb des Kraterrandes und bildete einen Teich von 90 × 160 m Fläche.

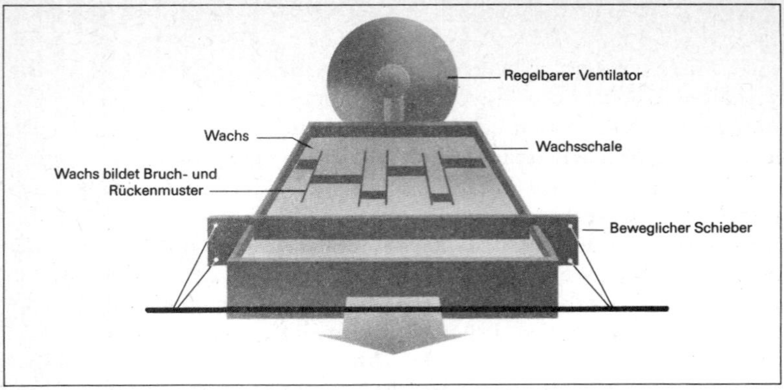

Im Laborversuch wurde ein Brett durch flüssiges Wachs gezogen, das an der Oberfläche schon erstarrt war. Flüssiges Wachs drang von unten in die Lücken ein, als die Wachskruste auseinandergerissen wurde. Die entstandenen Linien waren abschnittweise gegeneinander versetzt, genau wie die Verwandlungsverwerfungen der Meeresgebirge und Rißzonen. Unsere Darstellung zeigt das Ergebnis eines solchen Versuches in der Universität von Süd-Kalifornien in La Jolla.

„Es war", sagte Duffield, „eine in der Natur vorkommende Miniaturversion" des „Sea-floor spreading"-Prozesses. Die Lavakruste „reagierte auf einen komplexen Kreislauf in der darunter liegenden Schmelzmasse mit Schichtbewegungen, die offenbar durch die Topographie an der Spitze der Lavasäule kontrolliert werden und die Bewegungen der lithosphärischen Erdschichten nachahmen".

In den frühen 1970er Jahren wurden verschiedene Laborversuche durchgeführt, um nach den Gründen für die Wandelverwerfungen zu forschen, wobei man Materialien vom Eisenblech bis zum teilweise geschmolzenen Wachs verwendete. Einer, bei dem deutlich solche Verwerfungen entstanden, wurde mit gefrorenem Kerzenwachs von Douglas W. Oldenburg und James N. Brune von der Universität von Kalifornien gemacht.

Man gab flüssiges Kerzenwachs (Paraffin) in einen Topf und kühlte es mit einem Ventilator solange, bis sich auf der Oberfläche ein dünner Film gebildet hatte. Ein Brett, das ungefähr in der Mitte des Topfes im Wachs eingebettet war, wurde dann langsam nach einer Seite gezogen, und erzeugte so im Wachs eine horizontale Bewegung. Die Wachskruste, die durch diese Bewegung gedehnt wurde, spaltete sich – es entstand das Duplikat eines mittelozeanischen Rückens. Es zeigte sich, daß alle Risse im rechten Winkel zur Richtung der Schichtbewegung verliefen und Ausläufer besaßen, die entlang der ursprünglichen lokalen Schwächelinien entstanden.

Das Auseinanderdriften ging dann von jedem dieser Ausläufersegmente aus. Die Wandelverwerfungen entsprachen den im Ozean festgestellten. Die Experimentierenden schlossen daraus, daß solche Spaltungen nicht deswegen entstehen, weil Material in die Rückenzone aufsteigt und die Schichten beiseitedrückt, sondern durch Aktivität, die sie von den Rükken wegzerrt.

Während sich ein Großteil der Debatte auf die sonderbare Spaltweise der Ozeanbecken konzentrierte, machten die Zweifler auch auf die verwirrende Verteilung der Ozeanablagerungen aufmerksam. Bei dem Royal Society-Treffen stellte Worzel die „Jugend" des Atlantikbodens fest und wies auf das Fehlen von atlantischen Sedimenten hin. In gleicher Weise hielt sein Kollege beim Lamont-Geologie-Oberservatorium, Maurice Ewing, Distanz zu dem Sea-floor-spreading-Konzept, sogar nachdem das Team, das er in Lamont aufgestellt hatte, gewichtige Beweise für die Hypothese fand. Es waren die Ablagerungen, die ihn zögern ließen – und es war das detaillierte Wissen über ihre Verteilung, das ihn schließlich überzeugte.

Die von Ewing entwickelten Methoden zur Erforschung des Ozeanbodens spielten bei den neuesten Erkenntnissen über die harte Erdoberfläche eine wesentliche Rolle. Mit Echoloten hatte man die Profile der Oberflächenschicht auf dem Meeresboden gefunden. Diese sagten jedoch wenig oder gar nichts über die Eigenart der darunterliegenden Strukturen aus. Der Einsatz von Explosionen und anderen Mitteln zur Auslösung von Schockwellen, mit denen diese Strukturen untersucht werden konnten, ließ Ewing in neue Bereiche vordringen.

In den 1920er Jahren hatten Ölsucher Explosivladungen verwendet, um die Struktureigenschaften innerhalb der Erde zu bestimmen. Die Idee für solche Versuche ging auf Robert Mallet, einen irischen Ingenieur, zurück. Er hatte 1848 vorgeschlagen, daß unterirdische geologische Formationen erforscht werden könnten, wenn man mit Sprengungen kleine Erdbeben erzeuge. Falls man wüßte, mit welcher Geschwindigkeit sich solche Wellen durch verschiedene Gesteinsarten bewegten, dann könnte man damit die Eigenarten tiefer Strukturen feststellen. Er zündete eine Sprengladung in einer Granitformation und stellte in einiger Entfernung davon ein Gefäß mit Quecksilber auf. Indem er durch ein Fernrohr die erste Veränderung des Lichts, das am Quecksilber reflektierte, beobachtete, konnte er die Geschwindigkeit schätzen, mit der die Wellen durch das Gestein geeilt waren.

Mit solchem Wissen und verbesserten Seismographen fanden die Ölsucher die unter flachen Oberflächenterrains verzogenen und verschobenen Sandsteinschichten mit den dadurch entstandenen Höhlen, in denen sich das Öl ansammeln konnte.

Die Anwendung dieser Technik in Ozeanböden ist zum großen Teil Ewings Erfahrungen zu verdanken. Im Sommer 1928 war er für seine Abschlußarbeit über Ölsuche mit Schockwellen und Schwerkraftmessungen bei der Geophysical Research Corporation tätig und suchte mit Hilfe von Explosionen Salzdome unterhalb der Küstenseen von Louisiana. Er und seine Kollegen lebten in zwei Hausbooten und arbeiteten von Barkassen aus. „Es war", wie Ewing später sagte, „eine wertvolle und aufregende Erfahrung, auf einem Boot treibend zu arbeiten." Diese Erfahrung kam ihm zustatten, als er die unterirdischen Krustenstrukturen in der Grenzzone zwischen Nordamerika und dem Atlantischen Ozean untersuchte.

Im Sommer 1935 zeichnete Ewing mit seinen Kollegen vom Binnenland Virginia bis Kap Henry und jenseits davon die Sedimentdicke bis zum Untergrund auf. Sie stellten die seismologischen Geschwindigkeiten sowohl des Sediments als auch des darunter befindlichen Gesteins fest. Ihre Arbeit stellte den Beginn der Erforschung des Tiefseebodens dar, die endlich die Struktur eines großen Teils der wasserbedeckten Erdoberfläche enthüllen sollte.

1936 unternahm Ewing eine U-Boot-Reise mit Harry Hess auf der *U.S.S. Barracuda*. Neben den Schwerkraftmessungen begann er Methoden auszuarbeiten, mit denen er die Sedimentdicke unter dem tiefen Meeresboden bestimmen wollte. Aber es dauerte bis nach dem Zweiten Weltkrieg, bevor Ewing und andere Methoden entwickeln konnten, die ausgedehnte Untersuchungen ermöglichten. Dabei gab es zwei grundsätzliche Typen für die seismologische Datenjagd.

Bei der einen werden Wellen aufgezeichnet, die eine beträchtliche horizontale Distanz von der Explosionsstelle zurückgelegt haben. Einige dieser Wellen durchdringen das Land oder den Meeresboden, wobei sie auf einen horizontalen Weg gebogen oder „gebrochen" und schließlich aufwärts zu einer Beobachtungsstation gebogen werden. Bei dieser Brechungsseismologie, wie sie in den ersten Nachkriegsjahren durchgeführt wurde, lag ein Schiff ruhig und lauschte mit seinen Hydrophonen, während ein anderes Schiff eine Reihe von Ladungen in verschiedenen Abständen zu den Lauschern zündete. Dank den unterschiedlichen Geschwindigkeiten, mit denen die Schockwellen durch jede Schicht liefen, konnte die Schichtung des Ozeanbodens bestimmt werden. Das wiederum ließ Schlüsse über die Natur des Materials zu, das die Schichten bil-

dete. Um tief einzudringen, waren Beobachtungen über große Distanzen hinweg erforderlich. Zur Erzeugung von Schockwellen, die stark genug waren, um ein 100 km entferntes Schiff zu erreichen, wurden Tiefseebomben von 136 kg Gewicht benutzt.
Die andere Untersuchungsmethode erfordert nur ein Schiff und beruht auf den direkten Echolauten vom Meeresboden her, den Sedimentschichten sowie dem Gestein darunter. Um ein fortlaufendes Profil vom Gesteinsfundament zu erhalten, mußte anfänglich ein Mann am Heck eines fahrenden Schiffes in bestimmten Zeitabständen Granaten über Bord werfen. Diese gefährliche Methode wurde weitgehend überflüssig, als die Ölsucher und Ewing eine Methode zur nicht explosiven Schallerzeugung entwickelt hatten. Ein sogenannter „Zündfunker" wurde am Schiffsheck, einige Meter unter der Wasserlinie befestigt. Sein Funkgenerator erzeugte Niedrigfrequenz-Schallimpulse, die tief in den Boden eindrangen. Eine später entwickelte „Luftkanone" diente einem ähnlichen Zweck. Mit diesen Hilfsmitteln wurde die Schallmessung durch die Schichten unter dem Meeresboden kaum schwieriger als der Gebrauch eines normalen Echolotes. So konnten dann die Sedimentschichten über die ganze Breite des Ozeans hinweg bis zu einer Tiefe von 1 – 2 km beschrieben werden. „Zündfunker" und „Luftkanonen" aber vermochten nicht so tief wie Explosionen einzudringen und bis zum Moho zu gelangen. Die Brechungsprofile bis zum Boden der ozeanischen Kruste mußten die Forschungsschiffe *Atlantis* und *Vema* ermitteln.
Bis 1972 hatten die *Vema* und andere Lamont- und Woods Hole-Schiffe die Sedimente über eine Strecke von 760 000 km kreuz und quer über den Nord- und Südatlantik untersucht. Die Resultate unterschieden sich radikal von einer Vorhersage, die 1950 Philip Kuenen von der Universität Groningen, eine Autorität auf dem Gebiet ozeanischer Ablagerungen und Wirbelströmungen, gemacht hatte. Unter Berücksichtigung des Erdalters, der Erosion der Kontinente und der riesigen Zeitspanne, seit der lebende Organismen in den Meeren auftauchten, erwartete er eine Durchschnittsdicke von ungefähr 3000 m. Bald nach seiner Voraussage aber hatten seismologische Messungen erkennen lassen, daß die Sedimentschichten zumindest in einigen Regionen, erheblich dünner waren. Nun bewiesen die neuesten Forschungen, daß dieser Mangel, soweit es die tiefen Ozeanbecken betraf, allgemein auftrat.
Die Verfechter des Sea-floor-spreading glaubten, daß dies erklärt werden könne, falls es sich um junge Becken handle. Ewing jedoch war von der Eigenart der sehr flachen Sedimentschichten beeindruckt. Ihm erschienen sie unvereinbar mit einem dynamischen Prozeß nach der Drifthypothese.

Fast überall enthüllten die Schallmessungen drei Gesteinsschichten. Die oberste ließ Schockwellen nur langsam durch und war fast mit Gewißheit Sediment. Darunter lag eine 1000–1500 m dicke Schicht, deren Eigenschaften bei der Wellenausbreitung darauf schließen ließen, daß es Basalt war oder lavaähnliches Gestein, das herausgeschleudert war und sich über dem Meeresboden ausgebreitet hatte. Unterhalb dieser „Zweiten Schicht" fand man eine „Dritte Schicht" von sehr dichtem Gestein. Es überraschte Ewing und seine Kollegen, daß die Oberfläche der Zweiten Schicht stark von Furchen durchzogen war. Das Sediment darüber aber zeigte keine Spuren einer Deformation. Das Gestein, das aus dem tiefen Meeresboden stammte, war typmäßig Basalt und dem Wesen nach nie Kontinentalgestein wie z. B. Granit. Damals glaubte Ewing, diese zerfurchte, sedimentbedeckte Schicht müsse die ursprüngliche Erdkruste sein. Eine äußerst aufregende Annahme, die dafür sorgte, daß im Rahmen des Mohole-Projekts zusätzliche Bohrungen im Ozeangrund vorgenommen wurden.

Harry Hess sah in dieser Entdeckung den Beweis dafür erbracht, daß über dem Meeresboden eine Basaltschicht wie ein Furnier liegt – das sogenannte „icing", das, wie man später erkannte, die magnetischen Fußabdrücke der Kontinente enthielt.

Die Verteilung des atlantischen Sediments ist höchst ungleich. Mehr als die Hälfte davon liegt nahe den Kontinenten und ist eindeutig das Material, das von der Erosion des Landes und der Kontinentalsockel stammt. Vor den Mündungen von großen Flüssen lagert eine Schlammschicht bis Hunderte von Kilometern in die See hinein. Der größte Teil des Sediments auf dem tiefen Ozeanboden dürfte durch Schlammströme dorthin gelangt sein. Diese Ablagerungen von Schlammflüssen zeigen sich in den Echolotaufzeichnungen als dünne, deutlich unterscheidbare Schichten. Daneben gibt es noch eine Art von Sediment, das kaum feste Schichten bildet. Letztere sind das Produkt eines Phänomens, das bis in die späten 1960er Jahre nicht erkannt wurde.

In der trüben Bodenregion des Ozeans schwimmen Wolken von feinen Partikeln – eine „Nepheloidschicht", die zwischen 300 und 2400 m dick ist und sich dank der Bodenströmung ständig bewegt. Dieser Tiefenkreislauf findet auf dem ganzen Erdball statt. Er gleicht einem riesigen System von Konvektionsströmen, die durch Dichteunterschiede im Wasser, die von Variationen in der Temperatur und im Salzgehalt herrühren, auf die warmen Breiten zugetrieben werden.

In den Atlantik fließen kalte, dichte Wassermassen von der Labradorsee im Norden und von der Antarktis im Süden. Der Grundstrom wird in gewissem Ausmaß durch die Erddrehung nach Westen abgelenkt und teilweise durch querliegende Rücken blockiert. Die trübe Nepheloidschicht ist jedoch so dick, daß sie solche Hindernisse überwinden und sich weit vom Herkunftsort ablagern kann.

Die Unterschiede in der Sedimentdicke quer über den Mittelatlantik-Rücken haben letztendlich Ewing und die meisten seiner Kollegen davon überzeugt, daß der Meeresboden sich von den Rücken fortbewegt. 1963, im Jahr vor dem Royal Society-Treffen, berichteten Ewing und seine Mitarbeiter, daß ein Sedimentprofil innerhalb von 10–15 km beiderseits der Rückenmittellinie keine Ablagerung besitze. Das zeige, daß dieser Bereich mit kürzlich ausgeflossener Lava bedeckt sei. Dann gebe es ein plötzliches Anwachsen der Dicke auf 30 bis 40 m; danach werde das Sedimentgestein ganz allmählich über eine Distanz von 100 bis 400 km langsam dünner, worauf schließlich ein erneutes abruptes Anwachsen der Dicke folge.

Für die Befürworter des Sea-floor-spreading war die symmetrische Weise, in der sich die Ablagerungen bei zunehmender Entfernung verdickten, ein eindrucksvoller Beweis dafür, daß das Alter des Meeresbodens bei größer werdender Entfernung vom Rücken zunimmt. Allerdings waren die abrupten Veränderungen in der Sedimentdicke, wie sie die Lamont-Gruppe geschildert hatte, verwirrend. Noch 1966 riet Ewing zur Vorsicht. Gerade weil der Mittelozean-Rücken mit frisch ausgebrochener Lava bedeckt sei, bedeute das nicht, daß sich der ganze Meeresboden vom Rücken in beide Richtungen wegbewege.

Die magnetischen Beweise überzeugten schließlich auch Ewing. Er meinte, daß dieses plötzliche Anwachsen der Sedimentdicke über 10–50 km beiderseits des Mittelatlantik-Rückens das Ende der einige zehn Millionen Jahre zurückliegenden Periode markiere, in der es unterbrochene Verschiebung und ungestörte Anhäufung während vieler Millionen Jahre gegeben habe.

Eine weitere Analyse des Sediments wies allerdings darauf hin, daß solche plötzlichen Variationen der Sedimenttiefen das Ergebnis von Ozeanströmungen waren. Skeptiker argumentierten, die weltweit geringe Menge von ozeanischen Sedimenten deute bloß an, daß es in vergangenen Zeiten wenig Leben in den Ozeanen gegeben habe, und die Sedimentablagerung langsam erfolgte. Als jedoch der Zeitplan der magnetischen Umkehrungen bis zur tiefsten Stelle des Tiefseekerns in Beziehung zu dem Restmagnetismus gebracht wurde, war es möglich nachzuweisen, daß während Millionen von Jahren kein radikaler Wechsel der Ablagerungsgeschwindigkeiten stattgefunden hatte. Man entdeckte ferner, daß die Ablagerungsgeschwindigkeit bei den Rücken hoch ist, obwohl dort wenig Sediment gefunden wird. Die rapide Ablagerung ist teilweise erklärbar, weil das Wasser dort für die kleineren Muscheln die dazu beitragen, daß das Sedimentgestein intakt bleibt, flach genug ist. In tieferen Gewässern, außerhalb der Rückenflanken und in den Ozeanbecken, löst sich das Kalziumkarbonat der Muscheln im Meereswasser auf, die Muscheln zerfallen und hinterlassen den roten Lehm, der für den tiefen Ozeanboden typisch ist.

Die Schallmessungen zeigten, daß sich diese Ablagerungen als Decken über Höhen und Tiefen der Becken gelegt hatten. Vermutlich hängt dieser klebrige Lehm an den Abhängen. Weiterhin gibt es in dieser rückenfernen Region nur wenige oder gar keine Erdbeben. Entlang des Rükkens treten Erdbeben häufig auf und sorgen dafür, daß das Sediment in die Täler rutscht.

Bullard und seine Kollegen fanden heraus, daß Südamerika und Afrika in anderer Weise auseinandergedriftet sind als das Gebiet um den Nordatlantik. Die beiden Kontinente schwangen auseinander wie Torflügel, wobei das Scharnier nördlich der Azoren lag.

Am 29. März 1971 wurde anläßlich des Jahrestreffens der American Association of Petroleum Geologists in Houston ein Symposium über die *Neue Erdball-Tektonik* abgehalten. Arthur A. Meyerhoff, der die Veröffentlichungen der veranstaltenden Organisation herausgab, und sein Vater Howard schlossen sich zusammen, um die Schichtentheorie zu bekämpfen. Der ältere Meyerhoff war Geologieprofessor und in den 1950er Jahren leitender Direktor der Scientific Manpower Commission gewesen. Sein Sohn griff Hess und Dietz an, weil sie nach seiner Auffassung die Arbeit früherer Wissenschaftler ignoriert hatten.

Die Meyerhoffs erklärten, die Theorie sei unvereinbar mit dem, was über die alten Klimazonen bekannt sei, welche „die konstante Position der Rotationsachse, der Kontinente und Ozeanbecken für mindestens 570 Millionen Jahre anzeigten . . . Es ist eine vernichtende Tatsache, daß die topologischen Erfordernisse, um die beiden Amerika von Euroafrika fortzubewegen, jegliche Möglichkeit einer solchen Bewegung eliminieren, wenn sich die Erde in den letzten 150–200 Millionen Jahren nicht gewaltig ausgedehnt hat."

Sie bemerkten, daß die Sedimentschichten innerhalb der Tiefseegräben, wo der Ozeanboden vermutlich in den Erdmantel hinabsinkt, keinerlei Anzeichen von Unruhe aufweise (durch Tiefseebohrungen konnte jedoch eine gewisse Unruhe entlang eines Grabens entdeckt werden). Sie machten den Vorwurf, beim Versuch, die kontinentalen Platten zusammenzupassen, sei die Tatsache ignoriert worden, daß die Erdteile sphärischen Charakter haben und an die Oberfläche einer abgeplatteten Kugel geheftet seien – nämlich der Erde.

Die beiden Meyerhoffs erklärten auch, daß die Eisplatten, die bekanntermaßen während der Karbonischen und der Permischen Periode in Südafrika lagen, sich nicht hätten entwickeln können, wäre dieses Gebiet von anderen Kontinenten umgeben gewesen, wie es für Gondwanaland angenommen werde.
Die Auseinandersetzung, welche die meiste Aufmerksamkeit auf sich zog, erfolgte zwischen zwei ehemaligen Präsidenten der Internationalen Union für Geodäsie und Geophysik: zwischen Tuzo Wilson aus Kanada, einem der glühendsten Befürworter der Drifttheorie, und dem Sowjetwissenschaftler Beloussow.
Wilson hatte 1967 in Ottawa eine Ansprache gehalten, die im *Canadian Mining and Metallurgical Bulletin* veröffentlicht wurde. Er schickte Beloussow eine Kopie, und dessen Reaktion grenzte an einen Wutanfall. Wilson sprach über *Eine Revolution in der Erdwissenschaft* und wies auf folgende drei neue Entdeckungen hin:

1. Der Abdruck eines Millionen Jahre umfassenden Zeitplanes der Magnetfeldumkehrungen in aufeinanderfolgenden Lavaströmen.
2. Die Übereinstimmung aufeinanderfolgender magnetisierter Bänder des Meeresbodens in relativer Breite mit dem Zeitablauf der Umkehrungen in den Lavaströmen.
3. Die Auffindung dieses Zeitplanes im Innersten des ozeanischen Sediments.

Diese drei voneinander unabhängigen und dennoch miteinander verbundenen Erscheinungen sind nach Wilsons Auffassung durch eine einzige Theorie – die des Sea-floor-spreading – zu erklären. „Noch nie sind solche akkuraten Zusammenhänge und Vorhersagen in der Geologie oder der Flächengeophysik gefunden worden“, sagte er. „Das gesamte Gebiet der Erdwissenschaft ist dadurch radikal verändert worden.“ Das Bild sei nicht identisch mit dem, das Alfred Wegener vorschwebte, denn es vergleiche die Kontinente nicht mit Booten, die durch den Ozeanboden pflügen. Die neue Theorie stelle sich die Erdteile so vor, daß sie wie im Eis festgefrorene Holzstämme mit dem Ozeanboden davontreiben.
Diese Theorie, nun allgemein als „Plattentektonik“ angesprochen, vertritt die Auffassung, daß die Erdoberfläche in Platten zerbrochen sei, die eine starre „Lithosphäre“ bilden, die auf einer tieferen, formbareren Schicht, der „Asthenosphäre“ reitet. Die Platten können teilweise kontinentaler und teilweise ozeanischer Boden sein. Ihre Grenzen werden durch die Linien der Erdbebenaktivität markiert. Zum Beispiel stellen Nordamerika und der Nordatlantik westlich des mittelozeanischen Rükkens eine einzige Platte dar, die sich vom Rücken wegbewegt.

Ähnlich bilden Südamerika und der westliche Südatlantik eine Platte, die entlang der Gräben über den Pazifikboden reitet – parallel zur Westküste Südamerikas. Der östliche Nordatlantik und Eurasien sind eine riesige Platte, die sich vom Mittelatlantik-Rücken wegbewegt und entlang der Gräben des Westpazifik über die Pazifikplatte weggleitet.
Worzel hatte beim Royal Society-Symposium gefragt, wie ein Teil des Pazifikbodens, so groß wie der Atlantik, von der Erdoberfläche verschwinden konnte, als die beiden Amerika westwärts geschoben wurden und Eurasien nach Osten gedrängt wurde, um den Atlantik zu öffnen. Nach der Plattentheorie ist der Meeresboden durch die Gräben in den Erdmantel zurückgeflossen.
„Es scheint, daß wir jetzt wissen, was auf der Erde vorgeht", sagte Wilson. „Dies könnte für die Geologie so wichtig sein wie Harveys Entdekkung des Blutkreislaufs für die Physiologie oder die Evolutionstheorie für die Biologie."
Beloussows Antwort wurde 1968 zusammen mit Wilsons ursprünglicher Rede und seiner Erwiderung auf die Stellungnahme Beloussows als *Debatte über die Erde* in der Dezember-Ausgabe von *Geotimes* veröffentlicht, der Monatszeitschrift des Amerikanischen Geologischen Instituts. Beloussow attackierte nur vorsichtig. Er zitierte die populäre Ansicht, daß Bergketten und andere Oberflächenstrukturen durch das Zusammenziehen der Kruste bei der Abkühlung der Erde entstanden seien.
„Das Beispiel dieser Kontraktionshypothese sollte denen als Warnung dienen, die in aller Eile die Lehrbücher umschreiben. Am Ende des letzten und zu Beginn unseres Jahrhunderts stellten nur wenige Leute die Richtigkeit der Kontraktionshypothese in Frage . . . Ihre fundamentalen Prinzipien wurden zur zweiten Natur aller Geologen . . . und dennoch", fuhr er fort, „brachen die Grundlagen der Kontraktionshypothese zusammen. Und das nicht nur, weil ein neues physikalisches Phänomen – die Radioaktivität – entdeckt wurde. Die These schematisierte Naturerscheinungen und reduzierte sie auf einen Zustand vollständiger Deformation." Die Kontraktionstheorie habe beispielsweise nie die großen vertikalen Bewegungen der Erdkruste, die offensichtlich vorgekommen waren, erklären können – ein Mangel, den er auch der neuen Theorie ankreidete.
Beloussow argumentierte gegen das Konzept der tiefen Konvektion in der Erde und versuchte zu beweisen, daß ein Globalsystem von inneren Strömen als bewegende Kraft für die Kontinentaldrift in geometrische Schwierigkeiten geriet. „Nahe der Küste von Kalifornien weisen Sie Strömungen nach, die sich im rechten Winkel zueinander begegnen. Entspricht das elementaren Prinzipien der Hydrodynamik?" fragte er.

Die Wurzel der Schwierigkeit, meinte Beloussow, wäre die Konzentration auf den ozeanischen Beweis. Das Wissen über die Ozeanböden bleibe nicht nur sehr schematisch, sondern fuße zu einem großen Teil auf der Interpretation von indirekten Daten, während die kontinentale Geologie in beträchtlichen Details bekannt ist.

Beloussow erkannte den magnetischen Beweis als Wilsons stärkstes Argument an, aber er stellte des Kanadiers „zuversichtliche Verweise“ auf die magnetischen Bänder in Frage. „Sind Sie nicht vorschnell“, fragte er, „wenn wir in Betracht ziehen, daß nach genaueren Untersuchungen die Ausdehnungen dieser Anomalien in ziemlich irreguläre, zerstreute Flecken zerfallen?“

„Wenn wir zu allgemeine Vergleiche ziehen“, mahnte er, „ist es immer leicht, das Opfer von Illusionen zu werden: gewisse Gruppen der Flekken könnten uns wie Streifen erscheinen. Denken Sie an die Kanäle auf dem Mars!“

Später erklärte Beloussow die Symmetrie der magnetischen Bänder beiderseits eines Ozeanrückens damit, daß es sich hier um eine Reihe von aufeinanderfolgenden jüngeren und weniger heftigen Lavaausbrüchen vom Rücken her handeln müsse. Jeder Lavastrom verbreite sich über eine Distanz, die auf beiden Seiten des Rückens symmetrisch ausfalle. Die magnetischen Bänder oder Anomalien würden die Bahnen von aufeinanderfolgenden früheren Strömen darstellen, die unter den neueren hervortreten. Doch das ist ein Schema, das die Konformität der Bandbreiten mit dem Zeitablauf der Magnetfeldumkehrungen nicht erklärt.

Bis 1972 waren viele von Beloussows Landsleuten für die Plattentheorie gewonnen worden. Als Vorsitzender hieß er selbst, wenn auch zögernd, einen Schlußbericht des Internationalen Komitees über den äußeren Erdmantel gut. „Während dieses Projektes“, heißt es im Bericht, „begann sich eine außerordentliche Ansammlung von unabhängigen Beobachtungen anzuhäufen – Beobachtungen, die einzeln nicht überzeugten, aber zusammen eindeutig zum Modell der Plattentektonik führten.“

In seinem „offenen Brief“ an Wilson pries Beloussow die Vorteile der Berücksichtigung vieler Hypothesen im Gegensatz zur Annahme einer einzigen. Es komme noch immer darauf an, fundamentale Daten zu sammeln. Außerdem wäre es unverantwortlich gegenüber jungen Forschern, nur eine der in Betracht kommenden Hypothesen als die endgültige Theorie zu bezeichnen.

Wilsons Erwiderung begann mit einer herzlichen Anerkennung von Beloussows Beiträgen zur internationalen Wissenschaft. Wilson stimmte der Bedeutung der Kontinentalgeologie zu, aber er führte viele Beweise für die Meeresbodenbewegung an, die in Beloussows Kritik unbeachtet geblieben waren. Er verwies ebenfalls auf die neuen Erdbebendaten von Sykes und anderen, die seit der Abfassung von Beloussows Brief veröffentlicht worden waren.

„Nichtsdestotrotz sollte“, schrieb Wilson, „das, was Beloussow über Modeerscheinungen in der Wissenschaft zu sagen hatte, nicht auf die leichte Schulter genommen werden. Es mag noch eine lange Zeit vergehen, bevor einige der Fragen, die er stellte, gelöst sind – vor allem über die Eigenart der tiefen Strömungen, die die Platten bewegen.“

Bevor sich die Debatte zwischen Wilson und Beloussow entwickelte, ist ein weiteres Projekt zu einem Vorstoß in die Erdkruste gestartet worden. Es sollte etwas Licht in die tiefer liegenden Prozesse bringen. Der Plan bestand darin, eine tiefe Bohrung in den Meeresboden zu treiben, damit man aus dem Erdmantel Proben ans Tageslicht schaffen und analysieren könne.

8 „Mohole“ oder „Nohole“?

Der Name *Challenger* ist durch puren Zufall mit den beiden ehrgeizigsten Anstrengungen, die Erdkruste zu durchdringen, verknüpft. Eine davon war eine Tatsache, die andere erdichtet. Das wirkliche Meisterstück bestand in der historischen Leistung des Bohrschiffes *Glomar Challenger*, dem es gelang, einige hundert Löcher tief in den mittelozeanischen Boden zu bohren, nachdem das frühere Mohole-Projekt mißglückt war. Diese Bohrung ergab beweiskräftige Bestätigungen für die These des Sea-floor-spreading. Der erdichtete Fall stammt von Professor Challenger, dem jähzornigen Wissenschaftler in Sir Arthur Conan Doyles Erzählung *Als die Erde aufschrie.*

Wie oft in Science Fiction-Geschichten nahm auch diese eine wirkliche Entwicklung vorweg, obwohl sie eine etwas bizarre Version bot. Professor Challenger erklärte, die Welt sei ein lebender Organismus – eine Art von riesigem Seeigel. Seine Schale wäre die Erdkruste. Zu seinem Bedauern nahm die Erde die winzigen Kreaturen auf ihrer Oberfläche nicht wahr, nicht einmal George Edward Challenger.

Challenger trieb einen 8-Meilen-Schacht in die Erde, wobei er durch die Kruste bis zu grauem, glänzenden Material vordrang, das sich kräuselte und blubberte und einen fürchterlichen Geruch verbreitete. Um sich dann der Mutter Erde bemerkbar zu machen, ließ er einen 100 Fuß tiefen artesischen Bohrer in die pulsierende graue Masse treiben. Die Bohrung löste einen Zyklon, ein Erdbeben und einen Vulkanausbruch aus. „Kein Lärm in der Geschichte kam jemals diesem Schrei der verwundeten Erde gleich“, rief Challenger aus!

Während des größten Teils des letzten Jahrhunderts träumten Wissenschaftler davon, das Innere unseres Planeten anzubohren, um so die Natur der inneren Struktur kennenzulernen. Am 5. Mai 1881 schrieb Charles Darwin: „Ich wünsche mir, irgendein Multimillionär würde sich in den Kopf setzen, daß Bohrungen in einigen der Atolle des Pazifischen und Indischen Ozeans notwendig sind, die dann Proben aus einer Tiefe von 500 oder 600 Fuß zu Tage fördern.“

Darwin wollte dadurch seine Erklärung der Atolle bestätigt sehen. Er glaubte, daß die Atolle auf versunkenen Vulkanen ruhten, die einst hoch über dem Meer standen. Um ihre Ränder lägen die Korallenriffe, die

höher stiegen, als die Vulkaninsel absank. Der abgesunkene Teil bildete innerhalb der ringförmigen Riffe eine Lagune mit dem nun verkleinerten Vulkan im Zentrum. Ein klassisches Beispiel dafür ist Bora-Bora bei den Gesellschaftsinseln. Wenn man sich von See her nähert, werden zuerst die niedrigeren, nicht so steilen und bewachsenen Hänge sichtbar, dann der Rand von palmenbedeckten Koralleninselchen, die dessen Lagune einkreisen, aus der sich der Überrest des Vulkans erhebt.
Nach Darwins Hypothese sinkt gelegentlich ein solcher Vulkan vollkommen unter die Meeresoberfläche. Während dies geschieht, wird das Korallenriff am Rand stetig größer, so daß sich der lebende Teil der Korallenstücke nahe bei der Ozeanoberfläche befindet. Schließlich bleibt ein Band von Riffen mit einer eingeschlossenen seichten Lagune übrig. Atollriffe, die, als der Vulkan unter ihnen versank, mehr als 1000 m in die Höhe wuchsen, sind die gewaltigsten Bauten, die Lebewesen auf der Erde errichtet haben. Aber für einige Wissenschaftler war das extensive Versinken von zahlreichen Atollvulkanen wenig glaubhaft.
Seit Darwins Zeit ergaben sich weitere Motive für Tiefbohrungen. Man wollte etwas erfahren, über jenen Teil der Erdkruste, der zwei Drittel des Planeten bedeckt, den Ozeanboden. 1943 schlug T. A. Jaggar, Präsident der Akademie der Wissenschaften von Hawaii und Begründer des Vulkan-Observatoriums auf dem Rande des Kilauea von Hawaii, vor, 1000 Löcher in den Grund der Weltozeane bohren zu lassen, damit man ihnen Proben aus mehr als 300 m Tiefe entnehmen könnte.
Jaggar wies darauf hin, daß die Geologie bis zu jener Zeit allein auf Kontinentalstudien basierte und so größtenteils eine „spekulative Wissenschaft“ sei. Er hoffte, daß sich die geologische Gemeinschaft und die Ölindustrie zusammenfänden, damit das Prospekt verwirklicht werden könne, und rechnete mit einem Startkapital von 20 Millionen Dollar. Der Zweck wäre, „die ganze Erdkruste kennenzulernen, ihr thermisches Gefälle, ihre Gesteinsarten, ihre inneren Gewässer, ihre physikalischen Variablen, ihre Quellen für zukünftige Arbeit, ihren Anreiz für künftige Investitionen, ihre Topographie im Vergleich zum Mond und ihre wirtschaftlich wichtigen Mineralien im Verhältnis zur gewöhnlichen Oberfläche, die heutzutage Energie, Eisen, Kupfer, Öl und Aluminium liefert.“
Zu der Zeit dieses kühnen Vorschlages war die erforderliche Technologie noch nicht in Sicht. Eine Fülle davon ist seit 1968 vom Bohrschiff *Glomar Challenger* geschaffen worden. Die erdumfassenden Operationen dieses Schiffes und das zuvor fehlgeschlagene Mohole-Projekt fußten auf Darwins Hoffnung, daß irgend jemand durch die Korallen eines Atolls hindurchbohren und ihn bestätigen würde.

1947 ist nach den ersten Atomtests beim Bikini-Atoll der Ozeanboden bis in eine Tiefe von 779 m angebohrt worden. Man bohrte immer noch durch Korallen, als man die Arbeit in dieser Tiefe einstellen mußte.
Die drei Geologen, die das ehrgeizigste Bohrprojekt aller Zeiten durchführen wollten, waren Harry S. Ladd und Joshua I. Tracey vom U.S. Geological Survey und Gordon G. Lill vom Amt für Meeresforschung. In den frühen 1950er Jahren setzte Ladd seine Versuche auf den Inselchen des Eniwetok-Atolls fort. An der Wand seiner Baracke stand die Inschrift „Basalt oder Bankrott". Und tatsächlich, er schaffte es und förderte aus 1287 m Tiefe Basalt nach oben und bestätigte Darwins These.
Inzwischen setzte sich Maurice Ewing für ein Programm ein, demzufolge durch die Sedimente des Meeresbodens gebohrt werden sollte. Schallmessungen hatten mehrere Schichten erkennen lassen, die auf wesentliche Veränderungen in den Ozeanen hindeuteten; sie mußten vor langer Zeit erfolgt sein. Wenn man dasselbe Alter für die Ozeanbecken wie für die Kontinente annahm, war zu vermuten, daß viel von dem Sediment fehlte, wenn es sich nicht „versteckt" und zu einer harten „Zweiten Schicht" verdichtet hatte, die man dank seismologischer Untersuchungen unter dem Sediment aufgespürt hatte.
1956 skizzierte der Armeewissenschaftler Frank B. Estabrook in der Zeitschrift *Science* die Bedeutung von Bohrungen durch die ganze Erdkruste. Im Verhältnis zum Erdvolumen sei die Erdkruste nicht dicker als eine Apfelschale. Dennoch habe man den Mantel unterhalb der Kruste, der 48 % des gesamten Erdvolumens umfasse, noch nie direkt untersucht. Er zählte die vielen wissenschaftlichen Probleme auf, die durch die Gewinnung von Proben aus diesen Tiefen gelöst werden könnten, z. B. die Formbarkeit des Mantelmaterials, dessen Radioaktivität und andere Eigenschaften, die den Streit um die Drifttheorie belasten.
Damals schenkte man seinem Vorschlag wenig Beachtung. Aber nur wenige Monate später wurde das Mohole-Projekt geboren. Die National Science Foundation, eine junge amerikanische Regierungsstelle, war für die Verteilung eines Bundesfonds für Forschung in den physikalischen und nichtmedizinischen biologischen Wissenschaftszweigen verantwortlich. Eines der Mitglieder des Beratungsausschusses, Walter Munk, eine Autorität für Wellen, Gezeiten und Erdrotation vom Scripps-Institut für Ozeanographie, machte den Vorschlag, das allgemeine Wissen gezielt durch grundsätzlich neue Bereiche zu erweitern.
Das Problem, das ein anderes Ausschußmitglied, Harry Hess von Princeton, am meisten interessierte, war die Natur des Erdmantels. Hess und Munk gehörten beide zu einer unkonventionellen Gruppe, der American Miscellaneous Society (Amerikanische Gesellschaft für Gemischtes).

Sie war 1952 innerhalb des Amtes für Meeresforschung entstanden. Diese erhielt dann auch den Auftrag, eine Gruppe zu bilden, die als das AMSOC-Komitee bekannt wurde, „um die Durchführbarkeit der Bohrung bis zum Erdmantel und der Probeentnahme zu untersuchen“. So entstand das Mohole-Projekt. Willard Bascom wurde zum Direktor des Projekts ernannt. Er prägte den Begriff „Mohole“, weil das Ziel das Durchdringen des Moho war, dem Grenzbereich zwischen der Erdkruste und dem Erdmantel.
Weil das Moho ungefähr 35 km unter den Kontinenten lag, schien ein Bohren bis dahin aussichtslos; aber scheinbar lag es nur 5 km unter dem Ozeangrund. Zuerst dachte man an eine Bohrung auf einem Atoll. Seismologische Nachforschungen auf Eniwetok aber zeigten, daß das Lavagestein über 15 km dick war. Also konzentrierte man sich auf Möglichkeiten in der Tiefsee.
Man hoffte, bei der Durchbohrung des Sedimentgesteins Fossilien zu entdecken, die Entwicklungsspuren des ozeanischen Lebens vom ersten Erscheinen auf der Erde an aufweisen würden. Der älteste Fossilnachweis, der vollständig erhalten war, ließ sich auf 600 Millionen Jahre zurückdatieren, als die Basisteilungen des Pflanzen- und Tierreichs schon erfolgt war. In den Sedimenten des Ozeanbodens erwartete man die fehlenden frühen Nachweise der Entwicklung zu finden. Die aufeinanderfolgenden Schichten würden eine Leiter – ein Abbild der Zeiten – darstellen, mit der man unser bruchstückhaftes Wissen über die Geschichte des Lebens, des Klimas und die Lageveränderungen des Erdmagnetfeldes ergänzen könnte. Zudem gab es ein politisches Motiv. Während der Generalversammlung der Internationalen Union für Geodäsie und Geophysik im Jahre 1957 in Toronto nahm man auf Initiative der amerikanischen Projektbefürworter eine Resolution an, in der die Untersuchung des Erdmantels gutgeheißen wurde. An dieser Konferenz haben nach dem Tode Stalins erstmals auch sowjetische Wissenschaftler teilgenommen. Einer von ihnen berichtete, daß die UdSSR Tiefbohrungen vorbereite. Es war die Zeit des kalten Krieges. Die Sowjetunion hatte den ersten Schritt ins Weltall getan und die USA zu einem „Wettlauf“ zum Mond angestachelt. Aber, wie sich später herausstellte, nahmen die Sowjets an diesem Rennen um die erste bemannte Mondlandung gar nicht teil. Das „Rennen“ zum Moho verlief ebenso.
Die Sowjetrussen hatten gar nicht die Absicht, das Moho zu erreichen. Sie wollten nur auf ihrem eigenen Territorium, in Gebieten von besonderem Interesse, z. B. in möglichen Erdölregionen, bis in große Tiefen vordringen. Inzwischen aber hatte die Furcht, daß die Sowjetunion erneut ihre technisch-wissenschaftliche Überlegenheit demonstrieren

könne, dazu geführt, ein Unternehmen voranzutreiben, das, obwohl nicht so kostspielig wie das Apollo-Mondlandungsprogramm, im Bereich der Forschungsfinanzierung immer noch als sehr teuer galt. Und wie das Apollo-Projekt würde es auch von neuen und unerprobten Technologien abhängig sein.

Aus der normalerweise geheimniskrämerischen Branche der Ölsucher sickerte durch, daß neue Bohrtechnologien nicht völlig außerhalb des Erreichbaren lagen. Es sollte möglich sein, Methoden zu entwickeln, um 500 m unter der Wasseroberfläche Löcher 3 km tief in den Meeresgrund zu bohren. Vier Ölfirmen hatten sich zusammengeschlossen und wollten diese Entwicklung vorantreiben. Sie benutzten ein ausgedientes Marinefrachtschiff des größten Typs und rüsteten es um. Es trug einen Bohrturm von 30 m Höhe, über dem Bohrloch wurde es von Ankertrossen gehalten, die, durch Winden reguliert, mit Bojen verbunden waren.

Dieses Verankerungssystem würde man im tiefen Wasser, jenseits des Kontinentalsockels, nicht anwenden können. Aber riesige dieselgetriebene Außenbordmotoren sollten an allen vier Ecken des Schiffs installiert werden. So wollte man das Schiff über dem Tiefseebohrloch in Position halten. Das Forschungsschiff wurde entsprechend umgebaut. Nach einigen Testbohrungen bei San Diego begab man sich zu einem Punkt, der 65 km östlich von Guadalupe vor Mexikos Küste liegt, wo das Wasser 3,5 km tief ist und die „Zweite Schicht" 300 m unterhalb des Sediments entdeckt worden war.

Seismologische Untersuchungen im Atlantik und im Pazifik hatten nachgewiesen, daß diese Schicht weitverbreitet ist. Das über dieser Formation liegende Sediment ließ Schallwellen nur langsam durch – mit ungefähr 1,8 km/sec. Durch die Zweite Schicht ging der Schall schneller – mit 4,5 – 5,5 km/sec. Darunter befand sich die dichtere Dritte Schicht, von vielen für die ursprüngliche Erdkruste gehalten, mit einer Durchlaßgeschwindigkeit von 7 km/sec. In einer Tiefe von 5 km lag das Moho (8,2 km/sec). Man nahm an, daß das Moho entweder eine chemisch andere Zusammensetzung des Gesteins besitzt oder sich durch ein plötzliches Zusammenschrumpfen der Molekularstruktur in einem dichteren, starren Zustand befindet.

Als das Forschungsschiff *CUSS I** im April 1961 seine Position vor Guadalupe einnahm, hatte Hess sein Konzept vom Sea-floor-spreading weiterentwickelt. Er glaubte, daß die Dritte Schicht im wesentlichen der obere, von einem Basaltfurnier bedeckte Teil des Erdmantels sei. Im

* Der Schiffsname resultiert aus den Initialen der vier beteiligten Ölfirmen: Continental, Union of California, Shell und Superior.

Moho habe eine Veränderung der Molekularstruktur stattgefunden, hervorgerufen durch eine hohe Temperatur, die entweder noch gegenwärtig sei oder in vergangener Zeit vorhanden war.
Wenn man annimmt, daß die Ozeane bis in die früheste Phase der Erdgeschichte zurückreichen, dann scheint unter den Meeren sehr viel Sediment zu fehlen. Deshalb argwöhnten viele Wissenschaftler, daß die Zweite Schicht von diesem Sediment, nachdem es Fels geworden war, geformt wurde. Andererseits „fehlte" das Sediment, falls das Sea-floor-spreading-Konzept richtig war, wonach die Ozeanbecken erst kürzlich entstanden sind, also in jener Zeit, als die Reptilvorfahren der modernen Säugetiere das driftende Land durchstreiften.
CUSS I bohrte eine Reihe von Löchern in den Meeresgrund, alle mehr als 3000 m unterhalb des sich auf- und abbewegenden Schiffsrumpfes. Eines drang 200 m in den Boden ein. Es gelang, zwei Kernstücke Basalt zu bergen. Obwohl es denkbar war, daß der Basalt aus einer dünnen Schicht mit noch darunterliegendem Sediment stammte, bezweifelte Hess dies. Er glaubte, daß die Proben wirklich aus der Zweiten Schicht stammten. Direkt über dem heraufgeholten Material lag graugrüner Lehm. Man nahm an, daß er sich erst im Miozän, vor 25 Millionen Jahren, abgesetzt hatte, und nicht vor 4 Milliarden Jahren, als erstmals auf der Erdkugel Ozeane entstanden sind.
Mit den ersten *CUSS I*-Bohrungen erhielt man das Gefühl, daß es möglich sei, das Moho zu erreichen. Die AMSOC-Gruppe sowie die National Academy of Sciences glaubten deshalb, daß die großen Ingenieuraufgaben, einschließlich der Konstruktion eines speziellen Bohrschiffes, lösbar seien. In diesem Stadium aber scheiterte das Mohole-Projekt. Es hatte bis dahin nur 1,8 Millionen Dollar gekostet. Doch jetzt änderte sich der Charakter des Projektes. Am 27. Juli 1961 schrieb die National Science Foundation den Entwurf und Bau eines Schiffes oder einer Plattform aus, die eine Reihe von Löchern in den Meeresgrund bohren sollte, wobei eines den Erdmantel erreichen müsse.
Aus einem Dutzend Angeboten erhielt die texanische Ingenieurfirma Brown and Root den Zuschlag. Aus innenpolitischen Gründen – man sprach von Wahlspenden dieser Firma zugunsten der Demokratischen Partei – lehnte der Kongreßausschuß aber das Projekt nach weiteren Intrigen und Kontroversen ab. Hinzu kam, daß auch die Höhe der Kosten umstritten war. Außerdem gab es eine wissenschaftliche Kontroverse: Die *CUSS I*-Bohrungen hatten gezeigt, was man wissenschaftlich mit Löchern erreichen kann, die nicht so tief, schwierig und kostspielig waren wie ein Vordringen bis zum Moho. Die ganze Geschichte der Ozeanbecken lag in Reichweite, wenn man ein Bohrfahrzeug mit einem ge-

wöhnlichen Schiffsrumpf einsetzte. Bascom und seine Kollegen hatten bereits erste Entwürfe für ein solches Forschungsschiff ausgearbeitet. Sie waren dafür, mit einem solchen Schiff Erfahrungen zu sammeln, bevor das endgültige Mohole-Bohrschiff konstruiert wurde. Brown and Root dagegen schlugen den Bau einer fahrbaren Doppeldeck-Plattform mit den Ausmaßen 71 × 76 m vor, die hoch über den Wellen schwimmen sollte.
Der Wunsch, bis zum Moho zu bohren, hatte im Kongreß beträchtliche Unterstützung erhalten. Beim wissenschaftlich verantwortlichen National Research Council aber entstand der Eindruck, jede Erweiterung würde das Vorhaben in Gefahr bringen – besonders eine wirtschaftlich orientierte enge Zusammenarbeit mit den Öltrusts.
Als Hollis D. Hedberg, Vizepräsident der Forschungsabteilung bei der Gulf Oil Corporation und Honorarprofessor in Princeton, neuer Vorsitzender der AMSOC wurde, erreichte die Debatte über die Ziele des sehr kostspieligen Mohole-Projektes mit dem Einsatz einer Riesenplattform ihren Höhepunkt.
So fanden Bascom und seine Kollegen mit ihrem Plan, ein einfacheres Forschungsschiff einzusetzen, einen Verbündeten in Hedberg und in anderen Mitgliedern des Komitees, die ein starkes Interesse an den Sedimenten und der oberen Kruste hatten. Hedberg betonte, daß eine einzige Probe aus dem Erdmantel von begrenzter Bedeutung sei, weil sie nicht typisch dafür sein könne. Er betonte auch, daß die Schichtung von Region zu Region Unterschiede aufweise. In manchen Gebieten sei überhaupt kein Moho sichtbar: „Wir müssen realistisch erkennen, daß nicht ein Loch, sondern viele Löcher in verschiedenen Tiefen und an verschiedenen Stellen gebohrt werden müssen, bevor wir uns überhaupt ein Bild machen können." Das Mohole-Projekt, sagte Hedberg gegenüber dem Unterausschuß für Ozeanographie des Repräsentantenhauses, „wird vielleicht eines der größten und ertragreichsten wissenschaftlichen Unternehmen, die jemals durchgeführt wurden. Ich muß aber hinzufügen, daß es auch ein törichtes und ungerechtfertigt teures wissenschaftliches Fiasko werden kann . . ."
Als Hedberg am 29. Oktober 1963 diese Aussage machte, steckte das Projekt in großen Schwierigkeiten. Wegen der zunehmenden Kosten und Streitigkeiten hatte Kermit Gordon, Direktor der Haushaltsabteilung, am 1. März jenes Jahres das Einfrieren von weiteren wesentlichen Mohole-Ausgaben angeordnet, bis der Streit beendet wäre. Einige Spaßvögel nannten das Unternehmen bereits das „Nohole-Projekt" (Kein-Loch-Projekt).
So ging das Forschungsunternehmen, das mit von Welle wissenschaft-

licher Begeisterung aus der Taufe gehoben worden war, in einem Morast von politischen und administrativen Schwierigkeiten unter.
Im August 1966 unternahm der Kongreß den ungewöhnlichen Schritt, das Projekt auf eigene Initiative hin zu beenden. Mohole war tot. Aus der Asche aber sollte das Tiefseebohrprojekt entstehen, eines der erfolgreichsten wissenschaftlichen Unternehmen des Jahrhunderts.

9 *Reise in die Vergangenheit*

Das Projekt, das mehr zur Geschichte der Meere beigetragen hat als alle anderen bisher durchgeführten, begann auf unglückliche Weise. Es dauerte zwei Jahre, bis sich die Ozeanographen in den Vereinigten Staaten auf ein gemeinsames Programm zur weiteren Erforschung des Meeresbodens einigen konnten. Zu Beginn des Jahres 1964 war es nach vielerlei Querelen endlich soweit.

Ozeanographen aus Lamont, Miami, Scripps und Woods Hole schlossen sich als Joint Oceanographic Institutions for Deep Earth Sampling (JOIDES) zusammen. Später kam noch die Universität von Washington dazu, und 1973 folgte auch das Institut für Ozeanologie der Sowjetischen Akademie der Wissenschaften.

Im Oktober 1967 legte die ebenfalls mit der Erdölsuche beauftragte „Global Marine“ ein neues Bohrschiff auf Kiel. Die *Glomar Challenger* wurde speziell für die Arbeit in der Tiefsee ausgestattet. Ihr 122 m-Rumpf erinnert an einen Tanker, der die Brücke und die Unterkünfte am Heck hat. Mittschiffs erhebt sich über einem offenen Schacht der Bohrturm, dessen Spitze bis 59 m über der Wasserlinie aufragt. Um das Bohrrohr einige Kilometer bis zum Meeresboden abzusenken, müssen viele jeweils 29 cm lange Einzelstücke, die sogenannten „stands“, aneinandergeschraubt werden.

Das Anschrauben eines neuen Rohrteils wird von einer gut trainierten Mannschaft mit fast militärischer Präzision ausgeführt. Das Klappern des Werkzeugs, die Geräusche der Maschinen und die erstaunliche Geschwindigkeit, mit der schwere Metallteile in die richtige Lage gebracht werden, ist ein ernüchterndes Schauspiel. Die Bohrmannschaften wissen sehr wohl, daß es tödlich sein kann, wenn etwas schiefgeht.

Ein Hauptunterschied zum Bohren ist die Notwendigkeit, in der Tiefe des Meeres gegen das Heben und Senken des Schiffes gewappnet zu sein. Diese Bewegung würde die Bohrvorrichtung aus dem Felsen he-

◀ *Das Bohrschiff* Glomar Challenger *hält seine genaue Position dank den in den Schiffsrumpf eingebauten Strömungsdüsen.* *(Foto: DFG. Umschau Heft 7/1977)*

Die Bohrplattform der Glomar Challenger *bei Arbeiten im Golf von Mexiko. Die Bohrmannschaft montiert gerade das hydraulisch angetriebene Ausgleichsstück, das den eigentlichen Bohrer dreht. Darüber hängt der „freie Rollenblock", der untere Teil eines Flaschenzuges, dessen feste Rollen sich außerhalb des Bildes befinden. Die Beine des Bohrturms rahmen die Aufnahme ein. Im Hintergrund das automatisch arbeitende Bohrgestängelager, das mehr als 7000 m Rohr enthält.*

ben, in den sie sich hineinfrißt, und sie dann wieder auf den Felsen fallen lassen, wenn es keine Stoßdämpfer gäbe, die „bumper subs" genannt werden und die Schiffsbewegung ausgleichen.

Diese teleskopartigen Rohrabschnitte kurz über der Bohrvorrichtung, fangen eine Auf- und Abbewegung von ein paar Metern auf. Lange ineinandergreifende Zähne übertragen dennoch die Drehbewegung auf den Bohrkopf.

Die Bohrspitze mit einem Durchmesser von 23,5 cm bohrt ein Loch, das knapp doppelt so groß ist wie das Bohrrohr. Auf diese Weise kann Flüssigkeit durch das Rohr hinuntergepumpt und herausgedrückt werden, wobei die während des Bohrvorganges anfallenden Gesteinssplitter herausgespült werden. An Land wird zur Spülung des Bohrloches ein besonderer Schlamm verwendet. Er erzeugt im Bohrloch einen genügend starken Druck und verhindert das Einfallen der Wände. Bei den Bohrungen im Meeresgrund genügt in der Regel Meerwasser.

Für die Forschung am wichtigsten sind die bei der Bohrung ans Tageslicht geförderten Sedimentabschnitte und Felsproben. Bis Ende des Jahres 1973 betrug die Länge der von der *Glomar Challenger* gewonnenen Kernproben 57 km. Sie wurden durch ein besonderes System gefördert. Man kann den Mittelteil des Bohrkopfes durch das Rohr nach oben ziehen und statt dessen ein 10 m langes Rohr absenken, das in das entstehende Loch paßt. Dieses Rohr ist mit Rollenlagern versehen, so daß es sich beim Bohren nicht mitdreht. Beim Weiterbohren steigt dann im Rohr eine Gesteins- oder Ablagerungsprobe von 6 cm Durchmesser auf. Wenn die Leute an Deck annehmen, das Rohr sei voll Material, ziehen sie es herauf.

Die von einem Plastikrohr umschlossene Kernprobe wird aus dem Rohr gestoßen und nach einer ersten Untersuchung in 1,5 m lange Abschnitte zerlegt und der Länge nach gespalten. Eine Hälfte wird versiegelt und in einem Kühlwagen unter Deck aufbewahrt, bevor sie später in Scripps oder im Lamont-Doherty weiter untersucht und dann als Anschauungsmaterial für gegenwärtige und zukünftige Generationen von Wissenschaftlern aufbewahrt wird. Die andere Hälfte steht für sofortige Studien zur Verfügung; was übrig bleibt, kommt ebenfalls in den Kühlwagen für spätere Untersuchungen.

Bevor die Kernproben zerschnitten oder gespalten werden, entnimmt man an den beiden Enden kleine Materialproben und untersucht sie unter dem Mikroskop. Enthalten sie winzige Fossilien, können diese den Zeitraum der Probe widerspiegeln. Ein einziger Kern kann mehr als eine Million Jahre abbilden und die Evolution von verschiedenen winzigen Seelebewesen.

Mit den Tiefseebohrungen ist die Geschichte vom Leben im Meer beträchtlich erweitert worden. Bei herkömmlichen Probebohrungen wurde das Rohr nicht mehr als 20 oder 30 m in den Boden getrieben. Man erhielt deshalb in der Regel nur Informationen über die neueren Perioden. Die *Glomar Challenger* jedoch hat bis 1300 m tief in den Boden der arabischen See gebohrt. Bei einer Wassertiefe von 3539 m ergab das eine Gesamtlänge des Bohrgestänges von über 4 800 m. So wurde es möglich,

große Lücken in der Erforschung bestimmter Meeresorganismen zu schließen.
In der Karibik entdeckte man einen vollständigen Ablagerungsabschnitt, der von der jüngsten Vergangenheit bis zur Oberen Kreidezeit reicht und eine Zeitspanne von 83 Millionen Jahren umfaßt. Neben einer Vermehrung des Grundwissens hat eine solche Information auch praktischen Wert. Dank mikroskopischer Fossilien können die Geologen in den Ablagerungen ölhaltige Formationen identifizieren.
Trotz der Lücken in den Aufzeichnungen über die Fossilien vermittelt ein Kern den Spezialisten an Bord der *Glomar Challenger* in der Regel in Sekundenschnelle das Alter der oberen und unteren Schicht. Sie können dann rasch bestimmen, ob mit größtmöglicher Geschwindigkeit weiter gebohrt werden soll. Weil das Bohren bei jeder Förderung eines Kerns unterbrochen werden muß, wird nur weitergebohrt, wenn ein Erfolg möglich erscheint. Sind im Sediment keine Fossilien vorhanden, oder stammt das Sediment aus einer bereits gut dokumentierten Periode der Geschichte der Meere, wird die Bohrung in einiger Entfernung vom bisherigen Bohrloch fortgesetzt. Auf diese Weise erspart man sich die mühselige Arbeit, das Mittelstück herauszuziehen, ein Rohr einzusetzen und einen Kern nach oben zu holen.
Das Bohren und Heraufholen von Proben wäre unmöglich, gäbe es nicht das Positionshaltesystem, das die *Glomar Challenger* befähigt, auch im allertiefsten Wasser eine Woche lang ununterbrochen genau über dem Bohrloch in Position zu bleiben, trotz Wind, Wellen und Strömung. Zwei mit Schrauben ausgestattete Tunnels am Bug und Heck unterhalb der Wasserlinie erlauben eine Drehung des Schiffes an Ort und Stelle.
Sobald die *Glomar Challenger* den gewünschten Bohrplatz erreicht hat, wird eine akustische Signalbake über Bord geworfen. Wo das Wasser Tausende von Metern tief ist, kann es eine Stunde dauern, bis sie auf den Boden gesunken ist. Hat sie den Grund erreicht, werden die Ankunftszeiten ihrer Signale an drei von vier Unterwasserhorchgeräten, die unter dem Schiff hängen, an einen Computer weitergegeben. Nach dem Vergleich der Ankunftszeiten bestimmt der Computer die Richtung der Bake und hält das Schiff mit entsprechenden Befehlen an die Hauptmaschinen und die Bug- und Heckpropeller in der gewünschten Position.
Ein Computer als Lotse ist jedoch nicht geschickter als das Programm, das seine Aktionen bestimmt. Während der ersten Versuche hielt der Computer das Schiff einen Tag lang innerhalb von 12 m auf Position, lief aber dann Amok und befahl den Hauptmaschinen und den Doppelschrauben volle Kraft voraus. „Man kann sich die Reaktion an Bord vorstellen, als das

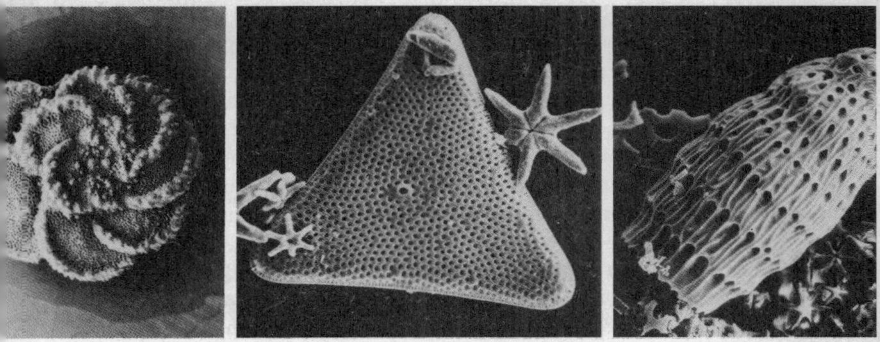

Mikroskopisch kleine Fossilien aus den Ablagerungen im Meeresboden geben Aufschluß über das Alter des Materials. Hier drei typische Formationen. Das dreieckige Gebilde in der Mitte ist ein Diatom (Kieselalge), etwa 15 Millionen Jahre alt. Vergrößerung hier 6500fach. Der „Kohlkopf" links ist ein Foraminifer, ca. 80 Millionen Jahre alt. Vergrößerung 340fach. Das Bienenkorb-ähnliche Gebilde rechts ist ein Radiolar, Alter 15 Millionen Jahre, Vergrößerung 2000fach.

Schiff nach 300 m gestoppt werden konnte. Schließlich hingen 6 km Rohrleitung unter ihm, wobei das Ende im Meeresboden saß", sagte Arthur Maxwell. Später gelang es dann doch, den Computer so zu programmieren, daß er ein wirkungsvoller Lotse war.

Von Ende 1968 bis 1973 bohrte die *Glomar Challenger* in allen Weltmeeren. Das erste Loch wurde bei einer Wassertiefe von 2832 m in den Grund des Golfs von Mexiko gebohrt. Das Loch ging mehr als 762 m tief, ohne den Grund des gletschergemahlenen Felsmehls und anderer Bruchstücke zu erreichen, die auf dem nördlichen Teil des Golfgrundes lagern, seitdem das Schmelzwasser der nordamerikanischen Eisflächen vor Zehntausenden von Jahren das Mississippi-Tal herabstürzten.

Diese Bohrung war hauptsächlich eine Generalprobe. Die zweite Bohrstelle wählte man, um einen Vorschlag von Maurice Ewing zu testen, wonach die Sigsbee Knolls, eine Serie von eigentümlichen Höckern im tiefsten Teil des Golfbodens, Salzdome seien, die mit Ölansammlungen verbunden sind. Ewing und sein Kollege J. Lamar Worzel waren die wissenschaftlichen Leiter bei diesem ersten Versuch, der am 23. September 1973 in Hoboken, New Jersey, endete.

Der erste dieser Höcker war 1954 von der *Vema* vom Observatorium Lamont entdeckt worden, und 1961 fand das Schiff viele weitere, die unter dem Sediment begraben waren. Die *Vema* kreuzte hin und her über der Hügelgegend, die in einem breiten Band in nord-südlicher Richtung

über dem tiefsten Teil des Golfs von Mexiko verläuft. Sie stellte mehr als 150 Hügel fest, und wahrscheinlich gibt es noch viele weitere. Falls sie, wie die Salzkuppeln der Golfküste, Ölvorräte anzeigten, wäre dies von größter Bedeutung – aber viele Ölfachleute waren skeptisch.
Salzdome sind große fingerähnliche Salzsäulen, die sich durch mehrere Kilometer dickes Ablagerungsgestein hindurch aufgeworfen haben. Sie entstehen da, wo eine Schicht von Verdunstungsrückständen – Salzen, die bei der Austrocknung von Meerwasser zurückbleiben – durch eine Lage schwerer Ablagerungen überdeckt wird. Das Salz versucht, da es leichter ist, sich einen Weg aufwärts durch die Ablagerung zu bahnen. In gewissem Sinne wird das Salz durch das Gewicht des Materials, das auf ihm liegt, hochgepreßt. Nur wenn diese Last schwer genug ist, entstehen Salzkuppeln.
Bei seiner Aufwärtsbewegung durchstößt der Salzdom die Ablagerungsschichten und biegt sie nach oben. Wenn diese Schichten porös sind (wie in Sandstein), beginnen Öltröpfchen, die wahrscheinlich aus ehemaligen Seelebewesen entstanden sind, in den aufgeworfenen Teil der Schicht zu wandern (da Öl noch leichter ist als Wasser). Das Resultat davon ist nach Millionen Jahren eine Ansammlung von Öl und Gas in porösen aufgeworfenen Schichten über oder an den Seiten der Kuppel. Das aufsteigende Öl und Gas kann in einem solchen Reservoir beträchtlichen Druck erzeugen. Bei Bohrungen an Land ruft sein Durchbruch eine sprudelnde Ölquelle hervor. Die Bedeutung einer solchen Ölfalle an den Seiten eines Salzdomes wurde das erste Mal im Jahre 1901 klar, als Captain A. F. Lucas in Spindletop, Texas, nach Öl suchte. Ein Ausbruch von Öl und Gas geriet völlig außer Kontrolle und überschwemmte die Landschaft mit Öl. Es war die erste sprudelnde Ölquelle in Texas; sie begründete die blühende Ölindustrie jener Gegend.
Bis die *Glomar Challenger* viele Aspekte der Meeresgeologie revolutionierte, war angenommen worden, daß Salzdome nur dort auftauchen, wo eine flache See, deren Boden dicht unter der Oberfläche liegt, von Zeit zu Zeit verdampfte und das Salz auf dem Meeresboden ablagerte. Solche Verdunstungsschichten können Tausende von Metern dick werden. Wenn sich die See dann wieder mit Wasser füllt, entstehen über den Verdampfungsrückständen Ablagerungen, und alles ist für eine Salzdombildung bereit. Aber, so fragten die Skeptiker, wie konnte dieser Prozeß auf einem Meeresboden vor sich gehen, der jetzt 3700 m unter der Wasseroberfläche liegt?
Was auch immer die Erklärung sein mochte, Ewing hielt die Sigsbee Knolls für Salzdome, weil sie Ausläufer von Flachwasserformationen waren, von denen man wußte, daß sie weiter nördlich vor der Küste von

Texas und Louisiana und südlich vor dem Campeche-Gebiet von Mexiko lagen.

Mittlerweile begannen sich die Verantwortlichen in Washington Sorgen darüber zu machen, daß Ewing recht haben und das Schiff ein Öl- und Gasvorkommen von hohem Druck anstechen könnte. Einige Befürchtungen hörten sich recht dramatisch an: Das Rohr würde durch den Boden des Schiffes nach oben geblasen oder eine riesige Gasblase könnte an die Oberfläche steigen, die Tragfähigkeit des Meeres vermindern und das Schiff in die Tiefe tauchen lassen.

Vier Jahre zuvor hatte die *C. P. Baker*, ein katamaranähnliches Bohrschiff, im Golf von Mexiko ein Gasvorkommen angestochen und war vom schäumenden Wasser verschlungen worden. Das Schiff sank, und 22 Menschen ertranken dabei. Besonnene Fachleute wiesen allerdings darauf hin, daß dies in rund 120 m tiefem Wasser geschehen war. Eine so konzentrierte Wirkung sei in unmittelbarer Nähe des Bohrschiffs viel weniger wahrscheinlich, wenn Tausende von Metern Wasser unter dem Kiel liegen. Eine zusätzliche Befürchtung war die, daß ein Ausbruch in einer solchen Tiefe fast unmöglich gestopft werden könnte. Ein großer Teil des Golfs von Mexiko würde verschmutzt, was einen weltweiten Protest und den Abbruch des ganzen Projekts bewirken könnte.

Ewing wollte unter allen Umständen den kleinen Hügel auf dem Meeresboden anbohren, der jetzt Challenger Knoll genannt wurde. Er und die Verantwortlichen in Washington waren von der Struktur des Domes überzeugt und hielten, selbst wenn darin ein Ölvorkommen vorhanden gewesen wäre, einen Ausbruch für unwahrscheinlich.

Nichtsdestoweniger drängte Ewing auf einen unverzüglichen Versuch bei Bohrloch 2, bevor jemand „Nein“ sagte. Proben, die aus dem Hügel extrahiert wurden, zeigten die Charakteristika von Salzdomen. Schließlich wurde auch ein Kern heraufgeholt, der nach Ewings Worten vor Öl tropfte. Hierauf stellte man die Bohrung ein. Das Loch wurde mit Zement zugestopft, eine Vorsichtsmaßnahme, die man bei Bohrende an allen vierzehn in ununterbrochener Folge im Golf gebohrten Löchern durchführte. Das Öl im Bodenkern von Loch 2 wurde durch das American Petroleum Institute an die Laboratorien verschiedener Ölgesellschaften gesandt, die herausfanden, daß es dem Öl sehr ähnlich war, das in den weitgehend ausgebeuteten Ölfeldern der Golfküste von Mexiko gefördert wurde. Kernanalysen aus diesem Gebiet zeigten Spuren von Anhydrit, einer Salzwasserablagerung, die in einer typischen Form in einem flachen, sonnengeheizten Meer entsteht, das verdunstet ist. Dieser Fund trat wiederholt auf und zwar unter ähnlich überraschenden Umständen, als das Schiff die tiefsten Teile des Mittelmeeres anbohrte.

Trotz dieses frühen Erfolges verliefen weitere Bohrungen recht entmutigend. Zur Gewinnung von Bohrkernen als Gesteinsproben wurde in der Regel eine zylindrische Bohrkrone verwendet, in der ein Bohrkern stehen bleibt, abgebrochen und gehoben werden kann. Oft aber kam das Rohr ohne Kern herauf oder mit nur wenigen Zentimetern Material. Der Rest war ausgelaufen oder ausgewaschen worden. Eine improvisierte Vorrichtung, die den Boden des Rohres verschloß, löste dieses Problem.

Manchmal stieß das Bohrstück ständig auf außergewöhnlich harte Quarzfelsschichten. Sie sind aus kieselartigen Schalen von Schwämmen, Kieselalgen und Radiolarien entstanden, also von Meerestieren. Dieser Fels, in einer mehr glasartigen Form als Feuerstein bekannt, ist, wie schon unsere Vorfahren herausgefunden haben, außergewöhnlich hart. Obwohl eine große Zahl verschiedener Bohrstücke ausprobiert wurde, von denen einige mit winzigen Diamanten von zusammen 500–800 Karat ausgerüstet waren, machte der Quarz innerhalb von wenigen Metern Schrott daraus. Kleine Kieselstückchen blockierten die Teleskopstoßdämpfer, so daß bei jeder Welle das Bohrstück mitleidlos auf den Felsen am Grunde des Loches hämmerte und noch mehr Zerstörung anrichtete.

An Land kann das Bohrgestänge Abschnitt für Abschnitt heraufgeholt und der Abbaumeißel ausgewechselt werden. Eine Bohrkrone wird für weiches Sediment, eine andere für hartes Gestein verwendet. Beim damaligen Stand der Bohrtechnik aber gab es für das Schiff keine Möglichkeit, ein Bohrloch noch einmal zu treffen, wenn die Bohrkrone einmal hochgehievt war. Später entwickelte man eine Methode, bei der ein riesiger Trichter (der oben 5 m Durchmesser hatte) im Loch installiert wurde, so daß ein Wiedereinsetzen möglich wurde. Beim ersten Einsatz gelang dem Forschungsschiff die Bergung eines kompletten Sedimentquerschnittes der Karibik der letzten 85 Millionen Jahre. 1972 schließlich hatte man auch Bohrköpfe entwickelt, die es mit Quarz aufnehmen konnten. Damit wurde das zeitraubende Wiedereinsetzen wo immer möglich vermieden. Die Aufzeichnungen von ersten Bohrversuchen im Atlantik spiegeln die Frustrationen kurz und bündig wider:

Platz 4 (Loch 4): Bei mehr als ca. 200 m Tiefe stieß der Bohrer zunehmend auf zermürbende und widerstandsfähige Quarzlagen, die die Bohrkrone abnutzten und zum Einstellen der Bohrung zwangen. Das hier benutzte Stück wurde völlig zerstört.

Platz 9: Die Entnahme von Bodenproben aus dem akustisch angezeigten Sedimentgestein brachte nur geringen Erfolg und wurde nach 6 Versuchen aufgegeben.

Platz 11: Das Ergebnis war mager, bei 9 Versuchen nur 7 m Sediment erhalten.
Platz 12: Die Bohrung wird eingestellt, nachdem eine nicht untersuchte harte Schicht die Bohrkrone zerstört hat.

Manchmal blieb der Bohrer im Boden stecken, und wenn das Bohrgestänge schließlich freigemacht und heraufgezogen war (das dauerte viele Stunden), entdeckte man, daß die gesamte Ausrüstung, wie Bohrkrone, Stoßdämpfer und die für die Bohrung notwendigen Gewichte, verloren war. Sie blieb im Bohrloch zurück.
Bis 1972 hatte man 33 solcher Ausrüstungen eingebüßt, aber die meisten Schwierigkeiten, typische Geburtswehen einer neuen Technologie, konnten bereits in der Anfangsphase des Projektes überwunden werden. Deshalb war es bei den 2. und 3. Bohrfahrten der *Glomar Challenger* möglich, eines der grundlegenden Probleme der Erdgeologie zu untersuchen: Die Theorie des Sea-floor-spreading, der Ausdehnung des Meeresbodens. Der Plan sah vor, vollständig durch das Sediment bis zum Untergrund zu bohren, und zwar an Geländelinien, die den Mittelozeanischen Rücken im Nord- und Südatlantik umspannten. Falls die Theorie richtig war, müßte in jedem Gelände das Alter des jüngsten Sediments, das direkt über dem Sockelfels abgelagert ist, dem Zeitplan des Entfernens vom Rücken entsprechen.
Bevor man mit Bohrungen auf dem Meeresboden beginnen kann, muß der Bohrkopf festsitzen. Das setzt eine genügende Dicke der zu untersuchenden Gesteinsschicht voraus. Das Sediment in der Nähe des Mittelozeanischen Rückens hat sie nicht. Das war das Problem im Nordatlantik 75 bis 150 km rechts und links von der Mittellinie des Rückens. Also mußten die Wissenschaftler Bohrgelände suchen, das so weit davon entfernt war, daß es außerhalb der symmetrische wohldefinierten magnetischen Anomalien lag, die, wie man aus der Datierung der Lavaströme an Land wußte, in den letzten Millionen Jahren abgelagert worden waren. Im Idealfall ließe sich die Spreading-Theorie durch die Altersbestimmung von Krustengestein testen, das aus jedem Gebiet unterhalb der Ablagerung heraufgebracht werden könnte.
Kanadische Wissenschaftler hatten ihrer Ansicht nach einen Beweis für die Bewegung des Meeresbodens weg von diesem Rücken gefunden, indem sie das Alter von vulkanischem Glas und Basaltklumpen bestimmten, die vom Boden in der Nähe der Rückenachse gesammelt wurden. Je weiter sie von der Mittellinie entfernt waren, desto älter waren die Fundstücke. Das Alter des Glases bestimmt man durch die Anzahl von Kratzern oder Spaltungsspuren, die in ihm bei Bestrahlung entstehen.

Der Basalt wurde bestimmt, indem man jedem Bohrkern Material entnahm, das nicht mit Meereswasser in Berührung gekommen war. Salziges Wasser könnte zu Irrtümern bei der Altersbestimmung durch die Kalium-Argon-Methode führen. Aus Furcht vor solchen Irrtümern beschloß man, den Basaltuntergrund, der von der *Glomar Challenger* heraufgeholt worden war, nicht zu datieren.
Eine andere Art der Altersbestimmung wäre mit der Folge von magnetischen Umkehrungen über die volle Länge des Loches möglich. Dabei müßte man mit der gegenwärtigen Orientierung am oberen Ende anfangen und dann dem bekannten Muster von Umkehrungen folgen. Dies würde zu einer Bestimmung der Zeit der Ablage der tiefsten Schicht führen. Eine solche Methode war aber nicht praktikabel, da die unregelmäßig geförderten Kerne meist so zerstört waren, daß die magnetische Orientierung der Teilchen verloren ging. Die Datierung erfolgte deshalb durch Untersuchungen der mikroskopischen Fossilien, die man direkt über dem Fundamentgestein fand. Obwohl bei dem New York-Dakar-Unternehmen 1968 das Quarzgestein wiederholt ein Erreichen der Basaltschicht am Ende des Sediments verhinderte, konnte man an drei Stellen solches Gestein untersuchen. Das Alter der gefundenen Fossilien entsprach in etwa dem vorhergesagten Zeitplan des Sea-floor-spreading. Man schloß daraus, daß der Meeresboden sich bei 30° nördl. Breite vom Mittelatlantischen Rücken weg bewegt hat, und zwar um 1,2 cm jährlich, zumindest seit der späten Kreidezeit vor ungefähr 80 Millionen Jahren. Den stärksten Beweis fand man bei der nächsten Unternehmung von Dakar nach Rio. Sieben Löcher auf dem Rücken im 30. Grad südlicher Breite erreichten den Basalt.
Während des Bohrens auf Feld 15, bei der magnetischen Anomalie 6, erreichte der Wind bis zu 30 Knoten, und das automatische Positionshaltesystem hatte, trotz der Unterstützung durch die Mannschaft, Schwierigkeiten, das Schiff über dem Bohrloch zu halten. Zeitweise sah es so aus, als müßte das Bohrgestänge heraufgezogen werden, aber der Wind schlief schließlich ein. Auf Feld 16 über Anomalie 5 mußte der Schiffsbug gegen die Strömung gerichtet werden, obwohl die Wellen und der

---

Diese „Diapire" genannten Einbuchtungen sind typische Salzstöcke, die durch tiefe Ablagerungsschichten heraufgedrückt wurden und Öllagerstätten bildeten, wie hier vor der Küste Angolas. Das Profil der mittleren Zeichnung wurde vom Forschungsschiff Atlantis II *bei einer Fahrt von A nach B auf der Karte aufgezeichnet. Das untere Diagramm ist das Schichtenprofil der Ablagerungen zwischen den Punkten c und d der mittleren Zeichnung. Die Aufwärtswölbung der Schichten läßt „Taschen" entstehen, in denen sich Öl und Gas sammeln können.* ▶

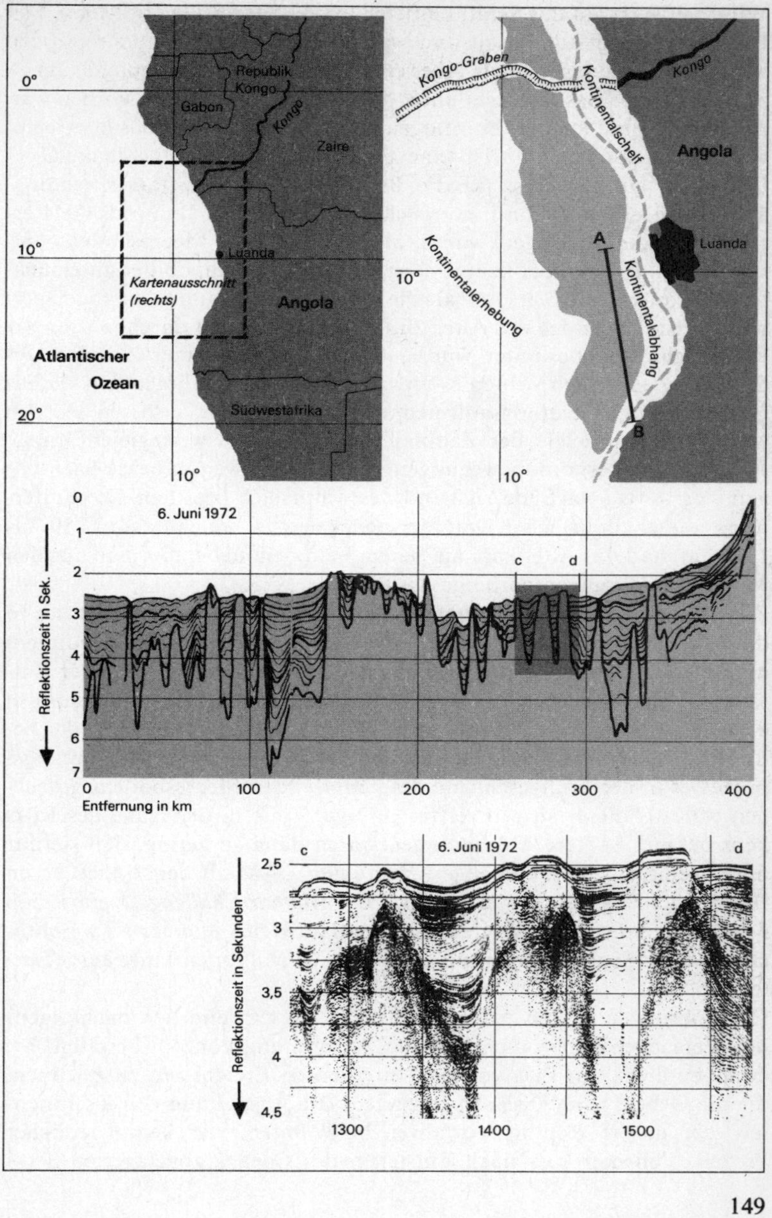
0°
10°
20°
Republik Kongo
Gabon
Kongo
Zaire
Luanda
Kartenausschnitt (rechts)
Angola
Atlantischer Ozean
Südwestafrika
10°
Kongo-Graben
Kongo
Kontinentalschelf
Angola
A
Luanda
Kontinentalerhebung
Kontinentalabhang
B
10°
10°
6. Juni 1972
Reflektionszeit in Sek.
0
1
2
3
4
5
6
7
c
d
0
100
200
300
400
Entfernung in km
6. Juni 1972
Reflektionszeit in Sekunden
2,5
3
3,5
4
4,5
c
d
1300
1400
1500

Wind seitwärts auf das Schiff einfielen und es zum Rollen brachten. Der Bohrkopf schlug auf Basalt und war, als er schließlich heraufgezogen wurde, teilweise zerbrochen. Aber ein Stückchen Gestein genügte, um zu zeigen, daß die Basaltschicht unter der Ablagerung erreicht worden war. Auf Feld 17 mußten drei Bohrungen gemacht werden, bis Basalt erreicht wurde, und auf Feld 20 trieb eine Tiefenströmung die Signalbake ab.
Um einen gültigen Test für die Bestätigung der Sea-floor-spreading-Theorie zu erhalten, muß man sicher sein, daß das Bohrloch Fels erreicht hat, der abgelagert wurde, als jener Teil des Meeresbodens entstanden ist. Es gab aber keinen Weg, um festzustellen, ob der untersuchte Basalt nicht eine Schicht war, die über älteren Sedimenten abgelagert worden ist. Da jedoch das Alter, das durch die tiefsten durchbohrten Sedimentschichten bestimmt wurde, dem vorgeschlagenen Zeitplan des Spreading entsprach, schien es unwahrscheinlich, daß irgendein wichtiger Teil der Ablagerungsaufzeichnungen außer acht gelassen worden war. Weiterhin zeigte der Zeitplan eine bemerkenswert gleichförmige Rate von Meeresgrundbewegungen vom Rücken weg in beide Richtungen – ostwärts nach Südafrika und westwärts nach Brasilien. Die Entfernung dieser Bohrlöcher von der Rückenachse reichte von 250 bis 1300 km, und das Alter kam auf jedem Feld dem nahe, das man aus den Magnetumkehrungen vorhergesagt hatte.
Zweifler am Spreading-Konzept hatten darauf hingewiesen, daß das in dieser Gegend in größerer Entfernung vom Rücken gefundene Sediment nicht dicker zu werden schien. Falls der Meeresboden in größerer Entfernung vom Rücken älter wäre, hätte man dort stärkere Ablagerungen erwarten müssen. Die Bohrungen bestätigten diese Besonderheit der Sedimentdicke. Man folgerte daraus, daß der größte Teil des Ablagerungsprozesses in der Frühgeschichte des betreffenden Meeresbodens geschehen war, als dieser sich in relativ geringer Tiefe in der Nähe des Rükkens befand. Spätere Ablagerungen waren dann so gering, daß sie nur noch wenig zur Gesamtmenge hinzufügten. „Aus all dem“, hieß es im Bericht der Wissenschaftler an Bord der *Glomar Challenger*, „darf man folgern, daß der Meeresboden des Südatlantik sich in einer im wesentlichen konstanten Rate während der letzten 67 Millionen Jahre ausgebreitet hat.“
Die Bohrungen in den Atlantikboden bei diesem und den nachfolgenden Versuchen haben nicht nur das Ausbreitungskonzept bestätigt. Sie erlauben auch, ein Bild von den furchtbaren Ereignissen zu zeichnen, die die Geburt jenes Ozeans begleiteten. Die Abspaltung von Kontinenten, der unsere Reptilienvorfahren beiwohnten, war kein friedlicher Prozeß. Von den kurz nach Entstehen des Ozeans abgelagerten Sedi-

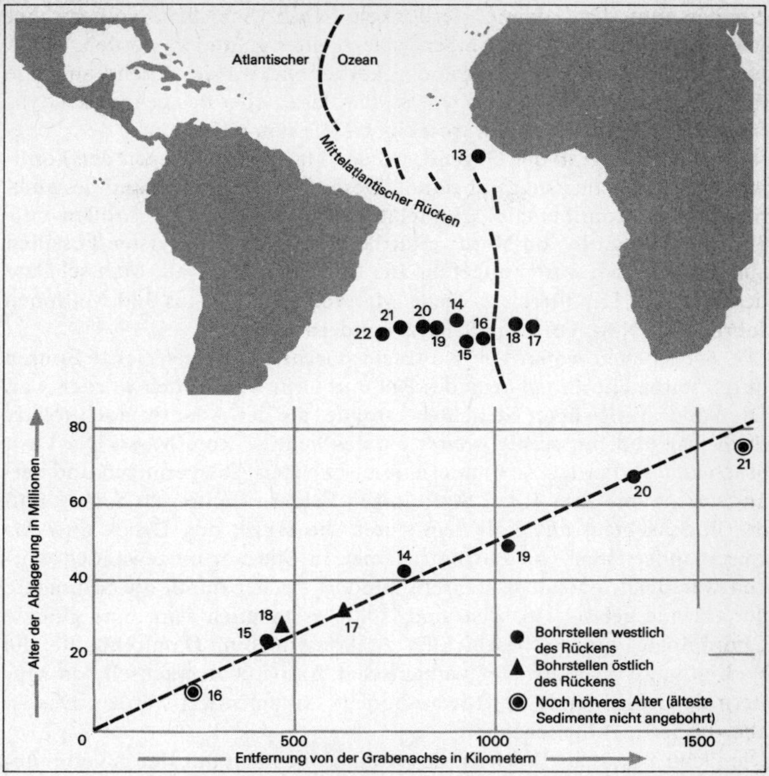

Bohrungen bis auf das Grundgestein beiderseits des mittelatlantischen Rückens ergaben, daß das Alter der Ablagerungen mit der Entfernung von der Mittellinie zunimmt. (Vgl. Numerierung der Bohrlöcher auf Karte und Diagramm.) Trägt man auf einer Koordinate das Alter der Ablagerungen, auf der anderen die Entfernung von der Mittellinie ein, ergibt die Verbindung der Punkte eine gerade Linie. Dies läßt auf eine gleichförmige Ausdehnung nach Osten und Westen schließen.

menten weiß man, daß es ein Vorgang gewesen sein muß, der mit seinen Ausbrüchen und Auffaltungen „wagnerianisch" war. Heute ist die Zahl der aktiven Vulkane, wie Jan Mayen, Island, Azoren und Tristan da Cunha, die sich vom Mittelozeanischen Rücken erheben, gering, und sie sind weit verstreut. Zur Zeit der Entstehung des Atlantik dürfte die Aktivität weit größer gewesen sein. Neue Vulkane müssen sich aus dem Meer

erhoben und den Himmel verdunkelt haben. Schichten vulkanischer Asche sind in den Ablagerungen vieler Felder gefunden worden.
Ein Loch, das nahe dem Festlandsockel gebohrt wurde, durchdrang eine Folge von Ascheschichten, bevor es den Basalt oder das gehärtete Lavafundament erreichte. Das war in einer Tiefe von 621 m unter dem Meeresboden. Es liegt in der Gegend, wo der Tiefseeboden gegen den kontinentalen Rand anzusteigen beginnt. Deshalb war es dem Rand des amerikanischen Kontinentalblocks relativ nah, der bei der „Großen Öffnung" des Atlantik von Nordwestafrika wegbrach. Die tiefsten Fossilien aus diesem Loch waren ungefähr 155 Millionen Jahre alt. Man schätzte deshalb, daß Landtiere das letzte Mal vor rund 170 bis 180 Millionen Jahren von New York zur Sahara wandern konnten.
Die Aschebetten waren von Kalkstein durchsetzt, dessen tiefste Spuren durch starke Hitze in glänzendes Rot und Grün verwandelt worden war. Die Ablagerung dieser Schichten erfolgte, als der Atlantik noch relativ flach war und nur wenig breiter als das heutige Rote Meer. Die Lava brach aus, verbreitete sich unterhalb der tiefsten Ablagerungen und veränderte sie mit ihrer Hitze. Auf einigen Feldern stellte sich heraus, daß die Bodenschicht aus Kalkstein durch die Hitze, den Druck und das Auseinanderreißen von Lavaintrusionen in Marmor umgewandelt worden war. Jetzt, nachdem mehrere hundert Löcher durch die Sedimente der Ozeane gebohrt worden sind, sollte es möglich sein, eine globale Chronologie von Ascheschichten zu konstruieren. Damit könnte die Verbindung von weltweiter vulkanischer Aktivität zu wechselnden Mustern der Ausbreitung des Meeresbodens dokumentiert werden. Das ist aber bisher nicht geschehen.
Die Geburt und das Wachsen des Atlantik ist nicht nur durch verbreiteten Vulkanismus markiert, sondern auch durch die bemerkenswert weichen Schichten metallischer Sedimente, die den neuen Meeresboden bedecken. Dieser Prozeß kann sich immer noch fortsetzen. Man hat ihn im extrem heißen Becken des Roten Meeres beobachtet, und er hat im Pazifik ähnliche Schichten produziert. Seine Bedeutung für die Zukunft einer industrialisierten Welt mit begrenzten Metallvorkommen ist offensichtlich.
Die ersten Anzeichen fand man bei Bohrungen in Feld 9 an der Nordostflanke der Bermuda-Erhebung. Die letzten 60 m des Bohrloches liegen im Lehm, der einen bemerkenswerten Farbwechsel aufweist; je röter er wurde, desto stärker nahm der Eisengehalt zu. Über dem Basalt am Boden des Loches lag ziegelroter Schiefer, der Eisen- und andere Metalloxide im Überfluß enthielt. In dieser Schicht waren keine Fossilien, aber unmittelbar darüber fand man Muscheln aus der späten Kreidezeit vor

ca. 70 – 100 Millionen Jahren. Die Analyse einer Schieferprobe mit Hilfe der Röntgenstrahlenberechnung ergab 11,7 % Eisenoxid. Seitdem haben weitere Bohrungen durch die Sedimente der Ozeane in vielen Gebieten mehrere metallreiche Schichten unmittelbar über dem Fundamentfels enthüllt. Auf einem Feld vor der Westküste Nordamerikas traf der Bohrer auf 6 m praktisch reines Mangan- und Eisenoxid.
Der eisenreiche Schiefer auf Feld 9 lag unter einer Ablagerung von ungefähr 800 m. Metallische Lager sind an der Oberfläche der Ostpazifikerhebung und auf dem Grund des Roten Meeres gefunden worden, wo geysirähnliche Eruptionen dem heißen Gestein, das unter dem Senkungsgraben emporsteigt, Metalle zu entreißen und auf der Oberfläche abzulagern scheinen. Falls dieser Vorgang in den Senkungsgräben an den mittelozeanischen Rücken geschehen ist – oder noch geschieht – könnte man erwarten, daß solche Metallager immer tiefer unter dem Ozeanschlamm begraben liegen, je weiter sie vom Rücken wegtransportiert werden. Dies würde die dicke Ablagerungsschicht über den Metallschichten vor New York erklären. Lager von Kupfer, Eisen und Zink wurden dort mehr als 240 m unter dem Meeresboden gefunden. Als 1972 auch in den Becken von Madagaskar und Mozambique gebohrt wurde, fand man solche Metallager auch unter den Sedimenten des Indischen Ozeans. Nach allem, was man heute weiß, könnten diese Ansammlungen von Metall die größten der Erde sein.
Zeugnisse von Erdbeben und Bodenphotographien von frischen Lavaformationen zeigen, daß entlang des Senkungsgrabens, der den mittelatlantischen Rücken halbiert, immer noch Eruptionen vorkommen.
Eine der kühnsten wissenschaftlichen Unternehmungen dieses Jahrhunderts ist FAMOUS (French-American-Mid-Ocean Undersea Study), ein 4-Jahres-Projekt zur Erforschung des mittelatlantischen Senkungsgrabens durch U-Boote. Eine der wichtigsten Aufgaben dieses Fahrzeugs ist es, auf den gefährlichen Streifzügen durch die dunklen Canyons in 2 – 3 km Tiefe etwas über die Natur der Eruptionen herauszufinden, die für diese Metallager verantwortlich sind. Ferner wollte man wissen, ob noch weitere Eruptionen stattfinden.
Von gleicher Bedeutung wie die Metallteppiche ist die Entdeckung von Formationen, die Ansammlungen von Gas und Öl beherbergen können. Bohrkerne, die man aus mehr als ein paar hundert Metern vor dem Festlandsockel von Georgia und Florida heraufholte, waren mit Methan versetzt. Das Loch vor New York durchdrang eine schwarze Schicht mit kohlehaltigem brennbarem Material. M.N.A. Peterson, N.T. Edgar und C.C. von der Borch bargen aus einem Loch am Fuße des afrikanischen Abhangs in der Nähe der Kapverdischen Inseln Material, das, so schlos-

sen sie, aus einem riesigen Becken von Verdunstungsrückständen stammt, als dieses Gebiet der afrikanischen Küste noch näher war. Falls der Atlantik einst eine nord-südliche Kette von schmalen, flachen Meeren gewesen ist, ähnlich wie die Kette, die jetzt das Rote Meer, das Tote Meer und das Meer von Galiläa einschließt, dann müssen diese Meere durch periodisches Austrocknen Salzbetten gebildet haben, die später von Sedimenten überlagert wurden und für Ölansammlungen geeignet sind. Als der Atlantik wuchs, so überlegten die Wissenschaftler, müssen diese Lager entzweigerissen worden sein, wobei ein Teil mit Europa und Afrika ostwärts trieb und der andere mit Nord- und Südamerika westwärts. Man weiß, daß die Salzdome des Senegal-Sambia-Beckens vor dem westlichsten Punkt Afrikas weit in den Kontinentalabhang hineinreichen. Wenn man die Kontinente wieder zusammensetzt, befindet sich dieses Gebiet mit den Verdunstungsrückständen vor Kuba und den Bahamas. Ähnlich paßt das Salzbecken, das, vor Gabun und dem Kongo liegt, zum Sergipe-Becken vor Brasilien.

Die Annahme, daß sich ausgiebige Ölvorkommen bildeten, als der Atlantik jung und schmal war, ist von französischen Ozeanographen neu bestätigt worden. Sie berichteten 1970, daß ihr Forschungsschiff *Jean Charcot* in den Ablagerungen vor Labrador, Neufundland, Marokko, Portugal und in der Biskaya Formationen entdeckt hat, die Salzdomen ähneln. Sie verglichen die Entdeckungen mit jenen vor Afrika, Irland und anderswo und meinten, daß sich sowohl unter den östlichen als auch unter den westlichen Rändern des atlantischen Beckens riesige Salzlager befinden. Die Wissenschaftler, die bei dem zweiten Unternehmen der *Glomar Challenger* dabei waren, kamen zu folgenden Ergebnissen:

„Unsere Bohrungen legen den Schluß nahe, daß der Atlantik zur Zeit des Mesozoikums oder des früheren Tertiärs (vor 170–50 Millionen Jahren) dem heutigen Persischen Golf und dem Roten Meer sehr ähnlich gewesen ist. Man darf annehmen, daß der Golf von Mexiko ursprünglich ein Verdunstungsmeer vom Typ des Persischen Golfs war. Als der Atlantik sich in der Jura- und Kreidezeit zu spalten begann, wurden mehrere Verdunstungsbecken gebildet und dann abgespalten. Während des frühen Tertiärs hatten sich im peripheren Atlantik Verdunstungsbekken gebildet und waren dann langsam nach unten gebogen und begraben worden.“

Damit gewinnt die Hypothese an Gewicht, wonach der Atlantik, das Rote Meer und der Persische Golf aus ähnlichen Grundzügen entstanden sind. Der Atlantik hat sich aber stärker ausgedehnt, das Rote Meer ist nur leicht, der Persische Golf nur einige hundert Meter abgesunken.

Nach dieser Hypothese sollten weitere Bohrungen durchgeführt werden, um jene Gebiete des alten atlantischen Golfes zu skizzieren, die im Atlantischen Ozean überlebt haben. Die Möglichkeit, ein Petroleumgebiet vielleicht größer als der Persische Golf zu finden, ist zu bedeutend, als daß man auf weitere Forschungsarbeit verzichten könnte.
Eine Zeitlang gab es die Hoffnung, daß eine Region von domähnlichen Strukturen in 4300 m Tiefe im Sediment vor der westafrikanischen Küste auf das Vorhandensein von Salzdomen auf dem Boden eines tiefozeanischen Beckens hinweisen könnte. Während die in der Nähe liegenden Kapverdischen Inseln vulkanisch sind, zeigte ein Ausloten der Sedimentschichten, daß sie in einer Weise hochgestoßen wurden, wie man sie bei Salzdomen in Ölfeldern beobachtet hat. Die Entdeckung eines solchen Feldes im Meer wäre sensationell gewesen. Als man aber einen dieser Dome 250 m unter dem Sediment durchstieß, fand man, daß es sich um einen vulkanischen Stopfen handelte. Die Enttäuschung wurde jedoch durch eine Reihe von dramatischen Entdeckungen der *Glomar Challenger* im Mittelmeer überwunden.

10 Meere wurden Wüsten – Länder versanken

Alle, die im Sommer 1970 auf der *Glomar Challenger* an Gibraltar vorbei ins Mittelmeer fuhren, ahnten kaum, daß unter ihnen früher einmal ein Wasserfall toste, größer als jeder heute bekannte. Sie wollten vielmehr ein Rätsel des Mittelmeerbodens lösen. Im Jahre 1959 hatte man unter den Sedimenten des Mittelmeerbodens eine weit ausgedehnte Schicht festgestellt, die seismologische Signale stark reflektierte. Weitere Nachforschungen führten 1961 zur Entdeckung kuppelähnlicher Strukturen. Sie stiegen von dieser Schicht aus unter dem Balearen-Becken empor, das sich ozeantief zwischen Sardinien und den Baleareninseln ausbreitet. Die Strukturen wiesen auf eine verdunstete Ablagerung hin, ähnlich den Salzbetten, die sich rund um das Mittelmeer bis auf das Festland erstreckten – in Spanien, Italien, der Türkei, Israel und Nordafrika. Wie im Falle der Sigsbee-Hügel im Golf von Mexiko war es aber kaum vorstellbar, daß so tiefe Becken jemals ausgetrocknet waren.
Von den 27 Löchern, die von der *Glomar Challenger* aus ins Mittelmeer gebohrt wurden, lagen 10 nahe dem balearischen Becken. Das erste bohrte man am 24. August 1970. Als man am Abend den Bohrkopf heraufholte, wurde das wissenschaftliche Team munter. „Zwischen den Bohrzähnen", so der Bericht, „steckten Stücke von eingebettetem Gips. Das war die erste Bestätigung, daß unter dem Mittelmeer eine verdunstete Ablagerung vorhanden ist."
Das dritte Loch zeigte, daß die stark reflektierende Schicht tatsächlich aus einer ausgedehnten Reihe von Lagern besteht, die durch Verdunstung entstanden sind. Man durchbohrte rund 60 m dieser Formation und gewann viele Proben von Anhydritgestein. Anhydrit ist wie Gips ein Kalziumsulfat und wird als Pflasterstein verwendet. Was die Forscher auf dem Bohrschiff in Erregung versetzte, war das Wissen, daß sich solche Schichten in seichten, salzigen Seen und Meeren absetzten, wie z. B. die „Sabkhas" des Persischen Golfs und in Syrien. In den arabischen Ländern ist eine „Sabkha" eine küstennahe Wüste, die bei Flut gelegentlich überspült wird und dann später austrocknet, wobei sich eine Salzschicht bildet. Anhydrit setzt sich aus hochsalzigem Wasser bei Temperaturen über 35° Celsius ab. Dies vollzieht sich bei wüstenähnlichen

Salzlagern – nicht aber auf dem tiefen Meeresboden. Dennoch fand man solche Ablagerungen in einem Bohrloch 3148 m unterhalb der gegenwärtigen Oberfläche des Mittelmeeres.
Die Wissenschaftler bei dieser Bohretappe kamen aus vielen Ländern. Ihre Leiter waren William B. F. Ryan vom Lamont-Observatorium in den USA und Kenneth J. Hsü von der Eidgenössischen Technischen Hochschule in Zürich. Andere Mitglieder stammten aus Wien, Cambridge, Paris, Brest, Catania, Mailand, Bukarest und Bern.
In einigen Bodenproben fand man Schichten von Süßwasser- oder Brackwasser-Kieselalgen, die vermutlich lebten, als die Becken des Mittelmeeres, während es von den Weltozeanen abgeschnitten war, mit dem Süßwasser der Flüsse vom Kontinent gefüllt wurden. Obwohl die Bohrungen nur einige Dutzend Meter durch das Salz unterhalb des Balearen-Beckens drangen, deuteten sowohl die Schallmessungen als auch die Verdunstungsablagerung in Sizilien an, daß die Dicke einige Kilometer betragen könne. Berechnungen ergaben, daß eine einmalige Austrocknung des Mittelmeeres nur eine Salzdicke von ungefähr 25 Meter ergeben würde, von der rund 19 Meter aus Gesteinssalz (Natriumchlorid) bestehen müßten.
Die Wissenschaftler nahmen deshalb an, daß das Mittelmeer über einen Zeitraum von ca. 1 Million Jahren wiederholt ausgetrocknet ist. In einigen Proben fand Maria B. Cita vom Institut für Geologie und Paläontologie in Mailand zwischen den Verdunstungsschichten Meeresschlamm, der darauf hinwies, daß das Meeresbecken einige Male aufgefüllt wurde. Dieser Vorgang würde die große Dicke der Salzlager erklären.
Die Wissenschaftler zogen auch die Möglichkeit in Betracht, daß die Salzlager nahe dem augenblicklichen Meeresspiegel entstanden sind und dann im Verlauf von einigen Millionen Jahren rund 3 km tiefer sanken. Die Dicke der Salzlager aber konnte nach Meinung der Forscher mit der wiederholten Verdunstung allen Wassers in den tiefen Becken besser erklärt werden. Schließlich nahmen Hsü, Ryan und Cita an, daß die Straße von Gibraltar als Schleusentor fungierte, das sich während des späten Miozäns vor 6–8 Millionen Jahren öfters geöffnet und geschlossen habe.
Sedimente des offenen Meeres aus früheren Schichten unter dem Mittelmeer zeigen, daß es einst zwischen ihm und dem Indischen Ozean eine offene Verbindung gab. Sie ermöglichte einen Austausch von kaltem Grundwasser zwischen dem Atlantischen und dem Indischen Ozean. Es gibt genügend Beweise, daß einst ein großes Meer, die Thetyssee, zwischen Afrika und Eurasien lag. Der Druck, den Afrika nordwärts gegen Eurasien ausübte, hat nicht nur dieses Meer bis auf Überreste wie das

östliche Mittelmeer verkleinert, sondern auch die Bergketten von den Alpen bis zum Kaukasus und dem Zagros im Iran gefaltet. Der andauernde Druck ist vermutlich für die Vulkan- und Erdbebenaktivität von Portugal über Italien, Jugoslawien, Griechenland und die Türkei bis zum Iran verantwortlich.

Dieser Prozeß unterbrach auch die Mittelmeerverbindung mit dem Indischen Ozean und formte das Gebiet von Gibraltar zu einer Struktur, die ein wiederholtes Öffnen und Schließen ermöglichte. War der Zugang geschlossen, reichte der Zustrom aus den Flüssen, die ins Mittelmeer mündeten, nicht aus, um die Verdunstung auszugleichen. Das Meer trocknete auch im Bereich seiner 3 km tiefen Becken aus. Bei jeder Öffnung füllten sich die Becken schnell. Sogar heute seien die Regenfälle und der Zustrom aus den Flüssen in das Mittelmeer unzureichend, um das verdunstete Wasser zu ersetzen, betonte Hsü. Falls die Straße von Gibraltar geschlossen würde, könnte das Meer in ungefähr 1000 Jahren ausgetrocknet sein. „Zu Beginn des Pliozäns, vor 5,5 Millionen Jahren, wurde das Schleusentor vernichtet und alle Barrieren beseitigt. So blieb die topographische Senke des Mittelmeeres bis zum heutigen Tage ein Teil des Weltozeansystems“, schreiben die drei Wissenschaftler. Der dramatische Teil der Hypothese war die Art und Weise, wie sich das Meeresbecken das letzte Mal füllte, was Hsü, Ryan und Cita „die letzte Sintflut“ nannten. Östlich von Gibraltar fällt der Meeresboden steil ab – eine hohe Böschung, die entstand, als das Meer ausgetrocknet war. Darüber ergoß sich ein Wasserfall, wie ihn ein Mensch von heute nie gesehen hat. Nach Meinung von Hsü war er wahrscheinlich 100mal so groß, wie die Victoriafälle des Sambesiflusses in Zentralafrika und 1000mal stärker als die Niagarafälle. Nach Schätzungen der Experten dauerte es 100 bis 1000 Jahre, um das Meer zu füllen. Eine Tiefwasserverbindung mit dem Atlantik, vielleicht durch den Einschnitt des Wasserfalls, sorgte dafür, daß die kalten Grundströme das Meeresleben bereicherten. Später aber wurde die Straße wieder seicht. Heute ist das Mittelmeer zu isoliert, zu warm und zu salzig für viele frühe Arten von Lebewesen.

Das Konzept von der Austrocknung des Mittelmeers, der eine Überflutung von katastrophalem Ausmaß folgte und das Meer wie eine gigantische Badewanne wieder füllte, erinnerte viele Wissenschaftler zu sehr an Velikowsky. Man nahm an, daß z. B. ein plötzliches Auffüllen des Mittelmeeres, mit dem entsprechenden Gewicht von rund 3,3 Millionen Kubikkilometern Wasser, die Verteilung der Erdmasse verändert und die Stabilität der Erdbewegung erschüttert hätte. Dieser Argumentation begegneten die drei Wissenschaftler mit dem Hinweis auf 8 Millionen Kubikkilometer Eis, die sich schätzungsweise in der letzten Eiszeit in

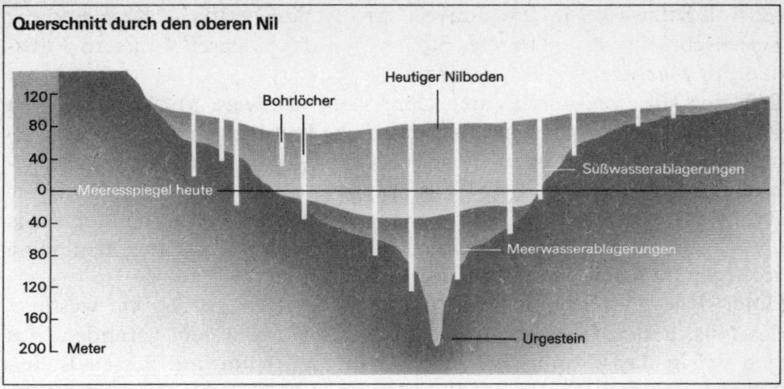

Vor dem Bau des Assuan-Staudammes bohrten sowjetische Geologen im Niltal bis auf das Grundgestein. Man entdeckte ein zuunterst schmales, tiefeingeschnittenes Tal, das unten mit Meeresablagerungen, darüber mit Süßwasser-Ablagerungen aufgefüllt ist.

Nordeuropa ansammelten und offenbar keinerlei radikale Veränderungen in der Erddrehung hervorriefen.

Eine Pressekonferenz in New York setzte eine Kette von Ereignissen in Gang, die ihre Hypothese unterstützten. Ryan erhielt einen Brief von I.S. Chumakov vom Geologischen Institut der Sowjetischen Akademie der Wissenschaften, in dem es u. a. hieß: „Ich untersuche seit einiger Zeit die Entwicklung des Mittelmeeres während des späten Miozäns und frühen Pliozäns. Ihre vorläufigen Annahmen stimmen mit meinen Schlußfolgerungen überein oder kommen ihnen nahe."

Chumakovs Forschungen berücksichtigen auch 15 Bohrungen in den Nilboden südlich des Assuan-Staudammes. Sowjetische Ingenieure hatten beim Dammbau Löcher gebohrt, um die Tiefen bis zum Felsbett festzustellen und die Eigenart des darüber liegenden Sediments zu bestimmen. Es zeigte sich, daß unter dem relativ flachen Bett des gegenwärtigen Flusses ein Fels-Canyon von 290 m Tiefe liegt, der jetzt mit Sediment gefüllt ist. Der tiefste Teil ist eine enge Schlucht mit fast senkrechten Wänden. Das 150 m hohe Sediment in diesem Canyon enthält ozeanische Fossilien des Pliozäns.

Also wurde dieser 1200 km nilaufwärts gelegene Canyon einst durch ein plötzliches Eindringen des Meeres vor rund 5,5 Millionen Jahren überflutet. Die wahrscheinlichste Erklärung war nach Chumakovs Auffassung, daß der Canyon entstand, als der Nil 1000 – 1500 m tiefer als heute ins Mittelmeer floß. Durch das schnelle Auffüllen des Mittelmeeres floß Salzwasser in den Canyon. Als der Meeresspiegel sank und die Felsenschlucht verschlammte, paßten sich die eingeschwemmten Fossilien des Meeres dem Süßwasser an.

Daß der Nil einst durch einen Canyon in das leere Mittelmeerbecken geflossen sein könnte, konnte durch Schallmessungen von verschiedenen Schiffen erhärtet werden, wobei Spuren von alten Flußbetten aufgezeichnet wurden.

Ryan lernte auch einen Geologen namens Frank T. Barr bei der Oasis Oil Company kennen, der einen Vorschlag gemacht hatte, den seine Kollegen zu jener Zeit für absurd hielten.

Unter dem Wüstensand des libyschen Syrte-Beckens, 960 km westlich des Nils, hatten Ölsucher ein versunkenes Kanalsystem gefunden, das sich tief in das Grundgestein hineingefressen hatte und dessen Böden 400 m unter dem heutigen Meeresspiegel liegen. Barr glaubte, daß es sich um Überreste eines alten Flußnetzes handle. Es dürfte sich gebildet haben, als der Mittelmeerspiegel im späten Miozän plötzlich sank. Niemand akzeptierte Barrs These, bis sie in den Bericht des Tiefseebohrprojekts miteinbezogen wurde.

Einen weiteren Beweis hatten zuvor französische Wissenschaftler aufgezeichnet, die lange eine Formation entlang dem Unterlauf der Rhone zu erklären versuchten. Sie war der von Chumakov unter dem Nil entdeckten ähnlich. Tiefe Bohrungen bei Lyon, 300 km stromaufwärts, durchdrangen Meeresablagerungen auf dem Grund eines alten, zugeschütteten Fjords. Im Rhone-Delta liegt dieser begrabene Kanal 900 m unter der Oberfläche. Die Erklärung wäre die Isolation und das extensive Austrocknen des Mittelmeeres, stellte der Franzose G. Denizot bereits im Jahre 1952 fest. Das Argument, daß ein tiefes Becken wie das Mittelmeer einfach nicht austrocknen und sich in eine Wüste verwandeln könnte, weil nichts dergleichen heute auf der Erde zu sehen sei, brandmarkten Hsü, Ryan und Cita als „substantivischen Uniformitarianismus“. Er basiere auf der Annahme, daß die Bedingungen auf der Erde während der geologischen Geschichte relativ konstant bleiben. Eine aufgeschlossenere Interpretation aber betrachte die Naturgesetze und einige Basisvorgänge – wie z. B. die langsame Konvektion in der Erde – als fortdauernd, und akzeptiere auch dramatische Ereignisse an vereinzelten Punkten der Erdgeschichte.

Die Folgerungen aus der These, das Mittelmeer hätte sich in eine große Wüste verwandelt, waren zahlreich. Eine solche Entwicklung könnte den radikalen Wechsel des mitteleuropäischen Klimas im späten Miozän erklären, sagte Hsü. Damals verwandelten sich die Wälder bei Wien in Steppen, und in der Schweiz wuchsen Palmen.

Heute glaubt man, daß die Austrocknung des Mittelmeeres die Umwelt dieses Gebietes entscheidend verändert hat. Sie führte dazu, daß Arten ausstarben, deren Wurzeln im Atlantischen und Indischen Ozean lagen. Mit der Öffnung des Gibraltar-Tores fand eine Wiederbelebung mit reinen atlantischen Gattungen statt.
Dennoch sind manche Geowissenschaftler gegenüber „Hsüs Wasserfall" noch sehr skeptisch. Sie halten es für wahrscheinlicher, daß auf die Salzablagerungen ein enormes Absinken des Meeresbodens folgte. Ihre Annahme lautet: Während das Salz in seichtem Wasser abgelagert wurde – dort, wo heute tiefe Becken sind –, bildeten sich ähnliche Lagerstätten in Gebieten nahe dem Meeresspiegel rund um das Mittelmeer. Die wahrscheinlichste Erklärung sei, daß sich die gesamte Region auf gleicher Höhe befand, der Mittelteil dann absackte und während dieses Vorgangs die Nil- und Rhone-Canyons geformt wurden.
Vom praktischen Gesichtspunkt her war der Nachweis bedeutender Ölreserven unter dem Meeresboden wohl das wichtigste Ergebnis der Mittelmeerbohrungen. Angesichts der verhältnismäßig geringen Wassermengen des Mittelmeeres und der Möglichkeit gefährlicher Nebenfolgen bei den Bohrungen hielten sich die Forscher zurück. Auch wollte man die Verletzung von Hoheitsrechten vermeiden. Bei einer Bohrprobe im Balearen-Becken (Loch 134) fand man dennoch den Beweis für eine große Erdöllagerstätte.
Das Mittelmeer war nicht das einzige Gebiet, wo Bohrungen aus politischer Rücksichtnahme eingestellt wurden. Unter diplomatischem Druck mußten auch Bohrungen im Kontinentalsockel vor der Atlantikküste Kanadas und beiderseits des nordbrasilianischen Rückens aufgegeben werden. Von weitreichender Konsequenz ist die Rolle, die der Isthmus von Panama in der ozeanischen Geschichte spielte. Er erhob sich vor ungefähr 10 Millionen Jahren aus dem Meer. Lange Zeit zuvor hat ein ungehinderter Wasseraustausch zwischen Atlantik und Pazifik stattgefunden. Aber warum stieg der Isthmus auf und bildete einen Damm zwischen den Ozeanen? Um diese Fragen zu beantworten, bohrte die *Glomar Challenger* Löcher auf beiden Seiten des Isthmus in den Meeresgrund. Das dem Panamakanal am nächsten gelegene Bohrloch in der Karibik zeigte, daß der Isthmus vor 5 bis 7 Millionen Jahren die Szenerie für schwere Vulkanaktivität gewesen war, vermutlich zu der Zeit, als sich Mittelamerika aus dem Meer erhob. Es stieg auf, so nimmt man an, weil sich der Meeresboden von der Galapagos-Bruchzone her auseinanderbewegte.
Parallel zu diesen Ost-West-Brüchen nördlich der Galapagos-Inseln liegen nördlich und südlich davon einzelne Rücken, die so aussehen, als

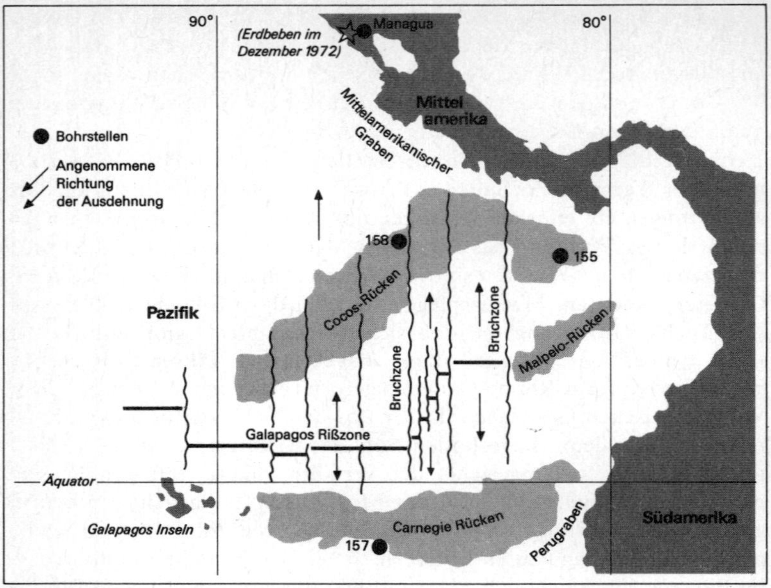

Die Löcher 155, 157 und 158 wurden zur Überprüfung der These gebohrt, nach der die Galapagos-Rißzone einen alten Gebirgszug in zwei heute weit voneinander getrennte Teile (Cocos Rücken und Carnegie Rücken) gespalten hat. Die ältesten Ablagerungen im nördlichen Teil deuten darauf hin, daß sie weiter südlich, nahe am Äquator, entstanden sind. Es wird angenommen, daß die nordwärts gerichtete Bewegung die Ozeanscholle unter den mittelamerikanischen Graben schob und dadurch Mittelamerika aus dem Wasser hob. Darauf ließe sich auch die starke Erdbebentätigkeit in diesem Gebiet zurückführen, wie z. B. die Katastrophe von Managua im Dezember 1972.

ob sie von einem einzigen Rücken stammten, der durch die Bewegung des Meeresbodens auseinandergebrochen ist. Das nördliche Bruchstück wäre nach Norden getragen worden. Es bildet heute den Cocos-Rücken, der mit einer Reihe von Bruchzonen ausufert. Der Carnegie-Rücken im Süden dürfte das andere Bruchstück der ursprünglichen Struktur sein. Nach dieser Theorie versank der sich nordwärts bewegende Teil des Meeresbodens im Mittelamerika-Graben entlang der Küsten von Costa Rica und Panama. Während er sich unter diesen Teil der Erdkruste schob, hob er sie. Durch diesen Prozeß entstand der Isthmus. Die Hebewirkung dauert heute noch an. Periodische Untersuchungen der Eisenbahnstrecken von Costa Rica beweisen, daß sich die Erde entlang der

Pazifikküste jährlich einige Zentimeter hebt. Die Bewegung des Meeresbodens hat den Graben in jenem Bereich gefüllt.
Der Mittelamerika-Graben erstreckt sich heute noch an der Küste von Mexiko bis Costa Rica, wo er am Nordwestfuß des Cocos-Rückens endet. Das Erdbeben von 1972 in Nicaragua deutet eher ein Absinken als ein Aufsteigen des Meeresbodens an. Dennoch sind die Erdteilbewegungen in diesem Gebiet immer noch unklar.
1971 versuchte die *Glomar Challenger* die Hypothese zu überprüfen, wonach die Drift von der Galapagos-Bruchzone her die panamaische Schleuse geschlossen haben soll. Wissenschaftliche Leiter an Bord waren zwei Verfechter dieser Theorie, Tjeerd van Andel und G. Ross Heath, beide von der Oregon State University. Sie wollten den Cocos-Rücken und den Carnegie-Rücken anbohren. War eine Bewegung erfolgt, dann mußten bei beiden Rücken die tiefsten Sedimente ähnlich sein und die schnelle, fossilreiche Ablagerung widerspiegeln, wie sie in der Äquatorzone vorkommt. Der südliche Rücken durfte dasselbe Sediment vorweisen, das in den äquatorialen Gewässern zurückgeblieben war. Auf dem sich nordwärts bewegenden Rücken würde sich das Sediment in seichteren Tiefen in den Typ verwandeln, der unter Wasser gefunden wird, das kühler und biologisch unproduktiver ist. Und so war es auch.
In den oberen Teilen des nördlichen Rückens fand man Zwischenablagerungen von Asche, die sich vermutlich dort absetzte, als jener Teil des Meeresbodens den Vulkanen des aufsteigenden Isthmus immer näher kam.
Aus den Bohrungen beiderseits des Isthmus leitete man folgenden Zeitablauf für das mittelamerikanische „Schleusentor“ ab:

1. Vor dem Aussterben der Dinosaurier, vor 70 Millionen Jahren, wurde die Landverbindung zwischen Nord- und Südamerika geschlossen.

2. Während des Eozäns, vor 40 bis 50 Millionen Jahren, war das „Tor“ weit offen. Das Wasser floß ungehindert von Ozean zu Ozean. Das Ergebnis in der Karibik war eine schnelle Ansammlung von Sediment mit vielen Silikatmuscheln.

3. Im Miozän, vor rund 10 Millionen Jahren, begann das „Tor“ sich zu schließen. Der völlige Zusammenschluß erfolgte vor 4 Millionen Jahren. Die neue Landbrücke ermöglichte es den Säugetieren, die nun auf der Erde dominierten, zwischen Nord- und Südamerika zu wandern.

Es besteht der Verdacht, daß die fortschreitende Schließung des Isthmus die Richtung der Ozeanströmungen verändert hat. So kam es im Norden

zu Eiszeiten. Vor dem Zusammenschluß konnte ein großer Äquatorstrom um den größten Teil des Erdumfanges fließen – über die volle Breite des Atlantik und des Pazifik. Nun entstanden getrennte Kreislaufsysteme in beiden Ozeanen. Dabei gehörte der Golfstrom zur neuen Atlantikstruktur. Damit änderten sich die Wege der Stürme, wärmere und feuchtere Luft gelangte nach Zentralkanada und Nordeuropa. Das führte im Winter zu stärkeren Schneefällen. Wo die Anhäufung reichlicher als die Sommerschmelze war, begann eine Eiszeit.
Ozeanbohrungen erwiesen sich als ein geeignetes Mittel, um den Anfall von Eisschichtformationen zu bestimmen. Eisberge haben vor ihrem Schmelzen Kieselsteine und andere Teilchen von Kontinentalgestein weit ins Meer getragen. Durch das „Eis-Flößen" entstand eine Ablagerung, die in den Proben leicht erkannt werden kann.
In der Beringsee wurde in kleinen Mengen vom Eis mitgeschleiftes Material aus dem späten Miozän, 6 Millionen Jahre alt, gefunden. Reichlich vorhanden war dieses Material aus der Zeit vor 4 Millionen Jahren, als sich vermutlich in Alaska eine bedeutende Eisdecke entwickelte. Auf der atlantischen Seite des Kontinents tauchte an zwei Stellen der Labradorsee das erste vor nur 3 Millionen Jahren vom Eis bewegte Material auf. Zuvor war eine reichhaltige Zahl von winzigen subtropischen Pflanzen und Tieren abgelagert worden, die vermutlich vom Golfstrom auf einer seiner früheren Routen dorthin getragen wurde.
Im Frühjahr 1973 wagte sich die *Glomar Challenger* in die südlichsten Gewässer der Welt, die Ross-See der Antarktis. Man begann einige Kilometer hinter der Packeisgrenze des Ross-Eisschelfs Löcher zu bohren Diese und die etwas nördlicher gebohrten Löcher zeigten, daß der antarktische Kontinent schon vor rund 20 Millionen Jahren begonnen hat, Eisberge abzustoßen – lange vor dem Beginn der Vereisung im Norden.
In den letzten Jahren zollte man antiken Karten, die die Antarktis frei von Eis zeigen, beträchtliche Aufmerksamkeit. Tatsächlich wurde in frühen Forscherzeiten angenommen, daß weit im Süden ein mildes, bewohntes Land liegt. Als Neuseeland und das Tierra del Fuego entdeckt wurden, hielt man sie für die nördlichen Ausläufer dieses Kontinents. Die Bohrungen der *Glomar Challenger* aber beweisen, daß die Antarktis niemals eisfrei war. Vielmehr dürfte vor 5 Millionen Jahren eine große Expansion des Südpolareises erfolgt sein. Heute ist der Ross-Eisschelf die Zunge der kontinentalen Eisschicht, die sich über den südlichen Teil der Ross-See hinausgeschoben hat. Einst in jenem Meer entstanden, gleitet sie jetzt ohne Brechungen weiter, und das Eis dehnt sich bei einer immer gleichen Dicke von ungefähr 200 m aus.
Die Bohrlöcher nördlich der Ross-Barriere beweisen, daß das Eis vor

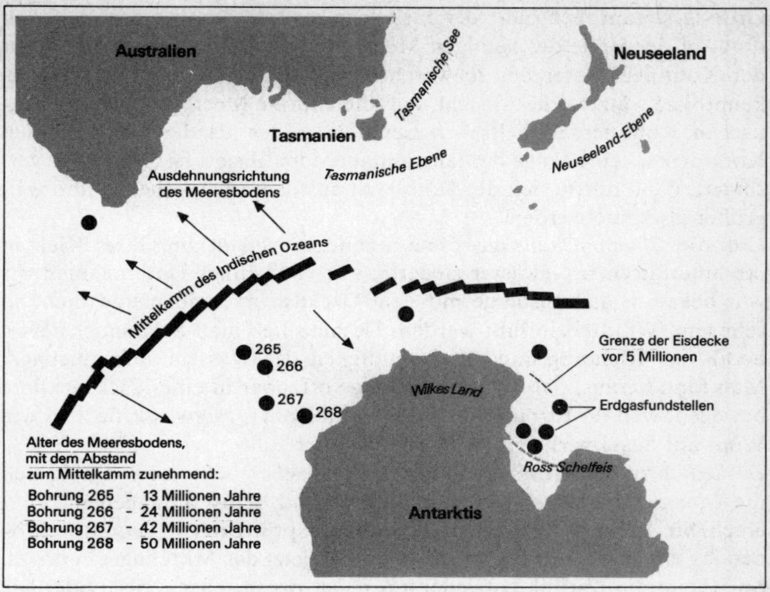

Alter des Meeresbodens zwischen Antarktis und Australien.

5 Millionen Jahren so dick wurde, daß es den Ozeanboden in Tiefen zwischen 450 und 600 m unter dem gegenwärtigen Meeresspiegel geschliffen hat. Weitere Beweise für eine Zunahme von Eisströmen weg von der Antarktis sind das vom Eis mitgeschleifte Kontinentalmaterial. Es stammte aus Proben von Löchern zwischen dem Zentralrücken des Indischen Ozeans und dem Wilkes-Land der Antarktis. Dieser Rücken zweiteilt das Meer und trennt Australien von der Antarktis. Zwischen dem Rücken und der antarktischen Küste bohrte man vier Löcher, um zu sehen, ob die ältesten Sedimente von jeder Stelle die angenommene Zeitfolge des Auseinanderdriftens vom Rücken her bestätigten. Sie taten es. Die Altersstufen, in der Reihenfolge der wachsenden Distanz vom Rücken, betrugen 13, 24, 42 und 50 Millionen Jahre. Man schließt daraus, daß dieses Auseinanderdriften Australien vor rund 55 Millionen Jahren von der Antarktis abgetrennt hat. Weil die Trennung Australiens und anderer Kontinente von der Antarktis ozeanische Strömungen rund um den Südpolkontinent frei fließen ließ, kam es im Südpolgebiet zu stark anwachsenden Schneefällen, was zum schweren Eisstrom vor 5 Millionen Jahren führte.

Grundgesteinproben nahe der Eisgrenze zeigten, daß der Meeresboden dort auf der Höhe des heutigen Meeresspiegels oder darüber lag, bevor der Kontinent unter der schweren Eislast begraben wurde. Diese Erkenntnisse stützten die Ansicht, daß die enorme Meerestiefe des antarktischen Kontinentalschelfs – wesentlich größer als die jedes anderen Kontinents – eine Folge der lang andauernden Eislast ist. Würde sie verringert, dann dürfte sich der Kontinent aus dem Meer erheben und weit größer als heute werden.

Daß die *Glomar Challenger* ohne besondere Verstärkung ihres Kiels in die antarktischen Gewässer steuerte, war ein kühnes Unternehmen. Es war bekannt, daß Eisberge mit dem Ozeanstrom treiben und nicht so sehr vom Wind beeinflußt werden. Deshalb ließ man Strömungsmesser herab, um Richtung und Geschwindigkeit des Wassers aufzuzeichnen. Man fand heraus, daß sich die Eisberge offenbar in einer Zickzacklinie bewegen, weil die Strömung auf ihre winkligen Unterwasserflächen wie Wind auf Segel wirkt.

Zusätzlich zu der Erforschung der panamaischen Schleuse bemühte sich die *Glomar Challenger*, die Natur der Karibik selbst aufzuhellen.

Nach Sir Bullards Rekonstruktion der ursprünglichen Erdteilpositionen lag ein Teil Südamerikas dort, wo sich jetzt das Mittelmeer befindet. So scheint die Karibik entweder aus neuer ozeanischer Kruste oder aus einem Stück des Pazifikbodens, das bei der Westwärtsdrift der beiden Amerika über die Pazifikplatte umgangen wurde, geformt zu sein. Manche der Vulkane entlang des Inselbogens, der die Karibik vom Atlantik trennt, stoßen Lava aus, die Andesit-Gestein bildet, wie es für die Anden und andere vulkanische Gebiete um den Pazifik typisch ist. Dies hat dazu geführt, daß einige Geologen die karibischen Vulkane in den pazifischen „Ring des Feuers“ einbeziehen.

Die karibische Platte aber ist vom Pazifik durch einen Bruch in der Erdkruste längs des Mittelamerika-Grabens getrennt. Hier wurde der Pazifikboden offensichtlich durch die Westwärtsbewegung Amerikas und die Ostwärtsbewegung der Ostpazifikerhebung hinuntergedrückt. Seither mag die Karibik mit relativ neuer Kruste bedeckt worden sein, die sich beim Auseinanderschwingen der beiden Halbkontinente Nord- und Südamerika bildete.

Einige der Teilnehmer der karibischen Bohretappe glauben, daß die Antillen existieren, weil sich die karibische Platte bei ihrer Westwärtsbewegung in der Umklammerung der beiden Amerika nicht so schnell verschiebt wie die Atlantikplatte. Letztere rutscht deshalb unter die Karibik, was zur Entstehung der vulkanischen Inseln führte, wobei heute die meisten der Vulkane von den Jungferninseln bis zu den grenadischen

Inseln erloschen sind. Einige aber sind noch tätig, wie der fürchterliche Ausbruch des Mt. Pelée auf Martinique 1902 bewies.
Die Bohrungen in dieser Gegend zeigen ein besonders starkes Aufsteigen der Erdkruste. Vor mehr als einem Jahrhundert hat Gottfried Ehrenberg, einer der ersten, die mikroskopische Fossilien im Gestein als geologisches Mittel benutzten, die Insel Barbados untersucht. Sie ist ein Vorreiter der Antillen, 160 km östlich davon im Atlantik gelegen. In den Bergen von Barbados fand Ehrenberg mannigfaltige, gut erhaltene Ozean-Mikrofossilien im Sedimentgestein. Sie sind als „ozeanische Formation" bekannt geworden.
Bei einer Bohrung in 475 m Tiefe in einem Becken 400 km nordöstlich Barbados hatte die *Glomar Challenger* eine Sequenz von Fossilschichten gefunden, die im wesentlichen mit der auf der Insel identisch war. Dies beweist, daß die Insel in den vergangenen 45 Millionen Jahren um mehr als 5 km aufgestiegen ist. Dieses Aufsteigen ist an einigen Punkten beobachtet worden, wo der Meeresboden sich der Zone nähert, in der er unter einen Kontinent oder Inselbogen gleiten wird.
Die Bohrungen enthüllten auch dramatische Senkungen einschließlich einer, die ein gewaltiges Kontinentstück in einer Weise unter den Nordatlantik tauchen ließ, die an das legendäre Atlantis erinnert.
Plato beschrieb Atlantis in seinem Timaios als eine riesige Insel jenseits der Säulen des Herkules (Straße von Gibraltar). Sie sei nach heftigen Erdbeben und Fluten, in einem einzigen Tag und in einer Nacht des Unheils in die Tiefe des Meeres versunken.
In den letzten Jahren haben Gelehrte über die Grundlage dieser Sage debattiert. Es war schon lange bekannt, daß eine katastrophale Eruption eine antike Stadt auf der Insel Thera, 120 km nördlich von Kreta, unter Asche begrub, obwohl der Bereich des Ausbruchs erst kürzlich entdeckt worden ist. Man fand den Ort, als man die Asche, aus der man einen wasserdichten Zement herstellt, für den Bau des Suezkanals abgrub. In einigen Gegenden der Insel Thera liegt diese Asche 300 m dick. Als eine schwedische Expedition 1947/48 mit der *Albatross* durch das Mittelmeer segelte, fand sie solche Asche auf dem Meeresboden. Kolbenproben durch die *Vema* enthüllten deren weitere Ausdehnung. Die Aschendecke erstreckt sich weit über das Mittelmeer hinaus nach Ägypten. Damit wird ein Vulkanausbruch bezeugt, der 1450 Jahre v. Chr. vier- oder fünfmal mächtiger war als der des Krakatau von 1883.
War „Atlantis" vielleicht identisch mit Thera und den benachbarten Inseln der Santorin-Gruppe, die durch die Eruption von 1450 v. Chr. erschüttert wurden und teilweise versanken oder war das minoische Kreta gemeint? Die Vulkantätigkeit an der Nordseite des Mittelmeeres ver-

steht man heute als Nebenprodukt des Vorganges, bei dem die afrikanische Scholle unter die von Europa gedrängt wird.
Im Lichte der jüngsten Entdeckungen darf angenommen werden, daß Platos Atlantis fast sicher nicht jenseits der Säulen des Herkules lag, wie er es andeutete. Das Land, das, wie die Bohrungen zeigen, unter den Atlantik versunken ist, tat das nicht an einem Tag – oder auch in einer Million Jahren –, und es liegt weit weg von den Säulen des Herkules. Zu der Zeit, als sich Vögel und Säugetiere zwischen den Dinosauriern entwickelten, war es wahrscheinlich ein Teil der europäisch-amerikanischen Landmasse. Heute ist es auf den Karten vom Atlantik als breite Unterwasserstruktur zu sehen, die Rockall-Bank, mitten zwischen Irland und Island, von der über dem Meer die Rockall-Insel hervorragt.
Weil die Rockall-Bank einen ansonsten leeren Raum auszufüllen scheint, wenn man Europa, Grönland und Nordamerika wieder zusammenfügt, vermutet man, daß sie ein versunkener Block kontinentalen Gesteins ist und kaum eine vulkanische Struktur wie der Mittelatlantikrücken besitzt. Ein Aufenthalt auf der Rockall-Insel bestätigte, daß sie weitgehend aus Granit besteht – typisch kontinental. Als die *Glomar Challenger* zwei Löcher in das Plateau bohrte, bewiesen die Proben, daß hier einst trockenes Land war. Es dürfte zudem auch drei Perioden schnellen Sinkens gegeben haben, unterbrochen von zwei „Pausen“ von jeweils 5–10 Millionen Jahren, in denen es kein oder doch nur ein geringes Absinken gab. Die gesamte Senkung beträgt heute mindestens 1400 m.
Aus dem Zeitablauf der magnetischen Muster auf dem Meeresboden kann man ableiten, wann die Teilung der Kontinente zur Schaffung des Atlantik begann. Dabei blieb dieses „verlorene“ Stück Erdteil mit jenem Teil des ursprünglichen Puzzles, das Grönland wurde, erst einmal übrig. Als vor rund 55 Millionen Jahren die Drift vom Reykjanes-Rücken weg einsetzte, trennte sich die Rockall-Bank von Grönland und begann zu sinken, wobei die Perioden des schnellen Absinkens 55, 40 und 15 Millionen Jahre zurückliegen.
Das Gestein vom Boden eines Plateau-Bohrloches hatte sich einst tatsächlich über dem Wasser befunden, bevor der lange Abstieg in die Tiefe erfolgte. Die Fossilien, die in den Sedimentschichten über dem Grundgestein gefunden wurden, erzählten die Geschichte vom schubweisen Versinken. Aufgrund der nachfolgenden Datierung von verschiedenen alten Schmelzgesteinsrückständen ergibt sich, daß die Loslösung der Rockall-Bank von Grönland von gewaltigen Spannungen in der nordatlantischen Erdkruste begleitet worden ist, was zu Eruptionen in Schottland und Lavaströmen auf der Bank selbst und anderswo führte. Ein Hinweis auf die Wassertiefe, bei der eine bestimmte Sediment-

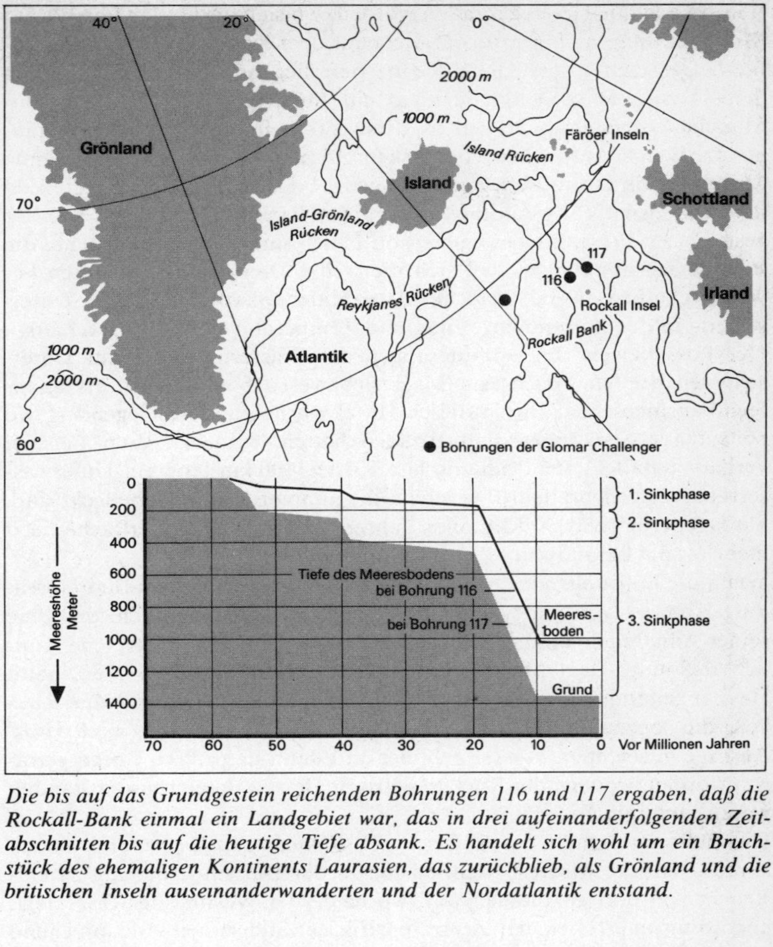

Die bis auf das Grundgestein reichenden Bohrungen 116 und 117 ergaben, daß die Rockall-Bank einmal ein Landgebiet war, das in drei aufeinanderfolgenden Zeitabschnitten bis auf die heutige Tiefe absank. Es handelt sich wohl um ein Bruchstück des ehemaligen Kontinents Laurasien, das zurückblieb, als Grönland und die britischen Inseln auseinanderwanderten und der Nordatlantik entstand.

schicht sich absetzte, ist das Vorhandensein oder Fehlen von Spuren von Urtierchen (Protozoen) und jenen Meerespflanzen, deren muschelähnliche Überbleibsel aus Kalziumkarbonat bestehen. Wenn die Meere ohne Wasser wären, würden die hochgelegenen Bodenstellen wegen dieser Überreste weiß sein. Die tiefen Stellen wären dagegen rötlichbraun, weil sich Kalziumkarbonat im tiefen Wasser auflöst. Aber solche Muschelre-

ste sind auch in Tiefen gefunden worden, wo sich der Boden vor 10 – 15 Millionen Jahren ablagerte und nicht auf dem Kamm eines Rückens befand. Das deutet entweder auf eine tieferliegende Grenze der weißen Schicht zu jener Zeit hin oder auf ein Aufsteigen des Meeresbodens. Manche Ozeanographen halten diese Erscheinung für eine „Verjüngung“. Durch Aufquellen von geschmolzenem Gestein sei der gesamte Mittelatlantik um rund 2000 m hochgedrückt worden. Dies war die Zeit der schnellen Gebirgsbildung entlang der Pazifikküste ebenso wie der gesteigerten Westwärtsbewegung von Nord- und Südamerika. Jene, die statt dessen annahmen, daß sich die weiße Grenzlinie nach unten bewegte, glauben an die Löslichkeit des Kalziumkarbonats durch Unterschiede in der Zusammensetzung und Temperatur des Meereswassers.
Der Fossilbeweis für Veränderungen der Wassertiefe, der auf Unterschieden bei den Arten von Meereslebewesen beruht, wird als unanfechtbar angesehen. Durch dieses Mittel wurden andere Gegenden, wo bedeutende Senkungen stattgefunden hatten, entdeckt. Zum Beispiel verläuft parallel zur brasilianischen Küste 1000 km lang ein Unterwasserrücken, der Korallenriffe enthält, die nun von Sediment bedeckt sind. Sie lagen vor rund 30 Millionen Jahren an der Wasseroberfläche, jetzt mehr als 3,5 km darunter.
Wenn die Bohrungen auch starke Unterstützung für das Sea-floor-spreading-Konzept von Harry Hess brachten, so zeigten sie auch, daß eine seiner Annahmen aufgegeben werden mußte. Um die Guyots, jene Kuppen tief unter dem Meeresspiegel im Westpazifik, zu erklären, hatte Hess angenommen, es handle sich um einen jetzt verschwundenen Rükken, die sogenannte Darwin-Erhebung. Die Guyots wären nach Hess' Aussage in seichtem Wasser gebildet und dann in größere Tiefen getragen worden, wonach der Rücken selbst, in dessen Bereich sie entstanden waren, unterging.
Die Bohrmannschaft der 6. Reise der *Glomar Challenger* fand jedoch heraus, daß der Meeresboden, anstatt in der Darwin-Erhebung zu entstehen, von dort gekommen war, wo heute der Westteil der USA liegt, und somit quer über den Zentralpazifik gewandert war. Entsprechend nimmt das Alter des Pazifikbodens systematisch zu, wenn man nach Westen fährt, bis man eine Nord-Süd-Linie erreicht, die dem Marianen- und dem Bonin-Graben bis in die Nähe Japans folgt. Ein Bohrloch kurz vor dieser Linie zeigte, daß vor 150 Millionen Jahren, in der späten Jura-Periode, dieses Gebiet mit Tiefseesediment bedeckt wurde. „Diese Region scheint der älteste Teil des Pazifik zu sein“, schrieb Bruce Heezen, „und könnte recht gut vom mesozoischen Vorläufer des heutigen Ostpazifik-Rückens geformt worden sein.“

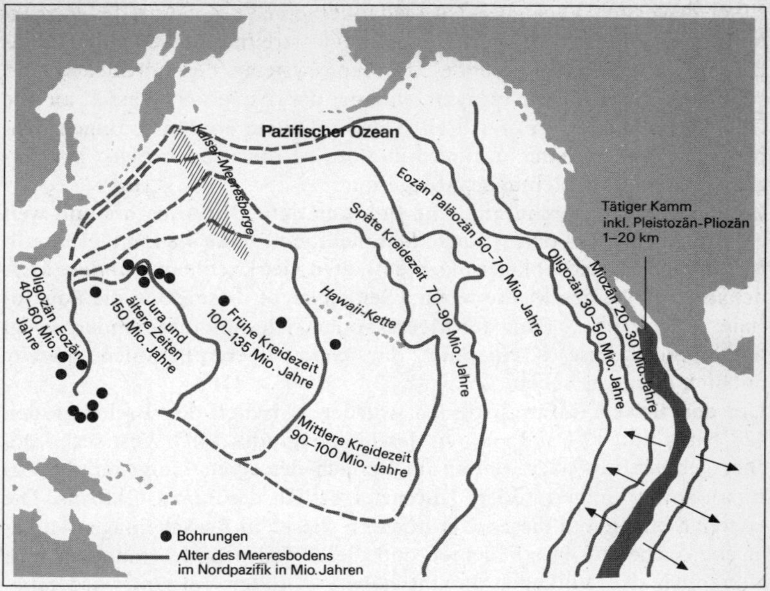

Alter des nordpazifischen Meeresbodens.

So scheint sich der Nordpazifik-Boden seit mehr als 150 Millionen Jahren von der Ostpazifik-Erhebung her nach Westen zu schieben. In der Philippinen-See, die durch die Marianen vom Zentralpazifik abgetrennt wird, erwies sich die Erdkruste als viel jünger. Diese Entdeckung verwirrte zuerst einige Mitglieder der Bohrexpedition. Offenbar ist die große Pazifikscholle unter den Marianen-, Bonin- und Japan-Graben gerutscht, so daß der Pazifikboden westlich jener Linie viel jünger und auf irgendeine andere Weise erzeugt worden ist.

Die südliche Grenze dieser sich nordwestwärts bewegenden Platte des Nordpazifik liegt entlang der Karolineninseln, von denen Truk die bekannteste ist. In dieser Region enthüllten die Bohrungen an der Nordflanke des Rückens, von dem diese Inseln Ausläufer sind, eine große Basaltschicht ähnlich der, die vor Millionen Jahren als Folge von mehreren Lavaströmen den Nordwesten der USA bedeckte. Diese Formation nördlich der Karolineninseln könnte entweder die ursprüngliche Erdkruste darstellen oder sich in späterer Zeit über die ältere Kruste ausgebreitet haben. Über diesen Punkt konnte sich das zehnköpfige Wissenschaftler-Team nicht einigen.

Einer der ersten Versuche, den Gedanken einer Bewegung des Pazifikbodens zu überprüfen, spürte dem Äquatorstreifen der schnellen Ablagerung nach. Konvergierende Strömungssysteme der nördlichen und südlichen Hemisphäre bringen entlang des Äquators Wasser an die Oberfläche, das extrem reich an Nährstoffen ist. In den sonnigen Tropen führt dies zu einer starken Blüte des ozeanischen Lebens. Das Ergebnis ist eine beträchtliche Ablagerung.
Bei der 9. Reise durchdrang eine Bohrung nahe des Äquators und weit entfernt von jeder kontinentalen Sedimentquelle eine 4,8 km dicke Sedimentschicht. Diese Ablagerungen enthalten viel Kreide und andere kreidehaltige Reste des Meereslebens. Seither heißt diese Zone die äquatoriale „Kreidelinie". Falls der Meeresboden sich nun auseinanderbewegt hat, müßte er diese „Kreidelinie", die sich in früheren Perioden absetzte, mit sich getragen haben.
Um den Beweis dafür zu finden, wurden zwischen den Breitengraden 42° Nord und 12° Süd entlang des Längengrades 140° West sechs Löcher gebohrt und vier weitere im Bereich desselben Längengrades bei Japan sowie einige hundert Kilometer östlich des Japan-Grabens. Die oberen Schichten in diesen vier Löchern wiesen in Zwischenlagen vulkanische Asche auf. Das bedeutet, daß dieser Teil des Meeresbodens sich allmählich den Vulkanen Japans nähert – dieser Vorgang wird möglicherweise die Erdkruste unter den Japan-Graben drücken.
Sogar mehr als 3200 km nördlich des Äquators wurde Kreide gefunden, die 150 Millionen Jahre alt war. Die äquatorialen Bohrstellen zeigten auch, daß der Streifen der schnellen Ablagerung vor 40–50 Millionen Jahren besonders breit war. Dies mag daran gelegen haben, daß die äquatoriale Strömung weit intensiver war, als die panamaische Schleuse noch offen lag.
Die Interpretation von mittelozeanischen Bohrproben wird dadurch kompliziert, daß das Material durch Wirbelströmungen an den Bohrort gelangt sein kann. Im Mittelatlantik vor Brasilien enthielten die Proben Edelsteine wie Topas und Aquamarin. Eine Wirbelströmung hatte sie über 1400 km von der Amazonasmündung dorthin gespült. Diese Mineralien sind typisch für das Amazonastal. Die Proben schlossen auch Zwischenschichten von Pflanzenrückständen ein, die augenscheinlich aus dem Amazonasfluten stammten.
Dieses Material hatte sich in einem der größeren Canyons, Vema-Bruchzone genannt, angesammelt. Weil der Bruch vermutlich jung ist, hat die große Sedimenttiefe, die durch Schallmessungen festgestellt wurde, für die Meeresgeologen eine Zeitlang ein Rätsel dargestellt. Heute nimmt man an, daß durch die massiven Wirbelströmungen Teile vom Amazo-

nas angeschwemmt werden. Die Ablagerungen sind nicht viel älter als eine Million Jahre und enthüllen in manchen Fällen, was auf dem Land in der Nähe geschehen ist. Bohrlöcher vor Afrika wiesen dicke Sedimentschichten nach, die vor 20 – 25 Millionen Jahren entstanden, als das Atlasgebirge aufgefaltet wurde. In ähnlicher Weise fand sich in der Beringsee der Beweis, daß es vor gut 12 Millionen Jahren dort eine Zeit gewaltiger Erosion der Kontinente und des Inselbogens gab. Der Überschwemmung des Beringseebodens mit Sediment folgte eine „Explosion“ der Kieselalgenzahl, wie die Menge der kompliziert geometrischen Algenschalen in den Proben bezeugt.

Unter den großen fächerförmigen Flächen von Flußsediment wurde die von Ganges und Brahmaputra im Golf von Bengalen gebildete Fläche ebenso wie der Astoriafächer des Columbia-Flusses von den Bohrtrupps untersucht. Pollen und Keime von Bäumen, Büschen und Gräsern, die dem Astoriafächersediment entnommen wurden, zeigten, daß Washington und Oregon während der letzten 2 Millionen Jahre nie wärmer als heute waren.

Um die Art und Weise zu begreifen, in der Meeresbodenplatten unter die Kontinente geschoben werden, untersuchten die Wissenschaftler auch, was mit der Sedimentanhäufung auf solchen Platten geschieht. Wo die Platte sich unter eine andere drücken läßt, entsteht im Meeresboden ein Graben. Skeptiker gegenüber dem Sea-floor-spreading-Konzept haben darauf hingewiesen, daß durch Schallmessungen festgestellte flachliegende Sedimentschichten in manchen Grabentälern eine ungestörte, friedliche Vergangenheit haben könnten.

Ein Bohrloch auf der landwärts liegenden Seite des Aleuten-Grabens wies dicht zusammengepreßte Sedimente nach, was zu bestätigen scheint, daß die flachliegenden Schichten des Pazifik gegen einen kontinentalen Block aufgeworfen wurden. Kieselhaltiges Silikondioxyd-Gestein innerhalb der Ozeansedimente war ein Haupthindernis für tiefe Bohrungen. Warum aber sind die Ozeane bei bestimmten, gut feststellbaren Tiefen mit diesem Material wie ein Fliesenboden gedeckt? Generationen von Geologen haben den Ursprung dieses Gesteins (Silika) in ehemaligen Meeresablagerungen, die sie auf dem Festland fanden, diskutiert. Die Entdeckung solcher Gesteinsdecken unter dem Meer haben nur zu weiteren Spekulationen geführt, aber die Debatte nicht beendet. Die *Vema* hat das Ausmaß dieser Silika-Ablagerungen im Nordatlantik aufgezeichnet, bevor man mit den Bohrungen begann. Dabei wurde eine starke reflektierende Schicht zwischen 100 – 600 m Tiefe erkennbar. Nur nahe dem Mittelozeanrücken ist die Sedimentdicke geringer und offenbar jüngeren Datums als der „Fliesenboden“. Die Silikaschicht wurde

als A-Horizont bekannt, und die Bohrarbeiten zeigten, daß eine oder mehrere Silikaschichten in einem rund 9 m dicken Bett liegen, das während des Eozäns vor 40 Millionen Jahren geformt wurde.
Recht überraschend war die Entdeckung, daß es direkt unter dieser Schicht an vielen Stellen eine wesentliche Lücke in der Fossilfolge gibt. So, als wenn irgendeine katastrophale Entwicklung das meiste oder viel des Meereslebens vernichtet hätte. Die Hauptlücke in der Fossilfolge des Ozeanlebens im Atlantik und Pazifik liegt zwischen 50 und 70 Millionen Jahren. In manchen Proben stellt sich die Lücke als ein längeres Intervall dar. Im Sediment von fünf Stellen der Tasmanischen See wurde sie zwischen 20 und 50 Millionen Jahren datiert. Wäre eine solche Lücke nur an einigen Orten gefunden worden, hätte sie sich durch Bodenströmungen, die die Ablagerungen fortspülten, erklären lassen. Das weitverbreitete Vorkommen der Lücke aber kann anzeigen, daß sich die Fossilschalen im Wasser auflösten und verschwanden. Vielleicht hat sich auch die tatsächliche Zahl an Lebewesen aufgrund irgendeiner „Verunreinigung" durch die Natur verringert. Aber die meisten Ozeanographen wollten nicht glauben, daß der Niederschlag von Fossilschalen auf den Meeresboden ganz aufhörte.
Eine Reihe von Erklärungen ist für die Silikaschicht, die allgemein über der Lücke der Fossilfolge vorzufinden ist, geliefert worden. Erstens: Man nimmt an, daß ein großer Druck oder ein langer Zeitraum (oder beides) notwendig sind, um Fossil-Silikondioxyd in dieses Silikagestein zu verwandeln. Zweitens: Da es sowohl in der Karibik wie im Nordatlantik während des Eozäns abgelagert wurde, als die panamaische Schleuse weit offen war, hat die frühere Ozeanzirkulation zu einer Blüte silikonreicher Organismen geführt. Drittens: Globale Vulkanausbrüche von großer Intensität haben das Meer mit Asche übersät. Da solche Asche Silikondioxyd und Phosphor enthält, würde dies Organismen, die von diesen Substanzen abhängig sind, befähigen, sich zu vermehren. Aschenschichten sind an einigen Bohrstellen – aber nicht an allen – nahe des Silikagesteins gefunden worden.
Dies alles sind nur einige der Entdeckungen, die bisher durch das Tiefseebohrprojekt gemacht wurden. Wahrscheinlich hat keine andere Expedition irgendwelcher Art solch einen Umfang an Proben und neuen Informationen gesammelt. Es zeigte sich, was vor einigen Jahren noch als undenkbar galt, daß keiner der Ozeane älter als die Dinosaurier ist. Zu Beginn des Jahres 1974 waren insgesamt 469 Löcher an 319 Stellen gebohrt worden. Die Forschungsfahrten der *Glomar Challenger* trugen dazu bei, daß die wissenschaftliche Welt enger miteinander verknüpft wurde. Wissenschaftliche Einrichtungen in vielen Ländern beteiligten

sich an der Planung zukünftiger Ziele des Projekts. Die Sowjetunion hat die Verpflichtung übernommen, jedes Jahr eine Million Dollar der Kosten zu tragen. Wegen der vielversprechenden Entdeckungen von Mineral- und Ölquellen ist die Arbeit der *Glomar Challenger* als „wirtschaftlich bedeutend" bezeichnet worden. Nach den Worten von Melvin N. A. Peterson, der zusammen mit William A. Nierenberg, Direktor des Scripps-Instituts, das Projekt geleitet hat, haben die Expeditionsergebnisse für eine Ernte der ökonomischen Vorteile „für Jahrhunderte" gesorgt. Wenn die Bohrungen auch nicht so tief drangen, wie einst für das Mohole-Projekt vorgesehen, so waren sie ausgedehnter und wissenschaftlich produktiver als die ehrgeizigen Zielvorstellungen jenes mißglückten Vorhabens.

11 Antarktis – das entscheidende Puzzlestück

Während die *Glomar Challenger* in den Ozeanböden bohrte, entdeckte man zwischen eisbedeckten und von Blizzards umtosten Bergen mitten in der Antarktis weitere entscheidende Beweise für die Drifttheorie. Der Südafrikaner Alexander Du Toit, einer der ersten Verfechter des Driftkonzepts, fand 1937, daß die wenig bekannten Gesteine und Fossilien der Antarktis, zumindest für Geologen, den letzten Test für das Zusammenfügen der südlichen Erdteile darstellten. Im Puzzle „Was gehörte einmal zusammen?" ist der Erdteil Antarktis das Zentralstück.
Die Fossiliensammlung aus der Antarktis war zu jener Zeit dürftig. Man hatte zwar die Überreste von fünf Gattungen prähistorischer Pinguine, einige augenscheinlich so groß wie ein Mensch, nahe der antarktischen Halbinsel gefunden. Das deutete darauf hin, daß die Pinguine, die heute in verschiedenen Gegenden der Südhemisphere leben, sich möglicherweise in der Antarktis entwickelt haben, als der Kontinent älter wurde, was aber nicht direkt zur Driftdebatte beitrug.
Die interessantesten Fossilienfunde machte man entlang des Beardmore-Gletschers. Dieser große Eisstrom fließt von der Südpoleisdecke her durch das Transantarktis-Gebirge hinunter und wird von den Bergen bis zu 2000 m Tiefe und mehr aufgestaut. Der Gletscher, 160 km lang und viele Kilometer breit, wurde Anfang dieses Jahrhunderts von britischen Forschern entdeckt. Sie versuchten dann, ihn als Straße zum Südpol zu benutzen.
Die Begleitumstände jener frühen Funde stehen in scharfem Gegensatz zu den neueren Entdeckungen in demselben Gebiet. Im Dezember 1908 bahnten sich vier Männer unter Führung von Sir Ernest Shackleton mühsam ihren Weg über das von Gletscherspalten durchbrochene Eis. Im Laufe ihres zweiwöchigen Trecks den Gletscher hinauf half ihnen „Socks", das letzte ihrer Ponys; die anderen hatten sie nach und nach erschießen müssen und als Fleischvorrat für den Rückweg deponiert. Doch auch „Socks" stürzte schließlich in eine Gletscherspalte. Von da an mußten die Männer die Schlitten ziehen. Nach zehn Tagen erblickten die ermatteten Forscher eine riesige, weiße Fläche vor sich. Sie hofften, es wäre das Südpolplateau auf der Spitze des Gletschers. Sie schlugen

ihr Lager auf, und nach dem Abendessen kletterte Frank Wild einen nahen Hügel hinauf, um zu sehen, wie weit sie noch marschieren mußten. Bei seiner Rückkehr brachte er einige geologische Proben mit, von denen manche wie Kohle aussahen. Wild hatte am Hügel ungefähr sechs Flöze gefunden, deren dunkler Stoff mit Sandstein vermischt war. Es war tatsächlich Kohle, und Shackleton wußte, wie interessant diese Entdeckung für die wissenschaftliche Welt sein mußte.

Der Gedanke, daß nahe dem Südpol üppige, kohle-erzeugende Wälder gewachsen waren, erschien unglaublich. Die Proben forderten die Forscher heraus, die Erdgeschichte zu rekonstruieren. Das gleiche traf auch für die Proben zu, die man bei den Leichen des erfrorenen Captain Robert F. Scott und seiner Gefährten nach ihrer gescheiterten Expedition zum Pol 1911/12 fand.

Auf der Höhe des Beardmore-Gletschers nahe dem Ort, wo Frank Wild die Kohle gefunden hatte, sammelte Scotts Mannschaft die bedeutendsten Proben. Sogar zu diesem frühen Zeitpunkt der geologischen Erforschung der Antarktis war es offensichtlich, daß außergewöhnlich dicke und horizontale Sandsteinformationen einen großen Teil der Transantarktischen Berge bilden. Von dieser großen Bergkette weiß man jetzt, daß sie quer über den ganzen Kontinent verläuft, entlang der Ross-Seeküste (einschließlich des Kontinentalsaums des Ross-Eisschelfs) bis hinüber zum Weddell-Meer auf der atlantischen Seite.

Die Briten hatten bei ihrer Forschungsreise nahe dem McMurdo-Sund und südwärts davon in Richtung Beardmore-Gletscher große, flache Gesteinsfaltungen in den Bergen gesehen, die sie Beacon-Sandstein nannten. Scott schrieb in sein Tagebuch, als sich die Expedition dem Oberteil des Gletschers näherte: „Den ganzen Tag über haben wir die wundervoll gestreifte Struktur der Felsen bewundert . . .“

Am 8. Februar heißt es im Tagebuch: „Wir befanden uns unterhalb von senkrechten Kliffs von Beacon-Sandstein, der schnell verwittert und beachtliche Kohleflöze in sich birgt. Daraus hat Wilson mit scharfem Blick einige Pflanzenabdrücke herausgelöst. Der letzte war ein Kohlestück mit schön nachgezeichneten Blättern in den Schichten, außerdem einige ausgezeichnet erhaltene Abdrücke von dicken Stengeln mit Zellstruktur.“ Und am nächsten Tag: „Wilson machte den großartigen Fund eines Pflanzenabdrucks in einem Kalkstein. Zu müde, um geologische Notizen zu machen.“

Insgesamt sammelten sie 16 kg Gestein, die sie bei schwindenden Kräften Woche um Woche auf ihrem Schlitten mit sich zogen. Als man im nächsten Sommer in ihrem Zelt die Toten fand, stand die Gesteinssammlung auf dem Schlitten daneben.

Nachdem die Fossilien nach London gebracht worden waren, fand man heraus, daß sie Elemente der Gondwana-Flora enthielten. Diese Flora blühte von Indien bis zur Antarktis in der kohleformenden Periode vor 200 – 300 Millionen Jahren. Der Beweis, daß in der Antarktis einst ein mildes Klima herrschte und eine reichhaltige Vegetation vorhanden war, die derjenigen anderer Erdteilstücke des Gondwanalandes entsprach, wurde von den „Driftern" aufgegriffen. Skeptiker aber wiesen darauf hin, daß Keime und Saaten vom Wind, von Strömungen und Treibholz über weite Meeresstrecken getragen werden können. Es bedarf nur eines Zufallsereignisses innerhalb von einer Million Jahren, um eine Pflanzenart von einem Kontinent zum anderen zu tragen. Man wies auch darauf hin, daß nicht ein einziger Fossilbeweis gefunden worden sei, wonach die Antarktis jemals die Heimat von Landwirbeltieren war. Das Fehlen von Landlebewesen in den wachsenden Sammlungen antarktischer Fossilien wurde als Beweis dafür gewertet, daß der Kontinent von seinem nächsten Nachbarn immer 1000 km oder mehr getrennt war.
Nach den heroischen Reisen von Amundsen, Scott und Shackleton zogen andere Expeditionen ebenfalls in das Transantarktisgebirge. 1929 kletterte eine Mannschaft unter Führung des Geologen Laurence M. Gould auf den Rücken des Mount Nansen, nahe der Stelle, die Amundsen bei seinem Weg zum Pol passierte und die weit von dem Ostteil des Beardmore-Gletschers entfernt liegt. Gould berichtete: „Die Erkenntnis, daß die flachliegenden Gesteine oben auf dem Mount Nansen eine große Reihe von Sandsteinen waren, die in ihrem Oberteil Flöze von unreiner Kohle enthielten, stellt eine nicht unbedeutende Sensation dar. Damit wird endgültig bestätigt, daß wir es hier mit genau derselben Bergstruktur zu tun haben, wie sie von britischen Geologen entlang den westlichen Umgrenzungen der Ross-See untersucht worden ist."
Die Ausdehnung dieser Formation wurde 1934 von einer weiteren Byrd-Expedition noch weiter nach Osten erforscht, aber nirgendwo in der Antarktis fand man irgendwelche Spuren von Landwirbeltieren.
Die intensivsten geologischen Arbeiten begannen mit dem Internationalen Geophysikalischen Jahr 1957/58. Bisher war ein großer Teil des Kontinents, einschließlich einiger majestätischer Berge, noch nicht untersucht worden. Im Rahmen eines Programms, das noch eine lange Zeit dauern wird, sind diese Gebiete von Wissenschaftlern vieler Nationen fotografiert, kartographiert und oberflächlich geologisch untersucht worden. Der Neuseeländer Peter J. Barrett vom Institut für Polarstudien an der Ohio State University untersuchte Ende 1967 mit David Johnston aus New Jersey den Graphite Peak, der aus dem Eis hinter den Bergen herausragt, die die Ostseite des Beardmore-Gletschers flankieren.

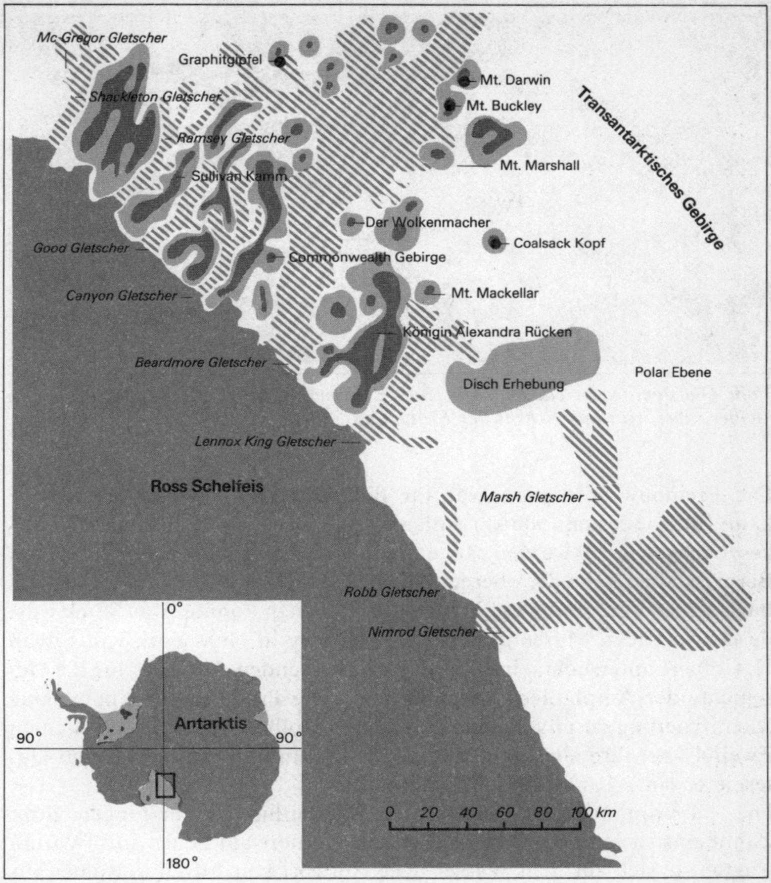

Die unterstrichenen Namen bezeichnen Fundstellen von Fossilien in der Antarktis, von der Zeit Scotts und Shackletons bis heute. Links unten die Übersichtskarte mit dem eingezeichneten Kartenausschnitt.

Der Teil des Graphite Peak, der über dem Eis liegt, besteht aus einer Reihe von Schichten, die 700 m dick sind und sich nach Südosten neigen. Er setzt sich wie ein Dreischichten-Sandwich bis zur Hälfte aus Sandsteinen und Erdharz zusammen. Diese Schichtung wird heute Fremouw-Formation genannt.

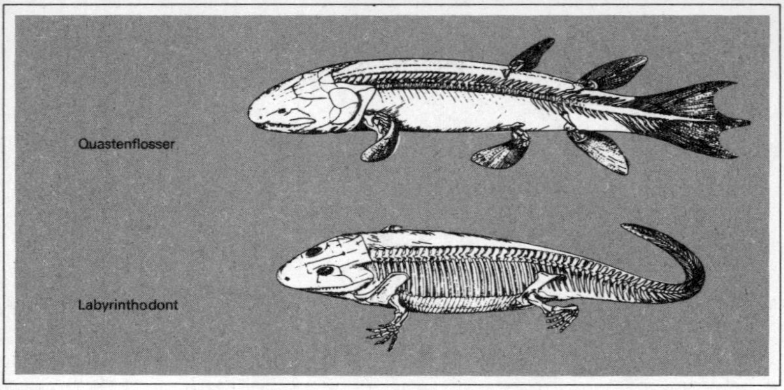

Vom Quastenflosser, einem Fisch, zum Labyrinthodont, einem Reptil, führt ein kleiner, aber wichtiger Schritt der Evolution.

Die Fremouw-Formation war für die Driftdebatte entscheidend. Sie kann für mindestens 500 km entlang der Achse des Transantarktisgebirges nachgewiesen werden. In einer linsenförmigen Ansammlung von Bergkristallen nahe der oberen Sandsteinschicht fand Barrett etwas, was nach seiner Vermutung ein Knochensplitter sein konnte. Das Stück wurde im American Museum of Natural History in New York von Edwin H. Colbert untersucht, einer in der Welt führenden Autorität für die Geschichte der Amphibien und Reptilien. „Die Probe ist für eine genaue Identifizierung zu unvollständig", schrieb Colbert, „aber es gibt keinen Zweifel über ihre allgemeine Natur; sie ist ein Teilchen von einem Unterkiefer einer Labyrinthodont-Amphibie."

Die Labyrinthodonten, wegen der labyrinthischen Faltungen ihres Zahnbeins so genannt, waren die ersten Pioniere auf dem Land. Warum wagten sie sich aus dem Wasser? Die Antwort von Alfred S. Romer aus Harvard lautet: „Das Intervall, in dem die Amphibien sich vor mehr als 350 Millionen Jahren entwickelten, war eine Dürreperiode. Damals trockneten viele Seen aus. Die Labyrinthodonten aber überlebten, weil sie fähig waren, in andere Gewässer zu kriechen. Diese Kühnheit – vielleicht an einem besonderen Ort und zu einer besonderen Zeit – war von großer Bedeutung, da sich diese ersten Amphibien in viele Gattungen fortentwickelten. Einige davon sind die Vorfahren der Reptilien und damit schließlich auch der Säugetiere."

Um die Entdeckungen zu verstehen, die folgten, müssen wir uns an die Hierarchie des Tierreichs erinnern. Die Wirbeltiere, einschließlich Fischen und Amphibien, gehören einer Basiskategorie an – den Chordaten. Andere Kategorien bilden z. B. die Weichtiere (Schnecken, Austern, Tintenfische etc.), die Arthropoden (Gliederfüßler wie Insekten, Spinnen, Skorpione etc.) und die Schwammtiere. Jede dieser Grundkategorien ist in Ordnungskategorien unterteilt. Die der Säugetiere schließen Nagetiere, Fleischfresser und Primaten ein. Diese Ordnungskategorien selbst gruppieren sich in Familien und jede Familie wiederum in Gattungen.

Die Labyrinthodonten gehören einer Ordnungskategorie der Amphibien an. Was Colbert so erregte, war seine Annahme, daß diese Süßwassertiere nicht einmal den schmalen Arm eines Salzwassers überqueren konnten. Er wies darauf hin, daß moderne Amphibien kein Salzwasser vertragen können. Vielleicht verhielten sich manche der frühen Amphibien in dieser Beziehung anders, oder waren etwa die Ozeane vor 200 – 350 Millionen Jahren weniger salzig? Die Überreste einer Labyrinthodontenart hatte man in Meeressediment in Spitzbergen gefunden. Aber ob diese Tiere wirklich im Meer lebten, das war nach Colberts Auffassung „eine offene Frage".

Colbert war, wie die meisten Geologen und Paläontologen, dem Driftkonzept gegenüber mißtrauisch gewesen. Die Entdeckungen von Verwandtschaften zwischen den frühen Reptilienfossilien Südafrikas und jenen Südamerikas aber hatten seine Überzeugung ins Wanken gebracht. Trotzdem stimmte er bis zum Erhalt von Barretts Probe mit der Mehrheit seiner Kollegen darin überein, daß die frühere Berührung von Afrika und Südamerika nicht unerschütterlich bestätigt sei.

Colberts Identifizierung des antarktischen Kieferfragments war in der geologischen Welt eine Sensation. Er drängte die National Science Foundation zu einer Programmänderung für die Forschungsperiode 1969/70. Nach seiner Ansicht sollte der Fossiljagd ein besonderer Schwerpunkt eingeräumt werden. Insbesondere schlug er vor, daß Wissenschaftler, die in den Techniken der Suche und Sammlung von Wirbeltierfossilien geübt waren, an den Forschungsarbeiten teilnehmen. Daraufhin stießen er und drei andere Experten zu dem Team, das 1969 von David H. Elliot vom Institut für Polarstudien der Ohio State University geleitet wurden.

Die US-Marine sollte eine kleine Forschungsstation per Luftbrücke auf einem Eisstreifen nahe der leicht erkennbaren Bergspitze Coalsack Bluff (Kohlensackklippe) befördern. Coalsack Bluff liegt 50 km westlich des Beardmore-Gletschers, in Hubschrauberreichweite des Graphite Peak, wo Barrett seinen Fund gemacht hatte. Es schien am klügsten, mit der Fossilsuche an der Stelle einer bekannten Entdeckung zu beginnen.

Fünf Wochen später sollte das Lager zum McGregor-Gletscher transportiert werden, einem Zubringer des Shackleton-Gletschers 200 km weiter östlich. Damit wollte man den Fossiljägern und anderen Spezialisten bessere Arbeitsmöglichkeiten bieten (s. Karte S. 179).
Beide Gegenden waren schon in vorangegangenen Jahren aufgesucht worden. Man glaubte, daß die Oberfläche der Eisschicht frei von Gletscherspalten sei. Für die Luftbrücke waren Transportmaschinen der Marine vorgesehen, die man mit Skiern ausstattete. Man hatte gehofft, daß die Forschungsarbeiten vom Coalsack Bluff-Lager aus am 5. November beginnen könnten. Tag für Tag aber herrschte bei der Hauptbasis am McMurdo-Sund schlechtes Wetter. So konnte die notwendige Ausrüstung von Neuseeland her nicht eingeflogen werden.
Schließlich landete am 16. November eine Mannschaft eines Marinebaubataillons und errichtete in den nächsten vier Tagen je eine Baracke. Mitten in einem heulenden Sturm folgten am 22. November die Wissenschaftler und begannen ihr Feldlabor aufzubauen.
David Elliot, der Leiter, und James M. Schopf, ein Spezialist für Kohle und Fossilpflanzen, verstrickten sich beim Anblick des Coalsack Bluff in eine heiße Diskussion. Elliot glaubte, daß die horizontalen Streifen dieselbe Fremouw-Formation darstellten wie jene des Graphite Peak. Um die Angelegenheit zu klären, bestiegen sie einen Motorschlitten und ratterten mit einigen anderen Mitarbeitern zu der Bergspitze.
Sie entdeckten, daß die zwei oder drei Sandsteinschichten, die für den unteren Teil der Fremouw-Formation typisch sind, tatsächlich wie steile Klippen aufragten und der Erosion widerstanden hatten. Das Erdharz dazwischen war zu sanften Abhängen zerbröckelt. Darunter befand sich eine ältere Formation mit Kohleflözen. Eines erwies sich als 8 m dick. Diese frühere Formation, die aus der permischen Periode von vor 250 Millionen Jahren stammte, zeigte die charakteristische Gondwana-Ansammlung von Pflanzen. Der Sandstein darüber aus der Triasperiode – 200 Millionen Jahre alt – aber war weitgehend ohne solche Fossilien.
Während er die Bergspitzen erkundete, fand Elliot zwei Fragmente, die wie stark verwitterte Knochenstückchen aussahen. Begierig auf eine Expertenaussage, kletterten er und seine Begleiter auf ihre Schlitten und kehrten zum Lager zurück. Colbert warf einen Blick auf die Fragmente und bestätigte, daß es sich um Knochen handle. Er und weitere Wissenschaftler fuhren zum Coalsack Bluff. Bald fanden Fossilexperten noch mehr Knochen. Die meisten waren in die Kieselschicht alter Flußbetten eingelagert. Leider fand man keine vollständigen Skelette. Offensichtlich handelte es sich bei den Fragmenten um Überbleibsel von Reptilien, die entlang der Ströme hangaufwärts gelebt haben. Hohe Fluten haben

dann ihre zerbrochenen Skelette hinabgewaschen und in den Kiesbetten begraben. – Am nächsten Tag schrieb Colbert an Bobb Schaeffer, den Vorsitzenden der Wirbeltier-Paläontologie-Abteilung im American Museum of Natural History: „Lieber Bobb! Wir haben es geschafft! Bei unserer Feldarbeit fanden wir ein Kliff voll von triassischen Reptilknochen . . . Die Knochen sind nicht gliedartig miteinander verbunden – es ist eine Flußbettablagerung. Aber sie sind zahlreich und in gutem Zustand. Müßten eine mannigfaltige Fauna ergeben . . . Wir sind fürchterlich aufgeregt. Dies beweist nach meiner Meinung die kontinentale Drift. Die Antarktis muß im Trias irgendwo angeschlossen gewesen sein."
Tag für Tag arbeiteten die Wissenschaftler entlang des Bluff, schabten die entdeckten Knochen heraus und wickelten sie in Toilettenpapier oder in Tücher, um sie zu schützen, bis sie sicherer präpariert werden konnten. Dann gossen sie geschmolzenes Bienenwachs oder Paraffin als Schutzschicht für den Schiffstransport über die eingewickelten Proben. In einem Teil des Berges gab es so viele Knochen, daß die Forscher große, fossilreiche Blöcke herausheben und intakt verschiffen konnten. Sie wurden dann zu Hause zergliedert. Die Arbeit am Berg war unangenehm. Die Schichten des Vulkangesteins sind von den Eiskristallen, die der Sturmwind über die Hänge peitschte, abgerieben und verformt worden. Die Gesichter der Geologen litten gleichermaßen unter der Erosion. Die meiste Arbeit wurde in einer Höhe von rund 2000 m über dem Meeresspiegel verrichtet. Den 64jährigen Colbert erschöpfte das 6stündige Herumklettern in den Kliffs. Dennoch arbeiteten die Wissenschaftler, auf dem Kliff hockend, den Geologenhammer in der einen Hand, während die andere das Fossil ergriff, damit es beim Losmeißeln nicht wegfiel. Die Probe wurde dann eingewickelt, mit einer Identifikationsnotiz versehen und beides in die Probentasche geschoben, die mit der Eisaxt und den Steigeisen über der Schulter hing.

Während ihrer Arbeit am Bluff begannen die Wissenschaftler die Details der Regionalgeschichte aufzuzeichnen. In der kohlehaltigen Formation unter dem Fremouw-Sandgestein lag der Beweis, daß in der permischen Periode die Ströme nach Südosten flossen. Mit dem Beginn des Trias kippte die Landschaft, die Flußrichtung kehrte sich nordwestwärts. Die Gegend war damals eine überflutete Ebene. Es lagerten sich aufeinanderfolgend Schichten von Süßwassersediment ab, dabei bildete sich Sandstein und Erdharz. Innerhalb der Fremouw-Folge fand man Baumwurzelfossilien und an manchen Stellen Baumstämme bis zu einem Meter Durchmesser. Die Jahresringe in diesen Stämmen waren so deutlich zu unterscheiden, daß man auf starke jahreszeitliche Unterschiede, wie in milden heutigen Klimazonen, schließen durfte.

Über der Fremouw-Formation – wo der obere Teil der Sequenz intakt war – fanden die Geologen eine enorme Ablagerung von vulkanischen Trümmern einschließlich Beispielen von erstarrter Asche (Tuff). Die Analyse ihrer Rubidium- und Strontium-Isotopen ergab, daß diese Teile vor 203 Millionen Jahren (± 12 Millionen Jahre) herausgeschleudert worden waren. Dies geschah vor dem Abbrechen der Antarktis vom Rest der Welt, und die Vulkantätigkeit kann unmittelbar vor diesem Ereignis stattgefunden haben. Während der nachfolgenden Juraperiode, dem Zeitalter der Dinosaurier, war das Gestein teilweise von Basalt bedeckt. Es ist wahrscheinlich, daß der Basalt von dem Abtrennungsprozeß stammt, wie z. B. der Ausbruch der Palisaden entlang des Hudson-Flusses ein Nebenprodukt der Atlantiköffnung ist.

Viele der Wirbeltierarten, die in der wachsenden Sammlung vom Coalsack Bluff vertreten sind, waren den Fossilfunden, die man in Triasablagerungen des Karru-Beckens in der Südhälfte Südafrikas entdeckt hatte, verblüffend ähnlich. Die afrikanischen Fossilbetten spiegeln ein außergewöhnlich reiches Bild vom afrikanischen Leben im Perm und im Trias wider. Ein primitives Reptil dominiert in den Karru-Ablagerungen jener Periode. Der Lystrosaurus ist nach Colberts Meinung die Schlüsselverbindung zwischen der antarktischen und der afrikanischen Fauna. Die Fossilbetten, in denen er vorkommt, nennt man daher Lystrosaurus-Zone. Die Lystrosaurus-Überreste machen ungefähr 90 % aller Fossilfunde in jener Schicht aus. Der Lystrosaurus lebte wie ein Flußpferd, wobei die kräftigsten Tiere dieser Art nicht größer als Schafe waren. Der Schädel war fast kugelförmig mit Augenhöhlen und Nasenöffnungen hoch auf der Oberfläche und dem Maul darunter. Zwei Eckzähne ragten aus dem Oberkiefer hervor, der schnabelförmig und sonst zahnlos war. Offensichtlich war der Lystrosaurus ein Vegetarier. Der Ort der Augen und der Nasenlöcher ließ darauf schließen, daß sich das Tier vorwiegend im Wasser aufhielt.

Am 4. Dezember fand James Jensen von der Brigham Young University aus Provo, Utah, ein Oberkieferfragment mit einer Schädeldecke. Colbert war sofort der Ansicht, daß es von einem Lystrosaurus stammte, was er später bestätigen konnte, indem er dessen hervorstechende Eigenarten mit jenen der südafrikanischen Lystrosaurus-Probenstücke im American Museum of Natural History und in der University of California, Berkeley, verglich.

Gelegentlich wurden einige Stellen aufgesucht, die so passende Namen wie Blizzard-Höhen und Storm Peak trugen. Bobb Schaeffer fand dort Fossilfische aus dem Jura; er hielt sie für Süßwasserarten, die eng mit den Fischen verwandt waren, die damals in den Seen Australiens lebten und sonst nirgendwo gefunden worden sind. Andere Trias-Reptilien fand man niemals in solcher Häufigkeit. „Wir hatten ungeheures Glück, als wir die Coalsack Bluff-Ablagerung fanden“, berichtete Colbert der National Science Foundation. „Solche Vorkommen sind charakteristisch für Wirbeltierablagerungen in Süßwassersedimenten. Große Flächen des offenliegenden Gesteins sind bar jeglicher Fossilien, aber hier und da, wo die Bedingungen für ein Begraben und die Erhaltung der Überreste gerade richtig sind, finden sich bemerkenswerte Anhäufungen von Fossilien.“

Die Geologen kehrten im nächsten Jahr in die Antarktis zurück, um im Gebiet des McGregor-Gletschers zu arbeiten, was ursprünglich nach einem fünfwöchigen Aufenthalt am Coalsack Bluff hätte geschehen sollen. Wegen schlechten Wetters und verschiedener operationaler Schwierigkeiten aber hatte die Reise verschoben werden müssen.

Vor der Fahrt in den Antarktissommer 1970/71 war die Gruppe, die wieder Elliot leitete, in einem Punkt recht hoffnungsvoll. Beim ersten Mal hatten sie nicht ein einziges intaktes Skelett gefunden; sie hatten keinen vollständigen Schädel – was häufig für eine absolute Bestimmung wichtig ist –, und es bestand wenig Aussicht, an einer Stelle wie dem Coalsack Bluff einen zu finden. Von besonderem Interesse, so betonten sie in ihrer Vorschau auf die Expeditionsziele, würde die Entdeckung von „dem kleinen, sehr aufschlußreichen, säugetierähnlichen Reptil Thrinaxodon sein“. Dieser lange, niedrige Fleischfresser, fast wie ein Wiesel gebaut, war in afrikanischen Ablagerungen, wo es auch reichlich Lystrosaurusse gab, vorherrschend. Ein besonderes Merkmal der Thrinaxodon-Vorkommen bestand darin, daß die Skelette meistens gruppenweise gefunden wurden.

Die Errichtung des Lagers am McGregor-Gletscher hätte um ein Haar zu einem Unglück geführt. Bei der zuerst geplanten Landefläche befanden sich unter dem Schnee Spalten, so wie sie beim Beardmore-Gletscher vorkommen. Sorgfältige Erkundung ortete schließlich in der Nähe einen sicheren Landestreifen. Schon am ersten Tag entdeckte James W. Collinson vom neuen Lager aus den fast vollständigen Abdruck eines Thrinaxodon-Skeletts. Der Fund wurde auf den niedrigeren Abhängen des Mount Kenyon an der Stelle gemacht, die jetzt Thrinaxodon Col heißt. Das Tier war mit der Zeit im Schlamm verwest, der danach hart wurde und die Knochenüberreste konservierte.

Durch diesen Fund beflügelt, suchten die Fossiljäger mit Hubschraubern eine Anzahl von bloßliegenden Felsen in der Umgebung ab. Am fruchtbarsten war die Arbeit bei den fünf Triasablagerungen im McGregor-Gletscherbereich.

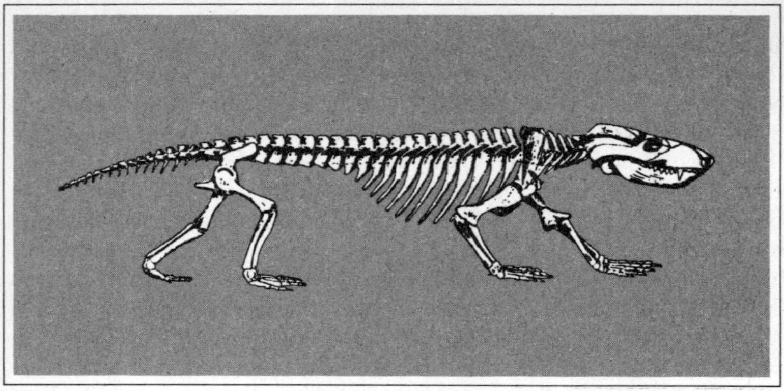

Skelett des wieselartigen Reptils Thrinaxodon aus dem Trias.

Zur Forschergruppe gehörte jetzt auch James W. Kitching von der Witwatersrand-Universität in Südafrika, vielleicht der erfahrenste aller Sucher von permischen und triassischen Reptilien. Er identifizierte die zahlreichen Funde, die nun folgten. Die am besten erhaltenen Skelette, manchmal recht vollständig, waren in feinkörnigem Sand- oder Treibsandstein eingebettet, wo sie von einer weit zurückliegenden Überflutung begraben worden waren. Der Expedition glückte die Ausgrabung einer Reihe von Thrinaxodon-Skeletten, die wie in Afrika in Gruppen gefunden wurden. Die Funde gehörten zu einem bestimmten Reptilzweig, den Cynodonten, deren Skelette bereits erste Merkmale zeigen, wie sie für Säugetiere typisch wurden.
Durch eine seltsame Laune der Natur beherrschten die Cynodonten im frühen Trias das Land, während ihre Mitstreiter, die Thecodonten – die man ebenfalls in der Antarktis fand – relativ im Verborgenen blieben. Dennoch waren am Ende jenes Zeitalters die Cynodonten, obwohl sie die ersten, kleinen Säugetiere hervorgebracht hatten, fast verschwunden. Dafür hatten sich die behäbigen Thecodonten aus dem frühen Trias in die Dinosaurier verwandelt, die nun die Erde bevölkerten. Einige davon liefen auf zwei vogelartigen Füßen und hinterließen uns ihre Fußabdrücke im Schlamm, so als Versteinerung im Connecticut River Valley. Ihre Vettern, die auch von den Thecodonten abstammten, entwickelten sich mit der Zeit zu fliegenden Reptilien, zu Vögeln und Krokodilen. Am Ende der 150 Millionen Jahre währenden Entwicklung wurden die Riesensaurier von den Nachkommen der kleinen pelztragenden Tiere

abgelöst, von denen sie in ihrer frühen Evolutionszeit keine Notiz genommen hatten: den Säugetieren.
Die Fossilsucher beeindruckte die Feststellung, daß eine Anzahl der gefundenen Arten, einschließlich des Thrinaxodons, nicht bloß Mitglieder derselben Gattung wie in Südafrika waren, sondern mit jenen Arten übereinstimmten. Dies schien jede lange Wanderung von Afrika über die Bering-Landbrücke, hinunter durch den Isthmus von Panama und dann über eine hypothetische Landbrücke entlang der Inselketten zwischen Südamerika und der Antarktis auszuschließen.
In ihrem Bericht wiesen die Wissenschaftler darauf hin, daß ein enger Isthmus, wie der von Panama, wie ein „Fauna-Filter" wirkt. Einige Arten bewältigen die Herausforderung, andere nicht. Obwohl Nord- und Südamerika nun seit Millionen von Jahren miteinander verbunden sind, unterscheiden sich keine zwei anderen Regionen der Welt in ihrer Fauna so sehr voneinander – wenn man Australien ausläßt. Außer den Katzen gibt es keine Säugetiergeschlechter, die beide Kontinenthälften gemeinsam haben. Dagegen scheint die ganze Breite des südafrikanischen Tierreichs des Trias in den heute eisbedeckten Hügeln der Antarktis vertreten zu sein. Daraus darf auf eine einst enge Verbindung der beiden Erdteile geschlossen werden. „Dies begründet einen der stärksten Beweise, die die These von Gondwanaland und der Kontinentaldrift stützen", heißt es im Bericht der Wissenschaftler.
Eine Hauptfrage ist, wie die Antarktis in die Fragmente von Gondwanaland eingefügt werden soll. Die anderen Kontinente können ziemlich unzweideutig wieder zusammengefügt werden, obwohl Indiens genaue Position umstritten ist. Aber die Antarktis läßt sich auf verschiedene Weisen in das Puzzle einsetzen.
Eine Methode beim Versuch, die südlichen Erdteile wieder zu vereinigen, ist die Strukturüberprüfung der Südpolvereisung im Karbon und im Perm, als die Kontinente vermutlich zusammenhingen. Wie in den jüngeren Eiszeiten breitete sich eine Folge von früheren Eisschichten über das Land aus, die sich mit wärmeren, fruchtbaren Perioden abwechselten.
Die Eisblöcke ließen Schichten von Fels, Sand und Schlamm zurück. Dazwischen sind Sedimentschichten eingelagert, die in wärmeren Zeiten abgelagert wurden. Dieses Geröll fand man in Südbrasilien, Westargentinien, Südafrika und Neusüdwales in Australien. Manche Sedimentschichten kommen sogar im tropischen Kongo vor, aber sie könnten von lokalen Gletschern der nahen Gebirge übriggeblieben sein. In den nördlichen Erdteilen aber gibt es für diese 100 Millionen Jahre währende Periode keinen Nachweis für Eiszeiten.

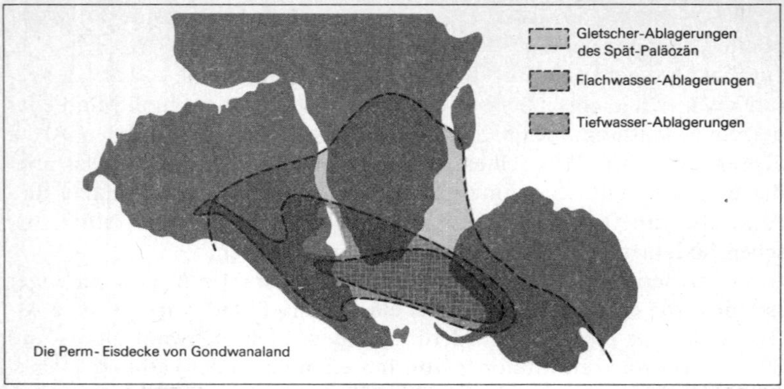

Schon in den dreißiger Jahren entdeckte Du Toit in Gletscherablagerungen aus dem Perm in Südamerika und Südafrika Beweise dafür, daß die beiden Kontinente früher einmal verbunden waren. Neuere Funde in Südamerika, Südafrika und in der Antarktis deuten auf eine noch weitergehende Vergletscherung hin und lassen erkennen, daß diese Landmassen einst ein Binnenmeer umschlossen. In dieser Rekonstruktion nach Frakes und Crowell ist Australien nicht enthalten, das sich wahrscheinlich rechts im Bild an die Antarktis anschloß.

Dieser etwas dürftige Beweis wurde 1912 von Wegener und 1937 von Du Toit als Argument für die Zusammengehörigkeit der südlichen Kontinente verwendet. Du Toit paßte sie so zusammen, daß Gebiete, die angeblich während jener Zeit wiederholt vereist waren, eine einzige Eisschicht bildeten, die scheinbar nahe dem Südpol lag.

Seit den 1950er Jahren haben Expeditionen in das Herz der Antarktis Geröll und Gesteinsbetten entdeckt, die von gleitendem Eis eingeebnet wurden und die sich in permischen sowie möglicherweise karbonischen Formationen befanden. Dies hat Du Toits Argument verstärkt. In manchen Fällen konnte die Richtung des Eisstroms festgestellt werden. Auf den Falkland-Inseln steigen, vom Kontinentalschelf östlich der Südspitze Südamerikas an, langgestreckte Sandablagerungen auf, die man für Moränen hält – jene besonderen „Wälle", die sich über Hunderte von Kilometern dort durch die Landschaft schlängeln, wo einst eine Eisschicht lag. In den Sedimenten gibt es auch Beweise dafür, daß in dem Gebiet von Gondwanaland eine mittelmeerähnliche Inlandsee existiert hat, die von Südamerika, Afrika und der Antarktis umschlossen war. An einigen Orten sind diese Sedimente mehr als 2 km tief. Das Meer lag über Gegenden, die nun so weit voneinander entfernt sind wie die südli-

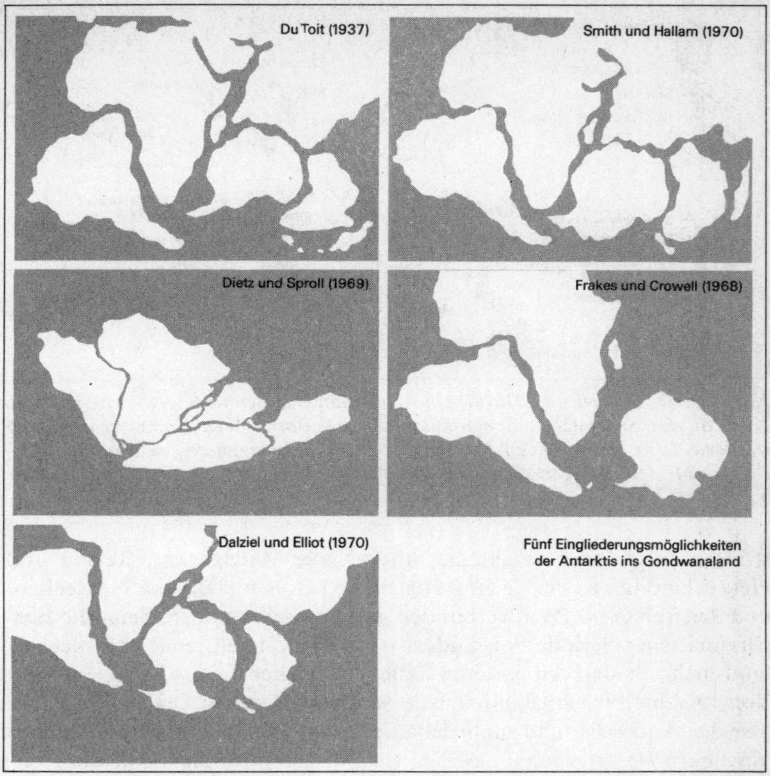

Fünf Eingliederungsmöglichkeiten der Antarktis ins Gondwanaland

chen Hügel von Buenos Aires, die Kapprovinz in Südafrika, die östlichen Falkland-Inseln und die Antarktis südlich der Weddell-See.

Eine amerikanische Gruppe – Robert Dietz, Walter Sproll und James Holden – hat Nordwestafrika mit dem östlichen Nordamerika zusammengefügt. Sproll und Dietz paßten auch Südostafrika und die Antarktis zusammen, wobei sie den untergetauchten Rand der Antarktis mit der Küste Afrikas von Durban bis Lourenço Marques verbanden. Der Rand der Antarktis ist allerdings nur unzureichend bekannt. Die beiden Männer stellten eine gleiche Übereinstimmung zwischen Australien und der Antarktis her, wie es A. Gilbert Smith von Cambridge und Anthony Hallam von Oxford taten. Sie unternahmen ferner den kühnen Versuch, den Zeitplan des Auseinanderbrechens von Gondwanaland zu rekon-

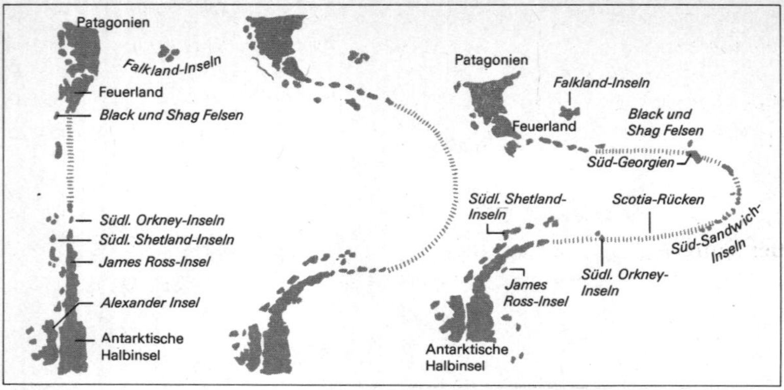

Nach W. D. Dalziel und David Elliot entstand der Scotia-Bogen zwischen Kap Horn an der Südspitze Südamerikas und der antarktischen Halbinsel durch die westliche Drift dieser beiden Kontinente. Die Zeichnungen zeigen links den ältesten, rechts den heutigen Zustand.

struieren und sogar so „kleine Stücke" wie Madagaskar, Ceylon und Neuseeland in das Puzzle einzufügen. Sie betonen z. B., daß Neuseeland und Australien im Perm verbunden gewesen sein müssen, denn die Fossilfauna jener Periode von Südost-Australien ähnelt jener von Neuseeland mehr als der von anderen Teilen Australiens.

Von 1968 bis 1972 entstanden nicht weniger als sieben Lagebeschreibungen der Antarktis, und man debattierte darüber, wie und mit welchen Nachbarn sie verbunden gewesen ist. Ein Hauptproblem war die „Verfügung" über die antarktische Halbinsel, die den Hauptausläufer in der ansonsten gerundeten Form der Antarktis darstellt. Dieser große Landarm ist länger als Italien, und sein Rücken ist so zerfurcht wie die Anden in Südamerika. Deshalb stimmten alle darin überein, daß die antarktische Halbinsel im wesentlichen eine Fortsetzung jenes Gebirgssystems, ist. Die Berge der antarktischen Halbinsel laufen mit Unterbrechungen an der Pazifikküste entlang bis zum Rockefeller-Gebirge. Dieser Teil der Antarktis ist von junger geologischer Herkunft, während die Ostantarktis, der Hauptkörper des Kontinents, eine große Scholle alten Gesteins darstellt. Die Anden als Ostwärtsbiegung dehnen sich von Kap Horn in Richtung Antarktis aus. Wie ein Spiegelbild dieser Struktur erstreckt sich die antarktische Halbinsel nordwärts und biegt dann nach Osten ab. Die beiden Landschaften sind durch eine große Schleife von Rücken und Inseln, der Schottische Bogen genannt, verbunden. Der östliche

Ausläufer dieses Bogens besteht aus einer Kette von teilweise eisbedeckten Vulkaninseln, deren ständige Ausbrüche und Erdbeben eine Herausforderung für die Forscher darstellen, welche die sich ändernde Geographie dieser Region entwirren möchten. Der Schottische Bogen scheint eine Art Nabelschnur zu sein, die zwei Kontinente verbindet, die einst zusammengehörten. Aber warum beschreibt der Schottische Bogen eine Kurve, warum ist sein Ostausläufer ein Schlachtfeld für Schollen der Erdkruste, während der Rest sich ruhig verhält?

Bei einigen Rekonstruktionen überlagert die antarktische Halbinsel Afrika, wobei die Befürworter meinen, daß die gebirgige Halbinsel, so wie die Anden, erst durch die Westwärtsbewegung der Kontinente aufgeworfen wurde und als Teil von Gondwanaland noch nicht existierte. In einigen Fällen siedelt man die Halbinsel westlich von Kap Horn an, in anderen östlich davon. Jan W. D. Dalziel von Lamont-Doherty und David Elliot haben vorgeschlagen, daß Kap Horn und die Halbinsel ursprünglich eine gerade Linie bildeten, aber die Verbindung zwischen ihnen wurde gedehnt und durch die Kontinentalbewegung ostwärts gebogen. Die Briten P. F. Barker und D. H. Griffiths vermuten, daß die Anden und ihre Fortsetzung auf der Antarktis Gestalt annahmen, als die Kontinente vereinigt waren. Die Berge erhoben sich als fortlaufende Struktur entlang des Pazifikrands von Gondwanaland. Während des Auseinanderbrechens drehte sich der Hauptblock der Antarktis im Uhrzeigersinn und ließ die antarktische Halbinsel sowie die Fragmente des Schottischen Bogens zurück.

Die endgültige Lösung dürfte gefunden werden, wenn man die Geologie der Antarktis mit der ihrer Nachbarn genau vergleichen kann. Noch immer ist für diese Aufgabe zu wenig über das große, eisbedeckte Land am Fuß der Erde bekannt. Mit jedem Jahr aber wird das Bild von Forschern aus vielen Nationen vervollständigt. Eines Tages kann man dann die Antarktis, das „entscheidende Puzzle-Stück“, an seinen richtigen Platz stellen.

12 Von der Vielfalt des Lebens

Wenig ist bis jetzt über die Bedingungen bekannt, die in der Geschichte der Lebewesen die großen Wendepunkte verursachten. Denken wir beispielsweise nur an das erste Auftauchen der Wirbeltiere, der Amphibien, der Reptilien sowie der Vögel und Säugetiere.

Informationen über den Ursprung der Wirbeltiere sind tatsächlich nicht vorhanden, teilweise weil die meisten der frühen Fossilien in Meeressedimente eingebettet sind und die Wirbeltiere offensichtlich in Süßwasserströmen entstanden. Der einzige Beweis besteht aus wenigen Knochenplättchen von Fischen. Sie lebten vor mehr als 400 Millionen Jahren im Süßwasser, wo heute Colorado liegt. Unter einem Mikroskop zeigen sie die für Wirbeltiere charakteristischen Strukturen. Die Fische lebten am Grunde der Gewässer, ihnen fehlten Kieferknochen und Zähne, und sie waren unfähig, sich zu verteidigen oder wirksam nach Nahrung zu jagen. Deshalb gelang es ihnen nur mühsam, einige Millionen Jahre lang zu überleben. Aber gegen Ende des Silurs, vor knapp 400 Millionen Jahren, entwickelten sie Kiefer und Zähne. Der rasche Aufstieg der Wirbeltiere hatte begonnen. Während der nächsten Periode – Devon oder „Zeitalter der Fische“ – beherrschten die Wirbeltiere die Weltmeere, ohne herausgefordert zu werden; sie bevölkerten auch die Süßwasserströme der Kontinente.

Die zunehmende Wahrscheinlichkeit der Drift hat einige Wissenschaftler veranlaßt, die Verteilung von Devon-Süßwasserfischen in Hinblick auf mögliche Kontinentverbindungen genauer zu untersuchen.

Früher sind die Fische als Indikatoren für Landverbindungen mißtrauisch angesehen worden, weil sie für eine geologische Zeitrechnung ziemlich schnell von einer Meeres- in eine Seeumgebung oder umgekehrt wandern. Die gegenwärtige Barriere des Atlantik sorgte dafür, daß es in Europa und Nordamerika zwei ganz verschiedene Fischpopulationen gibt. Von 42 Fischarten in nordamerikanischen Seen und Flüssen finden sich in Europa nur 21 %. Bis vor kurzem wurde angenommen, daß die Situation im Devon ungefähr die gleiche war. Aber 1968 zeigte eine intensivere Untersuchung von Alfred Romer von Harvard, daß von 58 devonischen Arten Nordamerikas 75 % auch in europäischen Schichten des „Alten Rotsandsteins“ zu finden waren.

Die Drifthypothese läßt den frühesten Nachweis für den nächsten großen Evolutionsschritt – das Auftauchen der Wirbeltiere auf dem Festland – eher zu. Man könnte erwarten, daß die Wissenschaftler für diesen bedeutenden Versuch ein angenehm warmes Gebiet wählten, aber die ältesten bekannten Amphibienüberreste stammen aus Grönland. Das ist ein verständlicher Umstand, wenn man annimmt, wie es Tiefseebohrungen vermuten lassen, daß Europa, die Rockall-Bank, Grönland und Nordamerika einst vereint waren und damals ein mildes oder tropisches Klima besaßen.

Die auslösende Entdeckung wurde 1932 gemacht, als die Reste von einem Amphibium – dem frühesten der bekannten Labyrinthodonten – in einem Süßwasserbett in Ostgrönland gefunden wurden. Es war ein Ichthyostegid, der vor rund 350 Millionen Jahren lebte. Die Nachkommen dieses Lebewesens breiteten sich trotz ihrer scheinbaren Gewöhnung an Süßwasser und trotz ihrer plumpen Gestalt bis in die entferntesten Winkel der Erde aus. Die Anthracosauren, ein Labyrinthodont-Typ, der in kohlebildenden Sümpfen lebte, wurde in den frühen Zeiten der Industrialisierung bekannt.

1861 fand man den Schädel eines seltsamen Tieres oben auf einem Kohleflöz südöstlich von Glasgow. Er wurde Thomas Henry Huxley, dem Biologen, der ein Hauptverfechter von Darwins Evolutionstheorie war, zugeschickt. Huxley hatte angefangen, Funde, die diese Theorie unterstützten, zu katalogisieren. Der Schädel gehörte einem Anthracosaurus. Weitere Überreste entdeckten Bergleute und Fossilsucher in den Perm- und Karbonablagerungen in England, Irland, Böhmen, Neuschottland, West Virginia, Ohio und Texas. Nach den Rekonstruktionen der Kontinentaldrift lagen alle Fundstellen nahe beim damaligen Äquator. Ein heißes, feuchtes Klima kam der Vegetation der kohlebildenden Sümpfe zugute, in denen dieses Tier lebte. Trotz des offensichtlichen Verteilungsmusters muß man sich vor einem vorschnellen Urteil hüten.

Die Fossilsuche in Europa und Nordamerika ist weit umfangreicher gewesen als z. B. in Afrika. 1970 wies A. L. Panchen aus Newcastle upon Tyne darauf hin, daß „die geographische Verteilung von Wirbeltierfossilien, besonders von seltenen, oft mehr über die Verteilung der Wirbeltier-Paläontologen als über die der Urtiere aussagt". Als sich die Labyrinthodonten mit ihren zahlreichen Unterarten entwickelten, breiteten sie sich auf jeden Fall weitverstreut aus: vom Rande des Arktischen Ozeans bis nach Madagaskar ebenso wie vom Inneren der Antarktis bis nach Südafrika.

Als Romer die Aufzeichnungen über Perm-Karbon-Fossilien studierte, die man in einer Kohlenmine nordwestlich von Prag ausgegraben hatte,

erstellte er eine Schautafel, die die Anzahl von Wirbeltiergeschlechtern und -familien zeigte, die mit jenen aus derselben Periode in den Rotsandsteinlagern von Texas identisch waren. Er fand doppelt soviele Übereinstimmungen wie in der gegenwärtigen wilden Fauna der beiden Regionen. Tatsächlich ähnelten die Texas-Bewohner jener Zeit denen der Tschechoslowakei so sehr, wie sie auch den Zeitgenossen in Neumexiko nur wenige hundert Meilen entfernt glichen!
Die Amphibien waren nur Besucher auf dem Land und nicht dessen ständige Bewohner. Wie ihre Fisch-Vorfahren legten sie ihre Eier ins Wasser. Um den nächsten großen Sprung zu einer vollen Festlandlebensweise zu tun, war es für die Evolution notwendig, eine Reproduktionsmethode auf dem Land zu entwickeln. So entstanden die Reptilien und ihre Membraneier. Diese Eier besitzen eine Schutzschale, Ernährungsflüssigkeit und Membranen, die das Austrocknen verhindern und der durch die Schale dringenden Luft den Sauerstoff entziehen.
Bis zum Trias hatten sich die Reptilien über die ganze Welt einschließlich der Antarktis verbreitet. Die Entdeckung von Lystrosaurus-Reptilien in der Antarktis war ein Beweis für die Drifttheorie. Das Auftauchen dieses Tiers in anderen frühen Trias-Ablagerungen ist ebenfalls bedeutsam. In Westchina fand man nicht nur Überreste von Lystrosauren, sondern auch von anderen Tieren, die man bisher gewöhnlich in Südafrika entdeckt hat. Dieses chinesische Tier sei in der Art nicht mit dem in Südafrika, Indien und der Antarktis gefundenen identisch, schrieb Edwin Colbert, aber die Fauna-Beziehungen von China bis nach Südafrika seien im frühen Trias „offenbar eng“ gewesen. Trotz vieler tausend Kilometer von Wüste, Bergen, Dschungel und Ozean müssen die Orte der Vorkommen verbunden gewesen sein, als der Lystrosaurus lebte und sich frei zwischen diesen Gegenden bewegen konnte.
Colbert wies darauf hin, daß man bisher den Lystrosaurus und seine Zeitgenossen in Südamerika noch nicht entdeckt hatte und daß er auch in den Fossillagern in Indien fehlt, wo die meisten Tiere mit denen der Antarktis und Südafrikas Kontakt hatten. Mit anderen Worten sind die Verbindungen jener Zeit zwischen der Antarktis und Afrika besser belegt als jene zwischen Indien und Afrika. Dies mag einfach an Zufällen des Sammelns und der Konservierung liegen. Das Vorkommen dieser Fauna in China aber bedeutet, daß die zwei Superkontinente – Gondwanaland im Süden und Laurasien im Norden – damals noch nicht völlig getrennt waren. Eine Verbindung zwischen Eurasien und Afrika bestand auch in der vorangegangenen permischen Periode, wie es Fossilien beweisen, die kürzlich in sowjetischen Ablagerungen bei der Stadt Perm gefunden wurden, die jener Periode den Namen gab.

Das Mesosaurus, ein schlankes Reptil, lauerte zur Perm-Zeit in den Flüssen des heutigen Südafrika und Südamerika auf Beute. Damals bildeten die beiden heute durch den Atlantik getrennten Kontinente noch eine Einheit.

Aus der Rekonstruktion des Auseinanderbrechens des allumfassenden Kontinents Pangaea schlossen Robert Dietz und John C. Holden, daß der erste Riß zwischen Gondwanaland und Laurasien im späten Trias entstand. Am Ende jener Periode waren beide Teile vollkommen getrennt, abgesehen vom „Angelpunkt", Gibraltar. Westlich davon dehnte sich zwischen den Superkontinenten der Pazifik bis in die gegenwärtigen relativen Positionen der Karibik und des Golfes von Mexiko aus. Östlich von Gibraltar hatte eine andere Ausdehnung des Pazifik – die Tethys-See – von der entgegengesetzten Richtung her einen Vorläufer des Mittelmeeres geformt. Die Gibraltar-Verbindung aber erlaubte noch einen gewissen Austausch der Fauna.

Die Fossilien beweisen, daß die beiden Amerika in dieser Periode relativ isoliert voneinander waren, während Afrika und Südamerika in großem Umfang aneinandergrenzten. Obwohl Überbleibsel der frühen Lystrosaurus-Phase Afrikas in Südamerika nicht gefunden worden sind, haben neuere Ausgrabungen in Schichten anderer Perioden starke Beweise für eine solche Verbindung erbracht.

Ein Hinweis war seit einer Reihe von Jahren bekannt, wurde aber weitgehend ignoriert. Es handelt sich um die rätselhafte geographische Verteilung des Mesosaurus, eines Flußbewohners des tieferen Perms, der 40 Millionen Jahre vor den frühen Trias-Reptilien lebte. Der Mesosaurus scheint das erste Wasserreptil gewesen zu sein. Er besaß einen schlanken, alligatorähnlichen Rachen mit Nadelzähnen, mit denen er vermutlich die Krustentiere aus dem Brackwasser von Flußmündungen heraussiebte. Die Überreste dieses Lebewesens sind bis heute nur an zwei Stellen gefunden worden: im westlichen Südafrika und fast direkt gegenüber im südöstlichen Brasilien. Nach Romers Meinung ist es beinahe unmöglich, daß „dieser schwache, kleine Kerl" die 5000 km Ozean überwunden hat, die heute die beiden Kontinente trennen.

Dramatischer waren die Entdeckungen, die auf der argentinischen Seite der Anden gemacht worden sind. Unter den vierfüßigen Tieren, die Südafrika nach der Vorherrschaft des Lystrosaurus bewohnten, war den Fossilsuchern ein fleischfressendes Reptil namens Cynognathus am vertrautesten. Seine hundeähnliche Schädelstruktur markierte den Fortschritt dieses Reptilzweiges in Richtung Säugetier.

Der Cynognathus scheint dem wieselähnlichen Thrinaxodon als umherstreifender Räuber der Trias-Szenerie gefolgt zu sein. Er war möglicherweise behaart, was einen weiteren Schritt zu einer Säugetiererscheinung darstellt. Sein größter Zeitgenosse, das schwerfällige Monstrum Kannemayeria, allgemein mit dem Lystrosaurus verwandt und fast wie ein Rhinozeros gebaut, besaß ein Maul wie eine Schildkröte. Seine beiden Stoßzähne beweisen die vegetarische Ernährung.

Als in den 1960er Jahren in der argentinischen Provinz Mendoza Überreste gefunden wurden, die mit denen dieser afrikanischen Tiere fast identisch waren, brach Romers letzter Widerstand gegen die Drifttheorie zusammen.

Um 1973 war klar, daß viele chinesische Fossilspezialisten dazu neigten, diese Funde mit der Kontinentaldrift zu erklären. Sun Ai-lin vom Institut für Wirbeltierpaläontologie und Paläoanthropologie der Akademie der Wissenschaften in Peking wies auf die Cynognathus-Funde in Shansi hin und auf die neueren Entdeckungen von Kannemayeria-Fossilien an den Nordhängen der Tien Shan-Berge von Sinkiang, die ein Glied zwischen jener Nordwestregion Chinas sowie Südamerika und Südafrika bilden.

Sinkiang „lag weit entfernt von der angenommenen Nordgrenze von Gondwanaland, aber die Wirbeltierfauna weist große Ähnlichkeiten mit jener der südlichen Erdteile auf. Da diese Wirbeltiere Landbewohner sind, ist es schwierig, sich vorzustellen, daß eine Wanderung durch die weiten Meere stattgefunden haben könnte", schrieb Sun. „Das Auffinden von Lystrosaurus-Fossilien in Sinkiang und eine Analyse der Fauna deuten darauf hin, daß damals irgendwo Landverbindungen zwischen den beiden alten Landmassen existierten."

Als die Urkontinente zerbrachen, kam bei der größten geographischen Revolution der Erdgeschichte auch eine biologische Revolution in Gang: das Erscheinen der Dinosaurier. Sie sollten die Erde länger als jede andere Form von Landlebewesen beherrschen – grob gerechnet 100 Millionen Jahre. Waren diese beiden Revolutionen miteinander verknüpft? Vielleicht. Während der 19. Etappe des Tiefsee-Bohrprojekts kam es den teilnehmenden Wissenschaftlern so vor, als könnte es einen solchen Zusammenhang geben. Die Nachweise für weitgestreute Vulkantätigkeit rund um den Rand der Beringsee und den Nordpazifik während der Dinosaurier-Vorherrschaft ließen vermuten, daß durch solche Ausbrüche eine extensive Kohlendioxyd-Anreicherung der Erdatmosphäre erfolgte. Dies könnte einen „Treibhauseffekt" hervorgerufen haben, der für ein warmes, dunstiges Klima sorgte. Es war ideal für riesige Tiere, die nicht wie die kleinen Säugetiere jener Zeit, über ein wirksames Kontrollsystem der Körpertemperatur verfügten.

Der Treibhauseffekt gestattet ein Durchdringen des Sonnenlichts, verhindert aber das Austreten der entstehenden Hitze als Infrarotstrahlung. Deshalb gibt es um so mehr Kohlendioxyd in der Luft, je wärmer das Klima wird. Das Eindringen von Kohlendioxyd in die Luft in großem Umfang war beendet, als die Vulkantätigkeit zusammen mit dem Auseinanderbrechen von Gondwanaland und Laurasien in die modernen Erdteile aufhörte. Gemäß dieser Hypothese lernten vor rund 160 Millionen Jahren winzige Meereslebewesen, wie man sich Kalksteinschalen verschafft, indem man im Meer aufgelöstes Kohlendioxyd aufnimmt. Dies verringerte den ozeanischen und den atmosphärischen Anteil dieses Gases und kühlte das Klima soweit ab, bis die schwerfälligen Dinosaurier es nicht mehr ertragen konnten.

Das große Aussterben der Dinosaurier ist verwirrend. Über die Ursache ist nur wenig bekannt. Das verleitete zu allen Arten von Spekulationen, einschließlich der Idee, daß ihr Aussterben mit Perioden der wiederholten Umkehrung des Erdmagnetfeldes zusammenhing oder gar der Mensch für den Tod der großen Eiszeitsäugetiere verantwortlich sei. Auf jeden Fall gibt es weitverbreitete Beweise für massive Lavaeruptionen entlang der Kontinentalränder, wo sich Gondwanaland und Laurasien spalteten. Die damals entstandenen Basalte sind als Dolerit oder Diabas bekannt und bedecken z. B. den Beacon-Sandstein des Transantarktisgebirges. Es gibt Doleriteinlassungen entlang der gesamten Ost-

flanke der Appalachen, die während des späten Trias und frühen Juras, vermutlich in Verbindung mit den ersten Stufen des Atlantikaufbruchs, ausströmten. Der Ostteil Afrikas bis zum Norden Rhodesiens zeigt ebenfalls Spuren solcher Ausbrüche.
Welche Rolle auch die Vulkanaktivität für das Schicksal der Dinosaurier gespielt hat, so gibt es keinen Zweifel, daß die nachfolgenden Säugetiere viele Vorzüge aufwiesen, von denen ihr warmes Blut zur Erhaltung einer gleichbleibenden und relativ hohen Temperatur nur einer war. Eine hohe Körpertemperatur bewirkt eine funktionierende Körperchemie. Vermutlich erlaubt sie dem Gehirn, schneller zu arbeiten. Reptilien waren weitgehend an warme Regionen gefesselt. Manche der größeren Reptilien entwickelten enorme, fächerähnliche Segel auf ihren Rükken. Diese konnten zur Temperaturregulierung geöffnet oder geschlossen werden. Aber damit erreichten sie nicht die Wirksamkeit des Temperatur-Kontrollsystems der Säugetiere. Das wichtigste Merkmal der Säugetiere, um zwischen den gigantischen Dinosauriern zu überleben, waren ihr behender Geist und ihre schnellen Beine. Ihre Gehirngröße nahm schneller zu als die anderer Tiere, und sie entwickelten großen Eifer beim Probieren, Schnuppern, Spähen und Klettern, was beim Homo sapiens intellektuelle Neugierde genannt wird.
Kurz vor der Kontinentalspaltung unterteilten sich die Säugetiere in zwei Hauptgruppen. Zum einen gab es die plazentalen Säugetiere, deren Babys im Leib mit einer ausgeklügelten Plazenta versehen sind, die sie befähigt, Sauerstoff und Nahrung aus dem Blutkreislauf der Mutter zu entnehmen, bis sie groß genug sind, um zu laufen. Der Mensch und andere Primaten gehören dazu. Zum anderen gab es die Beuteltiere mit einer nur primitiven Plazenta. Ihre Säuglinge sind bei der Geburt äußerst hilflos und müssen im Unterleibsbeutel aufgezogen werden.
Die ungeheure Vielfalt der Säugetiere ist scheinbar ein direktes Ergebnis der Spaltung und des Auseinandertreibens der Superkontinente. Man könnte fast behaupten, daß der Mensch als Glied einer Linie in der Primatenevolution ohne diesen Vorgang nicht existieren würde.
In einer Analyse über die Rolle der Kontinentaldrift bei der Säugetierentwicklung hat Björn Kurtén von der Universität Helsinki darauf hingewiesen, daß im Zeitalter der Reptilien nur 20 Hauptgruppen entstanden. Ihre Zeit dauerte rund 200 Millionen Jahre – vom Perm durch Trias, Jura und Kreide – bis zur langen Herrschaft der Dinosaurier als Höhepunkt.
In den 65 Millionen Jahren, die seitdem vergangen sind, bildeten die Säugetiere 30 Hauptgruppen. Kurtén schreibt das nicht irgendeiner besonderen Fähigkeit der Säugetiere, sondern dem Zerbrechen der Super-

kontinente in Fragmente zu, von denen jeder seine eigene Fauna entwikkelte. Die Reptilien hatten während ihrer Entwicklungszeit zwei Heimstätten: Gondwanaland und Laurasien. Die Säugetiere hatten für einen beträchtlichen Zeitraum mindestens acht. Zwei gleiche und entgegengesetzte Tendenzen sorgten bei den Evolutionsprozessen dafür, daß sie so wurden, wie sie sind. Eine ist die „anpassungsfähige Ausstrahlung", wobei wenige primitive Arten sich in viele verschiedene Richtungen entwickelten, um die Lebensmöglichkeiten auszunutzen, die zur Verfügung stehen – sie werden oft ökologische Nischen genannt. So wurden aus den primitiven kleinen Säugetieren Grasland-Weidetiere, andere durchstöberten Laubwälder. Verschiedene Fleischfresser machten sich jene zur Beute. Die Nagetiere leben heute von Nüssen, Tannenzapfen und den Insekten des Waldes und werden von kleinen Fleischfressern wie z. B. dem Wiesel gejagt.
Der entgegengesetzte Entwicklungsprozeß heißt Parallelismus. Hier entwickeln sich Tiere mit völlig unterschiedlichen Vorfahren in dieselbe Richtung, um eine bestimmte ökologische Lücke auszufüllen. Das kann beispielsweise durch die Nahrungsquelle hervorgerufen werden, die Termiten und Ameisen bilden. In Südamerika entstanden aus der Säugetiergruppe, die Besonderheiten wie Armadillos und Faultiere einschließt, Ameisenbären mit langen Schnauzen. In Asien und Nordamerika haben die Schuppenameisenfresser eine ganz andere Hauptgruppe als Ursprung. In Südafrika wurde die Lücke von den Aardvarks und in Australien von den Stachelameisenfressern geschlossen. Dennoch gibt es keine Blutsverwandtschaft zwischen diesen Arten. Diese Entwicklungslinien führten nach Kurténs Meinung zur Vielzahl der Säugetiere.
Während der Kreideperiode vor 70–140 Millionen Jahren erreichte das Auseinanderdriften der Kontinente seinen Höhepunkt Die Vulkantätigkeit mag zusammen mit dem Zerbrechen viel früher im Trias begonnen haben. Während der Kreidezeit aber stiegen die Meere und überfluteten niedrigere Erdteilbereiche. Dieses Eindringen der Meere schnitt Asien und Südamerika in zwei Teile. Eine Zeitlang war offenbar auch Afrika in drei Teile geteilt. In Asien spaltete eine Nord-Süd-Wasserverbindung zwischen dem Arktischen Ozean und der Tethyssee (jetzt Indischer Ozean) den Kontinent. In Südamerika füllte ein ähnliches Gewässer das heutige Amazonasbecken aus. Da die Westdrift jenes Erdteils noch nicht die Anden aufgefaltet hatte, sah Südamerika fast wie zwei Kontinente aus.
Die Ursache für das Ansteigen der Ozeane war lange ein Rätsel. Heute erscheint es so, als ob es sich dabei um ein Nebenprodukt der Ausdehnung des Meeresbodens, des verstärkten Sea-floor-spreading handelt. Wenn zu jener Zeit flüssiges Gestein mit erhöhter Geschwindigkeit in

die mittelozeanischen Rücken strömte, so warf dies nicht nur die Rükken selbst auf, sondern auch die Erdkruste, die von den Rücken wegwanderte und dabei länger als heutzutage heiß blieb.
Überraschend ist, daß die Strukturen der Ozeanböden zu beiden Seiten der mittelozeanischen Rücken fortschreitend tiefer werden. Dies führt man auf das Abkühlen und Verwerfen der rauhen Oberschicht oder Lithosphäre zurück, ein Vorgang, der stattfindet, während sich die Masse vom Rücken fortbewegt. Wäre die Lithosphäre in der Vergangenheit heißer geblieben, so würde sie dicker sein. Während der Kreidezeit, als die Kontinente schnell auseinandergeschoben wurden und das Aufquellen der Lava unter den Ozeanen intensiv war, sind viele Weltmeeresböden höher gestiegen als normal, wodurch Wasser verdrängt wurde, das dann konsequenterweise die Küsten überschwemmte.
Über die Frühgeschichte der Säugetiere ist noch zu wenig bekannt, um genau zu sagen, woher jede Hauptgruppe stammt. Es ist aber klar, daß rund 16 Hauptgruppen auf laurasischen Teilen entstanden sind, einschließlich unseren Urahnen, den Primaten, deren älteste Überreste in späten Kreideablagerungen Nordamerikas gefunden wurden. Viele der Gruppen in Gondwanaland sind weniger bekannt als die der Nordhemisphäre oder starben aus – vor allem nachdem sich neue Landverbindungen bildeten und sie sich mit Säugetieren, die sich anderswo entwickelt hatten, auseinandersetzen mußten. Eine Anzahl von Beuteltieren entwickelten sich in Australien und Südamerika. Der dramatischste Beitrag Afrikas, die Rüsseltiere – die Elefanten und die Mastodone – marschierten nach Öffnung eines Landweges, wie zuvor die Dinosaurier, nordwärts, um die Welt zu erobern. Als die Eiszeiten vorbei waren und viele Teile des Kontinentalschelfs fruchtbares Weideland wurden, bevölkerten sie sogar diese Gegenden und drangen bis zur Ostküste der USA vor.
Die Rolle der Antarktis bleibt geheimnisvoll, da man dort bisher keine Säugetierfossilien fand. Und die Funde in Indien sind verwirrend. Die Überreste von frühen Säugetieren sind kärglich. Drei von Indiens Dinosaurierarten der späten Kreidezeit gleichen Dinosauriern, die damals in Südamerika lebten. Wie Colbert meint, stellen sie „eines der Rätsel in der Theorie der Kontinentaldrift“ dar. Während der Periode zwischen 80 und 180 Millionen Jahren vor unserer Zeit machte Indien die lange Reise, die die Trennung von der Antarktis brachte und es über 8300 km bis an die Südflanke Asiens trieb. Dennoch fand man die Fossilien von Dinosauriern, die zu jener Zeit woanders lebten. Indiens Lage im Gondwanaland-Puzzle und die Geschichte seiner Loslösung sowie der Drift nach Laurasien müssen noch entschlüsselt werden.
Wie der britische Forscher Anthony Hallam betonte, bildet die Vertei-

lung der gigantischen Brachiosaurier ein ähnliches Rätsel. Manche ihrer Skelette erreichen 12 m Höhe und 21 m Länge. Diese langhalsigen Pflanzenfresser waren so plump, daß sie nach Hallams Auffassung „Probleme schon dabei gehabt hätten, einen breiten Fluß zu durchschwimmen, geschweige denn einen Ozean". Aber Überreste von ihnen sind in Colorado, Tansania, Portugal und Algerien in Schichten gefunden worden, die sich ablagerten, als Colorado ein Teil von Laurasien und Afrika ein Teil von Gondwanaland war, die beide durch die Tethyssee getrennt waren.
Merkwürdig ist auch die Entdeckung von Eiern auf den Kanarischen Inseln. Diese Eier stammen von flugunfähigen Vögeln, die mit dem modernen Strauß verwandt sind. Man nimmt an, daß diese Vögel nicht die 150 km offene See zwischen Afrika und den Kanarischen Inseln überqueren konnten und daher die Inselgruppe, die teilweise aus Kontinentalgestein besteht, bei der Öffnung des Atlantik von Afrika abgerissen wurde. Die Eier sind eingebettet in Lavaströme, die aufgrund von Kalium-Argon-Messungen und dem Zeitablauf der magnetischen Umkehrungen entsprechend in der Lava vor schätzungsweise 6–12 Millionen Jahren ausgetreten sind. Dieses Alter deutet an, daß die Inseln noch an Afrika gebunden waren, obwohl die Öffnung des Atlantik schon lange begonnen hatte.
In Anbetracht der Bedeutung der Drift für die Säugetierentwicklung ist die auffällige Ähnlichkeit zwischen europäischen und nordamerikanischen Säugetieren während des Eozäns vor 35–55 Millionen Jahren ein vieldiskutiertes Merkmal. Früher machten Anhänger der Evolutionstheorie dafür die Verbindung über Asien verantwortlich. Eine Landbrücke quer über den Nordatlantik erschien so phantastisch, daß sie wenig ernsthafte Berücksichtigung fand. In der Tat belegen die Fossilbeweise, daß Südamerika und Afrika damals weit voneinander getrennt waren, doch die beiden Amerika drehten sich offenbar mit Angelpunkten oder „Rotationspolen" im Norden von Europa und Afrika weg, so daß die Trennung im Süden früh einsetzte und schnell verlief. Überdies mag die Nordatlantiköffnung ein gesonderter und späterer Vorgang als die Südatlantiköffnung gewesen sein. Bis dahin war vielleicht im Eozän eine Art Landbrücke zwischen Kanada, Grönland, der Rockall-Bank und Norwegen intakt geblieben.
Inzwischen stand jedoch die mittelamerikanische „Schleuse" weit offen. Von nun an waren zwei Kontinente – Südamerika und Australien – vollkommen isoliert. Das bestimmte die Entwicklungsgeschichte der Beuteltiere. Dieser umfangreiche, aber allgemein wenig erfolgreiche Zweig der Säugetiere ist anscheinend in Amerika in Form von kleinen

Lebewesen, die dem heutigen Opossum ähnlich sind, entstanden. Wie beim Opossum waren die Gehirne klein, und sie lebten offensichtlich als Baumbewohner. Eine Zeitlang ging es ihnen gut, wobei sie bis nach Europa wanderten. Aber die Fleischfresser vom Plazentaltyp waren ihnen überlegen. Hätte sich nicht das mittelamerikanische Schleusentor geöffnet und Australien von Afrika und der Antarktis langsam getrennt, dann wären sie wohl rasch ausgerottet worden. Jetzt aber waren sie vor den plazentalen Raubtieren geschützt. Dabei demonstrierten die Beuteltiere „Parallelismus" oder parallele Evolution bis zu einem außergewöhnlichen Umfang: in Südamerika entwickelten sich sogar Beutelraubtiere!
Während dieser Periode verschwanden die nordamerikanischen Opossums. Jene, die heute in den USA leben, sind wahrscheinlich aus Südamerika eingewandert, als der Isthmus von Panama wieder eine Landbrücke war. Die Huftiere wie Rotwild und Kamele, die über diese Brükke nach Süden wanderten, waren zu geschwind für Südamerikas Beutelraubtiere, darum verhungerten viele. Die plazentalen Fleischfresser aus dem Norden trugen möglicherweise zur Vernichtung der großen Beuteltiere bei. Aber eine bedeutende Heimstätte blieb: Australien.
Man glaubt, daß ursprünglich fast alle eingeborenen Säugetiere Australiens Beuteltiere gewesen sind, obwohl später einige kleine Plazentalsäugetiere wie z. B. Fledermäuse und Nagetiere ihren Weg dorthin fanden. Die traditionelle Ansicht war, daß die Beuteltiere aus dem Norden kamen und über die Ostindischen Inseln eingewandert sind. Doch Wegener bemerkte vor einem halben Jahrhundert, daß es auf den Ostindischen Inseln keine Beuteltiere gibt. Tatsächlich sind weder in Asien noch in Afrika Beuteltierfossilien gefunden worden. Sie könnten jedoch Australien von Südamerika aus über die Antarktis erreicht haben, bevor diese Kontinente auseinanderbrachen. Natürlich könnte der Vorgang auch umgekehrt erfolgt sein, denn wir wissen nicht sicher, ob die Beuteltiere ihren Ursprung in den beiden Amerika hatten. Beuteltierfossilien müssen in der Antarktis erst noch entdeckt werden, aber es ist sehr wahrscheinlich, daß es sie dort gibt.
Während der langen, langsamen Drift Australiens über den Indischen Ozean hinweg nach Nordosten waren die Beuteltierbewohner nicht untätig. Wie ihre südamerikanischen Vettern entwickelten sie sich zu Formen, die eine große Breite von ökologischen Nischen füllten, wie z. B. Beuteltier-„Eichhörnchen"; ein Gegenstück zum Murmeltier; ein löwenähnliches Tier, das anscheinend von Früchten lebte; eine Art vergleichbar einem Rhinozeros; der tasmanische Wolf; der kuschelige Koala-Bär. Aus Beuteltieren wurden niemals Grasfresser, die man mit den Hufsäugetieren vergleichen könnte, aber diese Rolle ist zum großen Teil

von den stärksten Arten wie Känguruhs und Wallaruhs ausgefüllt worden. Während der Eiszeiten starben viele große Säugetiere in Nordamerika aus. Ebenso wurden viele der größeren Beuteltiere und eine Reihe von seltsam aussehenden, grasfressenden Säugetieren ausgerottet, als der Mensch zum Jäger wurde. Die dazwischenliegende Entwicklung allerdings muß noch geklärt werden.

Wenn man dieses Panorama der Entwicklung betrachtet, gerät man in Versuchung, über die mögliche Rolle der Antarktis zu spekulieren. Vermutlich löste sie sich von den anderen Kontinenten, als die Säugetiere schon aufgetaucht waren. Könnten wohl einige der entscheidendsten Schritte in der Evolution der Säugetiergattungen auf dem Kontinent stattgefunden haben, der jetzt weitgehend unter Hunderten von Metern Eis begraben ist?

Es ist beachtenswert, daß, lange bevor die Shackleton- und Scott-Expeditionen Fossilien beim Beardmore-Gletscher entdeckten, Darwin über die Rolle jener Region in der botanischen Entwicklung nachdachte. Eines der Geheimnisse für Botaniker ist der Ursprung der blühenden Pflanzen oder Angiospermen, die fast alle Gartenpflanzen sowie Blattbäume und -sträucher umfassen. Sie sind vor 100 Millionen Jahren während der Kreidezeit überall auf der Welt voll erblüht, zu einer Zeit, als die Antarktis sich noch nicht ganz vom Rest der Welt getrennt hatte.

In den 1840er und 1850er Jahren entdeckten mehrere Expeditionen in der amerikanischen Arktis Fossilien von Pflanzen und Bäumen, die aus einem warmen Klima stammten. Solche Proben waren auch von Spitzbergen und Sibirien bekannt, und Sir J. D. Hooker fand in der Tertiärlava der Kerguelen-Insel Baumstammfossilien. Die Insel liegt nahe genug an der Antarktis, um heute ein subpolares Klima zu besitzen.

Zu Darwins Zeiten, als die Radioaktivität noch nicht entdeckt worden war, glaubte man allgemein, daß die innere Erdhitze noch von der Feuergeburt unseres Planeten als Kind der Sonne stamme. Im 18. Jahrhundert nahmen der französische Naturforscher Comte de Buffon und ein Jahrhundert später der Wissenschaftler Gaston de Saporta an, daß die Polarregionen als erste kühl genug geworden waren, um Leben entstehen zu lassen. Hooker schrieb 1881 in einem Briefwechsel mit Darwin: „Buffons und Saportas Ansichten über das Entstehen des Lebens an einem Pol, weil ein Pol sich zuerst so sehr abkühlte, daß er so etwas zuließ, sind vielleicht eher geistreich als wahr – aber gibt es irgendeinen Grund, gegen sie zu sein? Wenn man dies eingesteht, erhebt sich die Frage, ob das Leben an beiden Polen oder nur an einem entstand? Oder wenn es bei beiden geschah, passierte es gleichzeitig? – Doch dies ist der tiefste Abgrund nutzloser Spekulation."

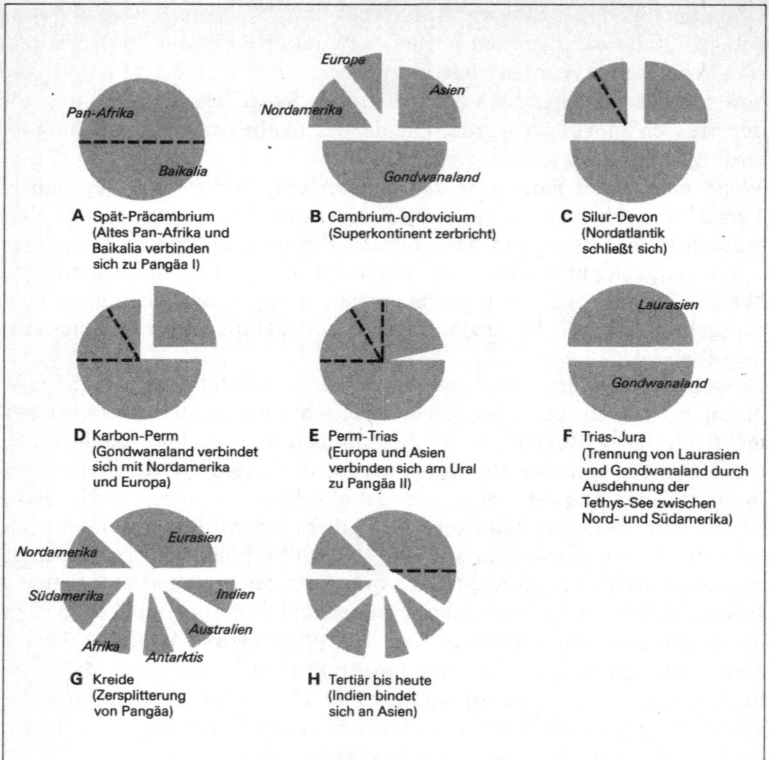
Pan-Afrika
Baikalia
A Spät-Präcambrium (Altes Pan-Afrika und Baikalia verbinden sich zu Pangäa I)
Europa
Asien
Nordamerika
Gondwanaland
B Cambrium-Ordovicium (Superkontinent zerbricht)
C Silur-Devon (Nordatlantik schließt sich)
D Karbon-Perm (Gondwanaland verbindet sich mit Nordamerika und Europa)
E Perm-Trias (Europa und Asien verbinden sich am Ural zu Pangäa II)
Laurasien
Gondwanaland
F Trias-Jura (Trennung von Laurasien und Gondwanaland durch Ausdehnung der Tethys-See zwischen Nord- und Südamerika)
Eurasien
Nordamerika
Südamerika
Indien
Australien
Afrika
Antarktis
G Kreide (Zersplitterung von Pangäa)
H Tertiär bis heute (Indien bindet sich an Asien)
Mio. Jahre
-600
-500
-400
-300
-200
-100
Gegenwart
500
400
300
200
100
Zahl der Familien
Artenvielfalt der Meeresbewohner im seichten Wasser, bezogen auf die Verbindungen und Trennungen der Kontinente
A
B
C
D
E
F
G
H

In seiner Antwort beklagte Darwin, wie wenig über die Rolle der Polargebiete bei der Pflanzenentwicklung bekannt wäre, und äußerte: „Nichts ist außergewöhnlicher in der Geschichte des Pflanzenreiches, so scheint mir, als die offensichtlich plötzliche oder abrupte Entwicklung der höheren Pflanzen. Ich habe manchmal darüber nachgedacht, ob es nicht während langer Zeiten irgendwo einen extrem isolierten Erdteil gab, vielleicht nahe dem Südpol." So hätten sich, vermutete Darwin, die blühenden Pflanzen von der Antarktis her ausgebreitet, nachdem sie sich dort in der Isolation ruhig entwickeln konnten.

Die Auswirkung der Kontinentaldrift bei der Evolutionsgestaltung ist von James W. Valentine von der Universität Kalifornien in Davis – mit Schwerpunkt bei Meeresarten aus seichtem Wasser – untersucht worden. Er schätzt, daß es heute zehnmal so viele wirbellose Arten gibt, wie vor 300–500 Millionen Jahren im Paläozoikum vorhanden waren. Die Vielfalt war gering, denn es existierte nur ein Superkontinent. Je mehr kontinentale Fragmente es gab, desto mehr nahm die Gesamtlänge der Küsten und der Kontinentalschelfe zu und desto größer war die Verschiedenheit der Umwelt. Solch ausgedehnter Vergleich ist bei den Landpflanzen nicht möglich, weil die Erdteile bis zur „Sauerstoffrevolution" vor rund 400 Millionen Jahren leblose Wüsten waren. Dann wurde der Sauerstoffgehalt der Luft ausreichend – vermutlich wegen der Tätigkeit der Meerespflanzen –, um für eine Ozonschicht zu sorgen, die die tödlichen ultravioletten Sonnenstrahlen absorbierte. Meerespflanzen existierten sicher schon zuvor, weil die ultravioletten Strahlen das Wasser nicht durchdrangen.

Aufgrund ihrer Rekonstruktion der wechselnden Vielfalt des Lebens in den Meeren (im Rahmen von kontinentalen Verbindungen und Trennungen) schlossen J. W. Valentine und Eldridge M. Moores, daß längere Perioden der Stabilität – als Gegensatz zu Episoden des Zerreißens und der schnellen Veränderung – die größte Mannigfaltigkeit bewirkten. Während solcher Perioden entwickelten sich Arten, die an spezielle Umgebungen oder Nahrungsquellen gebunden waren. In Zeiten der Veränderung neigten diese „ökologischen Nischen" dazu, sich so zu verwandeln, daß es zu weitverbreiteten Ausrottungen kam. Von direkterem Interesse für den Menschen ist die Rolle, die die Verschmelzung und Teilung von Landmassen in der Säugetierevolution gespielt haben.

In dem Zeitalter, als ein offener Wassergraben die beiden Amerika trennte, erreichten affenähnliche Prosimiane und gewisse Nagetiere aus Nordamerika kommend Südamerika. Sie gelangten – vielleicht auf Treibholz – über das offene Wasser. Gleichzeitig hatten die Prosimiane auch Indien und Afrika erreicht, wo sie sich durch Anpassung in unsere

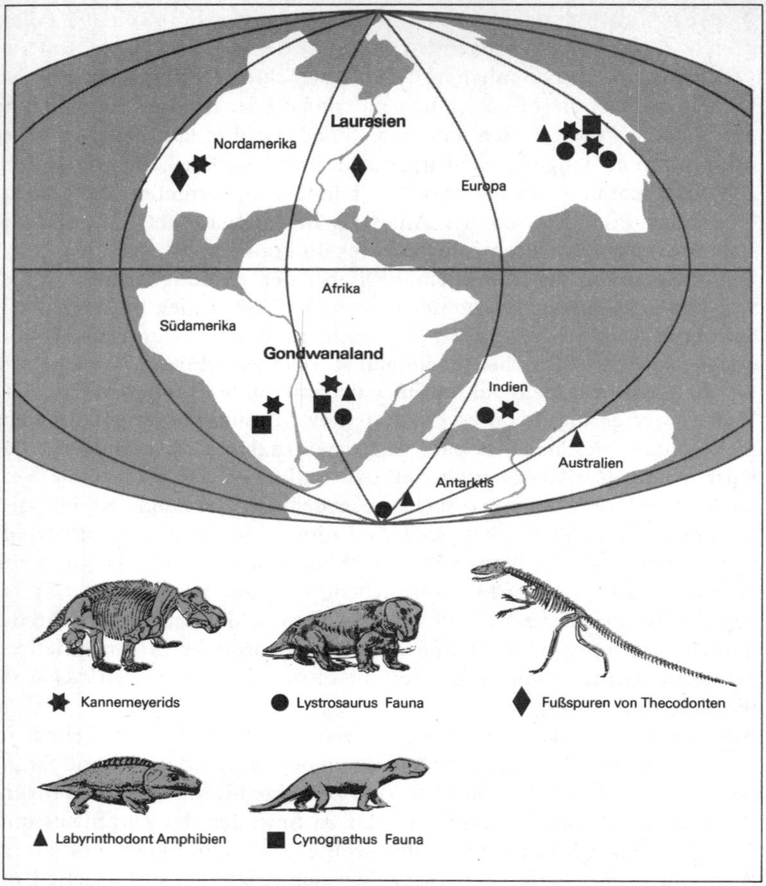

Die Welt vor 200 bis 270 Millionen Jahren

affenähnlichen Vorfahren verwandelten. Diese frühen Hominiden breiteten sich gegen Ende des Miozäns vor 8 Millionen Jahren in Asien und Europa aus.

Jedes der acht oder mehr Kontinentalfragmente steuerte drei bis sechs Hauptgruppen der Säugetiere bei, glaubt Kurtén. Dieser Prozeß der verstärkten Aufspaltung hat nicht nur die Welt mit einer enorm unterschiedlichen Bevölkerung bereichert, sondern vielleicht auch die Evolution des Menschen vorangetrieben.

13 Das Afar-Dreieck und die heißen Stellen im Roten Meer

Die ständige Veränderung der Weltgeographie kann man heute in zwei Regionen besonders gut beobachten. Eines der beiden Gebiete ist Island – ein Teilbereich des Mittelatlantikrückens, der sich durch wiederholte Ausbrüche aus dem Meer erhoben hat. In Island kann man Vorgänge verfolgen, die, zumindest teilweise, für jene typisch sind, die sich tief unter Wasser entlang der Linie vollziehen, von der das Aufbrechen des Ozeanbodens ausgeht. Die andere Region ist das Afar-Dreieck am Südende des Roten Meeres. Dürr, unglaublich heiß, von Vulkantätigkeit aufgerissen und durch Erdbeben erschüttert kommt sie der sprichwörtlichen Vorstellung vom Hades näher als jeder andere Ort auf der Erde. Und hier kann man die Geburtswehen eines neuen Ozeans in Augenschein nehmen.

Das Rote Meer, 2000 km lang und ungefähr 240 km breit, stellt die erste schlitzartige Andeutung eines neuen Ozeans dar. Ein Teil des Afar-Dreiecks, hauptsächlich innerhalb der Grenzen von Äthiopien, ist offenbar ein Stück des Roten Meer-Bodens, den wir, da er bereits aufgestiegen ist, untersuchen können. Wegener sonderte bei Beginn der Driftdiskussion dieses Dreieck als besonders interessant aus. Er wies darauf hin, daß dessen tiefliegendes Gelände vollkommen aus jungen Lavaschichten besteht. Es scheine ein Gebiet zu sein, das sich zu einem Bruch erweitert, der von Ostafrika nach Norden verläuft und so das Rote Meer bildet. „Dieser Gedanke wird vor allem durch den Verlauf der Küstenlinien beiderseits des Meeres suggeriert", schrieb er, „dessen ansonsten akkurate Parallelität durch dieses Gebilde gestört wird. Wenn man das Dreieck herausschneidet, paßt die entgegengesetzte Ecke von Arabien perfekt in die Lücke." Dieses Zusammenpassen wird auf manchen Fotografien deutlich, die amerikanische Astronauten vom Erdball machten.

Den ersten Hinweis, daß im Roten Meer irgend etwas Außergewöhnliches im Gange war, fand in den 1880er Jahren das russische Forschungsschiff *Vityaz.* Vor der heiligen Stadt Mekka entnahm es Wasser aus 600 m Tiefe, das beträchtlich wärmer war als jenes an flacheren Stellen weiter südlich und näher zum Äquator. Zu Ende des 19. Jahrhun-

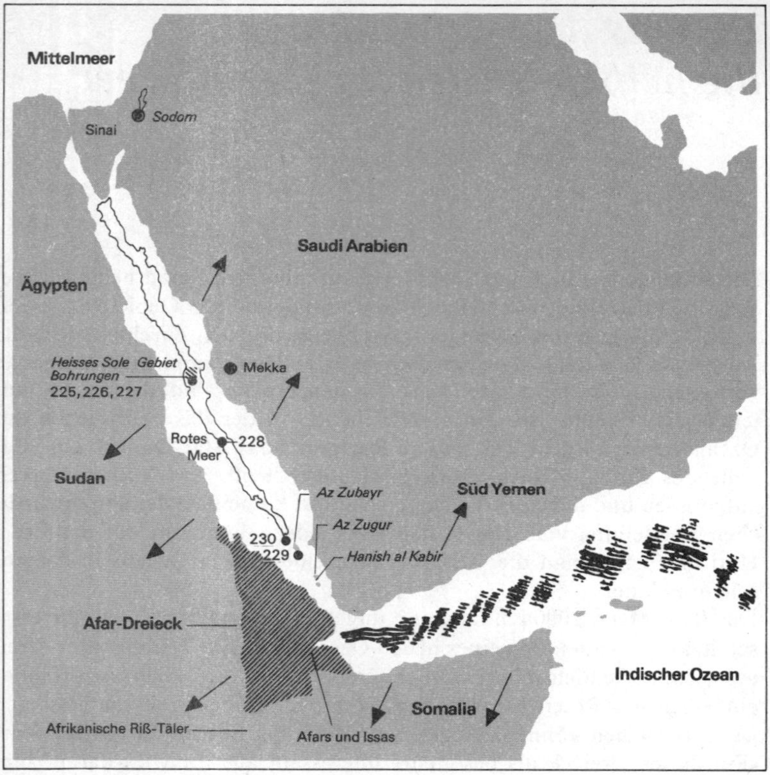

Ausbrüche heißer, metallreicher Salzlösungen kommen in der Mitte des Roten Meeres auf der Höhe von Mekka vor. Wegener entdeckte, daß die beiden Küsten des Roten Meeres genau ineinanderpassen, wenn man das Afardreieck am Südende als jüngere Neubildung unberücksichtigt läßt. Anhand der parallelen Magnetbänder im Golf von Aden, die auf eine Ausdehnung dieser mehrfach versetzten Rißzone deuten, ergibt sich, da sich Arabien entlang der Bruchlinie im Toten Meer bei Sodom und Gomorrah nach Nordosten verschiebt. Die afrikanische Scholle ist längs der Rißtäler gespalten. Die Bewegung nordöstlich dieser Linie weicht etwas von der südwestlich davon ab; die Risse dehnen sich also aus.

derts wurde dieses Phänomen von österreichischen und deutschen Schiffen bestätigt, die Proben aus noch tieferem Wasser heraufholen konnten. In den 1950er Jahren fand der Woods Hole-Anderthalbmaster *Atlantis* heraus, daß das tiefe Wasser vor Mekka selbst für die Verhältnisse im

Roten Meer ungewöhnlich salzig war. Dieses Meer hat abgesehen vom Suezkanal nur eine Verbindung zu den Weltozeanen: die Straße von Bab el Mandeb, eine enge und relativ seichte Passage am Südende. Während das Rote Meer selbst Tiefen von 3000 m aufweist, ist das Bindeglied zum Indischen Ozean nur 120 m tief. Weil keine Flüsse von Bedeutung in das Rote Meer fließen und unter der sengenden Sonne die Verdunstungsrate hoch ist, ist es wesentlich salziger als die großen Ozeane. Die hohe Temperatur und der noch größere Salzgehalt des tiefen Wassers vor Mekka wurde zuerst einem Vorgang zugerechnet, bei dem in seichten Bereichen entlang der Küste das Wasser heiß und salzig wird und dann aufgrund des Salzgehalts infolge der Schwere absinkt, um entlang der zentralen Meeresachse eine tiefe Schicht zu bilden. 1964 entnahm das britische Forschungsschiff *Discovery* Wasser aus einem tiefen Loch in der Zentralrinne des Roten Meeres, dessen Temperatur 44 °C betrug. Es enthielt 256 Promille Salz (normales Meereswasser enthält ungefähr 35 Promille und das Oberflächenwasser des Roten Meeres ist mit 38 Promille bereits ungewöhnlich salzig).
Dieses heiße, salzige Wasser war bestimmt nicht durch Sonnenhitze an der Küste entstanden. Messungen im Ozeangrund nahe dieser heißen Tiefe, die man jetzt Discovery-Tiefe nannte, ergaben, daß der Hitzestrom aus dem Erdinneren hier größer als an jeder bekannten Stelle der Weltozeane war. 1965 entnahm das Woods Hole-Schiff *Atlantis II* eine Probe aus der Discovery-Tiefe. Ihr Boden liegt 2260 m unter der Oberfläche. Zum Mißfallen der Wissenschaftler trieb das Schiff während der Bohrvorbereitungen von seiner Position ab. Als man schließlich den Meeresgrund erreichte, fanden die Forscher ein weiteres tiefes Lager von heißem Salzwasser – nicht ganz so tief wie die Discovery-Tiefe, aber noch heißer. Die Temperatur der Grundwasserschicht betrug 56 °C, und der schwarze Schlamm, der vom Boden heraufgeholt wurde, sah wie Teer aus und war zu heiß, um berührt zu werden. Man fand dann auch noch tiefere Sedimentschichten. Egon T. Degens und David A. Ross entdeckten weiße Schichten aus Muscheltrümmern oder Quarz vom nahegelegenen Land, die von leuchtend bunten Schichten aus Metallverbindungen unterbrochen wurden – hauptsächlich Oxide und Sulfide aus Eisen, Mangan, Zink und Kupfer. Der Salzgehalt des Wassers betrug 257 Promille – nur 13 Promille weniger als das salzigste Wasser in der Natur am Grunde des Toten Meeres.
Diese Stelle taufte man Atlantis II-Tiefe. Als die *Chain* von Woods Hole 1966 eine dritte Tiefe fand, erhielt sie den Namen Chain-Tiefe. Alle liegen in einem ziemlich begrenzten Bereich der Zentralrinne des Roten Meeres. Die Atlantis II-Tiefe ist mit knapp 80 qkm die umfangreichste.

Ihr Wasser bildet zwei gesonderte Schichten, jede rund 25 m dick, mit einer dazwischenliegenden Übergangszone. In der tieferen Schicht gibt es keinen aufgelösten Sauerstoff. Dafür vermag dieses Wasser große Mengen von Metall aufzulösen, ohne daß das Metall oxydiert. Wasserproben enthalten 5 000mal mehr Eisen, 25 000mal mehr Mangan und 30 000mal mehr Blei als gewöhnliches Meereswasser.
In der oberen Schicht kommt etwas Sauerstoff vor; deshalb neigen Eisen und Mangan zum Oxydieren, wenn sich Wasser aus der tieferen Schicht in der darüberliegenden Schicht ausbreitet. Dabei bilden sich Teilchen, die auf den Beckenboden regnen und, wenn sie die tiefere Schicht passieren, vermutlich andere Metalle mit sich ziehen und so den metallischen Schlamm auf dem Boden bilden.
Zwanzig Monate nach der Entdeckung dieser heißen Tiefe war eine zweite Probeentnahme in der Atlantis II-Tiefe 0,6 °C wärmer als zuvor. Handelte es sich um einen Meßirrtum? Um das herauszufinden, wurden von der *Chain* 1971 weitere Messungen vorgenommen. Es stellte sich heraus, daß enorm viel heißes Wasser in die Tiefe eingedrungen war. Die Temperatur der tieferen Schicht war innerhalb von 52 Monaten um 2,7 °C gestiegen und das Volumen dieser Schicht hatte um 23 % zugenommen. Nach Meinung von David Ross müssen während der 52 Monate-Periode gut 3100 l pro Sekunde eingedrungen sein. Innerhalb von drei Wochen im März 1971 stellte man eine noch höhere Rate im Temperaturanstieg fest. Außerdem zeigten die aufeinanderfolgenden Probenentnahmen von 1965, 1966 und 1971, daß das Wasser ständig mehr aufgelöstes Eisen und Mangan enthielt.
Man nimmt heute an, daß die Atlantis II-Tiefe die Quelle des Salzwassers ist, das in die benachbarten Tiefen hineinströmt. Aber woher kommt sie? Vulkane speien aus dem Erdmantel als Dampf große Mengen Wasser in die Luft. Das meiste Wasser auf der Erdoberfläche, einschließlich der Ozeane, soll auf diese Weise ausgetreten sein. Aber die relative Fülle von verschiedenen Salzen im Roten Meer führte zur Überzeugung, daß das Wasser ursprünglich aus dem Meer kam. Es muß seinen Weg 1–2 km im heißen Gestein durch Meeresbodensedimente oder -risse genommen haben, sickerte zurück und wurde dann durch die eigene Hitze und den eigenen Druck in die Meerestiefen zurückgeschleudert.
Der Weg dieses Wassers durch den Meeresboden mag Jahrhunderte gedauert haben. Es dürfte dabei beträchtliche Entfernungen zurückgelegt und lösliche Metalle aus dem Sediment oder Fels aufgenommen haben. Wahrscheinlich kam nur ein Bruchteil dieses metallreichen Wassers ins Meer zurück.

Manche glauben, der Rest dringe in die Risse des Meeresbodengesteins ein. Während es dort allmählich abkühlt, bilden sich Adern aus Eisen, Kupfer, Gold, Silber, Zink, Blei, Vanadium, Molybdän und Mangan. Die meisten Erzlager der Welt dürften durch das Eindringen von heißem Wasser in den Fels geformt worden sein.
Heiße Quellen erzeugen auf den Kontinenten Miniaturablagerungen dieser Art. Man nimmt an, daß solche Erzvorkommen hauptsächlich als Folge des Eindringens vom heißen Gestein oder Magma in kontinentale Formationen entstanden sind.
Als metallreiches Wasser aus Bohrlöchern dampfte, die unter der Salton-See von Südkalifornien gebohrt wurden, schloß man auf eine weitere Möglichkeit der Erzbildung durch Heißwasservorgänge. Dieses Meer, heute nicht mehr als ein flacher, salziger See von rund 50 km Länge, hat dieselben Strukturen wie das Afar-Dreieck. Der See liegt, wie einige der salzigen Afar-Seen, deutlich unterhalb des Meeresspiegels. Er verläuft über dem Gebiet, wo das ostpazifische System von Verwerfungen und Brüchen in den nordamerikanischen Kontinent übergeht. Der durch den Grund der Salton-See nach oben drängende Hitzestrom ist so stark, daß Bohrlöcher eine Dampfquelle erschlossen. Der Salzgehalt dieser Bohrlöcher ist mit dem der Tiefen des Roten Meeres vergleichbar. Das Wasser enthält abschätzbare Anteile von Kupfer, Blei, Zink und Silber. Man nahm an, daß diese Metalle aus den Mineraladern des Sediments stammten und wohl kaum aus dem Grundgestein, das aus dem oberen Erdmantel aufquoll. Manche glaubten, die Ablagerungen des Roten Meeres seien in gleicher Weise aufgestiegen. Die Tiefseebohrungen aber ergaben, daß metallhaltige Schichten auf dem Boden der Sedimente quer über den Atlantik und den Pazifik liegen, was auf einen fortdauernden Entzug aus dem Erdmantel unterhalb der mittelozeanischen Rücken deutet.
1969 organisierte die Royal Society in London ein dreitägiges Symposium über das Rote Meer. Zum Abschluß sagte K. C. Dunham von Londons Institut für Geologie, daß die Mineralien in und unter den Salzwassertiefen, „obwohl geologisch gesehen klein im Ausmaß, bereits eine Revolution in der Vorstellung über die Erzentstehung verursachen".
Bisher konnten Geologen nur darüber spekulieren, wie die sogenannten hydrothermischen Erzlager gebildet wurden. Heute scheint sich der Vorgang direkt vor ihren Augen abzuspielen. Deshalb wollen jetzt amerikanische und französische Wissenschaftler in ein Tiefseetauchgerät steigen, um die Schluchten des Mittelatlantik-Rückens zu erkunden, wo solche Aktivität stattfindet. Deutliche „Erdbebenschwärme", die in schneller Folge bei oder nahe von besonderen Stellen im Mittelatlantik-Bruch-

tal vorkommen, werden als Beweise für Heißwassergeysire oder Lavaausbrüche angesehen.
Obwohl die Tiefen des Roten Meeres im Ausmaß begrenzt sind, ist die Reichhaltigkeit ihrer Ablagerungen beeindruckend. Man schätzte 1969, daß Gold, Silber, Kupfer, Blei und Zink in den oberen 10 m des Sediments der Atlantis II-Tiefe nach der Bergung ungefähr 2,4 Milliarden Dollar wert sein dürfte. Ein Konsortium von westdeutschen und amerikanischen Firmen prüft bereits die mögliche Ausbeutung dieser Lagerstätte.
Zusätzliche Salzwassertiefen hat man jetzt entlang der Achse des Roten Meeres entdeckt. 1972 fand das deutsche Forschungsschiff *Valdivia* solche Tiefen, indem man einen Echoschallmesser mit einem schmalen Strahl benutzte, um den Widerhall aus dem dichten Salzwasser aufzufangen. Fast zur selben Zeit entdeckte die *Glomar Challenger* eine weitere Tiefe.
Infolge des großen Interesses an den Salzwasserquellen des Roten Meeres setzte das Schiff eine Reihe von Bohrstellen entlang der Zentralrinne. Ein Loch wurde mitten in den Grund der Atlantis II-Tiefe gebohrt, aber bald verhinderte eine Basaltschicht ein weiteres Durchdringen. Das Bohrrohr brachte 14 m metallhaltiger Sedimente nach oben. An anderen Stellen, wo größere Tiefen erreicht wurden, fand man eine häufig vorkommende Schicht, die reich an Vanadium und Molybdän war, in einer anderen 5% Zink, eine weitere war reich an Kupfer.
Der untersuchte Basalt wies nicht mehr Metalle als die mittelozeanischen Basalte auf, die man anderswo angebohrt hatte. Die Frage, wie es zu den Metallablagerungen kam, bleibt unbeantwortet. Doch ihr Vorkommen in einigen der frühesten Sedimente, die nach dem Ausbruch von neuem Meeresboden entlang der mittelozeanischen Rücken entstanden, ist so weitverbreitet beobachtet worden, daß sie sicherlich ein Nebenprodukt der Bruch- und Driftprozesse sind.
Schichten mit viel Eisen und Kupfer, die unter normalem Ozeansediment begraben sind, scheinen frühere metallhaltige Eruptionen zu belegen, als sich das Rote Meer vor 20 Millionen Jahren auszubreiten begann. Diese Aktivität mag zu den frühesten Versuchen der Metallbearbeitung beigetragen haben, denn die alten Ägypter entdeckten Kupfer an den Küsten des Roten Meeres und des Golfs von Suez, d. h. auf der Sinaihalbinsel und in den östlichen Wüsten von Ägypten. In jüngerer Zeit sind mindestens sieben Blei-Zink-Lagerstätten an der ägyptischen Küste des Roten Meeres gefunden worden, wobei die Linie zwischen den Fundorten parallel zu dem Bruchtal des Meeres verläuft. Dies veranlaßte Geologen der saudiarabischen Regierung, entlang der gegen-

überliegenden Seite des Roten Meeres zu suchen. Sie fanden 1968 verschiedene Blei-, Kupfer- und Zinkvorkommen direkt gegenüber der ägyptischen Küste, so als wären beide zur selben Zeit entlang der zentralen Bruchzone geformt worden und dann durch das Auseinanderdriften des Roten Meer-Bodens fortgetragen worden.

Eine der Aufgaben der *Glomar Challenger* im Roten Meer war es, die harte, tiefe Schicht unter den weichen Sedimenten zu untersuchen. Man hatte sie über weite Strecken des Ozeans aufgespürt – wenn auch nicht unterhalb der Zentralrinne. An der ersten Bohrstelle, 16 km östlich der Atlantis II-Tiefe, erreichte man diese Schicht unter 177 m Sediment. Sie bestand aus Salz einschließlich Anhydritschichten und Gesteinssalz. Die Zwischenschichten enthielten 5–20 Millionen Jahre alte Fossilien.

So scheint es, daß sowohl das Mittelmeer wie das Rote Meer während derselben Periode wiederholt austrockneten, wobei Salz und Erdharz aufeinandergeschichtet wurden. Wie Gibraltar ist die Straße von Bab el Mandeb ein enges potentielles Schleusentor.

Die alten Salzablagerungen, die die Zentralrinne des Roten Meeres flankieren, beweisen, daß es eine längere Unterbrechung bei der Öffnung jenes Meeres gab, die erst vor relativ kurzer Zeit mit neuen Ausdehnungen beendet wurde. Ein Bohrloch am Hang der Atlantis II-Tiefe brachte für das Forschungsteam auf dem Bohrschiff die Erkenntnis, daß das Auseinanderdriften vor knapp zwei Millionen Jahren wieder begann, nachdem seit dem frühen Miozän eine Pause von 15 Millionen Jahren eingetreten war.

Heute besteht mehrheitlich die Ansicht, daß das Rote Meer ein Produkt der Ausbreitung des Meeresbodens ist, obwohl manche darauf beharren, daß sein Boden, abgesehen von der Zentralrinne, aus kontinentaler Kruste gebildet sei. Jene, die den gesamten Boden für ozeanisch halten, sagen, die Regionen beiderseits des Zentralbruchs würden nicht deshalb bescheidene Tiefen aufweisen, weil sie kontinentaler Herkunft sind, sondern weil sie mit enorm dicken Sedimenten bedeckt wurden. Die Salzwassertiefen kommen offensichtlich dort vor, wo die obersten dieser Salzablagerungen dem Meerwasser ausgesetzt waren, was vielleicht auf einen Riß entlang der Zentrallinie zurückzuführen ist.

Bei einer der letzten Bohrstellen der *Glomar Challenger* nahe dem südlichen Ausläufer des Bruchsystems wurden die Proben unter 200 m zunehmend gashaltiger. Das erinnerte die Wissenschaftler daran, daß dieses Meer, ebenso wie der Persische Golf, bedeutende Gas- und Ölreserven beherbergen dürfte. Nachdem das Schiff durch die Straße von Bab el Mandeb in den Golf von Aden gefahren war, fand man keine Salzlager mehr. Der Golf hatte sich anscheinend nie geschlossen und war nie ausgetrocknet, jedenfalls nicht in den letzten ein bis zwei Millionen Jahren. Auf dem bereits erwähnten Londoner Symposium wiesen israelische Wissenschaftler darauf hin, daß sich die Bibelautoren der Brüche bewußt waren, die beständig die Region verändern, vor allem entlang des großen Tales, das sich als augenscheinliche Fortsetzung der Rinne des Roten Meeres vom Golf von Akaba nordwärts entlang dem Toten Meer, dem Jordantal und dem See Tiberias erstreckt. Lange nahm man an, daß die Ostseite dieses Tales im Verhältnis zur Westseite nach Norden gleitet. Die Israelis suchten geologisch gleiche Erscheinungen auf beiden Seiten der Bruchzone, um Anhaltspunkte über Umfang und Geschwindigkeit des Gleitvorganges zu finden. Sie schlossen daraus, daß die Norddrift seit der Kreidezeit vor 70 Millionen Jahren 105 km beträgt, wovon 40 km in den letzten 10 Millionen Jahren zurückgelegt worden sind.

Bei Jerusalem erhebt sich gegenüber der Bruchzone der Olivenberg, der schon im Buch Zacharias wegen seiner Erdbewegungen erwähnt wird. Auch der Psalm 114 und die Geschichte von Sodom und Gomorrha in der Genesis zeigen, daß die biblische Welt mit solchen Erdrissen und ihren Begleiterscheinungen vertraut war. Man glaubt, daß jene unglückseligen Städte am Südende des Toten Meeres und somit direkt in der Bruchzone lagen.

Der von den Israelis dokumentierte Gleitvorgang paßt in das Bild der Schollenbewegungen im Bereich des Roten Meeres. Ein weiterer Beweis ist zum Beispiel die Nordwärtsbewegung der arabischen Platte vom Indischen Ozean zum Jordantal hin durch die Wandelverwerfungen unterhalb des Golfs von Aden. Diese Verwerfungen sind Mehrfach-Ausläufer des Rücken- und Bruchsystems, das vom Indischen Ozean durch den Golf von Aden läuft, um sich mit dem Roten Meer-Bruch und dem ostafrikanischen Bruch im Afar-Dreieck zu vereinigen. Die Verwerfungen werden auf drei Arten wahrnehmbar: durch Schallmessungen als Meeresbodenstrukturen; durch genaues Markieren der Erdbeben, die von Zeit zu Zeit vorkommen, und aufgrund der magnetischen Muster auf dem Meeresgrund. Die Verwerfungen laufen alle von Südosten nach Nordwesten, das bedeutet, daß sich der Meeresboden in Schrägrichtung von der Golfmittellinie weg ausbreitet.

Diese Bewegung bedeutet auch, daß die arabische Küste des Roten Meeres im Verhältnis zur afrikanischen Küste ebenfalls nach Nordosten geglitten ist. Nur wenn diese Bewegung umgekehrt wird, passen die beiden Küstenlinien eng zusammen. Das bringt auch die Geologie der Küsten in Gleichklang. Auf der arabischen Seite ebenso wie auf der afrikanischen befinden sich große Mengen Basalt, der vermutlich ausströmte,

Der Vulkan Arrole erhebt sich aus einer kahlen Ebene. Eine für die Afar-Region typische Landschaft.

als die beiden Seiten miteinander verbunden waren und das Auseinanderbrechen erstmals begann.
Die besondere Bedeutung des Afar-Dreiecks liegt in der Entdeckung, daß hier die drei Bruchzonen zusammenlaufen. Wenn auch ein großer Teil davon niedrig und sogar unter dem Meeresspiegel liegt, gibt es längs der Kruste doch drei hohe Blöcke, von denen der größte die Anakil-Alpen sind. Vom äthiopischen Block im Westen durch die Afar-Senke und vom arabischen Block im Osten durch den Südausläufer des Roten Meeres getrennt, stellen diese Alpen Splitter von kontinentalem Gestein dar, das beim Wegdriften von Arabien zurückgelassen wurde.
Die Afar-Senke wird im Westen von den äthiopischen Klippen begrenzt, die 600 km lang und an einigen Stellen 4000 m hoch sind. Im Süden wird das Dreieck von einem Steilhang bis zu 1500 m Höhe begrenzt. Es setzt sich dann nach Osten entlang der Südküste des Golfes von Aden fort, und bildet ein Vorgebirge, das „Horn von Afrika".
Die drei Bruchzonen unterscheiden sich deutlich voneinander. Jene vom Indischen Ozean her ist eine Fortsetzung derjenigen, die den Carlsberg-

Rücken halbiert und mit ihren Ausläufern für das ozeanische Rücken- und Bruchsystem typisch ist. Dem Roten Meer fehlen solche auffälligen Ausläufer, aber es gibt Anzeichen für wenige kleine. Für einen Rücken ist kein Beweis vorhanden, vielleicht weil dieses Meer immer noch zu eng ist, um einen Rücken sichtbar werden zu lassen.

Die afrikanischen Bruchzonentäler verlaufen im wesentlichen durch ganz Ostafrika. Sie erstrecken sich vom Nyassasee durch eine Reihe von langen, schmalen Seen und tiefe, steilwandige Täler nordwärts. Ein gebogener Westzweig führt durch den Tanganjikasee, der über 640 km lang ist. Der andere Teil durchquert östlich Tansania und Kenia und wird von den schneebedeckten Vulkanen des Kilimandscharo und des Mount Kenya sowie dem stürmischen Ngorongoro-Krater flankiert. Nahe bei diesem Krater liegt als eine der bekanntesten Erscheinungen des Bruchsystems die Olduvai-Schlucht, wo Louis S. B. Leakey einige der ältesten Überreste menschlicher Vorfahren gefunden hat. Die Seen entlang dieses Bruchsektors sind meist mit Natriumkarbonat gesättigt. Infolgedessen ist das Wasser des Abbe-Sees, wo die drei Bruchsysteme im Afar-Dreieck anscheinend zusammentreffen, bitter.

Nach unserem heutigen Wissen über das globale Netz der ozeanischen Brüche ist, im Gegensatz zu den Auffassungen der Forscher im letzten Jahrhundert, bekannt, daß die afrikanischen Täler weiterhin geologisch aktiv sind. Infolgedessen kommt es zu Erdbeben und parallel zu den Tälern öffnen sich ständig Brüche und Risse. Im äthiopischen Bereich entstanden z. B. 1956, 1966, 1969 und 1970 Risse, die groß genug waren, um einen Menschen verschwinden zu lassen. In den regnerischen Jahreszeiten sind sie bald mit Erde, die an den Rändern abbricht, gefüllt, in langen Trockenzeiten sind sie so gefährlich wie die Gletscherspalten der Antarktis.

Die geologische Erforschung des Afar-Dreiecks in den 1920er Jahren wurden vom Kamelrücken aus bewältigt, heute benutzen die Wissenschaftler Hubschrauber und Landrover. Aber es ist immer noch ein Unternehmen, das die Wagemutigen anzieht. Die schillerndste Persönlichkeit unter ihnen ist der abenteuerlustige Vulkanologe Haroun Tazieff, der in die Krater hinabsteigt, um Proben der ausbrechenden Gase zu sammeln.

Die Afar-Landschaft, die teilweise mehr als 180 m unterhalb des Meeresspiegels liegt und ausgesprochen dürr ist, wird von wilden Ereignissen geprägt, die noch im Gange sind. Ihren Zentralgraben, der parallel zu dem des Roten Meeres verläuft, zerschneiden eine Reihe von engen Rissen, die parallel zur Achse liegen, so als ob der Graben immer weiter auseinandergezogen würde. Entsprechende Ansammlungen von engen Spalten kommen auch in Island vor, wo sie „Gja“ genannt werden –

einer der Bezugspunkte, wonach die Afar-Strukturen denen der Insellandschaft beiderseits des Mittelatlantikrückens ähneln. Offenbar sind diese Brüche tief genug, so daß geschmolzener Basalt von unten in die Risse aufquellen und Adern aus hartem Gestein bilden kann. Wahrscheinlich entstehen zuerst die Brüche, dann dringt der Basalt ein. Deshalb glaubten Paul Mohr und andere Wissenschaftler, daß die Krustenschollen aus dieser Region nicht durch den eindringenden Basalt weggedrückt werden. Nach ihrer Meinung ist es umgekehrt: „irgend etwas" zieht die Schollen beiseite, wobei sich Risse bilden, in die dann der Basalt fließt.

Entlang des Afar-Grabens gibt es kochende Quellen und eine Kette von sieben Vulkanen. Sie sind allesamt tätig. Ihre Lava hat den ganzen Graben überdeckt. Der aktivste Krater ist der Erta Ali, der 1972 ein beeindruckendes Schauspiel bot. Sein Sockel ist 50 km breit, seine Höhe aber beträgt nur 520 m. Normalerweise brechen Vulkane aus einem kreisförmigen Krater aus, und falls sie aufbrechen, geschieht das strahlenförmig vom Krater aus. Die Eruptionen des Erta Ali aber kommen aus einer rißähnlichen Öffnung. Alle Risse in seinen Flanken sind nach der Achse des Roten Meeres ausgerichtet. Tatsächlich ereigneten sich viele der Afar-Ausbrüche entlang solcher Risse statt aus dem zentralen Krater. Sie haben die Landschaft so mit Lava übergossen, wie es sonst für Island typisch ist.

Tazieff und seine Kollegen analysierten mehr als 100 Gesteinsproben aus Vulkanen der Erta Ali-Kette. Sie stellten fest, daß sie vorwiegend aus Basalt mittelozeanischen Charakters bestanden.

Am Südende dieser Vulkanreihe liegt der Giulietti-See, dessen Ostrand von einer „Treppenstufenlandschaft" begrenzt wird, die eine Seite des Afar-Grabens markiert und deren Stufenhöhe von 30–100 m reicht. Ähnliche Stufenblöcke, die offensichtlich aus großen, umgekippten Brocken geformt wurden und sich vom Zentralbruch wegneigen, entsprechen der Struktur der zentralen Bruchtäler Islands und flankieren weite Teile des mittelatlantischen Rückens. Sie werden besonders gut wahrnehmbar durch Schallmessungen und -aufzeichnungen des Bruchtales südwestlich der Azoren, das amerikanische und französische Wissenschaftler mit Tieftauchgeräten erforscht haben.

Nördlich der Afar-Vulkanreihe ist die Senke mit Verdunstungsrückständen gefüllt. Man findet dort Beweise, daß dieses Gebiet vor nur einigen Zehntausenden von Jahren ein Stück Boden des Roten Meeres war. Weiter südlich, nun reichlich über dem Meeresspiegel, glaubten Tazieff und sein Mitarbeiter Enrico Bonatti von der Universität Miami ein Guyot identifiziert zu haben, das von einem Unterwasservulkan geformt

und danach aus dem Meer gehoben wurde. Andere haben diese Interpretation in Frage gestellt.
Obwohl dieses Gebiet noch anzusteigen scheint, ist es vermutlich dazu verdammt, im Laufe der Zeit wieder im Meer zu versinken. So geschieht es vermutlich mit allen Krusten, die entlang der ozeanischen Rücken entstanden sind. „Das gegenwärtige Fehlen des Wassers im Afar-Dreieck ist nur eine vorübergehende Phase in der Entwicklung des Ozeans", erklärte Tazieff. Wenn auch manche glauben, das Dreieck sei der Schlüssel zur Natur der unterirdischen Kräfte, die das Gebiet auseinanderziehen – und somit eine grundlegende Triebkraft der Schollenbewegungen –, so muß doch dieser Schlüssel erst noch gefunden werden. Bisher gibt es keine Übereinstimmung für die Beziehungen zwischen den drei Bruchsystemen.
Eine der Besonderheiten des Nordteils des afrikanischen Bruchs nahe Addis Abeba ist die Eigenart des siliziumdioxyd-reichen Gesteins, das aus dem Bruch ausgetreten ist. Hier taucht wieder die Ähnlichkeit zu Island auf, aber der hohe Eisen- und Natriumgehalt im äthiopischen Gestein hat die Fachleute für Lavachemie überrascht. Manche meinten, die Lava müsse diese Grundstoffe auf ihrem Wege durch die kontinentale Kruste aufgesogen haben. Dies ist aber weniger plausibel angesichts des Nachweises, daß zumindest einige der afrikanischen Bruchtäler die gesamte Erdkruste durchdringen. Mohr weist darauf hin, daß der Vorgang, durch den das Salzwasser des Roten Meeres mit Eisen angereichert worden ist, auch für die Anreicherung der Bruchtäler gesorgt hat – ein Hinweis auf den Zusammenhang des Roten Meeresgrabens mit den afrikanischen Brüchen.
Um das Vorhandensein von kontinentaler Kruste unterhalb der Brüche festzustellen, haben Wissenschaftler der Universitäten von Birmingham, Leicester und Lancaster eine Serie von Unterwasserexplosionen auf dem Grunde des Rudolph-Sees und des Hannington innerhalb eines Bereichs gezündet, der in Kenia als der Gregory-Bruch bekannt ist. Man zündete große Sprengladungen unter Wasser, um eine bessere Koppelung der Schockwellen mit der Erdkruste zu erreichen. Die Erschütterungen wurden an 10 Stellen, die über 270 km entlang des Bruchs verstreut waren, aufgezeichnet. Wenn auch das Rumoren von heißen Quellen einige Beobachtungen unmöglich machte, so ergab sich, daß eine nur 20 km dicke Schicht mit „sehr hoher" Geschwindigkeit sowohl für abgeschnittene als auch zusammengedrückte Schallwellen existiert. Die Folgerung lautet, daß Material des oberen Erdmantels eingedrungen ist. Eine sehr ähnliche Struktur wurde 1971 in Island gefunden.
Entscheidend für die Einschätzung des Roten Meeres und der afrikani-

schen Brüche als eine Art Wiederholung der Ozeanentstehung ist der Zeitablauf des Bruchvorganges. Mohr nimmt an, daß die Eruptionen entlang der anfänglichen Risse bereits im Eozön vor 50 Millionen Jahren die angrenzenden Gebiete von Äthiopien, Somalia und Jemen überfluteten. Dies dauerte rund 30 Millionen Jahre an, wodurch sich Plateaus bildeten, die jetzt das Rote Meer, das Afar-Dreieck und das äthiopische Bruchtal flankieren. Einige dieser Basaltausbrüche stammten offenbar aus 65 km tiefen Bereichen unter der Erdoberfläche.
Während die ursprüngliche Öffnung des Roten Meeres früher geschah, begann das Auseinanderbrechen in Afrika und im Zentralgraben des Roten Meeres nicht vor dem Vorabend der Eiszeit, dem Pleistozän. Dieser Zeitablauf ist von britischen Forschern bestimmt worden, indem sie den Zerfall von radioaktivem Kalium in Argon als Indikator für die Lavastromperioden verwendeten.
Aber die Verbindung zwischen dem Auseinanderdriften des Roten Meeres und der afrikanischen Bruchzonen bleibt rätselhaft. Innerhalb des Afar-Dreiecks, wo die beiden Systeme scheinbar aufeinandertreffen, lassen die Oberflächenrisse vermuten, daß sich das Driftmuster so biegt, daß es die Achse des Roten Meeres eher mit der des Golfs von Aden als mit den afrikanischen Brüchen verbindet. Dies deuten auch die Gja-Typ-Spalten in den Inseln der Mittellinie des Roten Meeres an, die auf die Entstehung eines neuen Ozeanrückens hinweisen. Jene Inseln auf der Höhe der Nordspitze des Dreiecks haben Risse parallel zur Achse des Roten Meeres, aber die weiter südlich, nahe dem Golf von Aden, weisen Bruchrichtungen auf, die eher parallel zu denen des Golfs liegen.
Wenn das ostafrikanische Bruchsystem auch weitgehend als ein Beispiel für den Beginn eines kontinentalen Auseinanderbrechens angesehen wird, so schreitet es doch sehr langsam voran. Es scheint, daß die Geschwindigkeit des Vorganges ungefähr ein Zehntel dessen beträgt, was bei den Ozeanböden zu beobachten ist. Die afrikanischen Brüche sind in den vergangenen 15 bis 20 Millionen Jahren nicht mehr als 15 bis 25 km auseinandergetrieben. Anstatt wie ozeanische Brüche Ausläufer durch Wandelverwerfungen vorzuweisen, sind die afrikanischen – vor allem der Westteil – gebogen wie der große Bruch, der vom Baikalsee in Sibirien ausgefüllt wird. Der letztere ist so lang und tief, daß er grob geschätzt ein Fünftel des gesamten Seenwassers der Erde enthält. Man schätzt sein Alter auf nur zehn Millionen Jahre. Der 40 km breite Bruch oder „Graben“, in dem der Rhein zwischen Basel und Mainz über 290 km fließt, dürfte 30 Millionen Jahre alt sein.
Vielleicht sind diese kontinentalen Brüche grundsätzlich anders als die in den Ozeanen. Obwohl manche, wie z. B. in Äthiopien, offenbar die

Ränder der sich bewegenden Krustenschollen markieren, durchdringen andere nicht die ganze Erdkruste. Ihre Öffnungsgeschwindigkeit ist niedrig und der Prozeß ging anscheinend sporadisch vor sich. Das steht im Gegensatz zu dem stetigen Forttreiben des Meeresbodens von den Rücken weg. Sie ruhen offenbar auf großen Blasen oder Höckern der Erdkruste und besitzen ein „Bruchkissen" von hoher Temperatur, das aus sich ausdehnendem Mantelmaterial geformt worden ist. Gelegentlich bricht es durch die Blase als Lava aus. Diese Höcker können bis zu 2000 m dick sowie zwischen 200 km (beim Rheingraben) und 2000 km (in Äthiopien) breit sein. Diese Blasenbildung kann die Erdkruste aufbrechen, aber man ist sich weitgehend einig, daß sie nicht für die Bruchsysteme verantwortlich ist.

Ein unerwartetes Ergebnis der 1972er Reise von Mariner 9 zum Mars war, daß die kartographischen Fotos von diesem Planeten ein riesiges Bruchtal von 120 km Breite und rund 6000 m Tiefe enthüllten, das über 4000 km entlang dem Marsäquator verläuft. Auf der Erde würde ein solches Tal die gesamten USA umfassen. Vielleicht kann man aufgrund näherer Untersuchungen auf dem Mars mehr über die Vorgänge erfahren, die unseren Planeten gestaltet haben.

Die Datierung der Bruchprozesse in Ostafrika und im Roten Meer zusammen mit jüngeren Entdeckungen vormenschlicher Überreste in Vulkanascheablagerungen, die vor 2,6 Millionen Jahren entstanden, zeigen, daß einige unserer unmittelbaren Vorfahren die Vulkantätigkeit miterlebten, die für das Werden eines Ozeans typisch ist.

1971 berichteten Glynn Ll. Isaac (Berkeley), Richard E.F. Leakey (Nairobi) und Anna K. Behrensmeyer (Harvard), daß sie mehr als 20 menschliche Fossilien mit Steinwerkzeugen und Flußpferdknochen am Ostufer des Rudolfsees im Gregory-Bruch fanden. Sie waren in Tuffgestein eingebettet, dessen Alter nach der Kalium-Argon-Methode auf 2,61 Millionen Jahre geschätzt wurde (Fehlermarge: 0,26 Millionen Jahre). Das ist möglicherweise der älteste Lebensbereich menschenähnlicher Wesen, der bisher gefunden wurde.

Waren die Ereignisse, die jene ersten Affenmenschen beobachteten, wirklich typisch für eine Ozeanentstehung? Im geophysikalischen Detail vielleicht nicht. Aber aufgrund dessen, was uns in den letzten Jahren bekanntgeworden ist, dürften die Lavaströme, die beträchtlichen Erdbeben und die feuerspeienden Berge eine angemessene Nachahmung des Vorganges gewesen sein, der den Anfang für die Bildung eines Ozeans zwischen der Westsahara und New York darstellte.

14 *Die heiße Insel im hohen Norden*

Wenn die Afar-Region an den Hades erinnert, so ist Island der Eingang zur Unterwelt. Zeugen sind der Vulkan Hekla, dessen letzter großer Ausbruch 1970 erfolgte, und der Krater des Snaeffelsjökull, der zum letztenmal vor 1 500 Jahren Feuer spie.
Über Wasser ist Island die vulkanreichste Gegend der Erde. Die Eruptionen sind häufig und umfangreich, und fast die ganze Insel besteht aus vulkanischen Trümmern – vor allem aus großen Schichten von Fließbasalt, der aus langen Rissen in der Erdoberfläche quoll.
Der größte Ausbruch aus einem Riß, dessen Zeugen moderne Menschen wurden, ereignete sich am 8. Juni 1783. Aus einem 24 km langen Spalt nahe dem Skaftarjökull begann glühend heiße Lava auszutreten. Während der folgenden zwei Jahre, der sogenannten Laki-Eruption, breitete sich Lava über rund 580 qkm aus. Vulkanische Asche wurde bis in die Stratosphäre geschleudert und gelangte bis nach Sibirien, Afrika und Nordamerika. In Schottland vernichtete der Aschenregen ganze Ernten. Auf Island selbst führten Asche und giftige Dämpfe zu einer Katastrophe: 80 % der Schafherden, 75 % aller Pferde und über die Hälfte der Rinder verendeten. Rund 10 000 Menschen – das sind 20 % der Inselbevölkerung – starben als Opfer von Hunger und Krankheit oder wurden unter der Lava begraben.
Das Ereignis, das von den zähen Isländern am meisten gefürchtet wird, ist ein „Jökulhlaup". Jökull ist eine Eiskuppe oder ein Berg mit einer Eiskuppe, Jökulhlaup das Zerbersten einer solchen Kuppe, nachdem der größte Teil des Eises bei einem unter dieser Eisdecke erfolgten Vulkanausbruch geschmolzen ist. Dabei sammelt sich das aufgestaute Wasser in großer Menge, bis das Eis bricht. Was dann folgt, gleicht einem Dammbruch, wobei die Eiskuppe zuvor einen See voller Eisberge zurückgehalten hat. Die Wassermassen, die bei einem Jökulhlaup frei werden, entsprechen manchmal denen des Amazonas.
Wie die Afar-Vulkane neigen die isländischen zu einer linearen Form mit eher langen Schlitzen als zu kreisförmigen Konturen. Die Landschaft wimmelt von jungen und alten Kratern. Die häufigste Aktivität findet in einer zentralen Bruchzone statt, welche die Insel in Nordost-

Südwest-Richtung halbiert. Der Südwestteil ist nochmals zweigeteilt, wobei das nördliche Stück den typischen Wandelverwerfungen der unter Wasser liegenden Teile des mittelozeanischen Rückens entspricht. In dem großen Graben dieses Zonenausläufers, rund 35 km östlich von Reykjavik, befinden sich einige der auffälligsten Muster der mittelozeanischen Gräben – lange Spannungsrisse, wo die Erdkruste gedehnt worden ist, was in dieser Gegend zu Verwerfungsabhängen und herabgefallenen umgestürzten Blöcken parallel zur Richtung des Mittelatlantikrückens führte. Den Graben flankieren abgeflachte Berge, die von Lavaströmen geformt wurden und aufeinandergehäuft schwarz, purpur, gelb, bronze- und kupferfarben schimmern.

Dieses natürliche Amphitheater, bekannt als Thingvellir, soll 930 der Versammlungsort des ersten Parlaments der Welt, des isländischen Althing, gewesen sein. Die ungewöhnlichen Felsstrukturen boten akustische Vorteile. Der Ort war zentral gelegen; auf dem Talgrund konnten die Ponys der versammelten Volksvertreter weiden. Wenn man die bekannte Driftgeschwindigkeit auf Island in Rechnung stellt, ist dieses Tal heute einige Meter breiter als beim ersten Treffen des Althing.

Der Südwestausläufer der Bruchzone dehnt sich als Reykjanes-Halbinsel ins Meer aus. Unter Wasser setzt sich die Halbinsel als Reykjanes-Rücken fort, der hier und da in Form von vulkanischen Inselchen wieder auftaucht. Die Magnetfelduntersuchung dieses Bereichs des Mittelatlantikrückens aus der Luft zeigte, daß er von außerordentlich symmetrischen Magnetstreifen flankiert wird.

Im Südausläufer der Bruchzone liegt Hekla, das „Höllentor“. Seine unter dem Meeresspiegel befindliche Fortsetzung markieren vierzehn kleine und große Inseln, die dem Nordost-Südwest-Trend des Mittelatlantikrückens in diesem Gebiet folgen. Die größte ist Heimaey, 8 km lang, beherrscht vom Vulkangipfel des Helgafells. Nach Auffassung der Geologen ruhte Helgafell für mehrere tausend Jahre. Der am Fuß dieses „erloschenen“ Vulkans liegende Inselhafen Vestmannaeyjar war bis 1973 ein Hauptstützpunkt der isländischen Fischindustrie.

1963 beobachtete die Mannschaft eines Fischkutters, daß das Meer jenseits des Südwestausläufers der Inselkette kochte. Innerhalb weniger Stunden brachen Lava und Dämpfe hervor, die die Geburtswehen der neuen Insel Surtsey darstellten. Bald breiteten sich die Eruptionen aus, ein zweites Inselchen, Syrtlingur, und dann ein drittes, Jölnir, entstand. Nach vier Jahren hörte diese Tätigkeit auf. Es folgte eine Pause von beinahe sechs Jahren, bis am Abend des 21. Januar 1973 der Seismometer auf der Hauptinsel Island kleine Erdbeben registrierte, deren Ursprung südlich von Heimaey lag. Sie waren so schwach, daß sie von den Inselbewohnern nicht bemerkt wurden. Am nächsten Abend folgten neue Beben, von denen drei recht spürbar waren. Eine spätere Analyse zeigte, daß sie flacher als die ersten waren und direkt unter Heimaey entstanden. In der Nacht zum 23. Januar 1973 öffnete sich oberhalb des Fischerhafens Vestmannaeyjar auf einem Acker im Hang des Helgafells ein Riß. Eine Gruppe von Erdbebenforschern der isländischen Universität erstatteten einige Tage später folgenden Bericht:

„Ungefähr 5 Minuten vor dem Ausbruch gab es noch keine Anzeichen dafür. Innerhalb weniger Minuten nach Beginn der Eruption schossen Lavafontänen aus einem 300–400 m langen Spalt. Er glühte in seiner ganzen Länge, und die Höhe der Fontänen betrug 50–150 m. Der Spalt verlief von Nordnordost nach Südsüdwest. Der nordnordöstlichste Teil des Risses verläuft nur 200–300 m vom östlichsten Stück des Ortes entfernt. Die Bevölkerung wurde sofort evakuiert."

Vulkanasche und glühende Lavabrocken fielen auf die Stadt, gelegentlich aus 9 000 m Höhe. Innerhalb von vier Stunden waren alle 5 300 Einwohner evakuiert worden. Nur einige Hundert Helfer, Feuerwehr, Polizei und Freiwillige, blieben zurück, um möglichst viel von der Stadt zu retten. In manchen Teilen des Ortes türmte sich die Asche bis zu 5 m hoch. Viele Feuer entstanden durch Lavabrocken, die durch die Fenster in die Häuser flogen. Die Rettungsmannschaften schirmten daraufhin die Fenster mit Wellblech ab und schaufelten die Asche von vielen schwerbeladenen Dächern. Trotzdem waren bis zum Mai 1973 rund 360 Häuser verbrannt oder zugeschüttet.

Inzwischen vergrößerte sich der Riß, bis er eine Ecke der Insel vollkommen erfaßte, wobei er sich 300 m unter dem Meer ausdehnte und eine 3 km lange Eruptionslinie bildete. In großem Umfang strömte Lava in den Hafen. Die normalerweise eisige Bucht erhitzte sich auf 44 °C. Man befürchtete, daß die Lava die Hafeneinfahrt versperren und Island seines wichtigsten Fischereihafens berauben würde. Bulldozer schoben die Asche zu Dämmen zusammen, um die vordringende Lava umzuleiten, aber die Dämme brachen. Die kriechende, dampfende Lava bewegte sich unerbittlich über den Stadtrand hinweg, an der Front 10–20 m hoch und weiter hinten bis zu 40 m dick. Obendrauf wurden große Brocken hartgewordener Lava mitgetragen, die wie schwarze Eisberge wirkten und teilweise bis zu 200 m breit waren. Als die Flut das Wasser erreichte, wurden ein 30 000 Volt-Unterwasserkabel und zwei Süßwasserrohrleitungen zerstört, die von der Hauptinsel kamen.

Die Rettungsanstrengungen konzentrierten sich darauf, die vorrückende Lavafront mit Wasser zu bespritzen, um sie an Ort und Stelle einzufrieren. Dies war in kleinem Ausmaß bereits während der Surtsey-Eruption

Island, Eingang zum Hades. Die Reykjanes-Halbinsel setzt sich unter Wasser als Reykjanes-Rücken fort. 1963 begann das Meer zu kochen, und eine Vulkaninsel entstand – Surtsey.

Links: *16. 11. 1963, 14 Uhr, 3. Ausbruchstag. Die neue Insel ist vor wenigen Stunden erschienen; sie ist bereits 60 m hoch und 200 m lang.*

Oben rechts: *23. 9. 1964. Dieses Stadium markiert die stärkste Lavaemission. Die Insel ist jetzt 170 m hoch und umfaßt 2,8 qkm.*

Mitte rechts: *15. 4. 1965. Die Ausbruchtätigkeit ist vorübergehend unterbrochen. Die Insel umfaßt jetzt 3 qkm.*

Unten rechts: *5. 7. 1965. Die Vulkaninsel Surtsey mit dem erloschenen Krater Surtur 2. Hinter der Surtsey die erste Tochterinsel Sýrtlingur, die nur von Juni bis 23. Oktober 1965 existierte. Links oben am Bildrand Heimaey, wo im Januar 1973 ein Vulkanausbruch stattfand.*

ausprobiert worden. Im März 1973 fuhr ein Feuerlöschboot und Pumpenschiff in den Hafen. In den USA bestellte man Hochdruckpumpen und verformbare Röhren, die Ende April von der US-Luftwaffe eingeflogen wurden. 47 Pumpen montierte man auf Leichtern und begann, das kalte Meereswasser durch ein in Eile installiertes Röhrensystem zu den besonders gefährdeten Stellungen zu leiten. Das Wasser bewirkte, daß die Lava zähflüssiger wurde, wobei es allerdings schwierig war, genügend große Wassermengen auf das flüssige Gestein hinter der Lavafront zu spritzen.

Eine Zeit lang dachte man daran, die relativ kühle Lavakruste, die in den Hafen eingedrungen war, zu sprengen, damit das Meerwasser die glühendrote Lava im Innern abkühlen und ihr Vordringen stoppen könnte. Stirling A. Colgate, Präsident des Neumexiko-Instituts für Bergbau und Technologie und ein Experte für sogenannte Sternexplosionen, flog nach Island, um diese Möglichkeit zu erkunden. Zusammen mit Thorbjörn Sigurgeirsson von der isländischen Universität berechnete er, daß das Meerwasser beim Zusammentreffen mit der heißen Lava, explosionsartig verdampfen müßte, wodurch noch mehr Lava aufgerissen und weiteres Meerwasser verdampfen würde. Das könnte sehr schnell zu einer Kettenreaktion führen, die sich durch die gesamte Lavamasse unter Wasser fortpflanzen und eine Explosion hervorrufen würde, die der einer Wasserstoffbombe entspräche. Das müßte zu katastrophalen Folgen für die Insel und für die Seehäfen am Nordatlantik führen.

Diese Voraussage führte zur Absetzung des Sprengversuchs. Im Juni hörte das Ausfließen der Lava vollkommen auf. So konnte der Hafen zur Erleichterung der Isländer offengehalten werden und ist heute wieder benutzbar.

Der Ausbruch wies in bezug auf die Erdkrustenausdehnung sowohl grundsätzliche Gemeinsamkeiten wie Unterschiede zu anderen ähnlichen Ereignissen auf. Die Lavachemikalien sind für die Ausbrüche entlang des Mittelatlantikrückens nicht typisch. Der Ausbruch erfolgte aus einem Riß, der fast schnurgerade nach Norden verlief, während die meisten der isländischen Brüche von Südwest nach Nordost ausgerichtet sind, entsprechend dem Mittelatlantikrücken in jenem Bereich. Die magnetischen Muster auf dem Meeresboden deuten auf den Rücken als regionale Quelle des sich ausdehnenden Bodens hin, doch Heimaey und ihre Schwesterinseln liegen rund 80 km abseits des Rückens. Die Untersuchungskommission der Universität von Island bemerkte, daß sich die Vulkantätigkeit in jener Region im Laufe der Jahrhunderte sprungweise nach Südosten verschoben hat, vom Snaefellsjökull-Gebiet zum Bereich von Hekla und den neuen Inselchen. Dies mag bedeuten, daß Island

sich als Ganzes westwärts auf eine tiefe Röhre oder eine „heiße Feder", eine sogenannte Plume, zubewegt, die für die Eruption verantwortlich gemacht wird.
Falls sich seit der Entstehung Islands solche Eruptionen in einem mehr oder minder gleichbleibenden Tempo fortgesetzt haben, sollten die Gesteine dieselben Muster magnetischer Zonen besitzen, wie sie symmetrisch zur Mittellinie entlang des Reykjanes-Rückens und anderer Ozeanrücken entdeckt wurden. Eine Magnetismusuntersuchung, von der 1972 J. D. A. Piper von der Universität Leeds berichtete, zeigte, daß das Gestein in der Zentralbruchzone der Insel parallel zu dem gegenwärtigen Erdkraftfeld magnetisiert ist, was der sogenannten Brunhes-Magnetismusepoche entspricht. Das Gestein ist beiderseits von solchem mit umgekehrten Polen umgeben, das aus der Matuyama-Epoche stammt. Diese Bereiche werden im Wechsel von Fels der Gauss- und Gilbert-Epochen flankiert, die noch frühere Perioden der Magnetisierung bilden. Hier und da ist auch Lava einer bestimmten Epoche in eine Nachbarzone mit umgekehrter Polarität eingedrungen, so daß das Muster nicht annähernd so symmetrisch ist, wie jenes parallel zum untergetauchten Reykjanes-Rücken. Es war deshalb ein Glücksfall, daß die erste detaillierte Magnetismusuntersuchung bei einem Teil des Rückens erfolgte, dessen Symmetrie offensichtlich war, während bei den meisten anderen Stücken das Muster durch die Spielarten der Vulkanausbrüche durcheinandergebracht wurde. Nur wenn man die Region in größerem Maßstab betrachtet, verlieren diese Abirrungen an Bedeutung, und die Abfolge der magnetischen Umkehrungen tritt deutlich zutage.
Bald nachdem die Theorie von der Ausbreitung des Meeresbodens bekannt wurde, erarbeiteten G. Bodvarsson (Reykjavik) und G. P. L. Walker (London) eine Studie über das Alter und die Verteilung des eingedrungenen Vulkangesteins. Sie wollten feststellen, ob sie die Theorie unterstützen könnten oder widersprechen müßten. Überall fanden sie Bestätigungen: Vulkangestein ist entlang einer 10 km breiten Zentralzone bei ziemlich gleichbleibender Geschwindigkeit erzeugt und beiseitegeschoben worden, seitdem die ältesten Felsen der Insel vor 12–16 Millionen Jahren geformt wurden. Das Vorkommen dieser älteren Gesteine im äußersten Osten und Westen der Insel läßt sich durch einen Driftvorgang erklären, der sie allmählich aus der zentralen Zone herausgetrieben hat, so daß sie jetzt 400 km auseinanderliegen.
Der bedeutsamste Fund der beiden Wissenschaftler war jedoch das Ausmaß der Lavavorstöße von unten, die niemals die Oberfläche erreichen. Diese Lava füllt entweder Risse aus, die durch irgendeinen anderen Prozeß entstanden sind, oder erzeugt diese Spaltungen, wobei in jedem Fall

senkrechte Basaltmauern zustande kommen, die als Adern bekannt sind. Wo Gletscher Fjorde bis tief unter den Meeresspiegel entstehen ließen, liegen die tieferen Adern frei. Im Gebiet von Reydarfjördur an der Ostküste Islands zählte Walker ungefähr 1 000 auf einer Strecke von 53 km. Das bedeutet, daß sie – oder ein anderer Vorgang – die Erdkruste so weit auseinandergedrückt haben. Außerdem wuchs die Zahl der Adern bei zunehmender Tiefe, was den Schluß zuläßt, daß die Erdkruste in einer gewissen Tiefe völlig aus Adern zusammengesetzt ist.

In einer Situationsanalyse von 1972 meinten Piper und J. L. Gibson (Leeds), daß dieser Bereich nur 2–5 km tief liegt. Darüber befinden sich große, linsenförmige Lavaansammlungen, die von aufeinanderfolgenden Eruptionen aus Bereichen intensiver Aktivität an die Oberfläche gepreßt worden sind. Diese Lavabetten sind ebenfalls von Adern in kleinerer Zahl durchdrungen, wobei nur ein relativ kleiner Prozentsatz ganz an die Oberfläche dringt.

Die Struktur der isländischen Kruste ist nach Auffassung der Wissenschaftler vereinbar mit den seismologischen Beweisen, die im letzten Jahrzehnt gesammelt wurden. Das Gesamtbild zeigt, daß ausreichend Lava in der Tiefe vordringt, um eine jährliche Driftrate von einem Zentimeter beiderseits der Bruchzone zu „bewältigen“, was auch dem Umfang entspricht, der durch die Magnetstreifen an den Flanken des Reykjanes-Rückens angedeutet wird. Die isländischen Beobachtungen – der Beweis für das Auseinanderdriften in der Festlandsgeologie – trugen dazu bei, auch die letzten Gegner zu überzeugen.

Um die Eigenart des Prozesses zu erforschen, der Island anscheinend auseinanderzog, versuchte man ihn auszumessen. 1967 legten Robert W. Decker vom Dartmouth College, New Hampshire, und Páll Einarsson vom Lamont-Doherty-Observatorium zwei Untersuchungslinien an. Eine durchquerte den Südwestausläufer der Bruchzone, wo sich einst der Althing traf, die andere überquerte den Südausläufer nahe dem Mount Hekla. 58 Teilbereiche, durchschnittlich 2 700 m lang, wurden in der Hoffnung vermessen, die geographische Verteilung des Ausdehnungsprozesses feststellen zu können. Man wollte fünf Jahre später zurückkehren und die Messungen wiederholen. Jedoch brach Hekla im Mai und Juni 1970 aus und verbreitete schätzungsweise 200 Millionen Kubikmeter Lava über das Umland. Da der Vulkan nahe dem Untersuchungsprofil lag, entschlossen sich die beiden Wissenschaftler zusammen mit Paul Mohr, ihre Vergleichsmessungen dort vorzunehmen.

Diesmal benutzten sie als Entfernungsmesser ein Geodimeter, in dem ein Helium-Neon-Laserstrahl wie ein Radarstrahl arbeitet, nur mit größerer Genauigkeit. Die Ergebnisse ließen eine Dehnung der Meßzone

von 6–7 cm vermuten – eine Distanz, die beträchtlich größer erschien als die Fehlermarke der Ausrüstung. Teilweise war der Untersuchungsbereich zusammengedrückt, teilweise gestreckt worden. So stellte man fest, daß der Dehnungsvorgang 25 km nordöstlich des Mount Hekla entsprang. Die Zone, aus der das Auseinanderdriften hervorging, lag nicht in direkter Linie zu den Rissen des Vulkans, deren Ausdehnung 10 km westlich daran vorbeiging. Eine frühe Analyse der Erdbeben in Zusammenhang mit dem Ausbruch zeigte jedoch einige Risse nahe dem vermuteten Driftursprung.
Das Wissenschaftlertrio wollte mit diesen Messungen die Natur der Schollenbewegung etwas aufklären. Es zog drei Möglichkeiten in Betracht:

1. Die Erdschollen werden durch das Eindringen von Lava in die Bruchzonen auseinandergeschoben.
2. Die Erdschollen werden durch das Gewicht der absinkenden Ränder auseinandergezogen – jener Teile des Krustenmaterials, die so kalt und verdichtet geworden sind, daß sie durch die Ozeangräben in den Erdmantel zurücksinken.
3. Die Erdschollen werden von Strömungen im oberen Erdmantelbereich auseinandergetrieben.

Die drei Wissenschaftler kamen zu dem Schluß, daß zumindest der obere Teil der Kruste in Island auseinandergezogen wurde, wodurch Grundlagenblöcke in den Bruchzonen absackten. Sie wiesen aber darauf hin, daß ein lokales Absinken von Blöcken auch dort beobachtet worden sei, wo sich, wie z. B. auf Hawaii, Lava von unten in die Risse zwängt, oder wo die Oberfläche zusammengebrochen ist, nachdem eine Eruption ein unterirdisches Lavareservoir entleert hatte. Weil dieser letztgenannte Prozeß eher nach einem Ausbruch als zu seinem Beginn vorkommt, müßte er in Island feststellbar sein, falls eng umrissene Messungen der Landverformung vor, während und nach einer Eruption vorgenommen würden. Ein ausführlicheres Wissen über die Folge von horizontalen und vertikalen Bewegungen der Erdoberfläche im Bereich der isländischen Bruchzonen könnte für einige bestimmte Schlüsse über die „Schiebe“-, „Zieh“- oder „Trieb“-Mechanismen bei der Schollenbewegung sorgen, meinten die drei.
Die Art und Weise des Vorganges, der die Erdschollen bewegt, bleibt weiterhin im Dunkeln. Als sich eine Anzahl derer, die dieses Problem erforschen, in Flagstaff, Arizona, 1970 zu einem Symposium über dieses Thema versammelte, erkannten sie, daß die Ausbeute an Beweisen noch sehr dürftig ist. Die Schollen der Erdkruste können mit schwimmendem

Eis verglichen werden, das von den darunterliegenden Strömungen hin und her getragen wird – eine Situation, in der es schwierig ist zu sagen, welche Wasserbewegungen für die des Eises verantwortlich sind. So kam es zwar zu sehr verschiedenen Vorschlägen, aber die Phänomene konnten nicht endgültig erklärt werden.

Bryan Isacks und Peter Molnar von der Lamont-Doherty-Gruppe glauben, daß der schwere, kalte und dichte Teil des ältesten Randbereiches einer Scholle diese entlang eines Tiefseegrabens in den Erdmantel zieht, so wie eine Seite eines Handtuchs, wenn sie durchnäßt wird, den Rest des Tuches unter Wasser taucht.

Gerald Schubert von der University of California, D. L. Turcotte von der Cornell University und E. R. Oxburgh von der Oxford University meinten, daß Veränderungen der Kristallstruktur innerhalb des Erdmantels Konvektionsströme verursachen, die das Schieben auslösen. Wenn Gestein unter Druck in der Tiefe des oberen Erdmantels aus einem weniger dichten Zustand in einen dichteren Zustand umgewandelt wird, gibt es Hitze ab. Wenn sich die Wandlung bei Druckabfall in umgekehrter Richtung vollzieht, nimmt das Gestein Wärme auf. Vom oberen Mantel nimmt man an, daß er in zwei Schichten unterteilt ist, von denen die weniger dichte oben liegt. Doch die Zirkulation des Gesteins zwischen den Schichten könnte durch einen Vorgang vorangetrieben werden, bei dem absinkendes Material wegen seiner Umformung in einen dichteren Zustand Hitze erzeugt, die den Aufwärtsstrom antreibt.

Eine andere These von sowjetischen Wissenschaftlern lautete, daß nicht die Radioaktivität sondern eher chemische Vorgänge den Kreislauf in Gang halten. Während die meisten westlichen Wissenschaftler glauben, der Zerfall radioaktiver Elemente rufe die innere Erdwärme hervor und erzeuge so einen wie auch immer gearteten Konvektionsstrom, so nehmen sowjetische Wissenschaftler an, daß die Hitze durch chemische Reaktionen entsteht – durch Reaktionen, die von der ursprünglichen Gestaltung der Substanzen stammen, aus denen das Erdinnere geformt wurde. Einmal in Gang gesetzt, dauern sie noch an, wenn auch mit abnehmender Geschwindigkeit.

Egon Orowan vom Massachusetts Institute of Technology hat ein Modell entwickelt, in dem die atlantische Seite des Erdballs eine „heiße" Hemisphäre darstellt, in der hartes Mantelmaterial in eine formbare Oberschicht verwandelt wird, die aus dieser Region in die „kühle" Hemisphäre auf der pazifischen Seite wegfließt. Dort sinkt dieses formbare Material ab, erhärtet und wird wieder ein Teil des Mantels. Das bewirkt nach Meinung von Orowan, daß der Atlantik in der Mitte gespalten, die Erdkruste von der Bruchlinie fortgetragen und der Pazifik von allen gedrückt sowie dessen Boden in die ihn umgebenden Gräben hinabgepreßt wird. Um den stetigen Abzug des Mantelmaterials von der atlantischen Seite und dessen Hinzufügung auf der pazifischen Seite auszugleichen, muß der gesamte starre Mantel sich wie eine große, kugelförmige Schale als Einheit in Richtung Atlantik bewegen, wobei der Kern aus dem Zentrum geschoben wird.

Andere Mutmaßungen, von denen einige bis zu den frühesten Zeiten der Drifttheorie zurückreichen, beschäftigten sich mit Antriebskräften, die in Beziehung zur Erddrehung stehen, zur Gezeitenbeeinflussung durch den Mond und zum „Bergabgleiten" der Schollen, weil die Vorgänge innerhalb des Mantels der Erde eine asymmetrische Form verliehen haben sollen. Wie William M. Kaula von der University of California, eine Autorität für die Erdgravitation, betonte, sollte durch genaue Aufzeichnungen des Gravitationsfeldes das tatsächliche Ausmaß der Erderhebungen oder anderer Anzeichen für die Auf- und Ab-Strömungen innerhalb der Erde enthüllt werden. Dazu könnten Radarhöhenmesser verwendet werden, um die Erdumlaufschwankungen der Satelliten festzustellen; da der Flugweg eines Erdsatelliten vom örtlichen Kraftfeld kontrolliert wird, sind Abweichungen jener Bahn von der Symmetrie ein sensibler Indikator für Abweichungen von der Symmetrie in der Erde.

1971 fand ein Erklärungsversuch von W. Jason Morgan aus Princeton breites Interesse. Er nahm an, daß rund zwanzig „Plumes", auch „Federn" oder „Schlote" genannt, aus der Tiefe des Erdmantels zu den Hauptvulkangebieten rund um die Erde aufsteigen. Jeder solche Schlot mißt vielleicht 100 km im Durchmesser. Nach Morgans Hypothese bilden sie eine Reihe von Rohrleitungen, die jedes Jahr 600 cbkm Mantelmaterial und die in der Tiefe erzeugte Hitze nach oben transportieren. Oben auf dem Erdmantel breiten sich diese Plumes aus wie die Wolken über einer Gewitterzone. Die Ausdehnung unmittelbar unter der Erdkruste zerrt die Krustenplatten auseinander.

Dieses Konzept unterschied sich sehr von dem der Konvektionszellen in einem flachen „Förderband-Gürtel" des oberen Erdmantels. Es vermied die seltsame Geometrie dieser Hypothese. Ursprünglich war schwer erklärbar, warum sich aufsteigende Lava in die Zickzack-Bruchzone des Mittelatlantikrückens schieben würde, falls dies der Vorgang war, der die Erdschollen auseinandertreibt. Wenn die Schollen durch die Plume-Aktivität auseinandergezogen werden, dann entstehen die Risse nicht durch das Eindringen von Material, sondern infolge eines Vorganges anderswo. Die Lava quoll lediglich den Rücken entlang, um die sich öffnenden Spalten zu füllen.

In gewissem Sinne ist das Plume-Konzept bereits in den 1950er Jahren

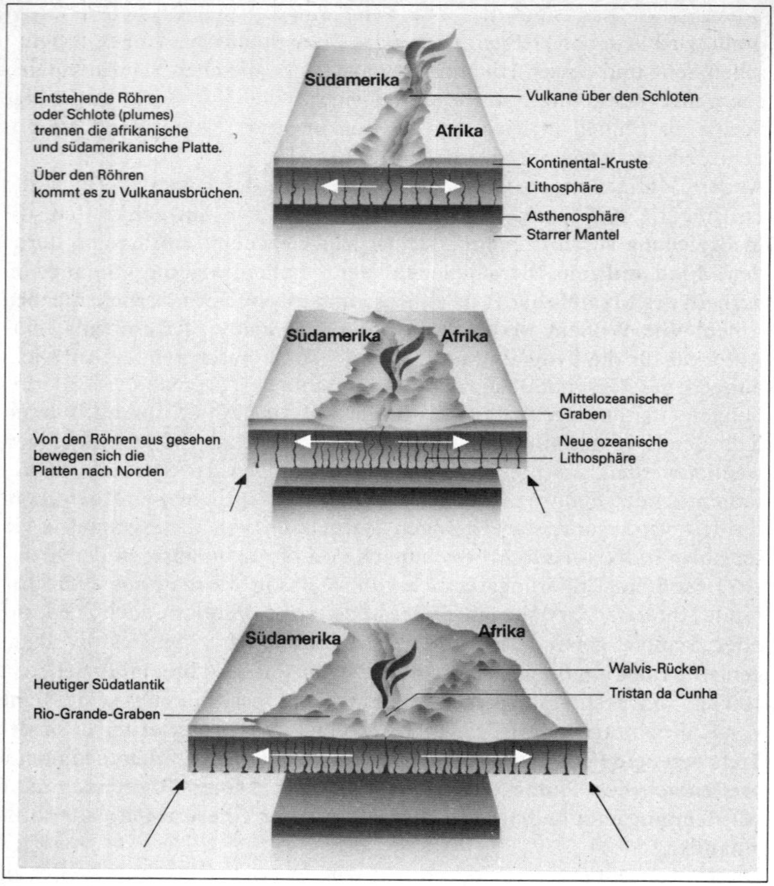

Zwei mögliche Ursachen für die Bildung von Rücken im Südatlantik.

von Tom Gold entworfen worden. Er vermutete, daß geschmolzenes Material in Kanälen durch einen sonst festen Mantel aufsteigt. Das sei nachzuweisen, weil diese flüssigen Aufströmungen bestimmte Erdbebenwellen schlucken. 1963 vertrat Tuzo Wilson die Vorstellung, daß die hawaiischen Inseln und andere Inselketten, deren Zusammensetzung von einem Ende bis zum anderen fortschreitend älter werde, durch stetiges Aufquellen geschmolzenen Materials unterhalb einer sich bewegenden Erdkrustenscholle geformt wurden.

Die Hawaii-Inseln sind eine von sieben parallelen Reihen aus Inseln und Meeresbergen im Pazifik, deren Entstehung Wilson in Verbindung brachte mit der allgemeinen Südost-Nordwest-Bewegung der pazifischen Platte über den Lavaquellen unterhalb der Erdkruste. Wilson erkannte, daß, falls ein großer Konvektionsstrom im Mantel für die Drift des Pazifikbodens verantwortlich war, er auch die Quelle des Materials für die hawaiischen Inseln sei. Sie müßte sich bewegen, aber mit niedrigerer Geschwindigkeit, und in einem tiefgelegenen Teil des Konvektionssystem verwurzelt sein.
Nach Wilsons Aussage ist dieser Vorgang auch die Ursache für zwei Ketten untergetauchter Inseln und Rücken, die vom Mittelatlantikrükken aus nahe der Vulkaninsel Tristan da Cunha im Südatlantik liegen. Der Walfisch-Rücken reicht bis Südwestafrika, und der Rio Grande-Rücken verläuft auf Rio de Janeiro zu. Beide sind von derselben aufquellenden Lava erzeugt worden, die in jüngerer Zeit Tristan da Cunha schuf, wobei einiges Material von der ostwärts treibenden Scholle und anderes von der westwärts treibenden Scholle mitgezogen wurde. Die daraus resultierenden Rücken gehören zum Mittelatlantikrücken gemäß der Hypothese, daß entweder die Schollen eine Nordtendenz in ihrer Fortbewegung aufweisen oder der Schlot sich südwärts bewegt.
Morgans Schlot- bzw. Plume-Hypothese unterscheidet sich von der Wilsons darin, daß sie das aufsteigende und sich ausbreitende Material als die verantwortliche Triebkraft für den gesamten Prozeß der Kontinentaldrift ansieht. Es ist weitgehend den Beiträgen von Morgan und Dan McKenzie von der Cambridge-Universität zu verdanken, daß die Vorstellung, die Erde sei mit einem kugelförmigen Mosaik von sich bewegenden Platten gepflastert, als „Plattentektonik" bekannt wurde.
Aus der Geometrie dieser Platten bzw. Schollen und ihren Bewegungen leiteten die beiden ab, daß sie sich in einer Vielfalt von „Dreierknotenpunkten" treffen müßten, deren Entwicklung die Gestalt des Meeresbodens und des nahegelegenen Landes in vielen Bereichen bestimmt habe. Die Bewegungen der Schollen haben, was Tempo und Richtung betrifft, eine konstante Tendenz über größere Zeiträume hinweg. Dabei kann ein Dreierknotenpunkt sehr mobil sein. Die Art, in der sich drei benachbarte Schollen von den Rücken aus bewegen und in die Tiefseegräben absinken, führen zu Wanderungen ihres Knotenpunktes. Es hat den Anschein, daß zurückliegende Wanderungen solcher Punkte die Vielfalt von Strukturen der Erdoberfläche einschließlich des rätselhaften „Ellenbogens" im Magnetismusmuster des Pazifikbodens erklären könnten.
Zentraljapan bildet einen Dreierknotenpunkt, wo sich drei Absenkungszonen treffen: eine erstreckt sich nordostwärts in Form des Japan-Gra-

bens, eine verläuft nach Süden entlang des Bonin-Inselbogens auf die Marianen-Inseln zu, und die dritte dehnt sich als Riukiu-Inselbogen südwestwärts aus. Morgan und McKenzie erklärten, daß die Tiefenaufteilung der Erdbeben in diesem Gebiet von der Wanderung des Knotenpunktes bestimmt wurde.

Von besonderem Interesse wäre ein Punkt, von dem aus sich drei Rükken oder Dehnungszonen kreisförmig ausbreiteten, da dies oberhalb eines Schlotes geschehen sollte. Morgan und McKenzie vermuteten, daß eine solche Stelle westlich der Galapagosinseln liegt. Hier bewegt sich die Pazifikscholle von der Ostpazifikschwelle nach Nordwesten, die Cocosscholle treibt nordostwärts auf den Mittelamerikagraben zu, die Nazcascholle gegen die südamerikanische Küste. Daß die Nordostdrift der Cocosscholle Mittelamerika aus dem Wasser hob, wurde im folgenden Jahr durch die Bohrergebnisse der *Glomar Challenger* bestätigt.

Um die Knotenpunktthese zu überprüfen, fuhr eine Expedition auf dem Marineforschungsschiff USNS *De Steiguer* in das Gebiet. Man fand, daß die Galapagosschwelle von einer Reihe von tiefen Tälern parallel zu ihrer Achse durchtrennt wird. Darunter liegt ein zentraler Riß, der tiefer ist als jeder bisher bei den mittelozeanischen Rücken entdeckte. Die Wissenschaftler spürten auch die magnetischen Muster auf, die für eine Dehnungszone typisch sind. Die Beweise deuteten auf Bewegungen hin, die alle drei Schollen von ihrem Knotenpunkt forttreiben. Dabei erfolgte das Entfernen von der Galapagosschwelle im Vergleich zur Fortbewegung von der Ostpazifikschwelle sehr langsam. Das bestätigte auch die Bodentopographie.

Aus unbekannten Gründen entwickeln Rücken, von denen aus der Meeresboden schnell gedehnt wird, z. B. die Ostpazifikschwelle, breite und verhältnismäßig flache Konturen, während Rücken mit sich langsam ausbreitender Umgebung äußerst zerfurcht aussehen. Dieses Furchenmuster besitzen die Galapagosschwelle, die Afar-Region und der nördliche Atlantikrücken.

Falls manche Schlote halbbeständige Strukturen darstellen, wie Morgan annahm, die tief im Erdmantel eingebettet sind, dann könnten aus ihren Oberflächenformen die Schollenbewegungen zurückverfolgt werden. Morgan glaubte, daß mehrere Ozeanrücken, die keine Erdbebentätigkeit zeigen, wie z. B. der große Neunzig-Ost-Rücken im Indischen Ozean, Zonen darstellen, die von den tiefbegrabenen Röhren in die sich bewegende Erdkruste geprägt wurden. Der Neunzig-Ost-Rücken verläuft entlang des Längengrades 90° Ost genau nordwärts.

Morgans Vorstellung schien durch die Bohrungen der *Glomar Challenger* 1972 im Indischen Ozean bestätigt zu werden. Das Schiff bohrte fünf

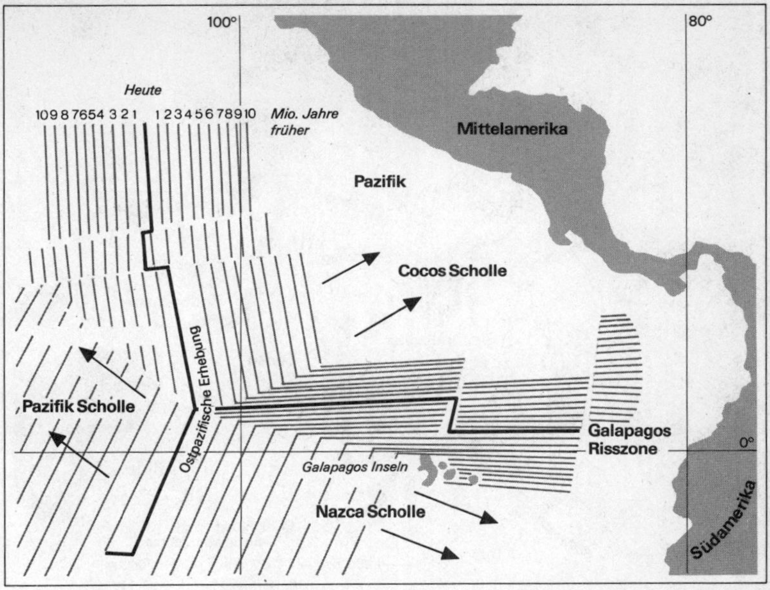

Magnetografische Untersuchungen des Pazifikbodens durch Wissenschaftler der US-Marine und der Universität Princeton ergaben eine Ausdehnung nach drei Richtungen, die von einem Punkt östlich der Galapagos-Inseln ausgehen. Die Dichte der Alterslinien zeigt, daß die von der ostpazifischen Erhebung südwärts gerichtete Bewegung relativ schnell vor sich geht, im Bereich der Galapagos-Rißzone dagegen langsam.

Löcher entlang des sich über 4 000 km erstreckenden Rückens. In den Proben am Nordende, das entsprechend Morgans Hypothese als erster Teil der Scholle des Indischen Ozeans über die Röhre hinwegdriftete, fand man Sedimente, die vor rund 75 Millionen Jahren in seichtem Wasser auf neu ausgestoßener Lava abgelagert wurden. Dieses Material war viel älter und tiefer abgesunken als jenes an Stellen weiter südlich. Ganz am Südende war es nur 15 Millionen Jahre alt.

Die Vulkantätigkeit, die den Neunzig-Ost-Rücken Stück für Stück schuf, scheint einen Zeitplan der Nordwärtsdrift der Scholle, durch die Indien schließlich eng an Asien anschloß, zurückgelassen zu haben. Es ist aber auch schon gesagt worden, daß der Rücken nicht von einem stationären Schlot unter einer sich bewegenden Scholle geformt worden ist, sondern den Grenzbereich zwischen zwei Schollen mit entgegengesetzter

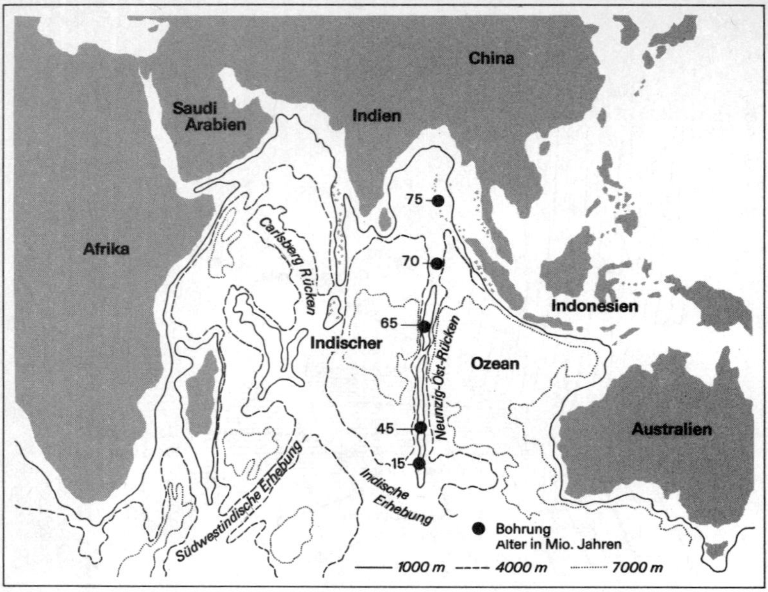

Der Neunzig-Ost-Rücken: Produkt eines ortsfesten Schlots unter einer nach Nord ziehenden Scholle?

Bewegungsrichtung markiert: der Zentralscholle des Indischen Ozeans und der Scholle des Wharton-Beckens.

Ein weiteres mögliches Produkt der Plume-Aktivität ist eine Kette von Unterwasservulkanen, den Neuengland-Seebergen, die sich über 1 000 km vom amerikanischen Kontinent bei Cape Cod bis zum Mittelatlantikrücken erstrecken. Die meisten der 27 bekannten Erhebungen dieser Kette wurden seit 1950 entdeckt. Man weiß bis jetzt noch nicht, ob ihr Alter von Westen nach Osten abnimmt oder nicht. Diese Kette mag sich landeinwärts von Boston nach Ottawa fortsetzen und somit zu den vulkanischen Strukturen der Weißen Berge und zur vulkanischen Tätigkeit nahe von Ottawa und Montreal beigetragen haben. Einige Skeptiker gegenüber der Plume-Theorie glauben, daß solche Strukturen entlang alter Wandelverwerfungen liegen, wie z. B. jenen, die die Ausläufersegmente der ozeanischen Rücken miteinander verbinden.

Um absolute Bewegungen der Schollen festzustellen, hängt der Wert der Schlote als Bezugspunkte von ihrem Verbleiben in festen Positionen ab

– eine Vermutung, die u. a. Xavier Le Pichon, der führende französische Forscher für Schollenbewegungen, Tanya Atwater und Peter Molnar vom Massachusetts Institut für Technologie in Frage gestellt haben. Seit dem Erscheinen der Plume-Theorie haben mehrere Wissenschaftler Dinge entdeckt, die nach ihrer Meinung die Idee bestätigen. Island kann als Oberflächenausformung eines Riesenschlots angesehen werden, die die eurasische und die nordamerikanische Scholle auseinandergedrängt hat. Man schätzt, daß sich in den letzten Jahrhunderten ein Drittel der gesamten Lava, die von Überwasservulkanen auf der ganzen Erde ausgestoßen worden ist, über diese Insel ausbreitete.

Kürzlich hat Peter Vogt vom Ozeanographischen Institut der US-Marine südlich von Island V-förmige Strukturen im Meeresboden identifiziert. Er nimmt an, daß sie durch Impulse oder plötzliches Aufsteigen von Plume-Material entstanden sind. „Es gibt erfolgreiche und erfolglose heiße Flecken. Das isländische Zentrum war stark genug, um vor 60 Millionen Jahren die laurasische Scholle zu zerbrechen, während Hawaii sich immer noch vergeblich müht, die Pazifikscholle aufzubrechen", schrieb Vogt. Ein erfolgreicher „heißer Fleck", dessen Schlot zwei ozeanische Schollen auseinandertreibt, kann eine Reihe von V-förmigen Strukturen entlang dem Rücken verursachen, wenn der Zustrom aus dem Schlot in gewissen Abständen verstärkt wird und deshalb vordringende „Wellen" bildet. Vogt glaubt, der größte Teil des Plume-Materials gelange durch Kanäle in den Boden der Lithosphäre. So könne es sein, „daß ein horizontales Plume-System unter dem Mittelozeanischen Rücken liegt, das das geschmolzene Material aus dem Plume-Zentrum ableitet".

Gleichgültig, wie die Materialverbreitung aussehen mag, das Material kann nur entlang der Bruchzone des Rückens zur Oberfläche gelangen. Der Ort, an dem das aufquellende Material hauptsächlich vorkommt, wandert allmählich die Bruchzone herunter, während sich zur selben Zeit die Schollen an beiden Seiten der Zone fortbewegen. Das Ergebnis ist eine V-förmige Struktur, die in ähnlicher Weise zustande gekommen ist wie jene mit den zwei Rücken, die von Tristan da Cunha ausgehen. Vogt meint auch, daß die Bewegung des Plume-Materials unterhalb der Meeresbodenscholle mit zunehmender Entfernung von der Plume langsamer wird.

Der Zustrom unter dem Reykjanes-Rücken, 100–500 km südlich des hypothetischen isländischen Schlots, legt nach seiner Schätzung jährlich 20 cm zurück, während 1 000 km weiter südlich die Strömungsgeschwindigkeit 1–2 cm im Jahr und 2 000 km südlich des Schlots nur 0,1–0,2 cm beträgt. Der Island-Schlot soll nach seiner Berechnung jährlich 10–100 cbkm halbgeschmolzenen Materials nach oben fördern, von dem nicht mehr als 0,5 cbkm als Basaltkruste emporkommt. Vogt entdeckte V-förmige Strukturen auch nördlich von Island und auf der Ostpazifikschwelle nördlich von Ostisland – was andeutet, daß dort ebenfalls ein Schlot aufsteigt.

Über weitere Beweise für einen isländischen Schlot berichtete J. G. Schilling von der Rhode Island-Universität. Er analysierte Lavaproben, die der gesamten Länge der Mittelachse des Reykjanes-Rückens und in der Bruchzone Islands entnommen wurden. Die Analyse ergab eine systematische Veränderung der Lavachemikalien bei zunehmender Distanz von Island. Schilling leitete daraus ab, daß sich Plume-Material in einer Zusammensetzung, die möglicherweise für den tiefen Erdmantel charakteristisch ist, von der Plume aus durch die Asthenosphäre verbreitet, dadurch in fortschreitendem Maße das Asthenosphärenmaterial verdünnt, das nun entlang der Rücken aufquillt, um neuen Meeresboden zu bilden, während sich die Schollen fortbewegen. Eine ähnliche Wirkung erzielt nach Schillings Bericht eine von ihm vermutete Plume unter dem Afar-Dreieck. Die Basalte des Roten Meeres und des Golfs von Aden weisen mit wachsender Entfernung vom Dreieck veränderte Anteile jener Elemente auf, die als seltene Erden bekannt sind.

Morgans Plume-Hypothese ist von seinem Kollegen Kenneth S. Deffeyes zu einem Modell ausgearbeitet worden, das einen Kreislauf des gesamten Erdmantels einschließt. Das Material, das durch jeden Schlot emporkommt, verbreitet sich über ein Fünftel des Erdumfangs, bevor es durch einen Graben wieder in den Erdmantel hinabsinkt. Die Ozeanböden werden vom höchstgelegenen Teil dieses Stromes geformt, der sich zu einer starren Schicht, der Lithosphäre, härtet. Sie wird auf ihrem Weg kühler, dicker und schwerer, bis sie schließlich durch einen Graben in die Asthenosphäre hinuntergleitet. Dabei „schmilzt" die Scholle und wird ein Teil des oberen Mantels. Inzwischen fließt das heißeste Mantelmaterial nahe dem flüssigen Erdkern fort, um Nachschub für die Plumes zu bilden. Wegen dieser andauernden Fortbewegung der Materie von der Basis des Mantels her sinkt der gesamte Mantel, abgesehen von den Plumes, langsam ab. So wird der Kreislauf vollständig.

Ein Faktor in diesem Modell, der den Kreislauf antreibt, ist die Verwandlung der Materie in einen Zustand geringerer Dichte. Das erfolgt, während sich die Materie noch tief im Schlot befindet. Eine Zustandsänderung bedeutet, daß sich die Kristallstruktur, aber nicht die chemische Zusammensetzung ändert, wenn z. B. Graphit zu Diamant wird.

1971 vermuteten Gerald Schubert und D. L. Turcotte, daß Zustandsveränderungen eine Schlüsselrolle in dem Bewegungsablauf der Schollen spielen könnten. Falls infolge der sehr hohen Temperatur des aufsteigenden Materials der Wandel zu einem Zustand geringerer Dichte relativ früh geschieht, d. h. Hunderte von Kilometern unter der Erdoberfläche, müßte sich die Plume mit erneuerter Energie aufwärts bewegen. Wenn der umgekehrte Effekt vorkommt, die Materie einen Graben hinuntergleitet, wobei die Dichte bei geringer Tiefe zunimmt, dann müßte die Scholle wegen des größer werdenden Gewichts langsam hinabgezogen werden.

Als Beweis für einen langsamen Kreislauf durch den ganzen Erdmantel zitierte Deffeyes Studien von Virginia M. Oversby aus Australien und dem verstorbenen Amerikaner Paul W. Gast, die sich mit Blei in frisch ausgestoßenem Lavagestein auf ozeanischen Inseln befaßten. Aufgrund der Fülle bestimmter Bleiformen oder -isotopen, die durch lange Sequenzen radioaktiven Zerfalls entstanden, schien es möglich festzustellen, wieviel Zeit vergangen war, seit dieses Material ohne äußere Einflüsse seinen langen Verbleib im Mantel begann.

Gast und Oversby untersuchten Blei im Vulkangestein von sechs Pazifikinseln und von Inseln nahe oder auf dem Mittelatlantikrücken. Die Wissenschaftler kamen zu dem Schluß, daß eine gewisse Umwandlung vor rund 1,4 Milliarden Jahren stattgefunden hatte, die eine „Verjüngung“ dieses tiefgelagerten Materials bewirkte. Nach der Auffassung von Deffeyes ereignete sich dies, als das Material durch den Kreislauf schließlich nahe an die Erdoberfläche gebracht worden war. Daß die Beweise auf Inseln in zwei weit voneinander entfernten Ozeanen und auf solchen Inseln, die sich vermutlich direkt über Schloten befinden, entdeckt wurden, sah man als eine Bestätigung für einen global gleichmäßigen Kreislauf der Mantelmaterie an.

Anhänger der Plume-Theorie haben mehrere kontinentale Strukturen identifiziert, von denen sie glauben, daß sie durch die Bewegung eines Kontinents über einer Plume erzeugt wurden. Eine davon ist die Reihe alter Vulkane von den Eifelbergen und entlang der Grenze zwischen DDR und CSSR bis nach Breslau. Das Alter der erloschenen Vulkane nimmt von der Eifel bis nach Polen mehr oder minder zu. In Polen haben die Eruptionen vor 29–34 Millionen Jahre stattgefunden, an der deutsch-belgischen Grenze vor einigen zehntausend Jahren. Das kann bedeuten, daß die Lava aus einer Plume aufstieg, die ihren Standort im Mantel nicht änderte, während die europäische Scholle vom Mittelatlantik nach Osten getragen wurde.

Manche Wissenschaftler sind der Ansicht, daß die vulkanischen Strukturen, die in den USA ostwärts bis zum Yellowstone Park reichen, ebenso ein Plume-Produkt sind, wie eine Serie von Granitausformungen, die von der nigerianischen Küste bis in die Sahara verlaufen. Von ihnen wird behauptet, daß sie von Nord nach Süd zunehmend älter werden, so, als ob sie während der Nordwärtsdrift Afrikas über einer Plume geformt wurden.

Die Häufung von hypothetischen Plumes weckte ein gewisses Mißtrauen. Die frühere Erklärung für solche Strukturen war, daß die Erdkruste fortschreitend entlang einer Linie zerbrach und dabei eine Folge von Eruptionsstrukturen entstehen ließ. Eine Anzahl von Geologen glauben immer noch, daß dies eine plausiblere Erklärung ist. Dennoch müssen jene, die das Konzept von Plumes als dauerhafte Strukturen mit einer Reichweite bis zum flüssigen Erdkern anzweifeln, die Existenz „heißer Stellen" eingestehen, wodurch Inseln wie Island und Hawaii entstanden sind. Und die Anerkennung der Tatsache, daß sie unter sich bewegenden Schollen der starren Erdlithosphäre aufsteigen, hat ein neues Licht auf jene Inseln geworfen, die bisher als Zufallstupfen quer über den Ozeanen erschienen. Sankt Helena z. B. liegt an der Ostflanke des Mittelatlantikrückens zwischen Brasilien und Angola und erweist sich als das fossile Gegenstück von Island. Die beiden schildähnlichen Vulkane, durch die sie geformt wurde und die jetzt weitgehend von der Erosion eingeebnet worden sind, brachen im Mittelpliozän vor wenigen Millionen Jahren aus und sind seitdem erloschen. Aber sie werden von zahlreichen Adern durchtrennt, die wie in Island von Nord nach Süd parallel zum Rücken verlaufen.

Somit kennzeichnet im Rahmen von Alter und Struktur jeder Inselflekken in den Ozeanen der Welt eine Epoche im Werden jenes Meeres und ist weit davon entfernt, ein Zufallsprodukt zu sein. Die Art, in der die Ozeaninseln gebildet wurden, scheint relativ klar zu sein. Aber die Schollenbewegungen, die unsere Kontinente geformt haben, sind weit weniger offensichtlich. In den jungen Gebirgen und in den stark erodierten Überresten der alten Berge ist eine Geschichte der Schollenbewegungen verzeichnet, die viel älter ist als die bisher in irgend einem Ozeanbecken entdeckte.

15 Die Entstehung der Gebirge

Die hohen majestätischen Gebirge der Erdoberfläche sind imposanter als jede andere geologische Struktur. Wind, Regen und eisiger Frost wirken stärker auf die Berge ein als auf das flachere Land, das sie ebenfalls verändern. Gäbe es in der Natur keine rivalisierenden Vorgänge, dann wären die Landmassen schon lange abgetragen und weitgehend in den Meeren untergegangen.

Die ersten Naturforscher wunderten sich über die Berge und dachten über ihre Entstehung nach. Es schien offensichtlich, daß einige Gebirge relativ jung waren und noch wuchsen, während andere ein hohes Alter besaßen und von der Erosion zerfressen wurden.

Noch in den 1960er Jahren schrieb Walter M. Elsasser, der Physiker und Mitbegründer der Dynamotheorie über den Erdmagnetismus: „Das Problem der Formation von Kontinenten und Gebirgen ist eine der wenigen großen, ungelösten Fragen der Physik.“ Ungefähr 1450 stellte der Schweizer Felix Hemmerlin fest, daß einige der in den Alpen eingebetteten Fossilien, weit vom Meer entfernt und einige Tausende von Metern über dem Meeresspiegel, von Lebewesen stammten, die in einem Ozean gelebt hatten. Auch die ersten Geologen, die in das Himalaya-Gebirge vordrangen, entdeckten Tiefseefossilien der verhältnismäßig jungen Triasperiode. Heute ist klar geworden, daß im wesentlichen alle großen Bergketten umfangreiche Mengen von Material aus den Ozeanböden enthalten, obwohl manche Hunderte oder Tausende von Kilometern vom Meer entfernt liegen.

Für die Wissenschaftler des späten 18. und des frühen 19. Jahrhunderts waren die Beobachtungen, die der Schweizer Johann Konrad Escher von der Linth (1767–1823) und sein Sohn Arnold (1807–1872) machten, recht verwirrend. In den Glarner Alpen erforschten und skizzierten sie die bemerkenswertesten Faltungen und Krümmungen der Gesteinsschichten, die, wie man vernünftigerweise vermutete, einst flach gelegen hatten. Solche Beweise für einen Druck von Kräften schwer faßbarer Größe kann man überall auf der Welt bei Klippen und Einschnitten feststellen. Was die Eschers vor allem überraschte, war die Tatsache, daß in freiliegenden Felsen, die anscheinend nicht einfach gefaltet

oder durcheinandergekippt worden waren, eine Schicht relativ jungen Kalksteins unter einem dunklen und eindeutig älteren Sandstein lag.
Seit jener Zeit weiß man, daß solche Umkehrungen der Schichtenfolge in verschiedenen Teilen der Alpen vorkommen. An einigen Stellen ist die darunter liegende Formation eine Fortsetzung der darüber liegenden, die einst „umgeklappt" wurde. Die inneren Schichten kommen dann in umgekehrter Reihe wieder vor. Numeriert man die Schichten der oberen Formation mit 1, 2, 3 und 4, dann wäre die Folge der Schichten der unteren Formation 4, 3, 2 und 1. Häufig haben sich die Formationen noch einmal selbst überlagert, so daß die Reihe 1, 2, 3, 4 tiefer nochmals auftaucht. Der Autofahrer kann dies von der Autobahn Zürich-Sargans aus beobachten, kurz bevor er die ersten Tunnels am Walensee erreicht. Als der jüngere Escher diese Formationen beschrieb, sprach er davon, daß sie die Gegend wie große Decken überlagern.
Escher glaubte, daß irgendeine große Horizontalbewegung vom Süden her eine Schicht von Meeresbodenkalk über einen weiten Teil der Schweiz geschoben und danach eine Schicht älteren Gesteins darüber gelegt hatte. Jüngere Untersuchungen haben ergeben, daß in den Ostalpen sich manche dieser Überlagerungen über 100 km und mehr erstrekken. Die Decke in den Glarner Alpen wird auf 6 km Dicke geschätzt, bevor die Erosion begann, und soll sich 35 km weit über das Land hinweggeschoben haben.
Als man um die Wende zum 20. Jahrhundert den 19 km langen Simplontunnel durch den Rücken der Südalpen baute, wurde Eschers Konzept verständlicher. Im Tunnel, der stellenweise von 2 000 m hohem Gestein bedeckt ist, war es möglich, die aufeinanderfolgenden Schichten zu verfolgen, die von Norditalien her anstiegen und aufeinandergehäuft die Alpen bildeten. Die Ergebnisse des Simplon-Querschnittes sind heute durch Beobachtungen in zahlreichen Minenschächten und weiteren Tunnelbauten ergänzt worden. Auch bei Flußumleitungen beim Bau von Staubecken ergaben sich neue Erkenntnisse.
Die Dent Blanche-Decke, nach dem großen Berg nahe dem Matterhorn an der schweizerisch-italienischen Grenze benannt, konnte bis weit in den Süden, bis nach Savona an der Mittelmeerküste nachgewiesen werden. Der obere Teil ist eine Folge von Sedimentgesteinen, die sogenannte Arolla-Serie, die sich bis zu 3 000 m Dicke auf einem alten Meeresboden angesammelt hat. Darunter liegt eine große Sedimentschicht, die Valpelline-Reihe. Beide sind von der Erosion stark angegriffen worden, aber einige Überreste, wie die hochragende Spitze des Matterhorns, das ein vollständig erhaltener Teil der Dent Blanche-Decke ist, bestehen noch und sind von unvergleichlicher Pracht. Der Matterhorngipfel selbst gehört

zur Arolla-Serie, während der größte Teil des Berges selbst zur Valpelline-Formation zählt. Der gesamte Berg und die ganze Dent Blanche-Decke, wo sie noch existiert, ruhen auf Meeresbodengestein, das teilweise so glatt oder geschmeidig war, daß sich eine einige Kilometer dicke Schicht darüberschieben konnte.

In Laborversuchen stellte man fest, daß sich poröses Gestein gut abschleifen läßt, sofern in den Poren von Kalkstein (oder anderem ähnlichen Gestein) Wasser unter hohem Druck vorhanden ist. Dieser Druck ist mit dem vergleichbar, den eine große Felsmasse ausübt. Vielleicht ist der hohe Porendruck in Gestein entstanden, das ursprünglich unter einem sehr tiefen Meeresboden abgelagert wurde.

Die großen Überwerfungen sind nicht allein auf die Alpen begrenzt, man findet sie auch in den Bergen Norwegens, Schwedens und im schottischen Hochland auf der europäischen Seite des Atlantik, auf der amerikanischen Seite in den Appalachen. Die Ursache für die Faltungen und die enorme Dicke der Sedimente in den Gesteinen waren ein Rätsel. 1859 entdeckte James Hall in den USA, daß die Sedimente der 300 Millionen Jahre des Paläozoikums, die sich als Appalachen aufgefaltet hatten, äußerst dick waren, während die Ablagerungen derselben Periode westlich der Appalachen in den Staaten Illinois und Iowa relativ flach waren. Sein Zeitgenosse James Dwight Dana meinte, daß diese großen Sedimentansammlungen in Gräben vorkommen, die sich allmählich gebildet hatten, als die Erdkruste beim Abkühlen des heißen Erdinneren Falten bildete. Solche Faltungen, sagte Dana, hätten parallel zu den Gräben Gebirge entstehen lassen, und die Erosion der Gebirge trug dann zu den umfangreichen Sedimentanhäufungen in den Gräben selbst bei. Dana nannte die sedimentgefüllten Senken der Erdkruste „Geosynklinale". Dieser Begriff wird von den Geologen immer noch benutzt, obwohl sie jetzt unterschiedliche Ansichten über die Eigenarten dieser Strukturen und ihrer Entstehung haben. Das Konzept der Schrumpfung der Erdkrusten bestand bis zu Beginn unseres Jahrhunderts. Immerhin wies Clarence Dutton vom US-Geologendienst darauf hin, daß es schwer begreiflich sei, wie dieses Konzept auch die Decken, die über weite Strecken dieselbe Richtung aufwiesen, erklären wolle. Wenn ein Apfel trockne, dann falte sich seine Haut überall ziemlich gleichmäßig und ohne große Überwerfungen.

Als Wegeners Theorie veröffentlicht wurde, sahen die Anhänger der Auffaltungen hierin eine Erklärung. Zu ihnen gehörte Emile Argand, der zu Beginn dieses Jahrhunderts die neuen Erkenntnisse vom Simplon-Tunnelbau dazu benutzt hatte, ein zusammenfassendes Bild der Decken zu zeichnen, eines, das lange Zeit allgemein akzeptiert wurde.

Er glaubte, daß Afrika nordwärts pflügte und dabei den Boden der Tethys-See vor sich herschob und diesen zu Platten auffaltete, die sich über ganz Europa aufeinanderhäuften. Vor rund 60 Millionen Jahren, im frühen Tertiär, schob sich dann Afrika über den Rand von Europa, wobei der Höhepunkt der alpinen Gebirgsfaltung vor ungefähr 30 Millionen Jahren im Oligozän erreicht wurde.
Dieser Gedanke wurde von Rudolf Staub aufgenommen. Er errechnete, daß die bei der Faltung entstandene Kompression von ungeheurem Ausmaß war. Die Decken sind nach seiner Auffassung zwölffach geschichtet und würden, wenn sie bis zu ihren ursprünglichen Positionen ausgebreitet wären, bis weit in den Süden reichen und eine 10–12fach größere Ausdehnung als heute besitzen.
Staub glaubte, daß zu Beginn des Auseinanderbrechens von Pangaea Afrika und Europa auseinandergezogen wurden, um die Tethys-See zu bilden. Im Mitteltertiär drückte der mächtige Koloß Afrika das kleine Europa herunter, hob den Boden eines früheren Ozeans empor, der dann als eine riesige Bergkette zwischen ihnen lag und weiter nach Norden geschoben wurde. Den Zweiflern an der Kontinentaldrift erschien dies alles recht lächerlich. Die Alpen waren für sie das Produkt von direkten Erhebungen und lokalen Faltungen.
So wie die „Drifter" und ihre Gegner sich in ihren Lagern verschanzten, taten es auch die Befürworter und Gegner von Überlappungen. In einer Sache waren sich beide Seiten einig: die Alpen wie die Appalachen und andere ähnliche Gebirgssysteme stammten von einer „Geosynklinale" ab, in der sich Sedimente von großer Vielfalt und außergewöhnlicher Dicke ansammelten. Die Befürworter waren sich nur darüber uneins, wo sie lag – ob ungefähr in der gegenwärtigen Position der Alpen oder weit im Süden. Es war offensichtlich, daß der Meeresboden nahe an einem oder mehreren Festlandsbereichen gelegen hatte, denn manche der alpinen Felsen enthielten Material, das eindeutig von höhergelegenem Grund fortgespült worden war. Wie in allen Geosynklinalen war der einzige Weg, die ungeheure Anhäufung zu erklären, eine Kombination von normaler ozeanischer Ablagerung und Material einer schweren Erosion wie z. B. von neu aufgestiegenen Bergen.
Nur durch die zunehmende Anerkennung der Kontinentaldrift in ihrer modifizierten Form der Geotektonik gelang es den Deckentheorie-Anhängern, ihre skeptischen Kollegen durch einen Kompromiß für sich zu gewinnen: das Absinken einer Scholle unter eine andere kann ebenfalls eine beträchtliche Anhebung verursachen.
Ein neues und äußerst wichtiges Element, das in die Debatte eingebracht wurde, ist die Entdeckung der wahren Natur einer besonderen

Gesteinsfolge der Ophiolit-Reihe, die in gestreckten Zonen mancher Gebirgssysteme vorkommt. Sie gab den Geologen Rätsel auf, weil die untersten Einheiten der Reihe aus „Grundgestein" bestehen – von der dichten Art, die typisch für Eruptionen tief aus dem Erdinneren ist. Man nahm an, daß sie mit hoher Eigentemperatur in die Sedimentformationen, wo sie gefunden wurden, eingedrungen sind. Dennoch besitzen die umliegenden Felsen in der Regel keine Merkmale dafür, daß sie durch ein solches Eindringen geformt wurden. Strahlungsmessungen ergaben vielmehr, daß dieses Grundgestein zu einer Zeit geschmolzen war, die viel weiter zurückliegt als das Alter der benachbarten Felsen.
Als die Strukturen unter dem Meeresboden bekannter wurden, begannen manche daran zu zweifeln, daß die Ophiolitreihe einen gesamten Querschnitt der ozeanischen Kruste von oben bis unten darstellte. Wäre dem so, würde die Ophiolitreihe die Eigenarten der als „Schicht Drei" bekannten Regionen enthüllen. Grundlage der „Schicht Drei" war das Moho und darüber lag die „Schicht Zwei", ungefähr 1,5 km dick und vermutlich weitgehend aus Lavakissen geformt (da die Lava unter Wasser austrat, bildete sie kissenähnliche Klumpen). „Schicht Eins" ist nach dieser Terminologie die alles überdeckende Sedimentschicht.
Weil diese ganze Ozeansequenz einige Kilometer unter der Wasseroberfläche lag, war eine überzeugende Bestätigung für die Hypothese schwierig. Manche Geologen glaubten, daß der untere Teil der Ophiolitreihe eindeutig Mantelmaterie wäre. Sie verglichen ihn mit Proben von Ozeaninseln wie Saint Paul Rocks im Mittelatlantik, von denen angenommen wurde, daß sie ebenfalls vom Erdmantel stammten. Aber die Skeptiker erklärten, echtes Mantelmaterial wäre so schwer, daß es selten, wenn überhaupt, in die Reichweite eines Geologenhammers gedrückt würde.
1971 war von Fred Vine, der das Rätsel der Magnetstreifen auf dem Meeresboden gelöst hatte, und von Eldridge M. Moores zu hören, daß eine Ophiolitreihe auf der Insel Zypern ein Teilbereich des Meeresbodens sein könnte, der auf einem mittelozeanischen Rücken der nun verschwundenen Tethys-See entstand. Sie betonten, daß eine große Anzahl von Basaltadern in den Inselkörper eingedrungen wäre, was zu einer 100 km langen Ausdehnung der Erdkruste in diesem Gebiet führte.
Im folgenden Jahr entschlossen sich Vine und Mitarbeiter von den Universitäten von Leicester und East Anglia, die Ähnlichkeit der Zypern-Formation mit derjenigen zu untersuchen, die unter dem tiefen Meer liegt. Sie erklärten: „Wenn festgestellt werden kann, daß diese Hypothese korrekt ist, dann wird die Untersuchung unser Verständnis von der Zusammensetzung des Tiefseebodens vergrößern. Man könnte sein wirt-

schaftliches Potential feststellen und fundamentale Probleme in Angriff nehmen, wie das der Struktur der seismologischen 'Schicht Drei' und die Natur des ozeanischen oberen Erdmantels."
Vine und seine Mitarbeiter zündeten 29 kleine Explosionen in Bohrlöchern, die, um mehr Energie in die tiefen Gesteinsschichten zu lenken, mit Wasser gefüllt waren. Die Reaktion dieser Schichten war tatsächlich genauso wie die derjenigen des Meeresbodens.
1973 entwarfen die Briten J. G. Gaß und J. D. Smewing ein Bild der zyprischen Geologie, das auffallend an Island erinnerte. Wo die Basis der Lavakissenschicht enthüllt werden konnte, die sie für das Gegenstück zur „Zweiten Schicht" hielten, bestand 60 % des Materials aus Adern. Und innerhalb dessen, was als „Dritte Schicht" gelten sollte, machten die eingedrungenen Adern 90–100 % des Gesteins aus. Mit anderen Worten: wie in Island bestand der tiefste Bereich ganz aus Adern.
Die Reihenfolge auf Zypern scheint die Vine-Moores-Hypothese zu unterstützen. Die Ophiolitreihe stammt aus den tiefsten Schichten, die auf einem aktiven Rücken der Tethys-See geformt wurden. Während sich dieser Teil des alten Meeresbodens vom Rücken fortbewegte, wurde er allmählich mit Sediment bedeckt, dann aufgefaltet und durch Erosion zur heutigen Insel.
Die Ophiolitreihen sind typischerweise zu Bergsystemen aufgefaltet worden, als zwei Kontinente zusammenstießen und dabei ein Stück des Meeresbodens zusammenpreßten. Wo ein dazwischenliegender Meeresboden von zusammenlaufenden Kontinentalschollen niedergedrückt wird, geht die ozeanische Scholle normalerweise durch einen Graben in den Mantel zurück. Manchmal aber werden Scheiben der ozeanischen Scholle von oben nach unten gegen die gegenüberliegende Seite des Grabens gestülpt oder im Endstadium der Kollision aufgefaltet. Dabei werden sie in alle Arten von Überresten und Bruchstücken eingebettet, die schließlich im Gebirge einverleibt sind. Auf diese Weise gelangt manteltypisches Gestein, das lange vorher entlang einem Rücken ausbrach und erkaltete, zwischen Felsen, die viel jünger sind.
Die Erkenntnis, daß Ophiolitreihen Nahtstellen zwischen Kontinentalschollen kennzeichnen, hat zu einer weltweiten Suche nach solchen Gesteinen geführt. Sie könnten als Hinweise auf vergangene Schollenbegrenzungen und -bewegungen dienen. Als gut feststellbare Streifen fand man sie z. B. als „Induszone" des Himalaya-Gebirges oder entlang der Ural-Achse. Ein weiterer Streifen verläuft durch Jugoslawien, Albanien und Griechenland, parallel zu den Küsten, aber auch landeinwärts. Eine der bekanntesten Ophiolitreihen liegt am Fuße des Matterhorns und ist von der Gornergrat-Bahnstation aus gut zu sehen. Sie markiert die Naht

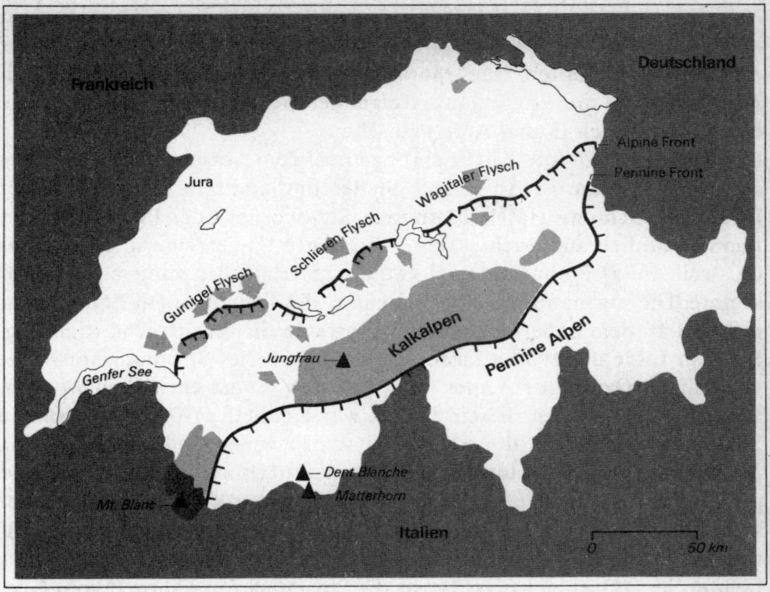

Aus dem Flysch, in der Tiefsee entstandenem Sandstein in den Schweizer Alpen, konnte man die Richtung der Unterwasserlawinen ablesen, die zu verschiedenen Zeiten den Meeresboden heimsuchten. Pfeile bezeichnen die Flußrichtungen.

zwischen den Penninalpen und den Kalkalpen im Norden, die einst den Südrand Europas bildeten.

Um die radikalen Veränderungen in der Geographie der heutigen Alpen zu entziffern, müssen auch die Spuren von Wirbelströmungen in der verschwundenen See gedeutet werden. So wie solche Strömungen heute in gewissen Abständen große Mengen von Material in den tiefen Becken des Atlantik ablagern, taten es auch „Unterwasserlawinen" in Ozeanen und Meeren, die längst verschwunden sind. Die Sand- und Kiesschichten, die sich durch die Wirbelströmungen in der Tethys-See absetzten, wurden zu Mergel- und Tonschiefer mit Sandsteineinlagerungen, die dann weit landeinwärts in Europa aufgefaltet wurden.

Diese Schicht, unter dem schweizerischen Namen „Flysch" bekannt, zeigt immer noch die Richtungen an, in denen sich die Strömungen über verschiedene Teile des alten Meeres hinwegbewegt haben.

Flysch-Ablagerungen findet man auch in Polen an den Nordhängen der Karpaten, wo sie in derselben Weise wie in den Alpen entstanden sind.

Man kann klar erkennen, daß das Flysch in einem tiefen Ozeanbecken und nicht in seichtem Küstengewässer geformt wurde. Jede Periode der Ablagerung hinterließ eine charakteristische Schichtfolge. Schließlich wandelten sich diese aufeinanderfolgenden Schichten zu Sandstein, wie er jetzt als Flysch in den Alpen zu sehen ist.

Die Hinweise auf die Fließrichtungen in dem verschwundenen Meer sind verschiedenartig. An einigen Stellen im Sandstein gibt es längs der Bewegungsrichtung Holzkohlespuren. Sandkörner oder kleine Furchen können ähnlich ausgerichtet sein. Aber diese Fingerzeige sind zweideutig, weil die Strömung in zwei entgegengesetzte Richtungen verlaufen konnte. Die sogenannten Rinnenabgüsse, die sich an einem Ende verengen und an dem anderen ausweiten, verraten die tatsächliche Richtung. Bis zum Ende der 1950er Jahre ist die Analyse des Strömungsflusses in ehemaligen Ozeanen zu einer recht präzisen Kunst entwickelt worden. Einer der Könner auf diesem Gebiet war Kenneth Hsü. Er untersuchte Strömungsrichtungen, die sich im Flysch in vielen Teilen der Schweiz fanden, um so die Muster der Wirbelströmungen zu rekonstruieren und gestützt darauf die Geographie des Meeres, aus dem dieses Material stammte. Wo immer das Flysch zutage lag, machte er gut 30 Beobachtungen. In einem Bereich entlang der Nordseite der Alpen östlich des Genfer Sees (Gurnigel-Flysch) war die Strömung fortwährend vom Norden oder Nordwesten her verlaufen. Doch in einem Bereich weiter östlich (Schlieren-Flysch) stellte er eine Südwest-Strömung fest.

Andere Wissenschaftler fanden zusätzliche Hinweise. Manches Flysch-Gestein enthielt Vulkantrümmer mit Andesit, das für Eruptionen typisch ist, bei denen eine Scholle in den Mantel hinabrutscht. Die vulkanischen Stücke waren scharfkantig, so daß sie nicht über weite Entfernungen fortgespült sein konnten. Sorgfältige Analysen der Felsstücke ergaben Anteile von Granit, Gneis, Kalkstein und Schiefer, die von einer großen Landfläche erodiert waren. Pflanzenreste zeigten, daß dieses Land einmal starke Vegetation gehabt hatte. Daraus entwickelte man das Konzept einer längst vergangenen Vulkaninsel, vielleicht so groß wie Kreta, deren Erosion zum Flysch beigetragen hatte. Sie wurde als Habkerninsel bekannt (manche glaubten mehr an eine Inselkette), deren Vulkane durch das Material einer absinkenden ozeanischen Scholle gespeist und dann während der Kontinentalkollision untergepflügt wurden.

1971 erklärten Hsü und Seymour O. Schlanger von der Universität von Kalifornien, daß die beiden Flysch-Arten – das Gurnigel-Flysch und das Schlieren-Flysch – auf gegenüberliegenden Seiten der Habkerninsel gebildet worden waren. Das Gurnigel-Flysch auf der Südseite enthält Erdharzschichten mit Überresten von Foraminiferen (Wurzelfüßler mit

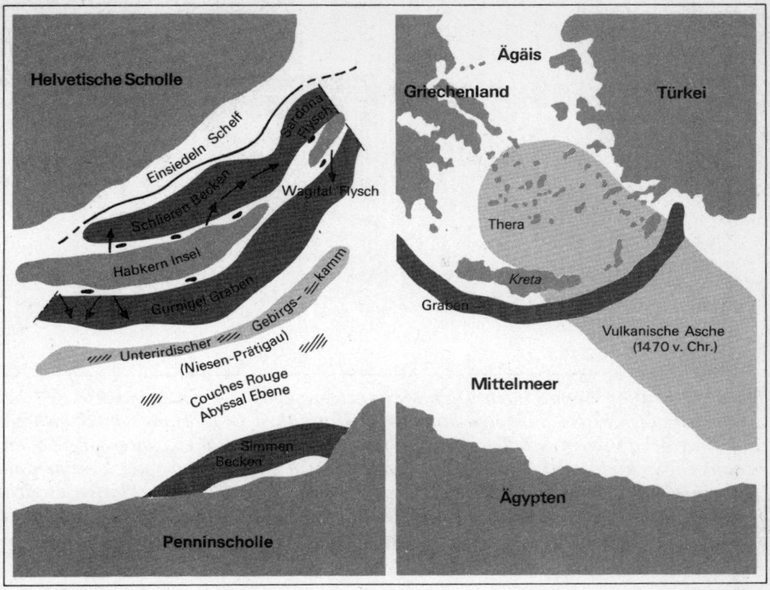

Aus den Flußrichtungen der Unterwasserlawinen im ehemaligen Meer der Alpen (vgl. vorige Seite) schlossen Hsü und Schlanger, daß sie von beiden Seiten einer früheren Vulkaninsel (Habkern-Insel) ausgingen. Diese Insel lag an der Stelle, wo zwei Platten aufeinanderstießen, die Helvetische im Norden und die Penninscholle im Süden. Die beiden Wissenschaftler sehen die Situation ähnlich wie die des heutigen Kreta. Dort drückt die afrikanische Scholle den Boden des Mittelmeeres unter den Rand der europäischen Platte. Der gewaltige Ausbruch des Vulkans Thera um 1400 v. Chr., auf den wahrscheinlich die Atlantis-Legende zurückgeht, könnte ein Produkt dieser Kräfte sein.

Gehäuse) und andere mikroskopische Fossilien, die einen Komplex ähnlich dem bilden, der z. B. 3–6 km tief im Peru-Chile-Graben gefunden wurde. Nach der Auffassung von Hsü und Schlanger wurde er in einer Rinne abgelagert, die sich dort gebildet hatte, wo eine nordwärtsdriftende „Penninscholle“ unter eine „helvetische Scholle“ und ihren Inselbogen absank.

Die andere Formation – das Schlieren-Flysch – setzte sich an der Nordseite des Inselbogens in einem langgestreckten Becken ab, das dem Ägäisbecken von heute sehr ähnelt. Die beiden Wissenschaftler glaubten, daß die Situation vor der Alpenbildung ihr Gegenstück im östlichen Mittelmeer hat mit dem Inselbogen, der Kreta und Rhodos einschließt,

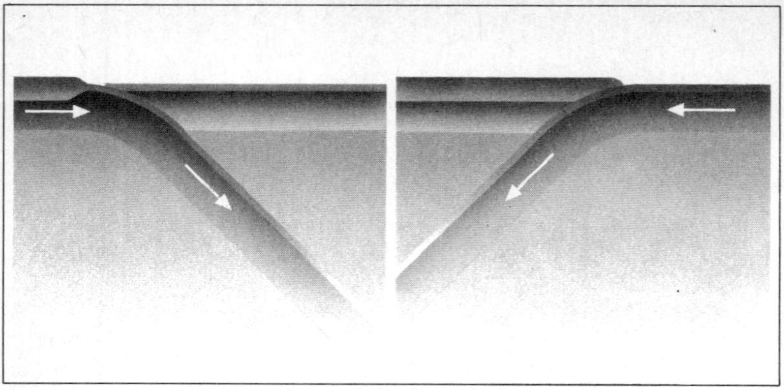

Die beiden Diagramme nach Dan McKenzie zeigen, wie ein „Umschwung" bei einem Schollenabstieg auftreten kann. Auf dem linken Diagramm schiebt sich ein Teil einer ozeanischen Scholle, die auch teilweise kontinental ist, unter eine andere ozeanische Scholle. Auf dem rechten Diagramm ist zu sehen, wie der kontinentale Teil einer von links kommenden Platte das „Schlachtfeld" zweier Platten erreicht hat. Da diese Platte zu leicht ist und deshalb zuviel Auftriebskraft besitzt, um zu versinken, gibt es einen „Umschwung", und die gegenüberliegende Platte beginnt langsam abzusinken.

den Gräben südlich davon und der Erdbebenzone, die den Abstieg der afrikanischen Scholle beweist, wobei sie sich nordwärts unter jene Insel schiebt.

Bei den Alpen und den Karpaten sind ihre großen Bogenformen in Richtung Norden besonders auffällig. Falls diese Gebirge durch das Absinken einer sich nordwärts bewegenden Scholle erzeugt wurden, dann müßten sie in entgegengesetzter Richtung gebogen sein wie z. B. die pazifischen Bögen. Die Linie, entlang der ein starrer Teil einer Scholie den Abstieg beginnt, bildet eine Kurve, deren Biegung der Schollenbewegung entgegengerichtet ist.

Hsü und Schlanger erklärten die „falsche" Alpenbiegung damit, daß im späten Eozän und frühen Oligozän vor rund 40 Millionen Jahren ein „Umschwung" in der Richtung des Schollenabstiegs stattfand. Während sich die Penninscholle erst unter die helvetische Scholle gebeugt hatte, begann die letztere nun, unter der Penninscholle zu versinken. Ein solcher Richtungsumschwung war zwei Jahre zuvor von Dan McKenzie aus Cambridge als Erklärung dafür genannt worden, weshalb der Graben vor einem Inselbogen „versucht, einen Kontinent zu verschlingen".

Der Vorgang läßt sich im Rahmen der gegenwärtigen Situation im östlichen Mittelmeer erläutern. Die Inselreihe mit Kreta und Rhodos „reitet“ auf dem Rand einer Scholle, die in jenem Gebiet aus flacher, dichter ozeanischer Kruste besteht. Sie wird von einer ähnlichen Krustenplatte unterlaufen, die sich, ein ozeanischer Ausläufer der afrikanischen Scholle, nordwärts bewegt. Libyen und Ägypten sind scheinbar dazu verdammt, letztendlich mit Griechenland und der Türkei zusammenzustoßen. Bevor das geschieht, wird die sich nordwärts bewegende Front von Libyen und Ägypten den Graben südlich des Inselbogens erreichen. Die absinkende Scholle, von der diese afrikanischen Länder getragen werden, wird versuchen, sie durch den Graben ins Erdinnere zu ziehen. Da Libyen und Ägypten aus leichterem Kontinentalgestein geformt sind, haben sie zuviel Auftriebskraft, um so zu versinken. Es dürfte eine kurze Pause geben, dann tritt ein Umschwung ein. Die dichte ozeanische Scholle mit dem Inselbogen sinkt unter die afrikanische Scholle ab.
Dies geschah einst und formte die Biegung der Alpen. Dann kam der Umschwung und die helvetische Scholle mit der Habkerninsel auf ihrem Rücken fing an, unter der Penninscholle zu verschwinden. So gelangten die Spuren der Pflanzen, Tiere und Vulkane, die einst vor jener „verlorenen Welt“ gediehen, in die Tiefen jenseits unseres Gesichtskreises. Gemäß der Hsü-Schlanger-Rekonstruktion haben die Todeskämpfe dieser „verlorenen Welt“ bei ihrem Absinken die Graniteinbrüche verursacht, die jetzt als Gipfel im Südengadin in den Himmel ragen.
Viele Geologen waren jedoch verwirrt, denn überall in der Welt, wo Inselbögen gegen einen Kontinent gedrückt worden sind, blieb zumindest ein Teil ihrer Vulkanruinen als Zeugen ihrer Vergänglichkeit übrig. In den Alpen ist das augenscheinlich nicht der Fall.
Das auffälligste Überbleibsel des Kampfes zwischen der Pennin- und der helvetischen Scholle ist der große Graben, der die Penninalpen entlang der schweizerisch-italienischen Grenze von den Kalkalpen der Zentralschweiz trennt. Innerhalb dieses Grabens entspringen der Rhein und die Rhone, die in entgegengesetzten Richtungen davonfließen. Südlich davon sind die Berge vom Matterhorn bis zum Grand Combin und dem Gebiet des Großen St. Bernhard-Passes aus Sedimentgestein geformt. Es entstand entlang dem Nordsaum von Afrika und wurde über das Grundgestein Europas in Form der Dent Blanche-Decke und anderer Pennin-Decken gefaltet. Die Kalksteindecken, die von der Südflanke Europas stammten, sind nordwärts getragen worden, wo sie jetzt als aufgerichtete Granitfelsen zeigen, was einst der Rand von Europa war.
Diese Gipfel, wie Jungfrau, Mönch und Eiger sowie die höchsten Erhebungen des Montblanc-Massivs, bestehen aus Materialien, die der Ero-

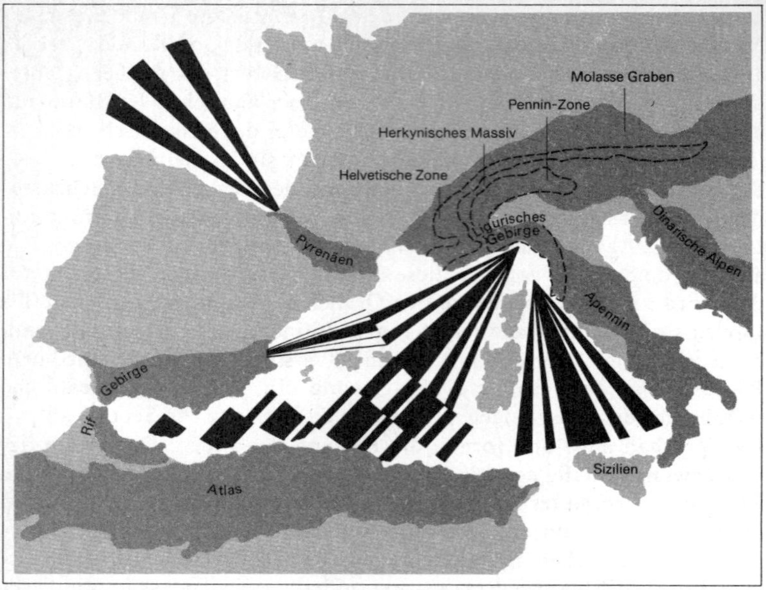

Die Magnetbilder des Mittelmeeres und der Biskaya geben Aufschluß darüber, wie Spanien sich von Frankreich wegbewegte und das westliche Mittelmeer entstand. Schematische Darstellung von Peter Vogt und seinen Kollegen vom ozeanographischen Institut der US-Marine in Washington.

sion widerstehen. Sie waren früher vermutlich von dem ursprünglichen Oberflächengestein und Decken überlagert, die von den Höhen fortgewaschen worden sind.

Aber wie kam es zu diesen Auffaltungen? Wenn sich Afrika nur nordwärts schob und dabei den Grund eines großen Meeres unter Europa drückte und Decken aus Sedimentgestein über den Kontinent verteilte, dann sollte man einen gewissen Grad der Übereinstimmung der gegenüberliegenden Küstenformen und eine Zone früherer Vulkantätigkeit oberhalb des Bereiches erwarten, wo die ozeanische Scholle versank. Statt dessen besteht die Südflanke Europas aus den drei großen Halbinseln Spanien, Italien und Griechenland, die gen Afrika ragen. Und für eine Vulkantätigkeit, die für solche Situationen typisch ist, gibt es fast keinen Beweis.

Bohrungen der *Glomar Challenger* im westlichen Mittelmeer ergaben aber, daß die Becken jenes Meeresbereichs relativ jung sind. Weiter

zeigte sich im alpinen Gestein, daß die Ozeanbecken, aus denen die Alpen geschaffen wurden, ein gutes Stück jünger als der Ozeanboden waren, aus dem die Appalachen gefaltet wurden. Die Ausdehnungsgeschichte des Atlantischen Ozeans ist in den Magnetismusstreifen auf dem Meeresboden so gut festgehalten, daß es möglich war, die Bewegungen Europas und Afrikas im Verhältnis zueinander zu bestimmen. Diese Expansionsbewegungen trugen wechselweise dazu bei, das westliche Mittelmeer, die Alpen und andere Strukturen Südeuropas und Nordafrikas zu gestalten. Die Form, die sich ergeben hat, besteht aus kleinen Schollen der Erdkruste oder „Mikrokontinenten" wie z. B. Spanien, Italien und Griechenland sowie den Mittelmeerinseln, die zwischen zwei riesigen Landmassen gefangen sind, welche sich einmal hierhin, einmal dorthin bewegen. Diejenigen, die wie Hsü, McKenzie, der Brite A. Gilbert Smith und der Franzose Xavier Le Pichon versucht haben, die Geschichte zu entschlüsseln, haben alle bis heute verfügbaren Hinweise ausgenutzt. Da ein Streifen Ophiolit nahe der Ostgrenzen Jugoslawiens und Griechenlands verläuft, scheint es so, daß der größte Teil dieser beiden Länder und Albanien die sogenannte Adriascholle bildeten, die vielleicht auch Ostitalien umfaßte. Weitere Ophiolite entlang dem nördlichen Apenningebirge lassen den Schluß zu, daß dort zwei alte Schollen zusammengeschweißt worden sind.
Am Ende der Triasperiode, vor ungefähr 200 Millionen Jahren, konnten Dinosaurier über eine breite Landverbindung von Südeuropa nach Afrika wandern. Die Tethys-See erstreckte sich vom Pazifik bis zum heutigen östlichen Mittelmeer. Im westlichen Mittelmeer bildeten die Mikrokontinente eine gemeinsame Landbrücke zwischen Europa und Afrika. Im Mittel-Jura, vor 165 Millionen Jahren, begann sich der Zentralatlantik zu öffnen und Afrika und Nordamerika auseinanderzuschieben. Weil Europa vorerst mit Nordamerika verbunden blieb, bewegte sich Afrika im Verhältnis zu Europa ostwärts. Deshalb zerbrach die Landbrücke in ein Mosaik von Schollen, die ostwärts gezogen wurden und sich im Uhrzeigersinne drehten. Diese Bewegungen gruben tiefe Becken, die später das westliche Mittelmeer bildeten. Sie füllten sich mit Sedimenten, die danach zu den Alpen, den Apenninen und anderen Bergketten aufgefaltet wurden.
Von der mittleren Kreidezeit bis zum späten Eozän kehrte sich das Bewegungsverhältnis zwischen Europa und Afrika um, weil sich der Nordatlantik ausweitete, wodurch Europa schneller als Afrika nach Osten wanderte. Die Adriascholle schob sich westwärts und stieß dabei mit einem Fragment, das Sardinien und Korsika einschloß, zusammen. Infolgedessen entstanden die Apenninen und deren Ophiolitreihen. Spa-

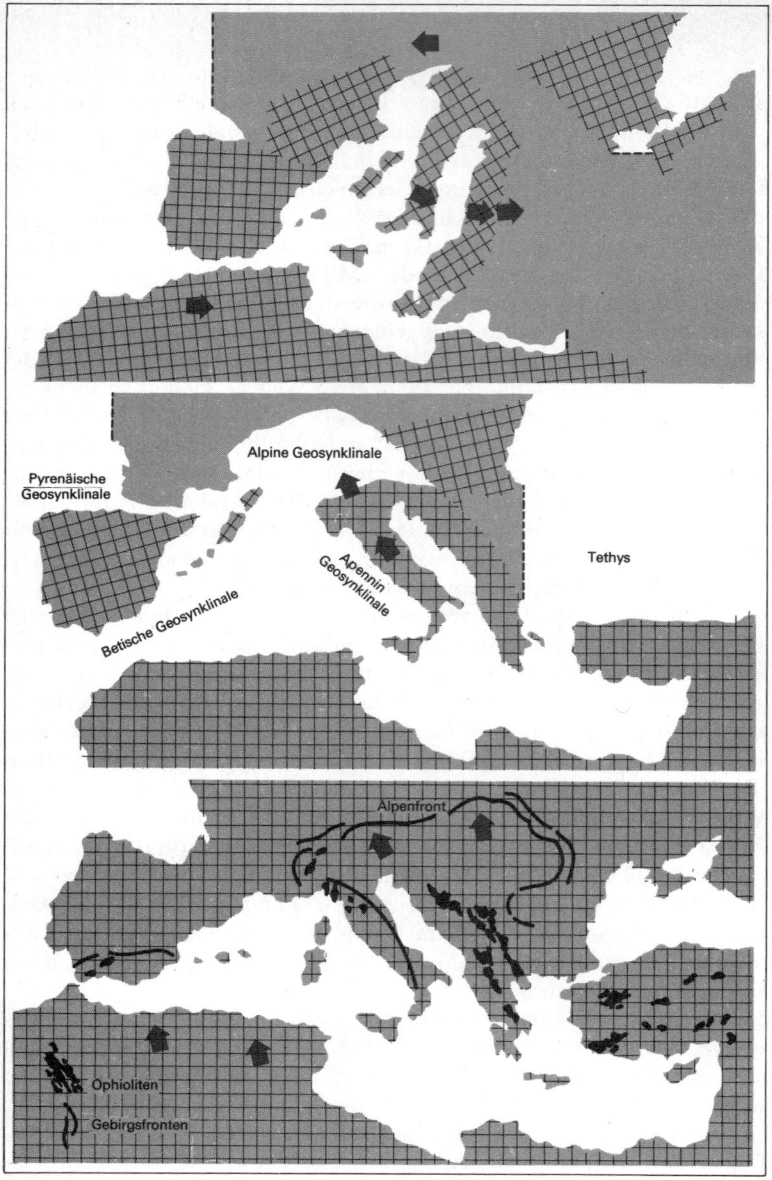

Alpine Geosynklinale
Pyrenäische Geosynklinale
Apennin Geosynklinale
Tethys
Betische Geosynklinale
Alpenfront
Ophioliten
Gebirgsfronten

nien wurde zurückgeschoben und faltete dadurch die Pyrenäen auf. Durch die Nordbewegung Afrikas wurde eine kleine Scholle, die Sizilien und den italienischen Stiefel umfaßte, mit Restitalien zusammengeschlossen, was in einer Ophiolitreihe in Kalabrien abzulesen ist. Schließlich trieben die Adriascholle und ihr westlicher Nachbar Italien nach Norden, um an der Unterkante Europas die Alpen aufzutürmen.
Hsü stellte sich vor, daß Italien und der Balkanteil der Adriascholle durch einen seichten Abschnitt des Mittelmeeres südlich von Sizilien so eng mit Afrika verbunden seien, daß man sie strukturell als Teil Afrikas ansehen sollte. Er sagte jedoch zum Schluß der Vorstellung dieser Theorie, daß er sie nicht als „endgültige Lösung", sondern eher als Stimulans anbiete, um weitere Daten zur Überprüfung dieser Arbeitshypothese zu sammeln.
Heutzutage zeigt das Schema der Erdbeben im Mittelmeerraum, daß die afrikanische Scholle immer noch Eurasien unterwandert. Gleichzeitig wird die eurasische Scholle vom Mittelatlantik fortgetragen. Das mag für das asiatische Gegenstück zur kalifornischen San Andreas-Verwerfung verantwortlich sein. Diese „anatolische Verwerfung" umspannt die Türkei in voller Ost-West-Länge. Sie brachte dem Land seit dem Neubeginn der Erdbebentätigkeit im Jahre 1938 mindestens 13 größere Beben, die Tausende von Menschenleben kosteten. Wie bei der San Andreas-Verwerfung verläuft die Bewegung, wenn man zum westlichen Ende der Verwerfung hinüberschaut, immer nach rechts. Dies könnte deshalb so sein, weil Europa sich ostwärts bewegt, oder wie McKenzie sagte, weil sich eine kleine Scholle südlich der Verwerfung mit schnellem Tempo nach Westen bewegt.
Eine unerklärte Entdeckung für diese Bewegungen ist die Anlage der Pyramiden von Gizeh geblieben, vor allem der großen Cheops-Pyramide, die, obwohl vor 4 500 Jahren errichtet, immer noch das massivste Bauwerk von Menschenhand sein soll. Die Genauigkeit ihres Entwurfes verrät einen hohen Grad an Vermessungsfähigkeit. Während die Seiten grob gesagt nach Norden, Süden, Osten und Westen ausgerichtet sind,

---

◀ *Drei Stadien in der Entstehung des Mittelmeeres und der Alpen nach Hsü. Vor 165 Millionen Jahren, im mittleren Jura, trennten sich Afrika und Nordamerika. Afrika wanderte nach Osten gegen Europa. Dazwischenliegende Schollen wurden entgegen dem Uhrzeigersinn verdreht (obere Zeichnung). Dann, vor 80 bis 40 Millionen Jahren, kehrte die Ablösung Europas von Nordamerika die Drehrichtung der südlich von Europa gelegenen Platten um. Schließlich drückte Afrika nach Norden; die Alpen entstanden.*

hat sie sich gegen den Uhrzeigersinn gedreht. Man hat die Möglichkeit erörtert daß Afrika im Laufe von 45 Jahrhunderten seit dem Bau der Pyramide rotiert hat – aber das Öffnen des Roten Meeres schließt eine Drehung in entgegengesetzter Richtung nicht aus.
Wir konnten hier aus der Vielfalt von Zeitabläufen der Schollenbewegung, welche die Entstehung der Alpen erklären, nur einige vorstellen. Die endgültige Entschlüsselung bedarf noch erheblicher Kraftanstrengung und besonderer Fähigkeiten, gilt es doch den gesamten Komplex der Beweise aus Tiefseebohrungen, Alpengeologie, Tunnelbau und Schollentektonik in eine zusammenhängende Theorie zu integrieren.

16 Die Appalachen – geboren aus einem sterbenden Ozean

Im Osten Nordamerikas liegen die Appalachen, ein bewaldetes Mittelgebirge, das mit seinen reichen Kohle -, Erdöl- und Eisenerzvorkommen zu den wertvollsten Gebieten dieses Erdteils gehört. Wenn man über die Reihen paralleler Rücken und Täler hinwegfliegt, die sich von Pennsylvania nach Süden bis zu den beiden Virginia erstrecken, blickt man auf eines der bestgeordneten Faltengebirge der Welt herab. Das Rücken- und Tal-System der Appalachen breitet sich in verschiedenen Formen über rund 3 000 km von Neufundland bis nach Alabama aus. Im Vergleich zu den Alpen erscheinen die höheren Bergketten, wie z. B. die Great Smokies entlang der Grenze zwischen Tennessee und North Carolina recht winzig. Aber man darf annehmen, daß Teile der Appalachen einst so gewaltig waren wie die stattlichsten Berge von heute.

Als man nach dem Ursprung der Appalachen forschte, erkannte man bald, daß dieses Gebirgssystem weitgehend aus Felsen geformt wurde, die früher als enorm dicke Meeresbodensedimente abgelagert worden waren. So entstand der Gedanke, daß auch andere Gebirge durch die Faltung eines sedimentgefüllten Grabens, einer Geosynklinale, entstanden sind. In einigen Fällen muß die ursprüngliche Sedimentanhäufung Zehntausende von Kubikkilometern betragen haben. Das Material unterteilt sich in zwei deutlich unterscheidbare Kategorien: Die eine besteht aus Sedimentgestein, das sich auf einer Unterwasserplattform bildete, die meistens nicht schneller sank, als sich Sediment ansammelte. Deswegen stammten die gefundenen Fossilien stets aus seichtem Wasser, auch wenn sie einige Kilometer tief in der Schichtenfolge liegen. Diese Formation nennt man Miogeosynklinale.

Viele Jahre lang stiftete der andere Sedimenttyp Verwirrung. Er enthielt Asche und Lava, was auf Vulkantätigkeit in seiner Nachbarschaft hinwies. In den 1940er Jahren begann Marshall Kay von der Columbia-Universität die Geologengemeinschaft davon zu überzeugen, daß sich dieses Material, auch wenn es jetzt weit landeinwärts lag, in tiefem Wasser abgesetzt hatte. Diese Bestimmung ergab sich aus der Natur der Fossilien in einer solchen Formation der Eugeosynklinale.

Da es Beweise gibt, daß entlang der Küste von Neufundland bis nach Georgia eine oder mehrere Inselketten mit Vulkanen vorhanden waren, glaubte Kay, daß sich die Tiefseesedimente in Gräben anhäuften, die zwischen jenen Inseln und einer flachen, sedimentbedeckten Platte nahe der Küste lagen. Irgendeine Kraft drückte dann das Tiefseematerial auf diese Plattform. Später wurden diese Ablagerungen weiter landeinwärts über den kontinentalen Grund geschoben.

Im folgenden Jahrzehnt bemerkte Charles L. Drake, daß Kays Rekonstruktion des Küstenbereiches, aus dem die Appalachen geformt wurden, viele Gemeinsamkeiten mit der heutigen amerikanischen Ostküste aufwies. Die Plattform im seichten Wasser ist mit dem Kontinentalschelf vergleichbar, der auf der seewärtsgerichteten Seite von einem erst steil und dann etwas sanfter bis zum Abgrund des Meeresbodens abfallenden Abhang begrenzt wird. Seismologische Messungen wiesen bis zu jener Zeit nicht nur die Dicke der Sedimentanhäufung auf dem Schelf nach, sondern auch die Existenz eines großen Keils aus Tiefseesediment, das am äußeren Schelfabhang aufgetürmt worden war. Die Proben aus den zuletzt genannten Ablagerungen zeigten, daß sie teilweise durch Wirbelströmungen entstanden und stark an das alte Tiefseematerial in den Bergen im Westen erinnerten (in der Eugeosynklinale).

Falls die Appalachen aus einer solchen Küstensequenz stammten, welcher außergewöhnliche Vorgang hatte das gesamte Material über den nordamerikanischen Kontinent geschoben? Es zeigte sich, daß die Berge in drei Hauptabschnitten entstanden sind. Die Datierung durch radioaktive Meßmethoden vertiefte aber das Geheimnis noch, weil sich ergab, daß diese Kapitel in der Appalachengeschichte deutlich voneinander getrennt waren. Als die erste Etappe der Entstehung der Appalachen vor rund 450 Millionen Jahren begann, lagen auf dem Ostteil von Nordamerika die Ruinen einer früheren Faltung oder Aufhäufung, die ungefähr 600 Millionen Jahre zuvor stattgefunden hatte. Nur die schwer erodierten Berge der Adirondacks sind von jenem sogenannten Grenville-Abschnitt übriggeblieben. Sie überlebten, weil sie später „verjüngt" wurden. Die Erosion der Grenville-Gipfel schuf in Tennessee und North Carolina eine viele Kilometer dicke Sedimentschicht, die danach als die Great Smoky Mountains aufgefaltet wurde.

Die erste wichtige Episode in der Erhebung der Appalachen ist die takonische Epoche vor 450–420 Millionen Jahren, die als bescheidene Erinnerung den Taconic Mountains den Namen gab. Sie liegen entlang der New York-Massachusetts-Grenze und dehnen sich bis nach Connecticut aus. Es entstanden Klippen, die sich westwärts bewegten, weg von neu aufgetürmten Bergen, von denen heute nur noch das Berkshire-Hochland vorhanden ist. Somit befand sich der östliche Teil des Staates New York ursprünglich in Massachusetts. Die takonischen Klippen glitten in ein riesiges, seichtes Meer, das sich von der Region zwischen Vermont und Alabama westwärts bis nach Minnesota und Texas erstreckte und vom Ozean durch die neu aufgestiegenen Berge getrennt war. Zur Überflutung des Ostteils des nordamerikanischen Kontinents kam es teilweise deshalb, weil das Land nahe den neuen Bergen absank.

Die Bergkette, die durch die takonischen Erhebungen entstand, setzt sich nordwärts als die Grünen Berge von Vermont fort, durchquert in der anderen Richtung das Hudson-Hochland und wird südwärts, in Pennsylvania und Virginia, zu den Blauen Bergen. Während diese Bergkette geformt wurde, stiegen auch eine Reihe von Vulkaninseln auf, deren Überreste jetzt an der Ostseite des Connecticut-Flußtales liegen. Zur gleichen Zeit befand sich der Rand des Kontinents weiter im Westen, am Fuße der Grünen Berge und des Berkshire-Hochlandes. Fast alles, was von diesen Inseln übriggeblieben ist, sind rund zwanzig Kuppen aus Gneis oder granitähnlichem Fels. Meist sind die Kuppen entlang der Achse dieser Reihe gestreckt, und ausgedehnte Vulkanablagerungen um sie herum bezeugen die Aktivität der alten Vulkane.

Da eine weitere Reihe von Vulkaninseln weiter draußen im Meer lag, entstanden vor dem Kontinent zwei parallele Inselketten. Die nähere bildete den Saum des Erdteils, die andere befand sich weiter seewärts. Zwischen ihnen entstand ein ruhiges Meer, das von den schweren Kontinentalablagerungen abgeschnitten war. Hier sammelten sich abwechselnd Schichten aus Lehm und Kalkschlamm. Ihre Überreste prägten die Erde im Norden von Maine und im nahegelegenen Neubraunschweig, die heute für den Kartoffelanbau ideal ist. Als das Meer entstand, gab es in Virginia und Tennessee auch Vulkanausbrüche, wobei die Asche nordwärts bis nach Ontario gelangte.

Die akadische Epoche war die nächste und radikalste bei der Gebirgsbildung, zumindest in den nördlichen Appalachen. Ihr gingen rund 200 Millionen Jahre voran; während dieser Zeit häuften sich Sedimente bis zu 20 km Dicke in den sich bildenden Geosynklinalen an. Dann wurden diese Schichten von der Long Island-Bucht nordwärts bis nach Maine und Neufundland gepreßt, wobei sie die früheren Inseln entlang des Connecticut-Tales unter einer massiven Folge von Decken begruben.

1971 wies Richard S. Naylor vom Massachusetts Institute of Technology darauf hin, daß die aufgetürmten Schichten eine außerordentliche Höhe erreichten. Er konzentrierte sein Interesse auf den Granit, der in den Steinbrüchen von Vermont, wie z. B. in der Nähe von Barre, gefunden wurde. Gut 20 Stellen dieses „Barre-Granits" liegen in einem Durchmesser zwischen 0,5 und 10 km entlang des Ostrandes von Vermont. Der Granit ist von Gestein umschlossen, das aus Lehm entstanden ist und relativ seltene Aluminium-Silikate enthält. Diese, so glaubte man, bildeten sich nur unter einem Druck, der von einer kilometerdicken Last stammt. Naylor nahm an, daß 12–15 km hohe Decken diesen Druck bewirkten. Dann hat das Gewicht dieser Decken die Erdkruste gesenkt, bis die Erosion die Berge weggefressen hatte und der Erdoberfläche gestattete, wieder aufzusteigen. Wir dürfen auf jeden Fall annehmen, daß die nördlichen Appalachen vor 380 Millionen Jahren ein großartiges Schauspiel geboten haben.

Der Barre-Granit drang offensichtlich in die Schichten ein, nachdem diese ihren Gleitvorgang beendet hatten, der den Höhepunkt der Gebirgsformung darstellte. Was Naylor besonders beeindruckte, war die Bestätigung durch den Barre-Granit, daß die akadische Phase dieser Geschichte einen ziemlich kurzen Zeitraum umfaßte. Der gesamte Prozeß, das Zusammendrücken und Auffalten der Decken bis in einige Kilometer Höhe, muß innerhalb von 30 Millionen Jahren abgelaufen sein, wahrscheinlich sogar in einer noch kürzeren Zeitspanne. Bis zur Entwicklung der Schollentektonik war es schwierig, den Vorgang zu erklären, der eine Landschaft plötzlich in dieser Weise auffaltete.

Als in den hohen Bergen die Erosion einsetzte, gelangten im Westen Sedimente bis nach Pennsylvania und dem Staat New York. Aus ihnen entstanden später die Catskillberge. Zuerst aber folgte eine warme, feuchte Zeit, in der sich große Sümpfe mit üppiger Vegetation entwikkelten, die die heutigen Kohlereviere in den Appalachen bildeten.

Vor 260–230 Millionen Jahren folgte die Endphase der Auffaltung der Appalachen, die sogenannte alleghenische Periode. In dieser Phase bildete die Erdoberfläche eine Folge von überraschend gleichförmigen Falten, aus denen die Poconos in Pennsylvania, die Alleghenies in Pennsylvania und West Virginia und die Cumberlandberge in Tennessee entstanden. Damals begann auch das Aufsteigen der Catskillberge.

Seit mehr als 100 Jahren stehen Wissenschaftler vor der Frage, wieso sich an der Ostküste Nordamerikas im Sedimentgestein Meereslebewesen finden, wie sie im frühen Paläozoikum für die Küstengewässer Europas typisch waren. Ebenso findet man in Norwegen, Schottland und Irland Küstenfauna amerikanischer Art. Wilsons Theorie zufolge lebten diese Tiere zu beiden Seiten eines früheren Ozeans, der sich schloß, wobei die Kontinente wie auf der oberen Karte zusammenwuchsen. Dann brachen sie wieder auseinander, der heutige Atlantik entstand. Dabei blieb ein Rest des euro-afrikanischen Kontinents an Amerika hängen (schwarz eingezeichnet), ein Teil Amerikas dagegen an Europa (schraffiert). ▶

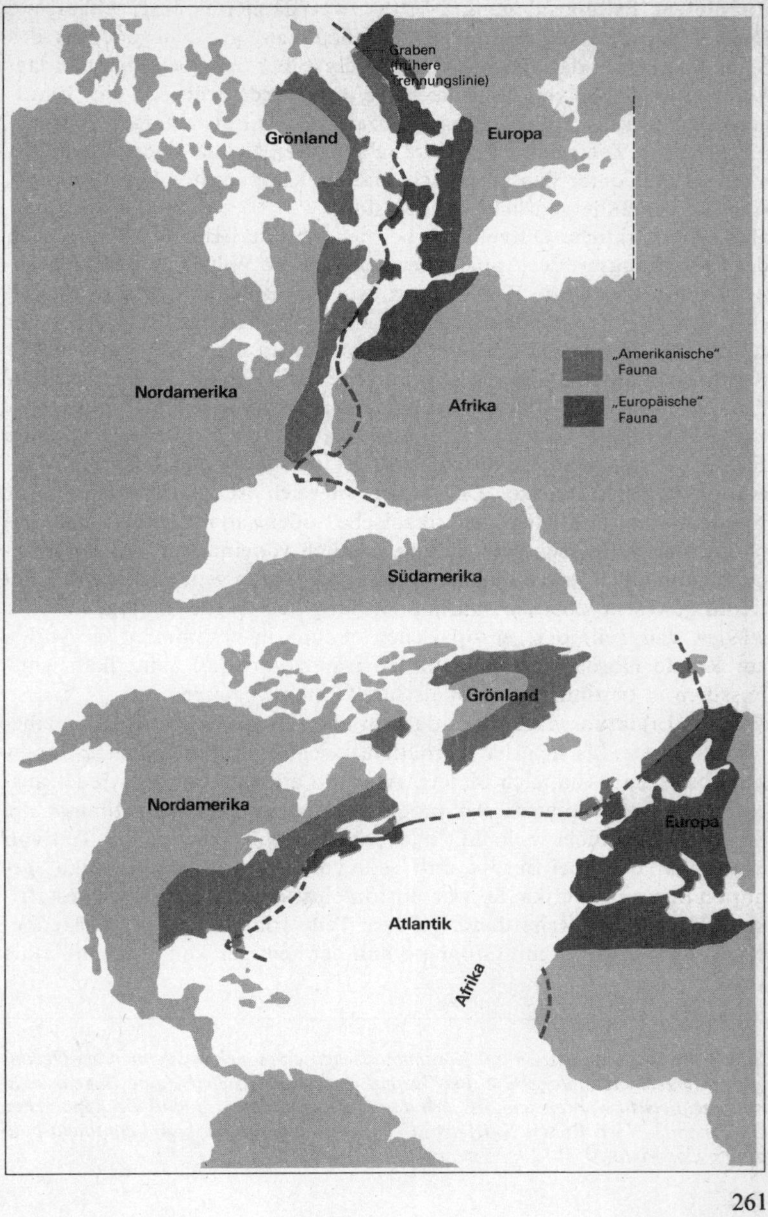
Graben
(frühere
Trennungslinie)
Grönland
Europa
„Amerikanische“
Fauna
„Europäische“
Fauna
Nordamerika
Afrika
Südamerika
Grönland
Nordamerika
Europa
Atlantik
Afrika

Zu diesem Faltungsvorgang gibt es zwei diametral entgegengesetzte Denkweisen der Geologen. Die „dünnhäutigen" glauben, daß nur das Sedimentgestein, das einige Kilometer dick über dem Grundgestein lag, durch einen Schub von der Seite aufgefaltet wurde, während die Grundlage flach wie zuvor blieb. Dieser Prozeß soll zur Entstehung des Juragebirges in den Zentralalpen geführt haben. Die „dickhäutigen" Geologen meinen, daß unter den Appalachenfalten Klippen aus dem Grundgestein übereinandergedrückt worden sind.

Der erste wirkliche Durchbruch bei der jahrhundertealten Suche nach der Entstehungsart der Appalachen gelang Tuzo Wilson und einigen seiner Kollegen im Jahre 1966. Wilson, wie bereits erwähnt, nahm an, daß einst ein alter Ozean existierte, dessen gegenüberliegende Küsten vor rund 450 Millionen Jahren, im Paläozoikum in einer Reihe gewaltiger Kollisionen aufeinanderprallten. Beweise dafür fand er in der rätselhaften Verteilung von Tierfossilien in Küstensedimenten aus jener Zeit. Diese Fossilien zerfallen in zwei klar bestimmbare Faunabereiche: eine Fauna, die sogenannte „europäische", ist typisch für das damalige Westeuropa und Nordafrika. Der andere Bereich ist charakteristisch für Nordamerika, und wird „amerikanische" oder „atlantische" Fauna genannt. Beide unterscheiden sich so deutlich voneinander, daß man annehmen kann, sie seien damals durch einen Ozean weit voneinander getrennt gewesen. Über ein Jahrhundert lang bemerkten Geologen immer wieder, daß Teile der „europäischen" Fauna in bestimmten Gegenden am Rande Nordamerikas zu finden waren und daß „amerikanische" Fossilien in bestimmten europäischen Gesteinen ruhen.

Wilsons Erklärung dafür war, daß ein alter Ozean die beiden Faunabereiche trennte, bis sich der Nordatlantik schloß und ein einziger Superkontinent, Laurasia, sich bildete. Als die Landmasse dann wieder auseinanderbrach, wodurch der moderne Atlantik entstand, stimmte die Spaltungslinie nicht mehr mit dem früheren Riß überein. Ein Teil von „Amerika" blieb bei Europa und Teile von „Europa" und „Afrika" gehörten nun zu Amerika. So war Boston einst ein Teil von Nordwestafrika, während Nordschottland, größere Teile Irlands und der Küstenbereich von Norwegen mit Grönland und der heutigen kanadischen Arktis verschmolzen.

So könnte Sedimentgestein am Kontinentalschelf eines sich ausdehnenden Ozeans (eine Miogeosynklinale) sowie das Gestein jenseits des Schelfs (eine Eugeosynklinale) gequetscht worden sein, als sich das Meer zusammenzog und die Appalachen entstanden. (Nach Robert S. Dietz, „Geosynclines, Mountains and continent-building", Copyright © 1972 by Scientific American.) ▶

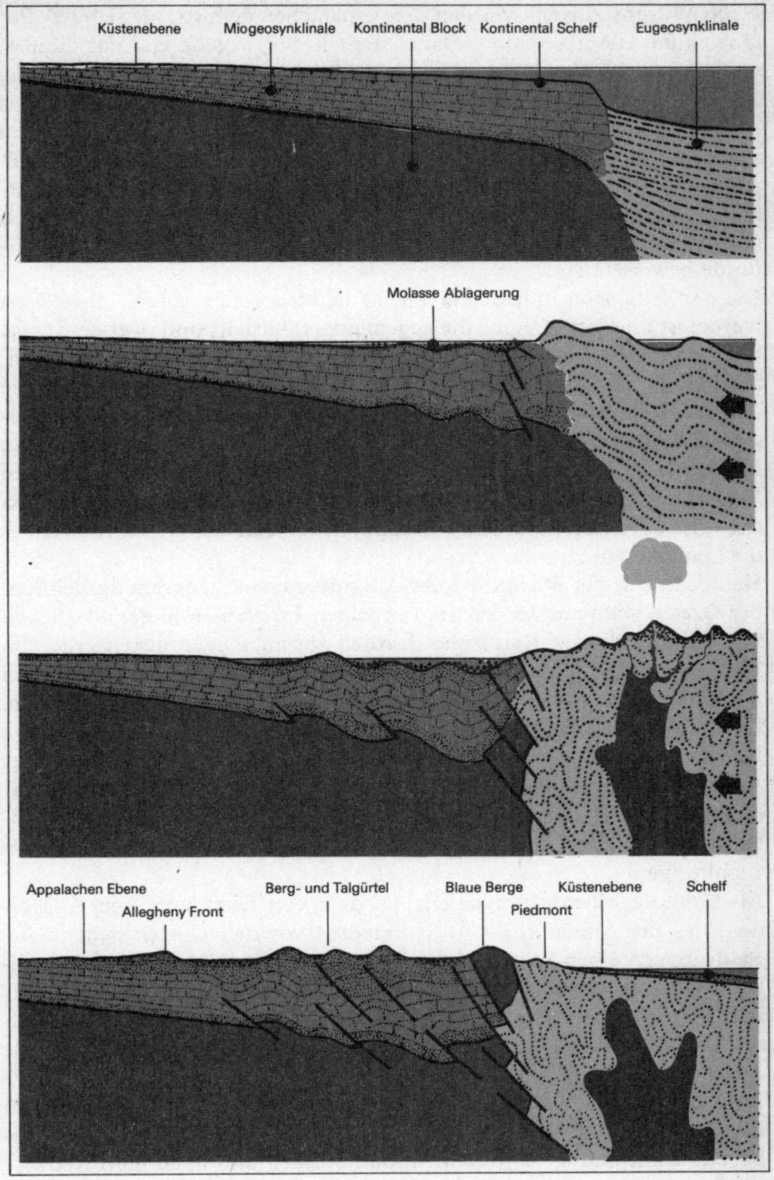
Küstenebene
Miogeosynklinale
Kontinental Block
Kontinental Schelf
Eugeosynklinale
Molasse Ablagerung
Appalachen Ebene
Allegheny Front
Berg- und Talgürtel
Blaue Berge
Piedmont
Küstenebene
Schelf

Nach Wilsons Ansicht wurden die Appalachen gefaltet, als sich der Paläozoikum-Atlantik schloß. Dabei stießen die Erdteile erst mit diesem, dann mit jenem Vorgebirge zusammen. Örtlich erhoben sich hohe Berge, und ihre Sedimente wurden auf beiden Kontinenten angeschwemmt. Als der Ozean verschwand, wurde das Klima zunehmend heißer. Das führte zu wüstenähnlichen Bedingungen, durch die der „Alte Rotsandstein" auf beiden Seiten des Atlantik entstand. Als sich dann im Jura der Atlantik wieder zu öffnen begann, bekamen Regionen wie Schottland nach und nach ein maritimes Klima, was nach Wilsons Auffassung die Fossilfunde beweisen.

Ob der Alte Rotsandstein in einem heißtrockenen Klima abgelagert wurde, ist umstritten. Jene, die gegenteiliger Ansicht sind, weisen darauf hin, daß diese Gebiete nicht nur tropische Hitze kannten, sondern während einer jährlichen Regenzeit auch viel Feuchtigkeit, wie z. B. Teile des Sudan. Solche Wassermassen können die Muttererde derart auslaugen, daß sie schließlich viel Eisenoxid enthält. In der trockenen, heißen Jahreszeit wird die Erde dann zu Laterit, einer rötlichen, ziegelähnlichen Masse, gebacken. Der Alte Rotsandstein erhält seine Farbe zumindest teilweise durch Eisenoxide und scheint in verschiedenen „Laterit-Gebieten" entstanden zu sein.

Heute, so betonte Wilson, ist der Atlantik ein sich langsam ausdehnender Ozean, während der Pazifik mit seinen Inselbögen in der westlichen und nordwestlichen Randzone deutlich zusammengedrückt werde. Da Inselbögen für einen sich schließenden Ozean typisch sind, könne man vermuten, daß auch sie vom Paläozoikum-Atlantik geformt wurden. Dies würde auch die Spuren solcher Inseln in den Appalachen erklären.

Der erste Versuch einer detaillierten Rekonstruktion der Entstehung der Appalachen und ihrer offenbaren Fortsetzung in Nordeuropa, den Kaledonischen Bergen, unternahmen John M. Bird von der Staatsuniversität von New York in Albany und John F. Dewey von der Universität Cambridge.

Als Grundlage benutzten sie ein Konzept von Dietz und John C. Holden, das die Anhäufung von Sedimenten vor den Küsten behandelte. Beide gingen einen Schritt weiter als Drake einige Jahre zuvor. Sie wollten zeigen, in welchem Umfang die gegenwärtige Situation vor der Ostküste Nordamerikas mit der hypothetischen Struktur des Kontinentalrandes übereinstimmt, der einst zusammengeschoben wurde und die Appalachen formte.

Die enorme Sedimentanhäufung auf dem tiefen Meeresboden vor dem Kontinentalschelf bildet einen Keil, der sich gegen den Abhang des Schelfs lehnt und so schwer wird, daß er nach und nach die Erdkruste

längs des Schelfrandes zum Absinken veranlaßt. Während genug Sedimentmaterial abgelagert wird, um eine relativ gleichbleibende Wassertiefe über dem Schelf zu erhalten, ist die Ansammlung von Sediment auf dem äußeren Teil des Schelfs schließlich größer, weil er absackt.
Eine Serie von Bohrlöchern im Grundgestein in der Küstenebene von Virginia nach Carolina und eine Bohrung außerhalb des Kontinentalschelfs bei Kap Hatteras bestätigen die Verdickung der Schichten zur See hin. Der gleiche Effekt kann auch in dem Sedimentgestein beobachtet werden, das jetzt die Appalachen bildet. Ihre Schichten werden gen Osten zunehmend dicker, also dort, wo sich nach Wilsons Aussage der frühere Ozean befand.
Dietz und Holden bezeichneten ihre Erklärung für die größere Sedimentdicke am Rande des Schelfs spaßhaft als das „gewisse Sinkgefühl". Es scheint typisch zu sein für jeden Küstenbereich, wenn sich ein Ozean ausdehnt. Wie die National Geodetic Survey 1972 berichtete, sinkt die Ostküste der USA von Maine bis Virginia 0,5–1 m pro Jahrhundert ab. In der kurzen Zeitspanne von 11 Jahren (1959–1970) sackten Teile der Golfküste von Texas und Louisiana 0,5 m ab.
Bird und Dewey erkannten in der Dietz-Holden-Hypothese ein Schlüsselelement zur Erklärung dafür, wie die Appalachen durch das Öffnen und Schließen des paläozoischen Ozeans geformt wurden. Die traditionelle Auffassung, daß sich das Material für so ein Gebirge – die Geosynklinale – in Gräben bilden müßte, wo jetzt die Berge liegen, war nicht mehr zwingend richtig. Das Material könnte sich bei einem expandierenden Ozean auch weit vor der Küste angesammelt haben, ähnlich dem, das sich an den Osträndern von Nord- und Südamerika ablagert.
Den ersten Schritt in der Entwicklung der Appalachen sahen Bird und Dewey in der Öffnung des paläozoischen Atlantik und dem Beginn der massiven Sedimentanhäufung auf dem Kontinentalschelf und dessen Randzone. Die takonische Epoche begann vor 450 Millionen Jahren, als der voll ausgewachsene Ozean anfing, sich zusammenzuziehen. Dabei glitt der Meeresboden unter den Rand von Nordamerika, der zu der Zeit durch Erosion zu einer Ebene geworden war. Der Küstenstreifen war bis unter den Meeresspiegel abgesunken, und ein flaches Meer reichte landeinwärts bis nach Minnesota. Als der Meeresboden unter den überschwemmten Kontinentalrand hinabzugleiten begann, wurde ein Graben geformt, neue vulkanische Inseln entstanden, und entlang der Küste des Erdteils erhoben sich neue Berge.
Das nächste Kapitel in dieser Geschichte, das akadische, begann mit dem ersten Annäherungsversuch der zusammenlaufenden Kontinente. Die Sedimente vor den Küsten wurden in großen Decken über die Insel-

bögen und Küstengebirge geschoben. Als der Meeresboden unter den Kontinent gedrängt wurde, mögen sich die Inselbogen selbst nach Westen verschoben haben. Ähnliche Vorgänge fanden wahrscheinlich auf der gegenüberliegenden Seite des Ozeans statt. Die äußere Reihe der Vulkaninseln könnte sich nach Kays Vorstellung entlang jener Küste formiert haben. Wie weit diese Inseln vor der Küste lagen, ist sehr ungewiß, weil der dazwischenliegende Meeresboden, wie John Rodgers aus Yale annimmt, im Erdmantel verschwand. Das darüberliegende Sedimentmaterial wurde aufgefaltet und stellte den Kern der Nordappalachen dar. Über die Breite des paläozoischen Atlantik herrscht Unklarheit. Einige berechnen ihn nach Tausenden von Kilometern, andere nach Hunderten.

Der große Druck bei der endgültigen Schließung des Ozeans scheint zuerst in Neuengland und dann weiter südlich in Maryland aufgetreten zu sein. Bei Neufundland und den Meeresprovinzen von Kanada liegen die alten vulkanischen Trümmer aus gefaltetem Grundgestein des früheren Erdteils rund 300 km von der Küste entfernt. In den Zentralappalachen aber macht die Distanz nur 40 km aus und in Baltimore scheinen sich die beiden Bereiche zu berühren. Rodgers glaubt, daß dieser Sektor heute aber nur noch ein Viertel bis ein Fünftel seiner ursprünglichen Breite umfaßt.

Als Teile des euro-afrikanischen Randes mit Nordamerika zusammengeschweißt wurden, hinterließen sie Nahtstellen von Kanada hinunter durch Neuengland. Da die euro-afrikanische Seite eine ähnliche Geschichte erlebte, ist es möglich, daß einige der Vulkanruinen im norwegischen Gestein einst als Inseln entlang der amerikanischen Ozeanseite entstanden und dann nach der Kollision in Skandinavien eingebettet wurden.

Entsprechend der gegenwärtigen Rekonstruktion der Schollenbewegung lag zu dieser Zeit das Appalachen-Kaledonien-Bergsystem parallel zum Äquator und nicht weit von ihm entfernt. Obwohl der Ozean größtenteils verschwunden und sein Nordteil vollkommen ausgelöscht war, war das Klima feucht genug, um die Entstehung großer kohlebildender Sümpfe zu gestatten, die von Spitzbergen über Neuschottland bis nach Mississippi auf der amerikanischen Seite der Nahtlinie und durch Großbritannien, Belgien und das Ruhrgebiet auf der europäischen Seite reichten. So wurde vor 300 Millionen Jahren die Kohle geformt, die die „industrielle Revolution“ des 19. Jahrhunderts möglich machte.

Bis vor 230 Millionen Jahren waren nur die Nordteile der Küsten zusammengestoßen, so daß ein Meer im Süden weiterbestand. Bird meint, daß die andauernde Schließung entlang der heutigen Connecticut-Küste und nördlich der Stadt New York den tieferliegenden Teil landeinwärts schob, als die gegenüberliegende Landmasse mit der amerikanischen Seite in Kontakt kam. Die zerklüftete Landschaft hinter einigen Küstenstädten in Connecticut mag ein Überbleibsel des Bruchs entlang jener hypothetischen Wandelverwerfung sein. Der Druck weiter südlich schuf die Alleghenies und das Rücken- und Tal-System von Pennsylvania und den beiden Virginia. Im Endstadium der Schließung des Paläozoikum-Atlantik schob sich Westafrika wie ein Bulldozer gegen die amerikanische Scholle bei Kap Hatteras.

Was einst ein einziges Gebirgssystem darstellte, scheint jetzt in Fragmente zerbrochen zu sein und liegt verstreut über Spitzbergen, Schottland, Norwegen und den Appalachen. Es war wahrscheinlich mehr als 6 400 km lang. Seine Ausdehnung wird durch die Beständigkeit der Sedimentreihenfolge entlang dem größten Teil der Strecke bezeugt. Zu den Nebenprodukten dieses Meeresbodenschubs gehörten auch eine Reihe von Marmorlagern, die durch Zusammenschieben, Erhitzen und Kneten von Kalkstein und anderen Gesteinen geformt wurden, die aus der stetigen Ablagerung winziger Muscheln entstanden waren. Dieser Marmor ist heute an mehreren Stellen in den Ost- und Südstaaten der USA zu finden.

Die Ereignisse, die die amerikanische Seite des Ozeans gestalteten, schufen auch Gegenstücke in Europa und in gewissem Ausmaß auch in Afrika. Patrick M. Hurley vom Massachusetts Institute of Technology wies darauf hin, daß die Grenville-Phase der amerikanischen Gebirgsbildung auch die Kanalinseln vor der französischen Küste und ebenso Teile der Normandie, Schottlands und Norwegens geformt hat. Die takonische und die akadische Epoche verliefen parallel zur Gestaltung der Kaledonischen Berge, die große Bereiche der britischen und norwegischen Landschaft umformten. Schließlich fiel die alleghenische Erhebung mit ähnlichen Aktivitäten in Südeuropa und Nordafrika zusammen, der sogenannten herkynischen Epoche.

So wie die Kollisionen der gegenüberliegenden Küstenbereiche ihre Spuren auf den Kontinenten hinterließen, so auch der Bruch, aus dem der Atlantische Ozean von heute entstanden ist. Wie in Afrika bildeten sich mehrere Bruchtäler, aus denen eines so weit auseinanderklaffte, daß es einen neuen Ozean schuf. Diese Rinnen erhielten, wie die afrikanischen Brüche, eine Reihe von langgestreckten Seen und Sümpfen, deren Schlamm sich zu rötlichem Gestein verhärtete und seitdem den Landschaften ihre Farbe gab. Im Connecticut-Tal z. B. gibt es Stellen, wo sich im Fels noch die Fußabdrücke jener Dinosaurier abzeichnen, die einst durch das Tal wanderten.

Genau wie in Afrika öffneten sich auch Risse, durch die Lava ausströmte und ein System von Basaltadern und -schwellen auf beiden Seiten des sich entwickelnden Atlantik schuf. Manche dieser Basaltbetten wurden gekippt, und ihre herausragenden Kanten bilden große Klippen. Die auffälligsten sind die Palisaden am Westufer des Hudson. Als sich die Risse nach Norden fortpflanzten, wurden in Europa ähnliche Strukturen wie schon zuvor in Afrika sichtbar. Bei dem endgültigen Spaltungsvorgang, der Grönland, Island, die Rockall-Bank und Britannien voneinander trennte, kühlte sich der Basalt ab, der an den Küsten Schottlands und Irlands ausbrach, und formte die berühmten sechseckigen Säulen von Fingal's Cave und den Giant's Causeway auf der irischen Seite des Wassers.
Ein überraschendes Muster der Basaltadern auf beiden Seiten des Ozeans – wenn man die Kontinente wieder zusammenfügt – verrät, daß sie kreisförmig von dem Gebiet um die Bahamas und dem Unterwasserplateau vor Georgia ausgehen. Bedeutet dies, daß unter dem Meer eine „Plume", ein „hotspot", für das Auseinanderschieben der Kontinente und die Entstehung des modernen Atlantik verantwortlich war?
Falls, wie es Bird, Dewey und andere annehmen, der frühere Nordatlantik während des Ordoviziums weit offen war, wo befand sich dann Afrika? Eine internationale Expedition in das Herz der Sahara im Jahre 1970 bestätigte eine aufsehenerregende Hypothese: Afrika lag nahe dem Südpol! Frühe Hinweise darauf hatten französische Geologen gegeben, die bei ihrer Ölsuche in Ordovizium-Sandstein, dort wo das Gestein frei lag, weitverbreitete Gletscherspuren fanden. Daraufhin organisierte das algerische Erdöl-Institut eine Expedition, um nach weiteren Beweisen zu forschen. Dazu wurden Spezialisten aus zehn Ländern in Ost und West eingeladen, die die Wüste überquerten und ihre Suche auf das ziemlich zerklüftete Hoggar-Massiv in der Zentralsahara konzentrierten. An deren Nordflanke liegt das breite Tassili-Plateau. Wie Rhodes Fairbridge von der Columbia University später berichtete, fanden die Expeditionsteilnehmer „großartige ausgewachsene Ebenen" – Bahnen von Sand, Kies und anderem Material, das typisch für den Wasserstrom von den Frontklippen einer Eisdecke ist, wenn sie zu schmelzen anfängt. Diese Ebenen in der Sahara waren von Kanälen durchzogen, die das Schmelzwasser einer alten Eisdecke verursacht hatte und die sich „über Tausende von Quadratkilometern" erstreckten. Die Expedition fand auch vom Eis polierte Findlinge, deren Zusammensetzung andeutete, daß sie über weite Entfernungen transportiert worden waren. Man entdeckte auch Kratz- und Schleifspuren auf dem Sediment, wie sie Eisberge auf seichtem Küstenschelf hinterlassen. Das Gewicht des Landeises

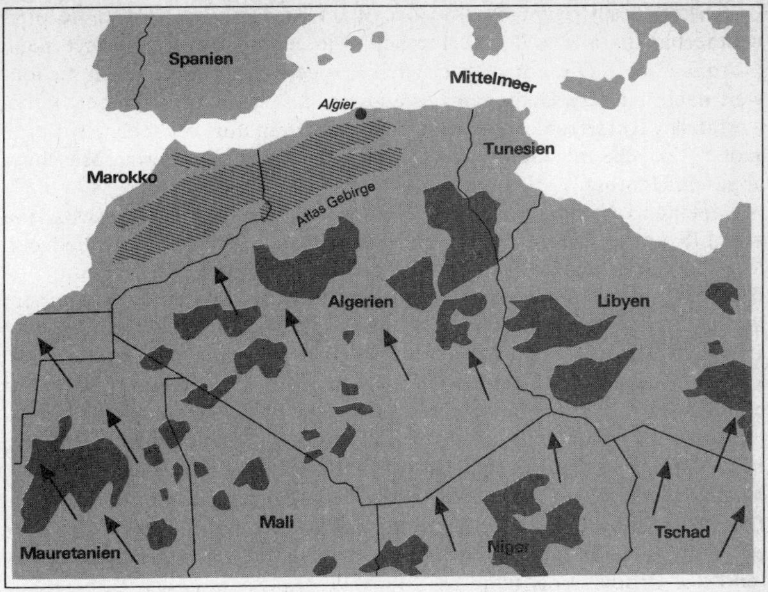

Spuren im Gestein der Sahara deuten darauf hin, daß hier einst ein riesiger Gletscher zum Meer floß. Die Pfeile deuten auf die Flußrichtung des Eises. Schraffierte Flächen kennzeichnen Zonen mit Wanderdünen.

könnte diesen Teil des Kontinents einst unter den Meeresspiegel gedrückt haben. Vielleicht waren auch die Meere selbst höher als heute. Die Forscher fanden ferner eine bemerkenswerte Reihe von Riesenkräuselwellen im Sandstein mit 3 m Abstand von Kamm zu Kamm. Solche Wellen werden auf dem Grund von Ozeankanälen von sehr starken Gezeitenströmungen hervorgerufen. Aber, so fragte Fairbridge, könnten die Kräuselwellen im Sandstein der Sahara nicht auch „ein Erguß von Millionen Tonnen Wasser aus dem Randbereich einer schmelzenden Gletscherregion sein, die im Ordovizium vereist war"?

Fairbridge und seine Begleiter erkannten in der Landschaft ferner typische schlangenförmige Rücken aus Felstrümmern, die auf einen Fluß unter dem Eis hinweisen. In Luftaufnahmen hielten sie kreisförmige Gesteinsmuster von 100–1000 m Umfang fest. Fairbridge schloß daraus, daß dort unter der Eisdecke Vulkane ausgebrochen waren, was sehr an den Vorgang bei einem „Jökulhlaup" auf Island erinnert.

Im Ostteil des Hoggar, im Tal des Wadi Taffassasset, flogen sie über wunderbar parallele Pflasterfurchen. Sie liefen von Südsüdost nach Nordnordwest. Die Forscher spürten den gepflasterten Furchen meilenweit nach. Andere Geologen bestätigten, daß sie sich quer über Nordwestafrika fortsetzen. Solche Furchen sind nur dort zu sehen, wo eine große Eisdecke mit Geröll das Grundgestein wie eine riesige Maschine abgeschliffen hat.

Anscheinend hat die Eisschicht im Ordovizium ganz Nordwestafrika von Libyen und dem Tschad im Osten bis zur Atlantikküste bedeckt. Mag die Kontinentaldrift auch nicht völlig für die Eiszeiten verantwortlich sein, so war deren Rolle sicher entscheidend. Wenn ein Kontinent an einem der Pole liegt, wie z. B. heute die Antarktis, bildet sich eine Eisdecke. Befindet sich dieser Pol in einem offenen Ozean, dessen Zirkulation fortwährend warmes Wasser in jenes Gebiet bringt, dann ist eine Eiszeit in jener Hemisphäre unwahrscheinlich. Heute ist der Warmwasserstrom in den arktischen Ozean geographisch zwingend. Das war nicht immer so, und deshalb sind Eiszeiten periodisch vorgekommen, obwohl der Grund für ihr zyklisches Verhalten noch unbekannt ist.

Die Vorstellung von einer Eiszeit in der Sahara könnte noch absurder erscheinen, wenn es nicht Anzeichen dafür gäbe, daß der Südpol während des Ordoviziums nahe bei Marokko lag. So weisen z. B. magnetische Analysen von Gesteinsproben aus Afrika, Südamerika und Australien auf einen magnetischen Pol in diesem Bereich hin. Meeresfossilien jener Periode in Nordeuropa stellen Warmwasserarten dar, und Korallen blühten entlang den Küsten von Rußland und Sibirien. In Südeuropa aber lassen die Fossilien für jene Zeit kalte Gewässer vermuten, also dürfte südlich davon eine Polarregion gewesen sein.

Während ein Teil von Afrika auch im Perm, 200 Millionen Jahre nach dem Ordovizium, vereist war, und zwar Südafrika mit Überlappungen nach Südamerika, Australien und der Antarktis, hatte die allgemeine Norddrift der Kontinente die geographische Position des Südpols ein gutes Stück zu seiner gegenwärtigen Lage verschoben. Manche glauben, diese Polbewegung sei nicht durch individuelle Schollenbewegungen, sondern durch ein totales Gleiten der Erdkruste verursacht worden.

Beim Rekonstruktionsversuch der Appalachenentstehung konnte als vielleicht wichtigste Erkenntnis festgestellt werden, wie der Kontinent gewachsen ist. Während von Europa und Afrika etwas Land „gestohlen" wurde, kamen durch das Zusammenschieben von Inselbögen und Meeresbodensediment zur Ostküste Nordamerikas noch mehr Gebiete hinzu. Es scheint möglich, daß dieser Vorgang zur Entstehung der Kontinentalschollen beigetragen hat, auf denen wir heute leben.

17 Auf der Suche nach der Universalität

Ist es glaubhaft, daß 7 000 km des Ozeanbodens unter den Westrand von Nordamerika geglitten sind? Oder daß eine gleiche Menge unter der Pazifikküste Asiens verschwunden ist? Oder daß ein Ozean einst zwischen Rußland und Sibirien lag? Diese Vorstellungen fußen auf den Bemühungen, die neue Theorie der Erdkrustenschollen auf alle Gebirgssysteme der Welt anzuwenden, einschließlich Ural und Rocky Mountains, die heute weit landeinwärts liegen.

Die kühnen Versuche, die Allgemeingültigkeit der Theorie zu beweisen, haben eine Reihe von Geologen und Erdwissenschaftlern unternommen. Zuerst schien alles wunderbar einfach zu sein. Gebirge wie die Alpen und das Himalayamassiv entstanden bei Kollisionen von Kontinenten. Die parallelen Bergketten, die jetzt die Westküsten der beiden Amerika flankieren, stiegen am Rande eines Kontinents auf, der über eine ozeanische Scholle hinwegglitt. Taucht eine ozeanische Scholle unter eine andere, wird ein Inselbogen, wie z. B. die Aleuten, geformt. Aber wie so oft, wenn Phänomene, die aus der Ferne einfach aussehen, in ihren Einzelheiten untersucht werden, dann erweisen sich die Situationen als komplex.

Die jüngsten Zusammenstöße zwischen Kontinenten vollzogen sich zwischen Indien und Asien sowie zwischen Europa und den Schollen Afrikas und des Mittelmeeres. In beiden Regionen besteht der Druck weiter und schiebt das Himalayagebirge und die Alpen noch höher empor. Aufgrund von Tiefseebohrungen im Indischen Ozean scheint es, daß Indien erstmals vor rund 50 Millionen Jahren damit begann, an der asiatischen Scholle anzustoßen. Das Anwachsen der Himalayaberge aber liegt nicht so weit zurück – es fand hauptsächlich im Verlauf der letzten 10 Millionen Jahre statt. Während die Erosion mit dem Ansteigen des Gebirges nicht Schritt halten konnte, sind große Schluchten entstanden und riesige Sedimentmengen in die Tiefebenen und die Ozeane gespült worden. Der Ganges und der Brahmaputra haben die Bucht von Bengalen mit Sediment bedeckt, das bis zu 16 km dick ist – die umfangreichste bisher entdeckte Anhäufung überhaupt. Eine dünnere Decke ist auf der anderen Seite des indischen Subkontinents durch den Indus abgelagert worden. Ein großer Teil des Anschwemmungslandes in Chinas Reisanbaugebiet besteht aus Mutterboden, der durch die Fluten des Yangtse und des Gelben Flusses aus den neuen Gebirgen herangetragen wurde.

Das Himalayaplateau ist heute mehr als 4 000 m höher als die Region im Süden. „Wenn man von der Stadt Darjeeling nach Norden auf den Himalayawall schaut", schrieb Dietz, „sieht man die einzige Böschung in der Welt, die so mächtig ist wie die kontinentalen Steilhänge, die alle Erdteile (unter dem Meer) umgeben. Die indische Scholle hat die asiatische unterlaufen und dadurch einen 70 km dicken Doppelkontinent geschaffen." Das tatsächliche Erscheinungsbild ist jedoch komplizierter, denn die Kontinentalschollen als starre Bestandteile der Lithosphäre, die auf der formbaren Asthenosphäre hin- und hergleiten, sind wahrscheinlich mehr als 100 km dick. Würden sie aufeinandergestapelt, wären die entstehenden Gebirge furchteinflößend.

Was bei einem Zusammenstoß von Kontinenten geschieht, könnte man als „Finger verflechten" bezeichnen. Die kollidierenden oberen Schichten aus relativ leichtem Gestein verschränken sich miteinander wie die Finger zweier Hände, häufen sich auf und falten sich zu einer breiten Gebirgszone. Tief unten jedoch gibt das schwere, darunterliegende Gestein einer der miteinander ringenden Schollen nach und wird in die weiche Asthenosphäre hinabgedrückt, um dort vielleicht aufzuweichen und auseinanderzulaufen. Während dieser Vorgang einen ungewöhnlich breiten Gebirgsgürtel wie z. B. das Himalayagebiet und das dahinterliegende tibetische Hochland schafft, kann sich eine Kollision gelegentlich auch verzögern und einen grundlegenden Wandel der globalen Schollenbewegungen erzwingen.

Der Gedanke, daß einst ein Ozean zwischen Rußland und Sibirien lag, ist bei den Forschungen nach dem Ursprung des Urals entstanden, der heute diese Regionen voneinander trennt und eine natürliche Grenze zwischen Europa und Asien bildet. Die Möglichkeit, daß Rußland und Sibirien einst weit voneinander entfernt lagen, wurde durch die Analyse von magnetischen „Kompassen" bekräftigt, die in den Felsen erstarrt sind, als diese beiden Regionen vor 400–700 Millionen Jahren geformt wurden. Nur wenn sie weit auseinander gewesen wären, hätten sie zum selben magnetischen Pol gewiesen. Als zunehmend jüngere Felsen untersucht wurden, stimmte ihre magnetische Orientierung mehr und mehr überein, so als ob die Landmassen langsam aufeinander zutrieben.

Nach Ansicht des sowjetischen Wissenschaftlers P. N. Kropotkin zeigen diese Funde, „daß sich die sibirische und die russische tektonische

Plattform einander während des Paläozoikums um rund 3 000 km näherten. In diesem Zeitraum schritt die Bildung des Faltsystems des Urals, Westsibiriens und Kasachstans voran, die zwischen diesen beiden Plattformen verteilt liegen."

Warren Hamilton vom US-Geological Survey hat ein detailliertes „Drehbuch" für diesen Vorgang entworfen, das auch die nachfolgende Öffnung des arktischen Ozeans und eine Drehung Alaskas gegen den Uhrzeigersinn, also weg vom Archipel der kanadischen Arktis, einschließt: Während des frühen Paläozoikums begann zwischen Rußland und Sibirien ein Ozean zu schrumpfen. Der Bereich seines Bodens, der einen Bestandteil der europäischen Scholle bildete, rutschte unter einen Inselbogen, der in unbestimmter Entfernung vor der russischen Küste lag. Während sich dieser Prozeß fortsetzte, stieß der Inselbogen schließlich gegen den Kontinentteil der europäischen Scholle, der entlang der heutigen Urallinie verläuft. Da der Kontinent nicht unter den Inselbogen sank, kehrte die Richtung des Abgleitens um, so wie bei den Alpen. Der Meeresboden auf der sibirischen Seite des Inselbogens fing an, unter den Bogen und unter die europäische Scholle zu gleiten, gegen die der Inselbogen geschoben wurde.

Inzwischen vollzog sich am Rande des sibirischen Subkontinents ein ähnlicher Prozeß, als die beiden Schollen am Ende des Paläozoikums vor rund 200 Millionen Jahren zusammenstießen, und viel von dem Material des Inselbogens zum neuen Gebirgsgürtel umgeformt wurde. Das Ergebnis dieser langen und komplexen Geschichte des Ozeanbodenschwunds war die Entstehung einer Reihe von Bergen. Sie haben entlang des Südrandes der alten sibirischen Scholle überlebt. Fragmente finden sich auf der Taimyr-Halbinsel, auf Nowaja Semlja und bis hinunter nach Kasachstan.

Hamilton glaubte, daß sich dieses Bergsystem sogar bis nach Nordgrönland und zu den Inseln der kanadischen Arktis erstreckte, bevor sich die neu verbundene Landmasse Eurasiens von Nordamerika entfernte, dadurch den arktischen Ozean öffnete und Alaska von den kanadischen Inseln wegschwang.

Wenn man davon ausgeht, daß die gesamte Erdoberfläche dieselbe geblieben ist und der Prozentsatz der Oberfläche der Kontinente nur langsam zugenommen hat, dann muß sich, wenn ein Ozean wie der Atlantik sich schließt, ein anderer öffnen, um das „Budget" von kontinentalen und ozeanischen Gebieten im Gleichgewicht zu halten. Alexander V. Peyve, Direktor des Geologischen Instituts der Sowjetischen Akademie der Wissenschaften, ist der Ansicht, daß die Tethyssee wuchs, als der Ozean zwischen Rußland und Sibirien schrumpfte. Als Afrika sich

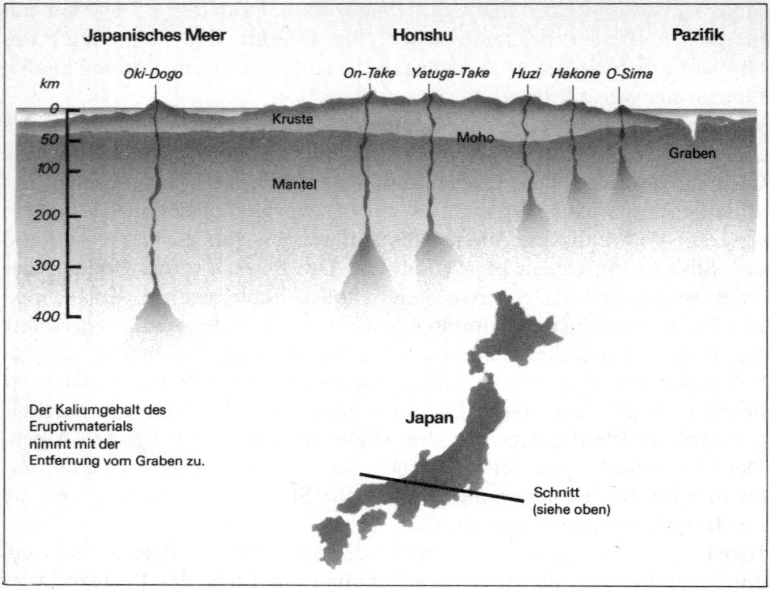

In den 50er Jahren entwarf Hisashi Kuno die Theorie, nach der die unterschiedliche Zusammensetzung der Lava in bezug auf die Entfernung der untersuchten Proben von der Pazifikküste Japans mit der Tiefe zusammenhängt, aus der das Material stammt. Später bestätigten Untersuchungen von William Dickinson und anderen, daß der Kaliumgehalt der Lava mit größerer Tiefe der Entstehung zunimmt. Diese Feststellung ist typisch für Gebiete, in denen eine Erdscholle unter eine andere gedrückt wird. (Zeichnung nach Kuno im „Bulletin Volcanologique", 1959.)

nach Norden bewegte und die Tethyssee immer kleiner wurde, vergrößerten sich der Atlantik und der Indische Ozean.

Es ist schwer, die Schritte zu rekonstruieren, die zu einem Zusammenprall von Kontinenten geführt haben. Offensichtlich aber finden solche Bewegungen in den heutigen Ozeanen statt. Besonders interessant ist die Bildung von Inselbögen wie den Aleuten und von Küstengebirgen wie den Anden. Untersuchungen zeigten, wie diese unterschiedlichen Gebirgssysteme entstanden sind.

Bekanntlich kennzeichnet eine Rinne im Meeresboden den Beginn des Absinkens einer ozeanischen Scholle. Ihr Weg unter einen Kontinent oder Inselbogen ins Erdinnere führt zu Erdbeben in zunehmender Tiefe. Dringt die absinkende Scholle tiefer, gerät sie unter immer stärkeren

Druck und in größere Hitze. In ungefähr 80 km Tiefe fangen manche Bestandteile der Scholle an zu schmelzen, und da sie gewichtsmäßig leichter als das sie umgebende Gestein sind, gelangen sie in Vulkanausbrüchen nach oben. Diese Zone bildet entlang dem japanischen Bogen eine deutliche „Front", die durch die erste Reihe von Vulkanen markiert wird. Die Front liegt typischerweise zwischen 100 und 250 km vom Graben entfernt, was von dem Neigungswinkel des Schollenabstiegs abhängt, d. h. wie weit vor dem Graben 80 km Tiefe oder mehr erreicht werden.

Gelangt die Scholle noch tiefer, sind, zumindest in einigen Gebieten, kaliumreichere Anteile in der hinausgeschleuderten Lava enthalten. Daher ist auf einem Inselbogen der Kaliumgehalt in vulkanischem Gestein um so größer, je weiter es vom Graben entfernt liegt. Dies stellt mehr als eine Kuriosität dar. Die Kaliumanteile in der Lava quer durch eine vulkanische Zone, die beim Abgleiten einer lange verschwundenen ozeanischen Scholle entstanden, sind von einigen Geologen als „Einbahnstraßenschild" angesehen worden. Es zeigt an, in welcher Richtung die Scholle hinabgeglitten ist, als so große Gebirge wie der Ural oder die Sierra Nevada geformt wurden.

Ein weiterer entscheidender Vorgang beim Absinken einer Scholle ist das Entstehen von gewaltigen Massen geschmolzenen Granits, die sich einen Weg nach oben bahnten, bis sie abkühlten und zusammengeballt als sogenannte Batholithe erstarrten. Der Batholith kann auch als Reservoir von flüssigem Gestein in der Tiefe bleiben oder durch Erosion zutage treten. Manche der großen Batholithe umfassen Zehntausende von Quadratkilometern.

Das Vordringen von Granit ist in den Alpen, längs des Connecticut-Tales und im westlichen Nordamerika feststellbar. Granit ist das Hauptbaumaterial für die Kontinente, aber der Ursprung war lange ungewiß. Wenn auch die Schollentheorie bisher nicht alle Antworten liefern konnte, hat sie doch den Rahmen, in dem Batholith vorkommt, festgelegt: Er entstand dort, wo sich geschmolzenes Material aus einer absinkenden ozeanischen Scholle durch sehr dicken Fels hindurch nach oben gearbeitet hat. Batholith kommt nicht in Inselbögen vor, abgesehen von einigen wenigen Fällen, in denen der Bogen eine dicke, fast kontinentale Kruste entwickelt hat. Batholithe werden im großen und ganzen als die „Wurzeln" der großen vulkanischen Erscheinungen entlang den kontinentalen Randzonen angesehen. Tatsächlich wächst der Verdacht, daß durch diese Aktivität die Kontinente in der Lage waren, ihr Gebiet aufgrund aufeinanderfolgender Episoden von Drift und Kollisionen zu erweitern.

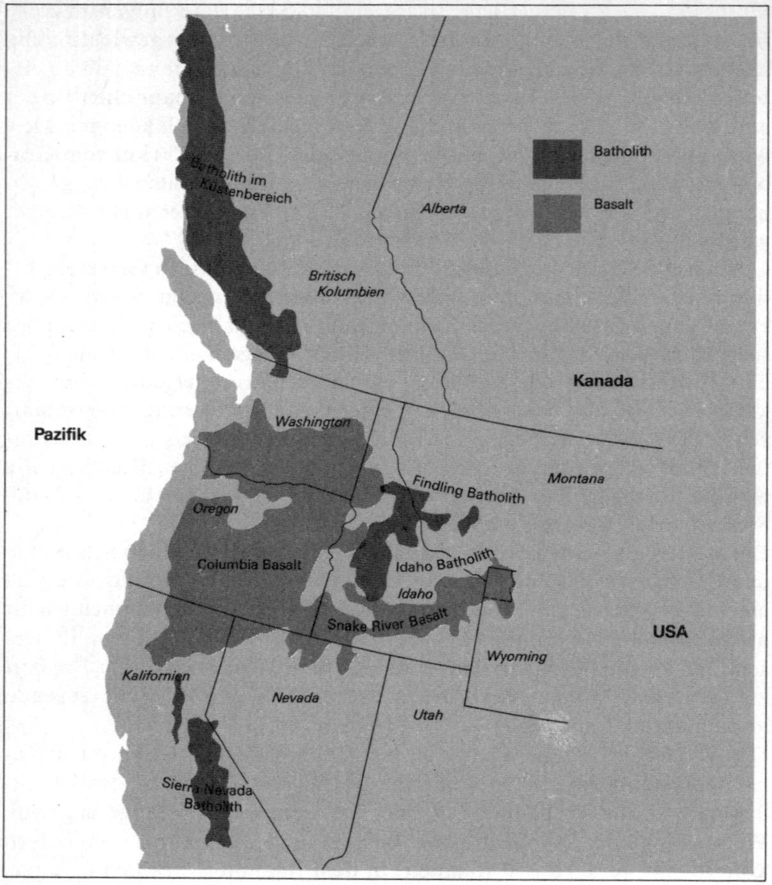

Batholith- und Basaltfunde in Nordamerika

Eine andere Kategorie von „kontinentalem“ Gestein konnte jetzt bei den Geschehnissen in und bei den Meeresgräben erfaßt werden. Wo eine ozeanische Scholle hinabgleitet, wird eine gewisse Menge des Materials von ihrem Rücken abgeschabt und gelangt auf die gegenüberliegende Seite des Grabens. Meeresbodenstücke der ganzen Dicke (Ophiolite) brechen ebenfalls heraus. All dieses Material vermischt sich mit Sediment und vulkanischen Trümmern von den Inseln oder der Küste jenseits des Grabens, das vielfach durch Wirbelströmungen herbeigetragen wurde. Nachdem ein Tausende von Kilometern breiter Ozeanboden in das Erdinnere versunken ist, entsteht auf der landwärts gelegenen Seite des Grabens eine chaotische Mixtur, die möglicherweise durch einen Kontinentalzusammenstoß oder eine andere Wechselwirkung von Schollen in die Gebirge eingegliedert wird. Diese durcheinandergewürfelten Meeresbodenanhäufungen sind schwer zu verstehen, solange man annimmt, daß eine ganze ozeanische Scholle durch einen Graben hinabrutscht. Mischungen dieses Gebirgstyps findet man in den Apenninen, in den Küstenbergen von Kalifornien, in Japan, Neuseeland und anderen Gegenden rund um den Pazifik.

Einige Fragen konzentrieren sich auf die Inselbögen, die die Ozeanbekken – vor allem im Westpazifik – säumen oder dahinter in Randmeeren wie dem Japanischen Meer oder der Philippinensee liegen. Der jüngste Teil des Meeresbodens zwischen dem Festland und dem Inselbogen ist derjenige, der den Inseln am nächsten liegt. Zum Kontinent hin wird der Boden zunehmend älter, so als ob der Inselbogen langsam seewärts wanderte und dabei neuen, seichten Meeresboden zurückließe. Es gibt auch Beweise, daß diese Meere durch denselben Prozeß ausgeweitet worden sind.

Warum aber wird durch eine hinabgleitende Scholle manchmal eine Inselreihe geschaffen, während an anderen Stellen, wie an der Westküste Südamerikas, nichts dergleichen geschieht? Warum tauchen die Inselbögen, zumindest gegenwärtig, in den westlichen Bereichen der Ozeane auf? 1972 erklärten Tuzo Wilson und Kevin Burke: Dort wo eine Kontinentalscholle aktiv über eine ozeanische Scholle hinweggleitet, die in bezug zum Erdinneren ihren Standort relativ beibehält, findet man einen Küstengraben und ein Küstengebirge wie in Südamerika. Wo jedoch der hinuntergedrückte Meeresboden der „Aggressor" ist, und sich dabei relativ zum Erdinneren hinbewegt, dort bildet sich ein Inselbogen. Dies würde erklären, warum die südostasiatische Region auf drei Seiten von Inselreihen umgeben ist: dem burmesisch-indonesischen Bogen, der Philippinen-Kette und dem Taiwan-Luzon-Bogen, die vermutlich alle durch das Abgleiten von Schollen unter einen relativ festliegenden Block geformt wurden.

Manche Geologen vermuteten, daß das Auftauchen der Inselreihen in den westlichen Bereichen der Ozeane mit der tendenziellen Westwärtsdrift als Folge der Erddrehung nach Osten zusammenhängt. Man war auch der Ansicht, daß solche Inselbögen sich einfach im frühen Stadium des Zusammenstoßes von ozeanischen und kontinentalen Schollen bilden und später gegen den Kontinent gedrückt werden, wie die Hypothese für die Appalachen und den Ural lautet.

Seitdem das Konzept für eine Ausdehnung des Meeresbodens besteht, gelten die südlichen Anden als Musterbeispiel dafür, was passiert, wenn ein Kontinent über einen Ozeanboden hinweggleitet. Parallel zur chilenischen Küste entstehen ein Graben mit einer Erbebenzone, die vom Graben her in Richtung Kontinent in einem Winkel von ungefähr 25° abfällt, und vulkanische Berge, die rund 300 km vom Graben entfernt anfangen sich zu erheben, also dort, wo die hinabgleitende Scholle tief genug vorgedrungen ist, um Lava zu produzieren. Aber eine verständliche und allgemein akzeptierte Erklärung, wie sich die Anden als Folge von Schollenbewegungen entwickelten, gibt es bis heute nicht.

In den Zentralanden, vor allem in Peru und Bolivien, verlaufen zwei Bergketten parallel zur Küste. Die älteste sind die Ostkordilleren im Binnenland. Sie wurden im Paläozoikum teilweise aus Ozeansediment geformt, das anscheinend vom Meer weg ostwärts geschoben wurde. Näher zur Küste befinden sich die Westkordilleren, die aus dem Mesozoikum und Tertiär stammen. Eine Sedimentanhäufung zwischen ihnen, die stellenweise bis zu 15 km dick ist, stellt das Altiplano dar, wo einst die Inkas herrschten. Die Westkordilleren bestehen aus zwei Gürteln. Der landeinwärts gelegene wurde aus Sedimentgestein aufgefaltet und stellt eine Miogeosynklinale dar. Der andere, näher am Meer liegende Gürtel ist eine Eugeosynklinale und dürfte aus einem Graben oder anderem Tiefseematerial gestaltet worden sein.

Anders als sonst über einer absinkenden Scholle gibt es entlang des größten Teils der Anden Vulkantätigkeit. Der Cotopaxi in Ecuador ist mit 5943 m der höchste aktive Vulkan auf der Erde. Ein Andenrätsel ist die Art und Weise, in der dort die Vulkantätigkeit ostwärts gewandert ist. Wenn das Abgleiten einer ozeanischen Scholle neues Material auf den Kontinent brachte und er dadurch nach Westen größer wurde, hätte man erwarten müssen, daß der Graben, die Vulkane und weitere Merkmale ebenfalls westwärts rückten. Statt dessen hat sich die Vulkanaktivität in die entgegengesetzte Richtung verschoben. David E. James vom Carnegie-Institut in Washington glaubt, daß diese Ostwärtsbewegung deswegen entstand, weil das verlängerte Abgleiten der pazifischen Nazca-Scholle unter den Kontinent dort den oberen Erdmantel abgekühlt hat. Infolge dieser Abkühlung müsse die absinkende Scholle tiefer und weiter landeinwärts dringen, um genügend hohe Temperaturen für vulkanische Aktivität zu erreichen.

Infolge der relativen Westwärtsbewegung Südamerikas und der Ostwärtsbewegung der Nazca-Scholle verschwindet diese mit der außergewöhnlichen Geschwindigkeit von einem Meter pro Jahrzehnt unter dem Kontinent. Dadurch dürfte auf der pazifischen Seite des Kontinents einiges Material hinzugekommen sein. Dort müßte man auch die jüngsten Gesteine finden. Doch in Südperu, relativ nahe der Küste und rund 300 km westlich des Bereichs, der einmal der frühere Kontinentrand gewesen sein soll, stehen Felsen vom Kontinentaltyp, die mindestens 400 Millionen Jahre alt sind. James nimmt an, daß sie die Reste eines Miniaturkontinents oder einer Halbinsel sein könnten, die vor der Küste lagen und gegen sie gedrückt worden sind.

Ein weiteres Problem, das von Skeptikern frühzeitig bemerkt worden ist, stellen die Sedimentschichten auf dem Grund des Grabens vor der südamerikanischen Küste dar. Sie zeigen in vielen Fällen keine Anzeichen von Verformung, wie sie zu erwarten wäre, wenn die Ozeanseite des Grabens so schnell absinkt. Die Sedimentschichten innerhalb der Reichweite eines Unterbodenmeßgerätes scheinen ganz flach zu liegen. Das läßt sich teilweise damit erklären, daß die übliche Schallmessung den feinstrukturierten Beweis für eine Deformation nicht „sehen" kann. Es ist auch deutlich geworden, daß in der Nähe von aktiven Meeresrinnen Erdbeben und Wirbelströmungen für Sedimentschichten in so schneller Folge sorgen, daß sie die Auswirkungen des Hinabgleitens verschleiern. Im Mittelamerikagraben hat z. B. die Datierung der Schichten durch eine Analyse ihrer radioaktiven Kohle Sedimentraten von einem Meter pro Jahrtausend nachgewiesen. Eine weitere Annahme lautet, daß Erdbeben die weichen Schichten durch Erschütterung glätten.

Während die Gebirge im westlichen Nordamerika vermutlich durch ähnliche Prozesse wie bei den Anden entstanden sind, gibt es innerhalb der USA offensichtliche Unterschiede. Von Kap Hoorn bis nach Alaska bildet der Gürtel von Bergen und erloschenen Vulkanen auf der Pazifikseite eine ungefähr gleichförmige 500 km breite Zone. Aber in den USA verdreifacht sich diese Zone in der Breite und der Gürtel weist solche Besonderheiten wie die „Becken- und Rücken-Provinz" auf, die zwischen der Colorado-Hochebene und der Sierra Nevada liegt und sich aus einer Reihe von über einem Dutzend Nord-Süd-Bergketten und dazwischenliegenden breiten Rinnen zusammensetzt.

Untersuchungen über die Entstehung dieser Berge sind durch neue Entdeckungen und Techniken stark gefördert worden, besonders durch die Bestimmung des Gesteinsalters mit Hilfe der radioaktiven Komponenten. Während des Jura vollzog sich die früheste belegte Erhebung an der Westküste, als sich Batholite entlang der Achse der Sierra Nevada formierten. Dickinson in Stanford und Hamilton kamen zu dem Schluß, daß dieses Material von einer ozeanischen Scholle abstammte, die recht steil, mit ca. 50° Neigung hinabglitt. Ein solcher Neigungswinkel ist typisch für einen Inselbogen, und Hamilton vermutete, daß die nördliche

Sierra und die nahegelegenen Klamath-Berge Reste eines Inselbogens enthalten.
In diesem Zeitraum, vor rund 170 Millionen Jahren, begannen große Klippen ostwärts nach Montana und Wyoming zu gleiten (oder sie wurden geschoben). Manche Geologen glauben nun, daß die Antriebskraft von einer Abwärtsneigung – wie in den Takonischen Bergen – und nicht von einem Schub aus dem Westen ausging.
Wie in den Anden wanderte die Zone der Vulkantätigkeit ostwärts. Vor 80 Millionen Jahren war sie weitgehend auf Kalifornien und das westliche Nevada beschränkt. Vor 70 bis 65 Millionen Jahren trat sie in Nordzentral-Nevada und im Osten der südlichen Rocky Mountains auf. Um diese Zeit fand ein grundlegender Wandel unterhalb des westlichen Nordamerika statt. Die Bergstaaten, vor allem Colorado, erhoben sich im Rahmen der sogenannten Laramide-Revolution. Die zuvor geformten Schichten in den Rocky Mountains bestanden größtenteils aus weichen Meeresgesteinen. Nun legte sich kontinentaler Sandstein darüber. Eine spätere Phase, die noch viele Rätsel aufgibt, stellte das Ansteigen des Colorado-Plateaus dar. Wie der Boden eines riesigen Aufzugs wurde diese Hochebene fast 2 km senkrecht gehoben. Dabei kam es zu nur wenigen oder gar keinen Veränderungen der flachliegenden Sedimentgesteine. Als sie sich anhoben, fraß sich das Wasser hinein, um einige der großartigsten Naturwunder der heutigen Welt zu schaffen wie z. B. den Grand Canyon von Colorado sowie den Glen- und den Zion-Canyon.
Inzwischen wuchs der zentrale Teil der Rocky Mountains. Im Gebiet der heutigen San Juan-Berge in Südwest-Colorado kam es zu großen Eruptionen, die im Oligozän, vor 35 Millionen Jahren, sehr viel von der Landschaft mit Andesit bedeckten – mit dem Gestein, das typischerweise oberhalb einer absinkenden Scholle ausbricht. Vor 30 Millionen Jahren kam es zu einer wesentlichen Wandlung in der Natur dieser Vulkantätigkeit. Sie begann in den südlichen Gegenden wie West-Texas und pflanzte sich dann nach Nordwesten fort. Die ausgetretene Lava veränderte sich in die Basaltart, die man in Regionen findet, wo eine Kontinentalkruste auseinandergerissen wurde, wie z. B. in den afrikanischen Bruchtälern.
Innerhalb weniger Millionen Jahre wirkten sich diese Veränderungen auf den ganzen Bereich südlich der Linie von Zentral-Colorado bis nach Süd-Kalifornien aus. Vor 10 Millionen Jahren hatte sich diese Linie nach Norden verschoben, bis sie vom südwestlichen Idaho bis nach Zentral-Kalifornien reichte. Dem gingen Eruptionen des früheren Typs voraus, die eine weite Region von Nordwest-Wyoming und Südwest-Montana mit Andesit überfluteten. Das so entstandene Absaroka-Vul-

kanfeld in und bei Yellowstone umfaßt jetzt 24 000 qkm, war aber ursprünglich wahrscheinlich zweimal so groß. Geologen haben dreizehn Öffnungen entdeckt, aus denen die großen Vulkane gespeist wurden. Wenn diese Überreste Visionen von katastrophaler Aktivität heraufbeschwören, so besteht auch die Möglichkeit, daß nur wenige Vulkane gleichzeitig ausbrachen.

Als sich die Erdkruste in dieser Region auseinanderzog und die Bestandteile der Lava zu Basalt wurden, öffneten sich Tausende von Rissen mit Nord- und Nordwestrichtung, die das Land mit Lava überschwemmten. Die Basalte des Columbia-Plateaus, die einen großen Teil des Nordwestens bedecken, müssen einem der „Mondmeere" ähnlich gewesen sein. Nach diesen Eruptionen begannen sich die Snake River-Basalte zu einer Zone zu formieren, die nach Osten wanderte und sich dem jüngsten Ausbruchsbereich im Yellowstone-Park näherte, wie das Vordringen der heißen Masse in Geysiren und kochenden Schlammtümpeln offenbart.

Die Spannung, die die Risse und Lavafluten hervorrief, streckte auch die Becken- und Rücken-Provinz im Süden, die heute doppelt so breit sein dürfte wie zu Anfang. Die Nord-Süd-Bergreihen und -Täler sind ein Produkt der Verwerfungen und Ausbrüche, die den Spaltungsvorgang begleiteten.

Der endgültige und in mancher Hinsicht bemerkenswerteste Abschnitt in der Entwicklung der Rocky Mountains war eine Anhebung der gesamten westzentralen USA. Dadurch wurde eine Rampe geformt, die von Kansas bis nach Yellowstone verläuft. Rund 335 000 qkm wurden ungefähr 2 000 m höher gehoben, was vermuten läßt, daß eine enorme Materialmenge in diesem Bereich unter die Kruste eindrang und die niedrigen Hügelketten zu den heutigen Rocky Mountains umgestaltete. Über die regionale Anhebung hinaus sind einzelne Blöcke noch höher gedrückt worden. Einige dieser Blöcke stiegen augenscheinlich erst innerhalb der letzten zwei Millionen Jahre auf und wachsen immer noch beträchtlich schneller als die Gesamtregion, die weiterhin um ein paar Millimeter pro Jahr steigt.

Das Wachstum der Rocky Mountains vollzog sich so langsam, daß über zwei Dutzend Flüsse ihren Verlauf beibehalten konnten, obwohl überall um sie herum hartes Gestein aufstieg. Schneller als das Land anstieg, schnitten sie ihre Canyons in die Felsen. Das Ergebnis ist eine Reihe von wunderbaren Schluchten in Colorado.

Inzwischen nahm der Westrand des Kontinents allmählich seine gegenwärtige Form an. Die Entwicklung der Sierraberge dauerte viele Millionen Jahre, wobei die jüngste Phase die ganze Bergkette anhob und um-

stürzte, so daß an der Ostseite eine steile, 700 km lange Wand entstand. Die Vulkanaktivität längs der Sierra erlosch allmählich, zuerst im Süden, dann im Norden. Die Cascades vom nördlichen Kalifornien bis nach Washington brachen innerhalb historischer Zeiten aus, aber sie scheinen zum Verstummen verdammt zu sein. Ihre Gipfel, die eine auffallend gerade Linie bilden, erinnern in ihrem schneebedeckten Glanz an im Pazifik liegende Vulkane, wie Fudschijama in Japan und Shishaldin in Alaska – allesamt typisch für Ausbrüche oberhalb einer absinkenden Scholle. Die kleine Juan de Fuca-Scholle, deren Abstieg unter Washington und Oregon für die Cascades verantwortlich ist, scheint jetzt fast stillzustehen.
Die Bildung der Küstengebirge von Kalifornien bis nach Oregon und Washington dürfte eindeutig eine Folge der Auseinandersetzung zwischen der nordamerikanischen Scholle und den ozeanischen Schollen im Westen sein. Ein charakteristischer Bestandteil dieser Berge ist die Franciscan Mélange, eine chaotische Mischung aus Tiefseematerial und Wirbelströmungstrümmern, die sich offensichtlich an der landwärts gerichteten Seite eines Küstengrabens bildete. In einigen Teilbereichen findet man die Überreste vom vergangenen Ringen zwischen kontinentalen und ozeanischen Schollen. Landeinwärts hinter diesen Küstenbergen liegt das große Tal von Kalifornien, mit Sandstein, Erdharz und Schlammgestein überzogen, die sich in relativ flachen Gewässern wie z. B. über einem Kontinentalschelf ansammelten. Deshalb halten einige Geologen die Küstenzone für den typischen äußeren Rand einer kontinentalen Scholle, die vom Meer herabgedrückt wurde, wobei die Franciscan Mélange die Eugeosynklinale und die Ablagerungen im Großen Tal die Miogeosynklinale darstellen.
Diese Geschichte ist sehr verwirrend, denn im Osten, weit innerhalb des heutigen nordamerikanischen Kontinents, scheint eine weit ältere Wiederholung der Küstensequenz zu existieren. In seinem Beitrag für das Internationale Geodynamische Projekt der späten 1970er Jahre zitierte der Ausschuß der Nationalen Akademie der Wissenschaften, der für den amerikanischen Beitrag verantwortlich ist, Beweise dafür, daß die Berge im Binnenland in sehr ähnlicher Weise wie die Küstengebirge entstanden sind. Diese Küstengebiete sind deshalb für geologische und geophysikalische Untersuchungen bedeutsam.
Weiter im Osten weisen die Gesteine bis in die Gegend der heutigen Rocky Mountains auf eine lange Sedimentanhäufung auf einem flachen Meeresboden hin. Die Sedimentschichten verdicken sich westwärts in Richtung des jetzt fernen Ozeans, so wie sich die Appalachensedimente gen Osten verdicken. Wurden diese Schichten auf einem Küstenschelf

als eine typische Miogeosynklinale abgelagert? Könnte die Westküste einst quer durch Idaho, Utah und Arizona verlaufen sein? Die Autoren des Beitrages meinen, daß die Hypothese über das Zusammengehen von Mio- und Eugeosynklinalen attraktiv und vielleicht anwendbar sei, aber zum gegenwärtigen Zeitpunkt vollkommen spekulativ.

Es ist offensichtlich, daß sich die Formgebungsfaktoren im Westen mit der Zeit grundlegend verändert haben. Die Natur der Vulkantätigkeit hat sich ebenso gewandelt wie die Situation entlang der südamerikanischen Küste, wo die Abfälle des Grabens aufgehäuft wurden und den Kontinent verbreitern. Außerdem neigt sich der tiefe Meeresboden von der Küste an abwärts, während im Atlantik der Boden auf beiden Seiten des mittelozeanischen Rückens langsam steigt.

Die Entschlüsselung der Gründe für diese Veränderungen erleichterten die magnetischen Abdrücke im Meeresboden, die durch vorangegangene Schollenbewegungen entstanden sind. Der Nordostpazifik wurde durch die Drift von einem Rücken aus geformt, dessen Nordteil fast völlig unter dem Westrand von Nordamerika verschwunden ist. Im Gegensatz zum Atlantik kann man vor der Pazifikküste Nordamerikas die Chronologie der magnetischen Umkehrungen nicht ablesen. Fast die gesamte Osthälfte der Muster fehlt und ebensoviel von dem Rücken, von dem die Westhälfte stammt.

Zu Anfang der Entwicklung der Schollentheorie konnte man hören, daß der fehlende Rücken – eine nördliche Fortsetzung der Ostpazifikschwelle – jetzt unter der Becken- und Rücken-Provinz liegt, wo die Berge noch ab und zu aus den Becken angehoben werden, was Erdbeben und heiße Quellen beweisen. Man argumentierte, daß das Material, das entlang dieses begrabenen Rückens aufquoll, sich nach Osten ausgedehnt hatte, um die Rocky Mountains anzuheben, ebenso das Rocky-Mountain-Plateau und die große Rampe von Kansas bis in die Gebirgsstaaten. Die zunehmende Tiefe des Pazifik in Richtung Westen wäre das Gegenstück zu einem Abhang jenseits eines mittelozeanischen Rückens, nur sei dieser unter Nordamerika verborgen.

Diese Erläuterung der Meeresbodenabstammung von einem verschwundenen Rücken wird heute allgemein akzeptiert. Eine weitere Theorie über die Geschehnisse um diesen Rücken stammt von McKenzie und Morgan.

In ihrer Schrift über die Geometrie der relativen Schollenbewegungen wiesen sie darauf hin, daß der Punkt, an dem sich drei Schollen treffen, zum Wandern neige, was durch die Bewegungen der Schollen zueinander bedingt werde. Eines ihrer Beispiele ist eine Dreifachverbindung, die gegenwärtig vor Kap Mendocino in Kalifornien liegt.

Die drei Schollen, die heute dort aufeinandertreffen, sind die nordamerikanische Scholle, die pazifische Scholle und die kleine Juan de Fuca-Scholle vor der Küste von Oregon, Washington und British Columbia. McKenzie und Morgan benutzten den magnetischen Zeitplan der Plattenbewegungen, der von dieser Region aufgezeichnet wurde, um die Geschichte der Platte zu rekonstruieren. Man erkannte, daß die Juan de Fuca-Scholle – oft auch Farallon-Scholle genannt – einst eine große ozeanische Scholle war, die fast völlig verschwunden ist, vermutlich in einem Graben, der vor der Westküste gelegen haben muß.
Nach der Auffassung von McKenzie und Morgan kam vor gut 30 Millionen Jahren die amerikanische Scholle, aufgrund der relativen Westwärtsbewegung Nordamerikas, mit dem Rücken in Berührung, der die pazifische Scholle von der Farallon-Scholle trennte. Bei dieser Begegnung zerbrach die Farallon-Scholle in zwei Teile, die sich nach Südosten bzw. nach Nordwesten zurückzogen, als die pazifische Platte mehr und mehr auf die Westküste zutrieb. Heute liegt das Nordweststück, die Juan de Fuca-Scholle, nordwestlich von Kap Mendocino. Der Rest der Farallon-Scholle besteht aus einem kleinen Fragment, der Rivera-Scholle vor Zentralmexiko und der Cocosscholle weiter südlich.
Eine neue Situation entstand, als die pazifische Platte gegen den Westrand der amerikanischen Platte stieß. Während die Farralon-Scholle sich nordostwärts bewegt hatte und unter den Kontinent rutschte, trieb die pazifische Platte nach Nordwesten. Darum rieb sie sich an der Kante des Kontinents, was zur San Andreas-Verwerfung führte. Vor allem dieser Vorgang hat Kalifornien den Ruf eingebracht, ein Erdbebengebiet zu sein. Offenbar ist dieser Wechsel der Schollenbewegungen für die jüngeren Ereignisse, die Nordamerika gestalteten, verantwortlich. Insbesondere erklärt er die revolutionären Veränderungen, die vor 30 Millionen Jahren begannen, als die pazifische Platte erstmals an die Küste stieß und die Berührungszone allmählich größer wurde, wodurch auch das Vordringen der Farallon-Scholle unterhalb des Kontinents nach und nach zum Stillstand kam.
Eine der ersten, die diesen Wechsel erkannten, war die junge Diplomandin Tanya Atwater vom Scripps-Institut für Ozeanographie. Sie glaubt, daß die Tätigkeit entlang der San Andreas-Verwerfung nur ein Teil der Geschichte ist. Weil die pazifische Platte an Nordamerika zerrt, habe sich die gesamte Region von den Rocky Mountains an westwärts verzogen und damit indirekt die Becken- und Rücken-Provinz beträchtlich gedehnt.
Man nimmt an, daß seitdem sich die Sierraberge bildeten, Kalifornien wenige hundert Kilometer nach Nordwesten geglitten ist. Obwohl ganz

sicher erscheint, daß der Küstenstreifen von San Francisco an der San Andreas-Verwerfung entlang nach Süden wanderte, gab es eine zusätzliche Bewegung der gesamten Küstenregion mit einer nachfolgenden Verzerrung der Becken- und Rücken-Zone. Diese Ansicht wird durch Hinweise gestützt, wonach sich die pazifische Platte im Verhältnis zur nordamerikanischen Platte um 6 cm pro Jahr bewegt, wobei aber nur 1 cm dieser Bewegung entlang der San Andreas-Verwerfung feststellbar ist. Sicher ist, daß Teile der amerikanischen Landschaft außerordentliche Entfernungen zurückgelegt haben.

Die allmähliche Wandlung der Kräfte, die die westlichen Staaten Nordamerikas formten – nach dem Abgleiten einer Scholle kam es zu Zug- und Dehnungskräften –, bietet jetzt eine Erklärung für die von Süd nach Nord verlaufende Veränderung der Vulkantätigkeit in diesem Bereich. Drei Wissenschaftler vom Denver-Zentrum des US-Geological Survey – Peter W. Lipman, Harold J. Prostka und Robert L. Christiansen – glauben, daß die Wandlung begann, als die pazifische Platte erstmals den Westrand Nordamerikas berührte, wahrscheinlich bei Südkalifornien, wodurch das Vordringen der Farallon-Scholle in diesem Sektor zu Ende kam. Auch die Ausbrüche von Andesitlava infolge des Absinkens der Scholle hörten dort auf. Als die pazifische Platte dann immer stärker gegen den Kontinent drückte, wanderte der Effekt nach Nordwesten. Später ließ der Druck der Farallon-Scholle nach. Statt dessen wurde die Küste von der Pazifikplatte nach Nordwesten gezogen, und neue Kräfte kamen ins Spiel. Die Kontinentkruste dehnte sich und ließ Basaltausbrüche zu, die ebenfalls nach Nordwesten wanderten. Dabei entstanden Strukturen wie die Becken- und Rücken-Provinz und die Columbia-Hochebene.

Roger L. Larson und Walter C. Pitman III. vom Lamont-Doherty-Observatorium entdeckten gemeinsam mit Clement G. Chase von der Minnesota-Universität, was sie für eine noch ältere Aufzeichnung der Pazifikgeschichte hielten. In Magnetmusterkarten vom westlichen Pazifik erkannten sie eine identische „Botschaft" von engen und breiten magnetischen Anomalien, die in drei unterschiedlichen Teilen des Ozeans festzustellen waren. Die „Botschaft" stellt offenbar einen so alten magnetischen Zeitablauf dar, daß er einer „fließenden" Chronologie jenseits der bekannten Geschichte der Magnetfeldumkehrungen gleichkam.

Eine dieser Sequenzen befand sich nordöstlich von Japan parallel zum Kurilenbogen und war anscheinend durch die Meeresbodendrift von einem Rücken aus entstanden, der schon lange im Kurilengraben verschwunden ist. Eine weitere bildete eine Reihe von Ostwest-Magnetismuszonen nahe den Phönix-Inseln im Südpazifik. Sie dürfte von einem

Rücken im Süden stammen. Die dritte Sequenz lag westlich der Hawaii-Inseln und verlief von Nordwest nach Südost. Es handelt sich offenbar um Meeresbodenbereiche, die von einem Rückensystem quer über einen großen Teil des Pazifik gewandert waren, während der Rücken selber teilweise unter der Küste Nordamerikas verschwunden ist.

All diese Muster wiesen denselben Zeitablauf der magnetischen Umkehrungen auf, aber ihr Alter war solange ungewiß, bis sie mit den Ergebnissen einer Atlantikstudie von Peter R. Vogt und seinen Kollegen in Verbindung gebracht wurde. Die Daten dazu sind vom Marineforschungsschiff *USNS George D. Keathley* 1967 und 1968 gesammelt worden. Mit dem Schiff erforschte man eine Region von 1,5 Millionen Quadratkilometern zwischen Bermuda und dem amerikanischen Kontinentalschelf. Die wesentliche Entdeckung war eine gut zu bestimmende Folge von Nord-Süd-Magnetismuszonen mit einer Gesamtbreite von 300 km, die die Marinewissenschaftler mit Hilfe von Daten aus drei *Glomar Challenger*-Bohrlöchern den Magnetismusepochen von vor 115 bis 155 Millionen Jahren zuordneten. Sie nannten sie die Keathley-Sequenz.

Larson und seine beiden Mitarbeiter verglichen das Muster der Umkehrungen in der Keathley-Sequenz mit denen der drei getrennten Bereiche des Pazifikbodens. Sie fanden bald, daß sie übereinstimmten und so das Bindeglied zu dem etablierten Muster bildeten. Indem sie nun den beträchtlich erweiterten Zeitplan verwendeten, konnten die drei Wissenschaftler die Pazifikgeschichte bis zu den allerfrühesten Stufen zurückverfolgen.

Der Pazifikboden ist entlang von mindestens fünf Rücken entstanden, die sich in zwei Dreifachverbindungen trafen. Alle, bis auf die Ostpazifikschwelle, sind seit langem in den peripheren Gräben jenes Ozeans verschwunden. Wenn man die Größe des Meeresbodens berechnet, der durch jene Gräben hinabgesunken sein muß, so kommt man auf ein Minimum von 7 000 km, die unter Nordamerika verschwanden, auf 7 000 oder 8 000 km unterhalb Asiens und auf 5 000 km, die unter Südamerika und die westliche Antarktis gedrückt wurden.

Aus dem magnetischen Zeitplan konnte man eine Periode ununterbrochener, normaler magnetischer Polarität zwischen 85 und 115 Millionen Jahren vor unserer Zeit ableiten. In dieser Periode hat der Meeresboden um zwei oder mehrere Male gegenüber den heutigen Werten auf der ganzen Erde zugenommen. Da die magnetischen Zeitmuster von allen Ozeanen ähnlich zu sein scheinen, müssen periodische Veränderungen der Driftrate, falls sie vorgekommen sind, die ganze Erde umfaßt haben. Sie könnten durch Proben- und Datensammlungen bei diesen Abweichungen bewiesen werden. Tiefseebohrungen haben das nur an wenigen sehr alten Stellen getan. Deshalb muß der abgeleitete Rest noch bestätigt werden. Die Veränderungen traten vermutlich während der Kreidezeit auf, als die Meere anstiegen und viel Land überflutet wurde, weil vielleicht ein verstärktes Sea-floor-spreading für seichtere Ozeanbecken gesorgt hatte.

Auf jeden Fall wird allgemein akzeptiert, daß der Batholith, der viel von dem Granit im westlichen Nordamerika ausmacht, von einer abgleitenden ozeanischen Scholle stammt. Die gesamte Küstenzone von British Columbia z. B. besteht im wesentlichen aus Batholith, der vor 60 oder 70 Millionen Jahren geformt wurde. Während die Gesteine in den Küstengebirgen und in der Sierra deutlich vom Vordringen einer Ozeanscholle unter den Kontinent berichten, stellen die Rocky Mountains ein anderes Modell dar. Sie liegen weit landeinwärts von der Küste entfernt, wo vermutlich das Absinken der Scholle seinen Anfang nahm. Während die Lava im Absaroka-Vulkanfeld chemisch derjenigen in Indonesien gleicht, liegen die indonesischen Ausbrüche 300 km von der Linie entfernt, wo die dafür verantwortliche Scholle in die Erde hinabsinkt. Das Absarokafeld ist heute vom gegenwärtigen Kontinentrand viermal so weit weg. Die Vulkane der San Juan-Berge in Colorado liegen noch weiter vom Meer ab. Außerdem sind die Rocky Mountains, abgesehen vom Nordteil, vorwiegend durch senkrechte Anhebungen entstanden und weniger durch eine Faltung vom Meer her.

Einen ehrgeizigen Versuch, diese Entwicklung im Rahmen der Schollentheorie zu erklären, haben 1970 Lipman, Prostka und Christiansen unternommen. Sie verwendeten dazu Informationen über das Alter und die Chemikalien der Eruption, die die gesamte Region vom Pazifik bis zum Ostrand der Rocky Mountains formten. Nach ihrer Ansicht begann die Vulkantätigkeit vor 70–80 Millionen Jahren, als Nordamerika „besonders schnell“ über den Pazifikboden hinwegglitt. Ihre Erklärung für die sich daraus ergebende Vulkanaktivität weit landeinwärts fußt auf einer Analyse des Kaliumgehalts in den Gesteinen, die in jener Zeit herausgeschleudert worden waren. Im Westen, ebenso wie anderswo, war der Kaliumanteil im Gestein und sein Verhältnis zur Silikatmenge ein Hinweis auf die Tiefe des absinkenden Meeresbodens, von dem das geschmolzene Gestein stammte.

Gestützt darauf berechneten die Wissenschaftler, daß das vulkanische Material der Küstengebirge aus 100 km Tiefe emporgekommen ist. Weiter landeinwärts, unter der Sierra, lag der Meeresboden einmal 200 km tief, was mit dem typischen Verhalten einer Scholle übereinstimmt, wonach sie beim Vordringen landeinwärts immer größere Tiefen erreicht.

Aber dann entdeckte man etwas Unerwartetes. Die Felsen östlich dieses Gebietes entstammten scheinbar einer verhältnismäßig niedrigeren Scholle. Von dort an bis zur Frontreihe der Rocky Mountains nahm die Tiefe jedoch wieder systematisch zu.

Die Schlußfolgerung war, daß zwei abwärtslaufende Schollen für die Eruptionen und für die Rocky Mountains verantwortlich sind. Aber wie konnten zwei solche Schollen entstehen? Eine Erklärung lautet, daß eine oben gleitende Scholle – wie Nordamerika – sich im Verhältnis zum Erdinneren relativ schnell bewegt. Die darunterliegende Scholle tut dies nicht und wird in 700 km Tiefe oder mehr in „stationäres" Mantelmaterial unter der weichen Asthenosphäre eingebettet. Die oben gleitende Scholle bricht schließlich den eingebetteten Teil der anderen Scholle ab. Auf diese Weise könnte die Farallon-Scholle entlang der Westküste unter der nordamerikanischen Scholle abgebrochen sein, die sich dann weiter nach Westen schob, bis das abgebrochene Stück unter dem Hinterland lag.

Wegen dieser Spannungen, die die Becken- und Rücken-Zone Nordamerikas schufen, ist z. B. die Wasatch-Bergkette heute noch ruhelos, d. h. es treten Erdbeben auf. Wo eine ozeanische Scholle mit dem Absinken beginnt, neigt die Wärmeströmung durch die Erde dazu, geringer zu werden, da sich dort der kühlste Teil einer Scholle befindet. Es ist festgestellt worden, daß Bereiche mit geringer Wärmeströmung in den Gegenden zu finden sind, wo die beiden Stücke der Farallon-Scholle in geringster Tiefe liegen sollten. Die Vulkanaktivität und das gelegentliche Anheben der Rocky Mountains könnte demzufolge mit dem allmählichen Aufheizen sowie der Ausdehnung des Schollenteils unter jener Region erklärt werden. Das wäre eine Reaktion auf die hohe Temperatur des umgebenden Mantelmaterials.

Der Neigungswinkel der beiden Schollenstücke war relativ sanft – rund 15–20°. Die drei Geologen wiesen darauf hin, daß, falls die Becken- und Rücken-Provinz wirklich um 100 km gedehnt worden sei, der Abhang der Scholle darunter weniger steil aussehen müßte, als er tatsächlich war. Die Kräfte, die die Becken- und Rücken-Zone streckten, sind immer noch am Werk, nicht nur entlang der San Andreas-Verwerfung, sondern auch weiter östlich – z. B. bei der weniger auffälligen Verwerfung „Walker Lane". Diese erstreckt sich nordwestlich von Las Vegas und ist die Quelle für Erdbeben und Brüche gewesen, bei denen sich, wie bei der San Andreas-Verwerfung, die Westseite im Verhältnis zur Ostseite nach Nordwesten verschiebt.

All diese Ereignisse stehen mehr oder weniger in Beziehung zur Nordwest-Südost-Dehnung und -Verdrehung dieser Region. Der Wechsel der

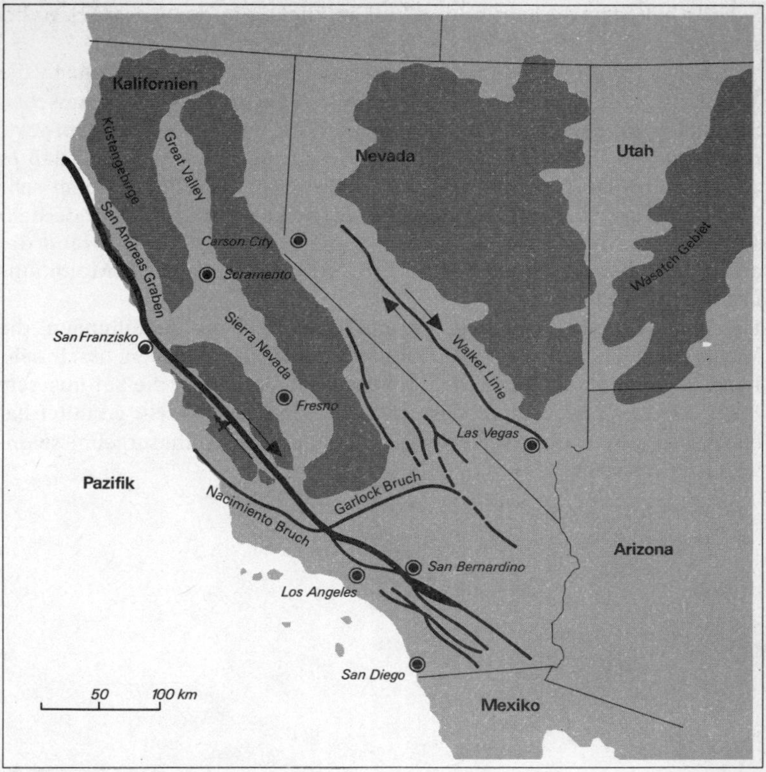

Die Faltungszonen im Westen der Vereinigten Staaten

Gangart vor 30 Millionen Jahren führte dazu, daß das Los Angeles-Bekken absank. Vor weniger als 20 Millionen Jahren begann mit einer langen Serie von Basaltausbrüchen die Entstehung der nahegelegenen Kanalinseln. Als die Eruptionen die Küste hochwanderten, schufen sie vor 5–15 Millionen Jahren die Berkeley Hills und das Sonoma-Vulkanfeld, dessen Hitze für die heute einzige kommerzielle Stromerzeugung mit natürlichem Dampf in den USA sorgt.

Die Erdbeben, welche die Aufmerksamkeit von Vine und Wilson auf den Juan de Fuca-Rücken als eine mögliche Quelle für Sea-floor-spreading lenkten, verraten weitere Aktivität. Wo die Juan de Fuca-Scholle unter die Küste hinabgleitet, ist der Küstengraben mit Sediment gefüllt und es gibt nur noch wenige Beben. Das könnte bedeuten, daß die

Scholle haltgemacht hat und die Vulkantätigkeit in den Cascades wahrscheinlich bald aufhören wird.
Sollen wir die Vorstellung der Denvergruppe akzeptieren, wonach die Berggürtel des nordamerikanischen Westens über zwei ozeanischen Schollenteilen entstanden sind, von denen die eine so weit landeinwärts reicht wie die Rocky Mountains? Ist es plausibler anzunehmen, daß es zu diesen Strukturen kam, weil eine ozeanische Scholle in einem sehr flachen Winkel unter den Kontinent gedrückt wurde und sich deshalb so weit vom Meer entfernte? Oder lag der ursprüngliche Westrand des amerikanischen Kontinents irgendwo zwischen den Rocky Mountains und der Sierra?
Die Vielfalt dieser Ideen erinnert uns daran, daß die Bemühungen, die Weltgebirge im Rahmen der Schollentheorie zu verstehen, noch sehr jungen Datums sind. Aber das Spektrum der Vorgänge, die auf unserem Planeten die Landschaften unserer Kontinente und Inseln gestaltet haben, ist so großartig, daß wir die kommenden Forschungsergebnisse ungeduldig erwarten.

18 Erdbeben: Vorhersage oder Verhütung

In der Geschichte der Menschheit ist ein großes Erdbeben stets das erschreckendste und unvorhersehbarste Naturereignis gewesen. Weil die Erdbeben scheinbar ohne Vorwarnung auftraten, nahmen frühere Geschlechter an, daß es sich dabei um das Werk einer erzürnten Gottheit handle. In einigen Fällen forderten die Beben furchtbaren Tribut. 1556 suchte ein außerordentlich starkes Erdbeben die Provinz Kansu in China heim; 820 000 Menschen kamen um. 1755 fielen in Lissabon über 60 000 Einwohner einem Erdstoß zum Opfer. Jean Jacques Rousseau betrachtete das als den Preis, den die Menschheit für ihre „Zivilisierung" zu bezahlen habe. Doch trotz Rousseaus Ansicht wuchsen die Städte weiter. 1923 betrug die Einwohnerzahl des Tokio-Yokohama-Gebiets rund 2 Millionen. Nach einer offiziellen Zählung starben bei einer Erdbebenkatastrophe am 1. September jenes Jahres 99 331 Menschen in dieser Gegend.

1949 spürten die 12 000 Bewohner der Stadt Khait, die in einem langen, wilden Tal im Pamirgebirge südlich von Taschkent lag, ein Erdbeben. Hoch oben im steilwandigen Tal bemerkten sie einige Anzeichen für einen Erdrutsch. Da Beben in dieser Gegend nichts Ungewöhnliches waren, schenkten die Stadtbewohner dem Vorgang wenig Beachtung. Sie übersahen, daß durch den Erdrutsch quer durch das Tal ein Damm entstanden war, hinter dem sich das Wasser ansammelte. Ein oder zwei Tage nach dem Beben brach der Damm, und die Stadt wurde innerhalb von Minuten unter mehr als 30 m Schlamm und Geröll begraben. Es entkamen nur wenige. 1970 löschte eine ähnliche Folge von Ereignissen die Stadt Yungay in der „Schweiz von Peru" aus. Das Beben forderte mehr als 70 000 Menschenleben, die Hälfte davon kamen in Yungay um. Es handelte sich dabei um das größte Unglück in der westlichen Hemisphäre.

Eine Untersuchung des US-Amtes für Notfallbereitschaft kam 1972 zur Ansicht, daß bei der schlimmsten Kombination von Umständen ein Erdbeben, das so schwerwiegend sei wie das von 1906 in San Francisco

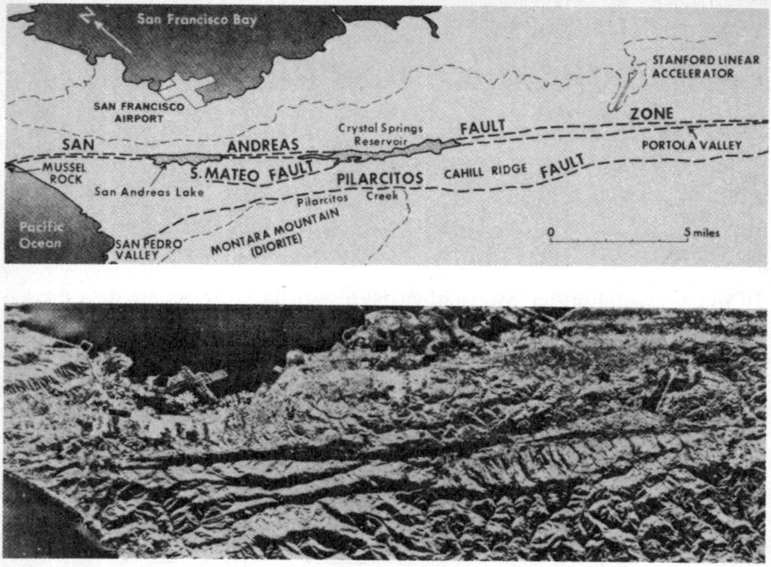

Eine Schrägradar-Aufnahme der Küste bei San Francisco zeigt die Topografie dieses Gebietes deutlicher als eine Fotografie aus der Luft. Die Karte oben dient zum Vergleich. Man erkennt den San Andreas-Bruch, den Flughafen, und den 3 km langen Linearbeschleuniger von Stanford. (U.S. Geological Survey.)

– der Stadt, die auf den Tod wartet –, und bei dem 452 Menschen getötet wurden, heute zur Verkehrsspitzenzeit um 16.30 Uhr in San Francisco 10 360 Menschenleben kosten könnte und 40 360 schwer verletzt würden. Das Beben von 1906 ereignete sich am frühen Morgen, als die meisten Einwohner von San Francisco im Bett lagen. Die Schätzung geht davon aus, daß die Bauvorschriften, die seit der Errichtung der meisten Gebäude in San Francisco gültig sind, die Pro-Kopf-Unfallrate unter die von 1906 reduzieren würde. Im Gegensatz dazu sind in manchen Städten, wie z. B. in Arabien, viele Häuser mit Mauerwerk ohne Eisenarmierung gebaut worden, was zu schrecklichen Verlusten an Menschenleben führen kann. 1960 wurden beim Erdbeben in Agadir (Marokko) schätzungsweise 12 000 von 33 000 Einwohnern getötet und weitere 12 000 verletzt.

Die Möglichkeit, daß die großen Erschütterungen des Erdballs vorhergesagt und zumindest in gewissem Umfang kontrolliert werden können,

Zwei Bilder von Erdbeben, die das Ausmaß der Zerstörung zeigen. Im Jahr 1906 wurde San Francisco in Kalifornien von einem schweren Beben erschüttert (oben). Die jugoslawische Stadt Skopje wurde 1963 bis zu 80% zerstört. Das Bild unten zeigt den Bahnhof von Skopje nach dem Beben.

ist durch die Schollentheorie wesentlich vergrößert worden. Sie macht in vielen Fällen erklärbar, warum Beben dort stattfinden, wo sie sich ereignen. Unter den sich bewegenden Schollen existiert ein gewaltiger Energievorrat, der die Schollen auf noch unbekannte Weise gegeneinander und voneinander weg treibt. Die Energie macht sich jenseits der menschlichen Wahrnehmung entweder als allgemeiner sanfter Wärmestrom durch die Schollen hindurch bemerkbar oder als katastrophaler Ausbruch, wie z. B. bei Erdbeben und Vulkaneruptionen, die typischerweise entlang den Schollenrändern vorkommen. Ebenfalls von großer Bedeutung sind neuere Laborversuche, die die veränderten Bedingungen der Krustengesteine enthüllt haben, welche anscheinend die Voraussetzung für ein Erdbeben schaffen.
Früher war die Vorhersage von Erdbeben ein Wirkungsbereich für Astrologen, Seher und Scharlatane. Manche glaubten, es bestehe eine Verbindung mit den verschiedenen Stellungen von Sonne, Mond und Planeten im Verhältnis zur Erde. Alle diese Vorstellungen brachen zusammen, als man Langzeitaufzeichnungen analysierte. Das Spiel mit Zyklen – z. B. die Verknüpfung von Ereignissen auf der Erde mit dem elfjährigen Sonnenfleckenzyklus – ist ein gefährliches Unterfangen, aber ein Erklärungsversuch, der ein gewisses zyklisches Modell für Erdbebenvorkommen beinhaltet. Es fand ernsthaftes wissenschaftliches Interesse. Dabei handelt es sich um die sogenannte Chandler-Schwankung, jene 14-Monate-Komponente bei den geringen, ungefähr kreisförmigen Wanderungen der Erdumdrehungsachse.
Wie bereits erwähnt, ist die Elastizität des Erdinneren derart, daß diese Schwankung allmählich verschwinden sollte. Doch auf irgendeine Weise wird sie periodisch reaktiviert. 1967 meinten zwei Wissenschaftler der Universität von West-Ontario, Lalantendu Mansinha und Douglas Smylie, daß dies dann geschieht, wenn große Erdbeben dem Planeten „einen Ruck geben". Dann entdeckte Charles A. Whitten, Chef-Geodät des National Ocean Survey der USA, einen Zusammenhang zwischen der Geschwindigkeit, mit der sich die Umdrehungsachse veränderte, und der gesamten weltweiten Menge an Erdbebenenergie. Nach seiner Aussage schien sich diese Erklärung bis 1970 für das ganze Jahrhundert zu bewahrheiten. Vielleicht trage die schnellere Wanderung der Umdrehungsachse, die leichte Abweichungen von der stabilen Verteilung der Masse innerhalb der Erde verursacht, dazu bei, der angesammelten Spannung entlang den Verwerfungslinien freie Bahn zu verschaffen. Wenn daraus große Erdbeben entstehen, könnte dies die Chandler-Schwankung in Gang halten – ein Gedanke, der ebenso großes Interesse wie zweiflerische Kommentare hervorrief.

Eine Entdeckung von größerem praktischen Nutzen wäre es, wenn man damit Zeit und Ort eines Bebens voraussagen könnte. Von einer Vielfalt vorhergehender Anzeichen – von denen einige ziemlich dubios sind – ist schon berichtet worden. Nehmen wir das große Beben von Alaska 1964 als Beispiel. Damals schob sich ein Teil der 800 km breiten Pazifikscholle mit einem Neigungswinkel von 9 Grad rund 20 m unter Alaska. Wenig mehr als eine Stunde zuvor trat eine lokale Störung des Erdmagnetismus auf. Doch andere Erdbeben ereigneten sich ohne Vorwarnung; und magnetische Störungen sind in Alaska etwas Alltägliches. Ein weiteres „Voraus-Symptom", von dem berichtet wurde, ist der Blitz, der der Entwicklung elektrischer Ladungen im Quarz tiefer Gesteine zugerechnet wird, wenn diese deformiert werden.

Mit besonderem Eifer hat man sich in Japan und in der Sowjetunion bemüht, lokale Symptome für ein bevorstehendes Beben zu entdecken. Die Japaner versuchten jede Variable zu messen, die sich verändern könnte, falls ein Erdbeben droht. Solche Variablen schließen Bodenneigungen, Erdkrustenspannungen und Wasserspiegel in tiefen Brunnen ebenso ein wie das unmerkliche Zittern der Erde, das als Vorbeben bekannt ist. Veränderungen der Bodenneigung halfen mit, zahlreiche bescheidenere Erdbeben vorherzusagen, die über längere Zeiträume von 1965 bis 1967 die Stadt Matsushiro erschütterten.

Nahe der Stadt Niigata an der Westküste von Honshu wurde ein Gasfeld ausgebeutet, das seitlich quer über die Insel verläuft, dort, wo die Pazifikscholle ihren Abstieg beginnt. Man versuchte mit routinemäßigen jahrelangen Bodenuntersuchungen das Absinken des Geländes als Folge der Gasentfernung zu erfassen. Einige vertikale Bewegungen konnten aufgezeichnet werden, als 1958 ein schneller Anstieg begann, der innerhalb eines Jahres fünf Zentimeter ausmachte. Die Anhebung bildete dann eine Spitze, und nach fünf Jahren traf ein schweres Beben die Stadt, wobei das Zentrum in dem Gebiet lag, das am meisten emporgestiegen war.

Die Japaner führten danach ein intensives Programm periodischer Untersuchungen in anderen Gegenden durch, um zu sehen, ob dieser Anstieg ein allgemeingültiges und verläßliches Warnsignal darstellt. Dabei zeigte sich, daß das Ausmaß der Anhebung eines Gebietes auf die Stärke des folgenden Bebens hinweist. Bei Niigata gab es eine Warnung über mehrere Jahre hinweg, doch hatte man die Zeichen noch nicht richtig erkannt.

Bei einem Symposium über Erdbebenvorhersagen im Jahre 1972 in der National Academy of Sciences in Washington berichtete Cecil B. Raleigh vom Nationalen Zentrum für Erdbebenforschung in Menlo Park,

Kalifornien, über eine noch dramatischere Anhebung in Japan vor rund zwei Jahrhunderten. Als die Bewohner eines Küstendorfes sahen, daß das Wasser aus ihrem Hafen wich, wußten sie, daß dieser Rückzug des Meeres das typische Vorspiel für eine Flutwelle war; also flüchteten sie auf die Hügel. Neun Stunden später zerstörte ein Erdbeben einen Großteil des Ortes. Die Dorfbewohner eilten zurück, um ihre Habe zu bergen, und wurden dann von der Flutwelle überrascht. Die Bucht war ausgetrocknet, weil sich das Land gehoben hatte und nicht weil das Meer gesunken war. Die Flutwelle kam erst, als das Erdbeben vorbei war.

In der Sowjetunion konnte man ähnliche Verformungen der Erde vor einem Beben feststellen wie in Japan. 1967 begannen die Sowjets damit, die elektrische Leitfähigkeit des Krustengesteins entlang einer 6 km langen Linie zu messen, die den zerklüfteten, von Erdbeben gezeichneten Garmdistrikt in Tadschikistan umspannte. Vor jedem Beben, das innerhalb von 10 km im Linienbereich vorkam, wurde ein bemerkenswerter Anstieg der Leitfähigkeit festgestellt. Diese Erkenntnis kann heute erfolgreich dazu verwendet werden, um ein Beben im Kamtschatkagebiet der UdSSR vorherzusagen, wo die Pazifikscholle unter Asien versinkt. Bei Taschkent, nördlich des Garmdistrikts in Usbekistan, nahm vor zwei Erdbeben der Radongehalt des Wassers tiefer Brunnen zu. Radon ist ein Gas, das beim Zerfall des radioaktiven Radiums entsteht. Seine Halbwertzeit beträgt 3,835 Tage. Die Zunahme im Wasser deutete darauf hin, daß irgendein Vorgang tief unten im Boden das kurzlebige Gas mit erhöhter Geschwindigkeit in den Brunnen eindringen läßt – vielleicht durch das Zusammendrücken des Gesteins im Endstadium einer Spannungshäufung.

Die aufregendste Entdeckung gelang sowjetischen Wissenschaftlern bereits 1962. Als Teil der Bemühungen, irgendeine Art von Vorwarnung vor Erdbeben im Garmdistrikt aufzuspüren, hatten die sowjetischen Forscher zehn seismologische Stationen so verteilt, daß sie die seismischen Wellen auf Monitoren sehen konnten, wenn sie die Region durchquerten. Für solche Beobachtungen gab es genügend kleinere Erschütterungen. Man hoffte dabei, daß diese Wellen auf bevorstehende Veränderungen des Krustengesteins aufmerksam machen.

Bei der Überprüfung der Stationsaufzeichnungen in den 1950er und 1960er Jahren fanden die Wissenschaftler heraus, daß vor jedem von drei Beben ein auffälliger Wandel der Wellengeschwindigkeiten im späteren Erdbebengebiet eingetreten war. Zu jener Zeit kannte man die Veränderung noch nicht genau, doch zeigte sich, daß sich die Lücke zwischen der Ankunft der ersten Druckwellen und den Scherungswellen vom Bebenzentrum aus schloß.

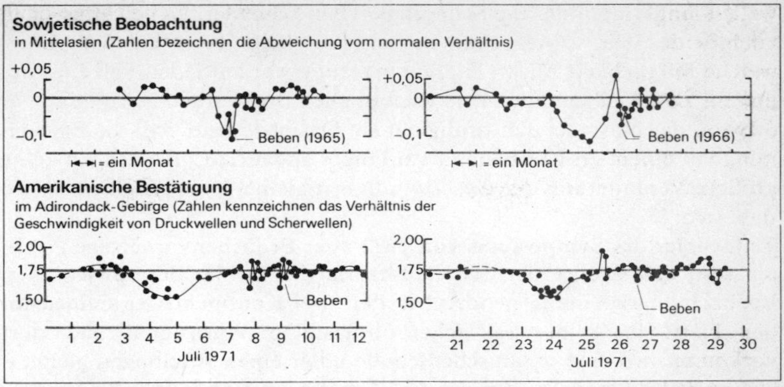

In den späten sechziger Jahren entdeckten sowjetische Wissenschaftler, daß es vor einem Erdbeben in der Garm-Provinz in Mittelasien eine Veränderung der relativen Übertragungsgeschwindigkeiten von Druckwellen und Scherungswellen im betroffenen Gebiet gab. Normalerweise wandern Druckwellen sehr viel schneller als Scherungswellen. Das Verhältnis wurde kleiner und kehrte dann auf den Normalwert zurück. Als dieser wieder erreicht wurde, ereignete sich das Beben. Dauerte die Abweichung von der Norm lange, wie 1966, kam es zu einem schweren Beben. Das gleiche Phänomen wurde im Adirondack-Gebirge (USA) bei sehr viel leichteren Beben beobachtet, ebenso beim schweren Beben von San Fernando (Kalifornien) von 1971.

Bei einer Druckwelle (z. B. einer Schallwelle) bewegen sich die Teilchen entlang des Wellenweges vor und zurück. Bei einer Scherungswelle (auch S-Welle genannt) fließen die Teilchen seitwärts vom Wellenweg. Druckwellen sind beträchtlich schneller und erreichen somit zuerst die Meßstation. Die Sowjets stellten fest, daß dieser Zeitvorsprung der Druckwellen Wochen oder Monate vor einem Beben abnimmt, später aber entsteht allmählich wieder der normale Vorsprung. Sind die Laufzeiten der Wellen erneut normal, ereignet sich das Beben. Das Verlaufsmuster aller drei Ereignisse war dasselbe, abgesehen davon, daß eine längere Abweichung von den normalen Wellengeschwindigkeiten auch ein schwereres Beben zur Folge hatte. Bei dem kleinsten der drei Beben betrug der Zeitraum des abnormen Wellenverhaltens 34 Tage. Das etwas stärkere Beben wies eine Verlaufzeit von 45 Tagen auf und beim stärksten waren es drei Monate. Daraus ergab sich, daß die Welleneffekte zur Voraussage über Ausmaß und Zeitpunkt der Erdbeben benutzt werden können.

Daß der Entwicklungsvorsprung der Druckwellen abnorm klein wurde, kann auf dreierlei Weise erklärt werden. Vielleicht wurden die Druckwellen langsamer oder die Scherungswellen schneller, vielleicht geschah auch beides. Die sowjetischen Daten gaben keinen Aufschluß darüber, welche Möglichkeit zutraf. Die Veränderung war auf jeden Fall zu groß, um ein Zufall zu sein, denn sie wich in allen drei Fällen bis zu ungefähr 6 % von der Normalgeschwindigkeit ab. Das bedeutete, daß die Erscheinung vor einem großen Beben zwar länger andauerte, aber es kam keine größere Veränderung der Geschwindigkeit als bei einem kleinen Beben dabei vor.

Teilnehmer des Symposiums von 1972 über Erdbebenvorhersagen stellten fest, daß gemäß der Schollentheorie das Gebiet der sowjetischen Beobachtungen eine Gegend ist, in der zwei Kontinente zusammenstoßen. Es ist aber keineswegs sicher, ob dasselbe „Warnsignal" auch dort vorkommt, wo eine ozeanische Scholle unter einen Inselbogen gleitet – wie im Falle Japans – oder wo eine Scholle am Rand eines Kontinents entlangschabt, wie bei Kalifornien.

Unter denen, die vom sowjetischen Bericht so inspiriert wurden, daß sie sich anderswo über die Anwendbarkeit der Methode vergewissern wollten, befanden sich Lynn Sykes, Marc L. Sbar, Yash P. Aggarwal und John Armbruster vom Lamont-Doherty-Observatorium. 1971 registrierte man beim See der Blauen Berge (USA) zwei Erdbeben. Obwohl sie klein waren, hatten sie monatelang Tausende von Mikroerdbeben zur Folge, die mit hochsensiblen Instrumenten aufgezeichnet werden konnten. Innerhalb weniger Tage nach den Anfangsbeben hatte die Lamont-Gruppe in dem Gebiet zehn tragbare Seismographen aufgestellt; sie zeichneten bald drei Beben auf, die den ursprünglichen ähnlich waren. Vor jedem Beben registrierten sie dieselben Effekte, wie man sie in der Sowjetunion festgestellt hatte. Das heftigste der Beben, vor denen diese Warnsignale identifiziert werden konnten, war bescheiden im Vergleich zu jenen, die wesentlichen Schaden hervorrufen. Vier Monate nach der Berichterstattung durch die Lamont-Gruppe entdeckte ein weiteres Team unter Don L. Anderson vom Seismologischen Labor des California Institute of Technology denselben Effekt vor dem Erdbeben vom 9. Februar 1971, das 59 Menschenleben forderte und einen geschätzten Schaden von 500 Millionen Dollar in und um San Fernando, einem Vorort von Los Angeles, anrichtete.

Die Studie des California Institute konzentrierte sich auf neunzehn Erdbeben von 1961 bis 1971, die alle Erschütterungen im oder nahe dem San Fernando-Gebiet hervorgerufen hatten und von den Stationen in Pasadena und Riverside aufgezeichnet worden waren. Die registrierbaren Veränderungen bei den Geschwindigkeiten der Erschütterungswellen fingen 3 1/2 Jahre vor dem Ereignis an, eine recht lange Periode, die

die Heftigkeit der Verwüstung andeutete und mit der beobachteten Beziehung zwischen Länge des Effekts und Umfang des nachfolgenden Bebens übereinstimmte.
Nach demselben Muster sollte der vorangehende Effekt eines wirklich großen Erdbebens bereits 40 oder mehr Jahre vor dem Ereignis wahrnehmbar sein, aber unglücklicherweise gibt es die hochsensiblen seismologischen Geräte noch nicht lange genug, um das Intervall erfassen und das Beben voraussagen zu können. Wo Informationen über einen kürzeren Zeitraum vorliegen, handelt es sich meist um Gegenden ohne Städte, in denen die großen Beben am meisten gefürchtet werden.
Ein gutes Ergebnis brachte die Studie, weil man den Beweis dafür fand, daß das Gestein eines Erdbebengebietes Druckwellen schlecht leitet. Somit ist die Verlangsamung dieser Wellen für die Geschwindigkeitsveränderung verantwortlich. Druckwellen können künstlich durch Explosionen erzeugt werden, Scherungswellen nicht. Das bedeutet, daß zahlreiche natürliche Erschütterungen für Monitorbeobachtungen nicht künstlich hervorgerufen werden können.
Von großer Bedeutung sind auch Erklärungen für das Zustandekommen dieser Naturerscheinungen. Die Grundlagen wurden durch Laborversuche und Feldbeobachtungen ermittelt, die zufällig in Colorado möglich wurden. 1961 bohrte die US-Armee bei den Rocky Mountains östlich von Denver, um mit Nervengas verseuchtes Wasser loszuwerden, ein 3,6 km tiefes Loch. Nachdem die Bohrer wasserdichtes Gestein durchdrungen hatten, stießen sie durch 20 m Gneis, der vertikal zerbrochen wurde. Man nahm an, daß alles Wasser, das in diese Zone gelangte, niemals das darüber liegende Grundwasser verseuchen könnte. 1962 begann die Armee, in gewissen Abständen Wasser durch das Bohrloch hinabzupumpen.
Drei Jahre später stellte der Geologe David M. Evans fest, daß seit Beginn dieser Arbeiten Seismographen bei der Universität von Colorado, der Colorado-Bergbauschule und bei dem nahegelegenen Regis College 710 kleine Erdbeben in der Umgebung des Bohrlochs registriert hätten. Er wies auf die Theorie hin, daß, falls der Wasserdruck in den Poren tiefen Gesteins erhöht wird, das Gestein leichter zerbricht und sich so Druckerleichterung verschafft. Die Beben entstanden in einer Zone 1 000 m unterhalb des Bohrlochs, wobei der zerbrochene Bereich unter dem Bohrlochboden es dem Wasser vermutlich gestattete, sich nach unten zu arbeiten.
Die Beben waren im allgemeinen zu schwach gewesen, um von den Bewohnern der Umgebung bemerkt zu werden. Sie entstanden in einer schmalen Zone von 10 km Länge, die sich quer durch das Gebiet er-

streckte und fast direkt unter dem Bohrloch verlief. Man fand heraus, daß die Beben vorwiegend während des Einpumpens großer Mengen auftraten. Offensichtlich bewegte sich das Wasser – es war rund eine halbe Million Tonnen Flüssigkeit nach unten gepumpt worden – einer alten Verwerfung entlang, die zuvor „verschlossen“ gewesen war. Als die Erschütterungen zunahmen, stellte die Armee im September 1965 die Arbeiten ein.

Die Beben ließen nach (obwohl bis 1968 rund 1 600 verzeichnet wurden), und man vermutete, daß sie ganz aufhören würden, wenn man durch das Bohrloch Wasser abziehen könnte. Das wäre auch eine Demonstration gewesen, wie man Beben in Gang brächte und auch wieder abstellte. Da man jedoch nur wenig über die Vorgänge in einigen Kilometern Tiefe wußte, fürchtete man, daß Versuche mit der Wassermenge ein heftiges Beben auslösen könnten, statt Erschütterungen zu verhindern.

Bald darauf ergab sich eine unerwartete Gelegenheit, die Idee zu überprüfen. Im westlichen Colorado hatte die Chevron Oil Company sieben Jahre lang Wasser 2 000 m tief in eine Reihe von „trockenen“ Bohrungen um das Rangely-Feld herum gepumpt, um das Öl innerhalb der Reichweite der ansonsten trockenen Bohrungen nach oben zu zwingen. Der Wasserdruck unter dem Feld war dadurch erhöht worden, schätzungsweise um 60 %. Es kam zu 15–20 kleineren Beben pro Woche, die entlang einer Verwerfung quer durch das Feld auftraten. Viele Beben entstanden unterhalb der Maximaltiefe der Bohrungen. Die Ölgesellschaft wurde dafür gewonnen, während eines Zeitraums von vier Monaten Wasser aus vier Bohrlöchern in der Nähe des Bebenzentrums abzupumpen. Sofort hörte die Bebenaktivität in der Nähe der Entnahmebohrlöcher auf, und auch ansonsten gingen die Erschütterungen überall wesentlich zurück.

Dies verstärkte die Hoffnung, daß entlang den Verwerfungen, wo die Beben in relativ geringer Tiefe entstehen, wie z. B. bei der San Andreas-Verwerfung, Wasserinjektionen und -entnahmen als Kontrollmittel verwendet werden könnten. Die auf natürliche Weise auftauchenden Beben der San Andreas-Verwerfung liegen viel tiefer als jene in Colorado, die durch das Pumpen entstanden sind. Nur wenige jedoch ereignen sich mehr als 10 km tief, was für natürliche Erdbeben eine geringe Tiefe darstellt. Ein Problem ist, ob die Folgen kontrollierbar bleiben. King Hubbert von der Stanford-Universität warnte davor, daß dort, wo sich in einer Verwerfung eine enorme Spannung entwickelt habe, ihr Freiwerden ein Unglück auslösen könnte. Er empfahl, Wasser nur dann irgendwo hineinzupumpen, wenn der Druck in einer Verwerfung minimal sei.

Die Laborversuche, die schließlich sowohl zu einer Erklärung für die

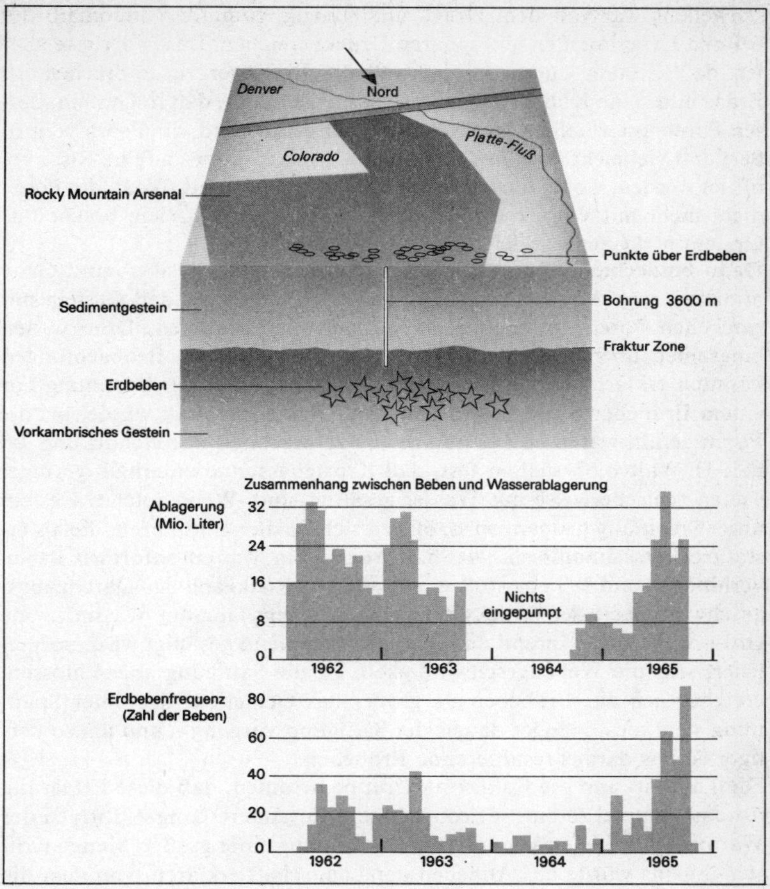

Studie zum Zusammenhang zwischen Beben und Wasserablagerung

Vorwarnung wie auch der besonderen Rolle des Wassers führten, begannen in den 1960er Jahren, wobei man die Bedingungen tief in der Erde simulierte. Die erste überraschende Entdeckung machten verschiedene Forscher einschließlich einer Gruppe vom Massachusetts Institute of Technology mit William F. Brace, B. W. Paulding jr. und Christopher H. Scholz. Sie fanden heraus, daß kristallines Gestein wie z. B. Granit, wenn man es einem Druck von einem Drittel bis zu zwei Dritteln seines Bruchwiderstandes aussetzt, zu schwellen anfängt. Das Ausmaß des Anschwellens war von dem Druck unabhängig, zumindest innerhalb der bei den Experimenten verfügbaren Druckbereichen. Das wichtigste aber ist, daß Gestein durch das Schwellen schwieriger zu zerbrechen ist. Brace und seine Kollegen glaubten, das liege daran, daß in Gestein, dessen Poren unter hohem Druck mit Wasser gefüllt sind, die Poren vergrößert und vielleicht auch neue Poren sowie mikroskopisch feine Risse geöffnet werden, wobei die letzteren frei von Wasser sind. Wenn die Poren nicht mehr mit Wasser unter hohem Druck gesättigt seien, breche das Gestein nicht mehr so leicht.

Dann entdeckten Amos Nur, ein israelischer Geophysiker, und Gene Simmons vom Massachusetts Institute of Technology, daß Gestein mit trockenen Poren, im Gegensatz zu dem mit gesättigten, Druckwellen langsamer überträgt. Nur meinte, die sowjetischen Beobachtungen könnten erklärt werden, falls das Gestein erst unter der Spannung vor einem Erdbeben schwoll und dann mit Wasser gesättigt wurde, bis die Poren gefüllt waren und es nun relativ zerbrechlich war. Scholz und James H. Whitcomb stellten fest, daß Krustengesteine unterhalb geringer Tiefen typischerweise mit Wasser gesättigt sind. Wenn solches Gestein unter Spannung gedehnt wird, öffnen sich Spalten und Poren, die als erstes trocken sein müssen. Dies härtet den Stein, was ein sofortiges Beben verhindert, und es kommt zu einem starken Rückgang der Durchgangsgeschwindigkeit der Druckwellen. Dann dringt langsam Wasser in die Öffnungen, und während das Gestein zunehmend gesättigt wird, normalisiert sich die Wellengeschwindigkeit. Ist die Sättigung abgeschlossen, ereignet sich das Erdbeben. Je größer das Gebiet ist, das unter Spannung steht, desto länger dauert der Sättigungsvorgang – und um so heftiger ist das daraus resultierende Erdbeben.

Die Lamont- und die California-Gruppe betonten, daß diese Erklärung für das Vorspiel zu einem Erdbeben und für andere Langzeitformen der Warnung ausreichen könnte. Die Ausdehnung einer großen Menge Krustengesteins würde das Anheben der Landschaft erklären, von dem die Japaner berichteten. Die erhöhte elektrische Leitfähigkeit der Kruste während dieser Zeit, in der das Erdbeben naht, wäre auf die endgültige Auffüllung der Poren mit Wasser zurückzuführen. Je mehr Wasser im Gestein, desto besser leitet es – eine Erscheinung, die auch für manche der magnetischen Vorboten verantwortlich sein könnte. Das scharfe Ansteigen des Radonanteils im Wasser tiefer Brunnen müßte beim Zerbrechen von Gestein entstehen, wobei Radon durch die Wasserbewegungen ausgespült wird. Da Radon kurzlebig ist, kann es die Oberfläche nur erreichen, wenn das relativ bald nach seiner Entstehung durch den Radiumzerfall geschieht.

Obwohl diese Entdeckungen eine Erdbebenvorhersage zum erstenmal als realistische Möglichkeit erscheinen lassen, ist zu bedenken, daß der Wandel in der Druckwellengeschwindigkeit vorwiegend in Regionen beobachtet wurde, wo Erdbeben in geringer Tiefe vorkamen und in Zusammenhang mit dem Unterlaufen einer Scholle durch eine andere standen. War auch das San Fernando-Erdbeben eindeutig ein Nebenprodukt der Nordwestbewegung der Pazifikscholle, so ist es doch nicht mit einer seitlichen Verschiebung, wie z. B. bei der San Andreas-Verwerfung, verbunden. Den M.I.T.-Wissenschaftlern gelang 1974 der Nachweis, daß sich die Druckwellen von fünf von sechs großen japanischen Erdbeben der Jahre 1964–1968 änderten, wobei eine Seitenverschiebung mit im Spiel war.

Ein Hauptproblem der Voraussage betrifft Erdbeben, die weit landeinwärts auftreten und keine offensichtliche Verbindung zu Schollenbewegungen haben. So weit das menschliche Erinnerungsvermögen zurückreichen kann, ist China das Opfer großer Erdbeben gewesen; dennoch bleibt deren Bezug zu Schollenbewegungen ungewiß. Tuzo Wilson bemerkte bei einem Besuch der Volksrepublik China, daß intensive Bemühungen im Gange sind, um irgendwelche Maßnahmen zur Vorhersage zu schaffen, doch der Schwerpunkt liegt vorwiegend bei der Suche nach einem deutbaren Verhaltensmuster in Gegenden, die scheinbar eine zyklische Wiederkehr von Beben aufweisen.

Die Kosten für ein ausreichendes Netz von Seismographen, das Veränderungen der Wellengeschwindigkeit feststellt, sind beträchtlich. Vielleicht genügen regionale Aufzeichnungen mit einer begrenzten Anzahl von Stationen, wobei man sich auf kleine Bereiche konzentrieren müßte, die verdächtige Veränderungen bei den Wellengeschwindigkeiten vorweisen, oder auf Sektoren längs der Schollengrenzen, wo in jüngster Zeit keine wesentlichen Beben vorgekommen sind. Die Bruchzone des großen Alaskabebens von 1964 hatte mindestens seit 1900 ruhig dagelegen und wäre somit logischerweise ein Sektor für Beobachtungen gewesen. Bis 1973 hat man mehr als fünfzehn solcher „seismologischen Lükken“ an den Rändern des Pazifik identifiziert. Eine davon konnte von dieser Liste der „am meisten erwarteten“ Erdbebenstellen gestrichen werden, als sich am 30. Juli 1972 ein größeres Beben in der Nähe von Sitka, Alaska, ereignete. Es hat noch keine Pause bei den Schollenbewegungen gegeben, die für solche Ereignisse verantwortlich sind, und man vermutet, daß in der San Francisco-Gegend die Bewegung entlang der Verwerfung 4 m „in Rückstand“ sein dürfte.

Die Sektoren der San Andreas-Verwerfung bei Los Angeles und San Francisco scheinen „abgeschlossen“ zu sein und Spannungen aufzustauen, während sich der Gleitvorgang regelmäßig und mit kleinen, gewöhnlich harmlosen Zuwüchsen im dazwischenliegenden Bereich der Verwerfung vollzieht. In der Nähe von Hollister ist eine Kellerei der Almaden-Weingärten berühmt geworden, denn sie ist 1939 versehentlich auf der Verwerfung gebaut worden. Das Gebäude, das nun durch die Bewegung längs der Verwerfung langsam auseinandergerissen wird, ist mit wissenschaftlichen Instrumenten ebenso vollgestopft wie mit Fässern.

Während die Seismologen in der Lage waren, die Hauptgefahrenzonen für Erdbeben im Westen der USA zu identifizieren, gibt es für den Osten kein solch eindeutiges Muster. Die Bewohner im Osten der USA neigen heute dazu, sich selbst als immun gegen starke Erdbeben zu betrachten. Solche Ereignisse sind dort tatsächlich so selten, daß man von ihren Ursachen wenig weiß und eine Vorhersage angesichts der geringen Kenntnisse hoffnungslos ist. Das schlimmste Erdbeben seit der Besiedlung der Ostküste durch Einwanderer erfolgte 1886 in Charleston, South Carolina. Die Stadt wurde nahezu zerstört, mindestens 60 Menschen kamen um. Das wahrscheinlich stärkste Beben, das jemals in Nordamerika registriert wurde, ereignete sich am frühen Morgen des 15. Dezember 1811 nicht in Kalifornien oder sonstwo entlang irgendeinem bekannten Schollenrand, sondern im Herzen des Kontinents mit Zentrum in New Madrid am Mississippi.

Unglücklicherweise hat die Schollentheorie für solche Vorkommnisse keine eindeutige Erklärung bereit. Eine in bescheidenem Umfang aktive Verwerfungszone liegt längs des Oberlaufes des Mississippis und entlang dem Saint Lawrence-Tal, wobei die Ausrichtung der beiden Zonen eine Verbindung vermuten läßt. Die zerstörerischen Beben von 1929 und 1944, die Attica bzw. Massena, New York, trafen, liegen auf dieser Linie. In ähnlicher Weise kommen kleine bis mittlere Beben entlang der Küstenzone östlich der Appalachen ziemlich oft vor. Dennoch scheint es, daß in den Appalachen Beben selten, wenn überhaupt, auftreten.

Bei den wenigen größeren Beben im Osten der USA ist der Schaden meist sehr viel höher als im Westen. Die ständigen Reibungen und Spaltungen der lithosphärischen Schollen haben die Kruste im Westen so zerbrochen, daß die Erdbeben dort ihre Kraft innerhalb einer relativ kurzen Distanz verlieren. Sie können zwar örtlich viel Schaden anrichten, nicht aber in einem weiten Bereich. In einer neueren Analyse hat Carl Kisslinger von der Universität Colorado darauf hingewiesen, daß die Erdkruste im Osten relativ intakt und deshalb ein wirksamer Leiter von Erdbebenwellen ist. Er sagte: „Obwohl die Zahl der großen Erdbeben östlich der Rocky Mountains kleiner als westlich davon ist, machen die viel größeren Gebiete mit hoher Intensität bei einer gegebenen Men-

ge im Osten das Langzeitrisiko aus, was bedeutet, daß der potentielle Schaden, grob gesprochen, so groß wie im Westen sein kann."
Als die Möglichkeit der Erdbebenvorhersage beim Symposium von 1972 real erschien, waren einige der Teilnehmer darüber besorgt, was geschieht, wenn Vorhersagen gemacht werden. Die sozialen, wirtschaftlichen und politischen Probleme könnten fürchterlich sein. Eine schlecht vorbereitete Ankündigung würde mehr Schaden als das Beben selbst verursachen – vor allem wenn das letztere nicht so stark ausfiele wie erwartet. Die Lamont-Gruppe beendete 1973 ihren Rückblick auf die Situation mit der Feststellung: „Untersuchungen darüber, wie Erdbebenvorhersagen als gesellschaftliches Instrument gehandhabt werden können, sollten sofort begonnen werden, weil der Tag, an dem Erdbebenvorhersagen eine praktische Realität darstellen, nicht weit entfernt ist."
Außerdem genügen Voraussagen allein nicht. Die nicaraguanische Stadt Managua wurde in einem halben Jahrhundert zweimal durch ein Erdbeben eingeebnet. In beiden Fällen war der Schaden besonders groß, weil die Gebäude nicht ausreichend gegen Beben geschützt waren. In einem Kommentar über den Lamont-Bericht schrieb die Zeitschrift *Nature:* „Mit der Vorhersage von Erdbeben ist wenig gewonnen ... wenn es hinterher keine Stadt mehr gibt, in die die vorübergehend evakuierten Einwohner zurückkehren können."
Die ideale Lösung wäre natürlich die Verhütung von Erdbeben, aber der Gedanke, der Erde Zügel anzulegen und solche Aktivität zu kontrollieren, erschien bis vor kurzem völlig lächerlich. Die Bohrexperimente in Colorado zeigten jedoch, daß dies zumindest in einigen Fällen möglich sein sollte. Das am meisten diskutierte Schema geht davon aus, entlang der Verwerfung eine Reihe von Löchern zu bohren, um die Spannung von Zeit zu Zeit abzubauen. Solche Experimente sollten selbstverständlich nicht in der Nähe von Wohngegenden ausgeführt werden, bevor man sie anderswo sorgfältig testen konnte. Die Methode dürfte zwar auf einen Typ von Erdbebenzone beschränkt sein, wo Beben in geringer Tiefe sowie ein Seitwärtsgleiten der Schollen stattfinden. Aber das allein schon wäre ein Segen, denn einige der schrecklichsten Beben in der Welt kommen entlang ähnlichen Verwerfungen wie in Kalifornien vor, nämlich in der Türkei und im Iran. Das unmittelbare Problem besteht heute darin, festzustellen, wie allgemein anwendbar die neu entdeckten Vorhersagemöglichkeiten sind.
Die gegenwärtig aktiven europäischen Erdbebengebiete liegen in Nord- und Süditalien, in den Balkanländern und in den östlichen und eigentlich bereits kleinasiatischen Gebieten der Türkei. Zu kleineren Beben kommt es hie und da auch im Alpengebiet und im Rheintal. Die auffäl-

ligste Erdbebenzone der Bundesrepublik Deutschland erstreckt sich längs des Rheintalgrabenbruchs, wo offenbar das Grundgebirge langsam absinkt und Schwarzwald und Vogesen auseinander driften.
Die dramatischsten Erdbeben der jüngsten Zeit in Mitteleuropa ereigneten sich im Mai und im September 1976 in Friaul (Oberitalien) mit Magnitude 6,4 und in Rumänien im März 1977 mit Magnitude 7,2. Diese nicht mehr zu den tektonisch starken Beben zählenden Erdstöße, von denen es auf der Erde im Jahresdurchschnitt etwa 25 gibt, hatten in den betroffenen Gebieten verheerende Folgen, da die Bauweise nicht mit solchen Vorkommnissen gerechnet hatte.
Gefährdet bleibt weiterhin auch Süditalien, wo die afrikanische Scholle den europäischen Kontinent unterwandert. Das Gestein der nach unten gedrückten Scholle wird bei den entstehenden hohen Temperaturen und dem starken Druck chemisch und physikalisch umgewandelt. Durch lokale Aufschmelzungen kann es zu Vulkanausbrüchen kommen, wobei besonders Vulcano und Stromboli auf den Liparischen Inseln wieder einmal tätig werden könnten. Auch Ätna und Vesuv, die beide genau beobachtet werden, sind nicht gefahrlos.
So erleben wir auch in Europa hautnah, daß die Erde niemals zur Ruhe kommt.

19 Kann der Geist im Erdinneren gezähmt werden?

Können wir von der ungeheuren Energie, die bei der Auseinandersetzung zwischen Erdkrustenschollen, Beben und Vulkanausbrüchen im Spiel ist, zu unserem eigenen Nutzen Vorteile gewinnen? Tatsächlich geschieht dies seit Generationen in einigen Teilen der Welt. In Italien wird seit 1904 mit Dampfstrahlen, den „Soffioni", Elektrizität erzeugt. Sie steigen empor aus dem Grund der Larderello-Region, wo die Provinzen von Pisa, Siena, Leghorn und Grosetto zusammenstoßen; ungefähr dort, wo die afrikanische Scholle unter die europäische stößt. Die Wärme kommt von einem großen Batholith aus heißem Granit in 2–6 km Tiefe, der wegen der geringen Leitfähigkeit des darüberliegenden Materials sehr langsam abkühlt.
In Island verkauft der Städtische Heizungsdienst Reykjavik warmes Wasser, das aus dem heißen Lavastein unter dieser Gegend stammt. Und die berühmteste Quelle der Insel für Dampf und heißes Wasser ist ein Geysir unweit der Hauptstadt. 1969 wurden rund 90 % der Häuser in Reykjavik mit geothermischem Wasser geheizt. In Treibhäusern mit mehr als 95 000 qm Fläche reifen deshalb sogar Bananen und Weintrauben. Einige Bauersfrauen backen im heißen Boden sogar Brot. Mindestens 80 Schwimmbäder werden geothermisch beheizt, und 1969 lebten 40 % der 200 000 Isländer in Häusern, die von einem der fünf regionalen geothermischen Wassersysteme versorgt wurden. Deshalb ist diese Heizung für die Isländer 57 % billiger als eine Ölfeuerung. Von 1961 bis 1969 konnten die Isländer die Verwendung von geothermischer Energie für Raumheizung und industrielle Zwecke verdoppeln, was dem Land 210 000 t Ölimporte ersparte.
Dank der geothermischen Wärmequelle werden in Island am Myvatnsee jährlich 42 000 t Diatomit gewonnen. Diatomit entsteht durch Diatommuscheln (Kieselalgen) und wird weitgehend für Filter, Hochtemperaturisolierungen, Farbzutaten und viele andere Zwecke verwendet. Das Vorhandensein von großen Mengen Diatomit im Myvatnsee weist Millionen Jahre zurück, als dieser Bereich des Mittelatlantikrückens untergetaucht war und ein sanfter Regen von Diatommuscheln auf den Meeresboden rieselte. Um eine Förderanlage zu betreiben, bohrte man sie-

ben Löcher bis zu einer Maximaltiefe von 1200 m in den Boden. Man gewinnt so den Dampf, der zur Trocknung des Diatomits und zum Turbinenantrieb einer Versuchsanlage benötigt wird, die drei Megawatt Strom erzeugt.
Mindestens sechs Länder – Island, Italien, Japan, Neuseeland, die Sowjetunion und die USA – verwenden heute geothermische Energie zur kommerziellen Erzeugung von Elektrizität. Aus den Erkenntnissen der Schollentheorie wurde klar, daß die Erdkruste mit einem Netzwerk überhitzter Zonen überzogen ist. Diese Gebiete sorgen nicht nur für Vulkanausbrüche und Erdbeben, sondern bilden auch den Ursprung für heiße Quellen, Dampfstrahlen und in weit größerem Ausmaß für das Vordringen von heißem Gestein, das in so geringen Tiefen liegt, daß es durch Bohrungen erreicht werden kann. In einer Zeit, da anscheinend eine „Energiekrise" existiert, die Befürchtungen wegen der Umweltverschmutzung durch das Verbrennen von Kohle- und Petroleumprodukten zunehmen und die Sorgen vor freiwerdender Strahlung bei der Atomenergie wachsen, wird das Interesse an der Ausbeutung geothermischer Kraft immer größer. Manche betrachten sie als eine Hauptenergiequelle der Zukunft. Und das obwohl heute z. B. nur in einem einzigen Gebiet der USA, dem Geysir-Dampffeld knapp 150 km nördlich von San Francisco, damit Elektrizität erzeugt wird.
Die „sauberste" Energie ist die hydroelektrische. Aber Bau und Ausbau der Wasserkraftwerke sind nur beschränkt möglich. Brennstoffanlagen fordern keinen emotionalen Widerstand heraus wie die Atomkraftwerke, auch wenn sie viel Rauch abgeben, sie sind aber von einer Experimentier-Technologie abhängig.
Geothermische Anlagen arbeiten nicht immer schmutzfrei, obwohl sie wahrscheinlich entsprechend gestaltet werden könnten. So fällt dem Besucher des Großen Schwefelcanyons im Geysir-Dampffeld als erstes der kräftige Gestank auf. Der Dampf, der aus den 2 100 m tiefen Bohrlöchern emporquillt, bringt manchmal Sand und Kies mit nach oben, die in Zentrifugen entfernt werden müssen, bevor er in eine Turbine geleitet wird. Weitere in ihm enthaltene Verunreinigungen können im Kontakt mit der Luft ätzend werden. Während 75 % des Wassers aus dem Geysir-Dampffeld als Dunst in der Luft verschwinden, enthält der Rest Bor und Ammoniak. Wenn diese Mengen auch bescheiden sind, so darf das Wasser doch nicht in örtliche Flüsse gepumpt, sondern muß durch Bohrlöcher tief in die Erde zurückgeleitet werden. Im Salton Sea-Gebiet Südkaliforniens erreicht der Salzgehalt des geothermischen Wassers 20 %, verglichen mit 3,3 % im Meereswasser, und fällt nur wenig weiter südlich bei Cerro Prieto in Mexiko auf 2 %. Das erste Teilstück der

Heißwasseranlage von Salton Sea ist mit einer geplanten Kapazität von 75 MW relativ klein, doch soll die Gesamtleistung nach weiterem Ausbau 1 000 MW betragen. Dabei wird die Anlage täglich 10 000 t Salz aus dem Wasser ausscheiden, die man möglicherweise zu kommerziellen Zwecken nutzen will.
Die Ausbeutung der geothermischen Energie stellt eine technologische Herausforderung dar, deren Anfänge gerade erst bewältigt wurden. Wo Dampf verfügbar ist, ist er relativ kühl und steht nur unter geringem Druck. Beim Geysirdampffeld ist der Druck bei 205 °C siebenmal so stark wie der atmosphärische auf Meeresspiegelhöhe. In einer fossilen Brennstoffanlage beträgt der Druck das 200fache desjenigen auf Meeresspiegelhöhe bei 550 °C. Folglich sind die mit Geysirdampf arbeitenden Turbinen, die für Niedrigdruck konstruiert wurden, für die Stromerzeugung nur ungefähr halb so wirkungsvoll wie entsprechende in konventionellen Kraftwerken. Die Kosten pro Kilowatt erzeugter Energie sind jedoch mehr als ausgeglichen, weil keine Wassererhitzer und Wasserbehandlungseinrichtungen nötig sind. Pacific Gas and Electric stellten fest, daß die geothermische Energie die billigste neue Stromquelle darstellt. Die Investition pro Kilowatt Erzeugerleistung betrugen 1972 140 Dollar gegenüber 360 Dollar bei Kohle/Erdölanlagen und 600 Dollar bei Atomkraftwerken. Die Produktionskosten pro Kilowattstunde erreichen bei geothermischer Antriebskraft nur etwa die Hälfte derjenigen bei Öl und Gas.
Unglücklicherweise ist „trockner" Dampf, also solcher ohne Heißwasserbeimischung, verhältnismäßig selten. Heißes Wasser steht an weit mehr Orten zur Verfügung, und falls es heiß genug ist und ausreichender Druck vorhanden ist, kann ein Teil davon bei Druckminderung „blitzartig" in Dampf umgewandelt und zum Antrieb von Turbinen verwendet werden. So geht man in Cerro Prieto, Wairakei in Neuseeland, Otake in Japan, Pauschetka in Kamtschatka und in El Salvador vor. Mit dieser Umwandlungsmethode kann man aus dem Salzwasser, das für die Brunnen in manchen geothermischen Gebieten typisch ist, auch Trinkwasser gewinnen.
Das Salzwasseramt im US-Innenministerium will mit dieser Methode den Colorado-Fluß mit der Geschwindigkeit und dem Salzgehalt fließen lassen, die Mexiko zugesichert wurden. Aufgrund des Wassers, das dem Fluß durch ein ausgeklügeltes Kanalsystem entzogen wird, ist Südkaliforniens Imperial Valley im Winter ein Paradies für Gemüsegärtner, die hier einen großen Prozentsatz der Karotten und des Kopfsalates ziehen, die während jener Monate von den Amerikanern gegessen werden. Der Salzgehalt des Colorado beträgt heute das Doppelte von dem, was für

Trinkwasser zulässig ist. Deshalb müssen neue Bewässerungsquellen gefunden werden. Eine Versuchsbohrung bis zu 2 200 m Tiefe erfolgte im Talgrund 16 km südöstlich von Holtville. Aufgrund eines Vertrages mit dem Salzwasseramt begann die Envirogenics Company 1973, probeweise eine kleine Entsalzungsanlage zu betreiben, die im kommenden Jahrzehnt ausgebaut werden soll. Die hochsalzigen Rückstände sollen in den Grund zurückgepumpt werden, doch muß, um ein übermäßiges Absinken des Bodens zu vermeiden, zusätzlich Wasser herangeführt werden – möglicherweise durch einen Kanal vom Pazifik her.

Die dauernde Bedrohung für das schöne Venedig ist ein Beispiel dafür, was geschieht, wenn zuviel Wasser aus einem Sedimentbecken herausgepumpt wird. Industrieanlagen am Rande der venezianischen Lagune haben hier soviel Grundwasser entnommen, daß Venedig mit alarmierender Geschwindigkeit abgesunken ist. In ähnlicher Weise sackte Long Beach in Kalifornien ab, bis Teile der Stadt unter dem Meeresspiegel lagen, weil dem Boden hier zuviel Erdöl entzogen worden war. Jetzt pumpen die Ölgesellschaften in ähnlichen Fällen Wasser in das Ölfeld, um das entnommene Öl zu ersetzen. Falls importiertes Wasser verwendet wird, um das tiefliegende Heißwasservorkommen unter dem Imperial Valley laufend aufzufüllen, kann diese Region beinahe unbegrenzt lange geothermische Energie abgeben.

Eine weitere Sorge bildet die Möglichkeit, daß die Veränderung der Grundwasserlager im Imperial Valley, einem Gebiet mit vielen aktiven Verwerfungen, Erdbeben hervorrufen könnten. Wie bereits erwähnt, scheint aber eher das Einpumpen von Wasser als das Entnehmen für die Auslösung von Beben verantwortlich zu sein. Es ist auch möglich, daß das Abziehen von heißem Wasser in geothermischen Gegenden mit Erdbebenneigung die Bebengefahr reduziert. Laboruntersuchungen von Brace und seinen Kollegen am Massachusetts Institute of Technology brachten Hinweise, daß sich Verwerfungen am ehesten dann als Reaktion auf Spannung zusammenziehen, wenn das Gestein heiß ist. Bei niedrigeren Temperaturen neigt das Gestein mehr dazu, sich erst dann zu bewegen, wenn sich eine große Spannung angesammelt hat. Eine Forschungsgruppe der Universität Kalifornien in Riverside stellte in einer Studie über das geothermische Potential des Imperial Valley fest, daß in Verwerfungszonen der Entzug heißen Salzwassers aus großer Tiefe das Gestein, das der Oberfläche näherliegt, erhitzen kann und so eher zum Schrumpfen bringt als zum Ansammeln von Spannung für ein zerstörerisches Erdbeben.

Eine Methode, Elektrizität durch Wasser zu erzeugen, das für eine wirksame, direkte Dampfproduktion nicht heiß genug ist, stellt die Wasser-

benutzung zum Erhitzen einer Substanz dar, deren Siedepunkt sehr niedrig liegt wie z. B. bei Isobutan. Dieses verdampft bei einer Temperatur, die weit unter dem Siedepunkt des Wassers liegt. Die Gasform von Isobutan ist dichter als Wasserdampf und somit ein wirkungsvoller Antrieb für Turbinen. Es ist jedoch brennbar und kann daher nur unter besonderen Sicherheitsmaßnahmen verwendet werden.
Für das Salton Sea-Imperial Valley-Gebiet ist bereits ein Isobutan-Kraftwerk geplant worden. Es wäre das erste dieser Art.
Die Wirtschaftlichkeit dieser neuen Technologie läßt sich heute nur schwer abschätzen. Da aber geothermisches Wasser weitgehend zugänglich ist, wäre ein Erfolg von größter Wichtigkeit. In Kamtschatka, wo 63 Vulkane eine Kette über der hinabgleitenden pazifischen Scholle bilden, haben die Sowjets eine Versuchsanlage gebaut, deren Turbinen mit Freon angetrieben werden, das durch die Hitze geothermischen Wassers verdunstet. Die Anlage liegt bei Paratunka und ihre bescheidene 800 kW-Leistung versorgt die örtlichen Wohnhäuser. Das heiße Wasser aus der Erde erwärmt auch ein Treibhaus, das jährlich 2 000 t Gemüse liefert.
Eine weitere, aber noch im Experimentierstadium steckende Möglichkeit wäre die Nutzung der Wärme von trockenen heißen Gesteinsadern, zu denen Grundwasser gegenwärtig keinen Zugang hat.
Tatsächlich existiert geothermische Wärme unter jedem bewohnten Ort der Erde, doch ruht sie für die Technologie von heute in den meisten Gegenden in zu großer Tiefe. Um aus den flacheren Lagern heißen Gesteins Energie zu gewinnen, muß ein Weg gefunden werden, Wasser dorthin zu leiten, um es dann als Dampf oder heißes Wasser zurückzuerhalten. Solche Lager sind deshalb trocken, weil sie vom Erdoberflächenwasser abgeschnitten sind. Sie bestehen im allgemeinen aus großen Granitmengen mit einigen Rissen, die das Eindringen und die Zirkulation einer Flüssigkeit zulassen. Es wird daher erforderlich sein, in solches Gestein hineinzubohren und es irgendwie aufzubrechen, z. B. durch das Hineinpumpen von Wasser mit ungefähr 470 Atmosphären Druck – einer bei der Ölförderung erprobten Technik. Einige Geologen haben auch Explosionen am Grunde eines Bohrlochs in Erwägung gezogen. 1971 untersuchten die US-Atomenergiekommission und die American Oil Shale Corporation die Möglichkeit, für diesen Zweck eine Nuklearexplosion als Teil des sogenannten „Pflugschar-Programms" anzuwenden. Solche Explosionen sind jedoch kostspielig; sie würden auch eine vorsichtige, sichere Behandlung des entstandenen radioaktiven Dampfes oder heißen Wassers erfordern; und der öffentliche Widerstand gegen solche Experimente ist beträchtlich.

Eine Gruppe von Wissenschaftlern eines Labors in Los Alamos, Neumexiko, versuchte, eine wirtschaftliche Methode für Tiefbohrungen zu entwickeln, um kaltes Wasser hinunterpumpen zu können. Sie stellte ein kleines Bohreisen her, das anstatt ein Loch zu bohren durch das vulkanische Gestein hindurchschmilzt, wodurch sich innerhalb des Bohrlochs eine glasige Wand bildet. Schließlich soll diese Technik mit Hilfe nuklearer Reaktoren zu einem billigen Tunnelbau über weite Entfernungen verwendet werden. Für geothermische Versuchsbohrungen ist eine Stelle nahe bei Jemez Mountain (USA) gefunden worden, wo heißes Gestein von 300 °C in 2 300 m Tiefe lagert.
Die Menge „trockener“ geothermischer Energie soll zehnmal so groß sein wie die kombinierten Dampf- und Heißwasserreserven, doch die Bruchtechnik muß noch erprobt werden; bisher wurde sie in granitischen Batholiten nicht angewendet. Die Los Alamos-Gruppe hofft, daß wenn der Granit erst einmal am Ende des Bohrlochs aufgebrochen ist, sich die Bruchzone von selbst vergrößern wird, sobald man die Hitze abgezogen hat. Wenn der Granit abkühlt, müßte er sich zusammenziehen und zerbrechen und somit dem zirkulierenden Wasser neue Bereiche heißen Gesteins öffnen.
Die Untersuchung von Robert W. Rex und seinen Kollegen von der Universität Kalifornien über das Imperial Valley ist wahrscheinlich die bisher umfangreichste über das geothermische Potential einer Region im Rahmen der Schollentheorie. Nach ihrem Bericht von 1972 besteht das Tal aus einem 6–7 km tiefen, sedimentgefüllten Graben, der 10 000 cbkm geothermisches Salzwasser enthält. Das Reservoir ist ungefähr gleichmäßig zwischen Mexiko und den USA aufgeteilt. Die Wassertemperatur liegt über 250 °C bei mehr als 130fachem atmosphärischen Druck. Wenn dieser Vorrat angebohrt wird, fällt der Wasserdruck, und das Wasser fängt an, wie in einem Geysir, zu kochen. Die sich ergebende Mischung aus Dampf und Wasser schießt fast mit Schallgeschwindigkeit an die Oberfläche. Tatsächlich entsteht auf manchen geothermischen Feldern bei der Lüftung eines Bohrlochs eine Lärmbelästigung, die mit dem Start von Düsenflugzeugen vergleichbar ist.
Die Geometrie des Rücken- und Verwerfungs-Systems in und um das Imperial Valley ist insofern bemerkenswert, als die Rückenteile äußerst kurz und die Wandelverwerfungen, die diese Ausläuferteile miteinander verbinden, äußerst lang sind. Die Rücken sind Trümmerteile der stark gedehnten Ostpazifikschwelle, die quer durch den Golf von Kalifornien führt. Offensichtlich riß die Nordwestbewegung der pazifischen Scholle vor rund vier Millionen Jahren Niederkalifornien vom Festland ab und trug es seitdem 260 km die Küste hinauf, während die Halbinsel durch

die schräge Drift im Golf von Kalifornien von der Küste weggezogen wurde. Manche glauben, daß das gesamte Stück bis nach San Francisco sich eines Tages vom Kontinent abspalten und eine Insel werden wird. Für eine Krustenbewegung dieses Typs gibt es im Imperial Valley genügend Beweise. Der US-Küsten- und Geodäsiedienst führte seit 1931 eine Reihe von Landvermessungen in dem Gebiet durch. Sie zeigten, daß die Bewegung derjenigen entlang der San Andreas-Verwerfung ähnlich ist. Die Aktivität führte im Jahre 1940 zu einem schweren Erdbeben (7,1 auf der Richter-Skala). Dort wo die Imperial-Verwerfung, eine Fortsetzung des San Andreas-Systems in Mexiko, die Grenze überquert, hatte sich die Westseite der Verwerfung im Verhältnis zur Ostseite um 3 m nach Norden bewegt.

Aufgrund von Temperaturmessungen in Bohrlöchern bis zu 2,8 km Tiefe in der sogenannten Buttes-Gegend am Südende der Salton Sea schätzen Rex und seine Mitarbeiter, daß es nahe dem Sedimentboden in 6 km Tiefe heiß genug sein muß, um Granit zu schmelzen. Die Buttes sind eine Kette von vulkanischen Erhebungen, die vor 16 000–55 000 Jahren unter Wasser ausbrachen, als die Salton Sea tiefer als heute war. Gesteinsstücke, die durch diese weit zurückliegenden Eruptionen an die Oberfläche gelangten, ähneln jenen, die entlang dem Kamm der Ostpazifikschwelle hervorbrachen. Aber auch granitische Bruchstücke, die sich üblicherweise auf einem Kontinentalrand und nicht auf einem Rükken bilden, sind dort nichts Ungewöhnliches. Trotz des hohen Salzgehalts und des aufgelösten Metalls im Wasser aus den Bohrlöchern nahe der Salton Sea hat es den Anschein, daß die Hauptmenge des heißen Wassers unter dem Imperial Valley weniger salzig als das Meerwasser ist. Und, so Rex und seine Kollegen, „reichliche Mengen von Eisen- und Manganchloriden plus kleineren Mengen von Kupfer, Silber, Zink und Blei“ in den Salton Sea-Salzwasserquellen „stellen ein ökonomisches Potential an sich dar“.

Rex hat die Stromerzeugungskapazität der Salzwasserquellen im Imperial Valley auf 20–30 000 MW oder 5–10 % der gegenwärtigen amerikanischen Elektrizitätsproduktion geschätzt. Die benötigten Investitionen, um diese Erzeugerleistung zu erreichen, betrügen ungefähr fünf Milliarden Dollar, und das Frischwasser, das durch die Anlagen entstehen könnte, würde einen Fluß ausmachen, der immerhin halb so groß wie der untere Colorado wäre. Kein Wunder, daß Ersatz durch Ozeanwasser erforderlich wäre.

In einer Untersuchung über Kaliforniens langfristigen Energiebedarf, die für das Kalifornische Parlament im Jahre 1972 von der Rand Corporation durchgeführt wurde, forderten die Autoren verschiedene Maßnahmen, um den steigenden Verbrauch elektrischer Energie zu verlangsamen. Außerdem meinten sie: „Wenn beispielsweise ein verlangsamtes Wachstum der Elektrizitätsnachfrage durch eine schnelle Entwicklung der geothermischen Reserven des Imperial Valley bis zum vollen 30 000 MW-Potential ergänzt werden könnte, dann würden in Kalifornien nach 1985 keine neuen Brennstoff- oder Nuklearkraftwerke benötigt werden."

Nicht alle potentiellen Lager geothermischer Energie liegen an Schollengrenzen. Als einige tiefe Ölbohrungen entlang der Golfküste von Texas, weit von solch einer Grenze entfernt, in den letzten Jahren leer wurden, begannen sie, überhitzten Dampf und Wasser zu produzieren. Der Enddruck im Bohrloch stieg bis zu 500 Atmosphären an. Durch das 5859 m tiefe Bohrloch Matagorda County wurde Wasser von 273 °C angezapft.

Vermutlich liegt ein riesiges Lager von sehr heißem Wasser im Golfküstensediment. Die Sedimentanhäufung reicht außergewöhnlich tief, was teilweise am langsamen Absinken des Grundgesteins und teilweise an Ereignissen im Binnenland liegt: erstens am Ansteigen der Rocky Mountains, das zu starker Erosion und zu Sedimenttransport durch den Rio Grande, den Missouri und den Mississippi führte; zweitens die Eiszeiten, deren Schmelzperioden ungeheure Mengen von Sediment über den Golf ausbreiteten. Die Ablagerungen sind gut bekannt, denn die Ölsucher zwischen dem Rio Grande und Alabama bohrten rund 300 000 Löcher. Die tiefsten, mehr als 15 km dicken Ansammlungen befinden sich vor der Küste von Südtexas und entlang der Küste von Louisiana. Das meiste Material wurde in den letzten 26 Millionen Jahren abgelagert. Unter dem größten Teil dieses Sediments liegt eine dicke Salzschicht, die aus dem späten Trias bis mittleren Jura stammt, als sich die Wiederöffnung des Atlantik in einem frühen Stadium befand, der Golf von den Weltozeanen abgeschnitten war und zeitweilig austrocknete. Das Salz hat sich wie große Finger durch das Sediment geschoben, 3–8 km im Durchmesser. Mehr als 400 dieser Salzkuppen sind von Bohrern durchdrungen worden.

Salz ist ein wirkungsvoller Wärmeleiter, und in den Tiefen, wo die Hauptsalzschicht jetzt liegt, ist die Erde sehr heiß. Die darüberliegenden Sedimentschichten sind überwiegend weich, da sie „gekocht" werden. Dieser Vorgang entzieht dem Gestein viel Wasser, das 10–15 % des Gesteinsvolumens ausmacht. Es verbindet sich mit Wasser, das dort schon vorhanden ist, und bildet so ein Hochdruckreservoir heißen Wassers. Eine schildähnliche Schicht aus vollkommen durchnäßtem Sediment über dem gesamten Golfbecken dient als wirksamer Isolator, der ein

Aufsteigen der Wärme verhindert. Das Wasser ist in geringer Tiefe salzig, doch von 3 km an abwärts wird es zunehmend salzärmer. Es wird nicht wie bei den meisten geothermischen Lagern durch Regenwasser aufgefüllt, das sich in den heißen Bereich nach unten arbeitet, sondern lokal „hergestellt".

Aus diesem Grunde kann diese Quelle versiegen, doch der Wissenschaftler Paul H. Jones glaubt, daß der Umfang dieses heißen Wassers riesig ist. Nach seiner Meinung steht eine Ausnutzung nicht unmittelbar bevor, aber er weist darauf hin, daß weitere solcher Lager irgendwo auf der Welt gefunden werden können, wo Erdöl und Gas als Alternativen nicht vorhanden sind. Da das Wasser so heiß aus dem Grund kommt, daß es sich sogleich in Dampf umwandelt und so „selbst destilliert", könnte es zur Bewässerung verwendet werden – eine Überlegung, die für Entwicklungsländer bedeutungsvoll sein könnte.

In den frühen 1950er Jahren begann die UNO die geothermische Energie als Energiequelle für sich industrialisierende Nationen zu erforschen. Viele Schollenränder verlaufen durch Entwicklungsländer oder an ihnen entlang. Die afrikanischen Bruchtäler boten sich zur Erforschung an, und unter der Schirmherrschaft der UNO wurden Luftaufnahmen von infraroten Emissionen der Landschaften in Kenia und Äthiopien gemacht. Das infrarote „Glühen" einer Landschaft dient als Hinweis auf Temperaturunterschiede weiter Bodenregionen. Joseph Barnea, damals Direktor der Resources and Transport Division der UNO, meinte aufgrund der Schätzungen, „daß ein Teil der Afarregion in Äthiopien ein nutzbares geothermisches Potential bergen könnte, das ausreicht, den gegenwärtigen Bedarf an Elektrizität von ganz Afrika zu decken". Möglicherweise gibt es noch weitere Gebiete in Äthiopien mit einem geothermischen Vorrat ähnlicher Größe. Der Vulkanologe Haroun Tazieff hat vorgeschlagen, daß Industrien mit starkem Energiebedarf, wie z. B. Aluminiumwerke, an der nahegelegenen Küste des Roten Meeres errichtet werden.

Bei der Eröffnung eines internationalen Seminars über geothermische Energie der UNO im Januar 1973 stellte Barnea fest, daß vor wenigen Jahren der Gedanke, Energie aus dem Inneren der Erde zu entnehmen, noch sehr unorthodox war. Er fuhr fort: „Ich bin froh, berichten zu können, daß praktisch alle Länder im afrikanischen Bruchtal die Vereinten Nationen nun gebeten haben, ihnen bei der geothermischen Erforschung zu helfen."

Die Larderello-Gesellschaft, schon ein Veteran bei der Nutzung der italienischen Dampffelder, stellt sich dabei zur Untersuchung möglicher Lagerstätten in Uganda und bei den El Tatio-Geysiren in Chile zur Verfügung. Die Inselnationen um den pazifischen „Feuerring" herum besitzen viele potentielle geothermische Stellen. Barnea schätzt, daß zwei Drittel der Türkei über Energielagern liegen. Technische Hilfe der UNO ist El Salvador und Nicaragua zugekommen, wo eine ozeanische Scholle unter dem vulkanischen Isthmus verschwindet, der die beiden Amerika verbindet. Barnea hat vorgeschlagen, da die Region anscheinend viel mehr potentielle Energie aufweist, als sie selbst zu nutzen vermag, könnte sie den überschüssigen Strom mittels Langstreckenleitungen in die USA exportieren. Wenn sich nur ein wesentlicher Bruchteil dieser Vorhersagen als gültig erweist, dürften die Auswirkungen für die energiehungrige Welt enorm sein.

Die UNO-Gruppe hat auch auf größere direkte Nutzung des heißen geothermischen Wassers für Wohnungsheizungen und Fabrikationsprozesse gedrungen. Heutzutage werden nicht nur in Island Häuser mit geothermischem Wasser beheizt, sondern bereits seit 1890 auch in Südwest-Idaho. Ein Wasserreservoir mit 70 °C Temperatur unter dem Pariser Becken, das durch ein 1 800 m tiefes Bohrloch angezapft wurde, versorgt 3 000 Wohnungen in Melun mit Heißwasser und Wärme. Rund zwei Fünftel des jährlichen Bedarfs der Wohnungen wird so gedeckt, und von dem Reservoir heißt es, daß es groß genug sei, bis zu eine Million Wohnungen für 1 300 Jahre zu versorgen.

Zwei aus der UNO-Gruppe, John Banwell und Tsvi Meidav, berichteten 1971, daß das pannonische Becken in Ungarn eine solch ungeheure Menge heißen Wassers enthält, daß dessen Energie ungefähr der Hälfte aller Erdölreserven der Erde entspricht, die 1963 bekannt waren. Das Feld wurde Mitte 1969 bereits dazu benutzt, 480 000 qm öffentlicher Gebäude und Wohnungen zu heizen. Bei dem UNO-Symposium über geothermische Lager von 1970 in Pisa berichteten sowjetische Wissenschaftler, daß das geothermische Potential in der Sowjetunion wahrscheinlich die gesamten Vorräte der UdSSR an Erdöl, Kohle und Braunkohle übertrifft. Die sowjetischen Behörden gaben bekannt, daß bereits im Jahre 1970 durch die Benutzung unterirdischer Energie 15 Millionen Tonnen Brennstoff eingespart werden konnten.

Wie bei anderen Kühlsystemen kann Energie in Form geothermischer Wärme zur Kühlung verwendet werden. Nicht nur die Sowjets errichten solche Kühlanlagen, sondern auch das Kurhotel in Rotorua, dem berühmten neuseeländischen Thermalbad, betreibt seine Klimaanlage auf diese Weise.

Bei ihrem Plädoyer für eine breitere Nutzung des geothermischen Wassers gaben Banwell und Meidav zu, daß dessen Energie nicht so einfach zu transportieren ist wie die des Öls. In vielen Fällen sind auch die Temperaturen nicht hoch genug, um als Quelle für elektrischen Strom zu dienen. Aber sie forderten, daß solches Wasser mehr zur Wohnraumheizung eingesetzt werde. Außerdem sprachen sie sich für eine Energieverwaltung auf nationaler Ebene aus, um eine rationellere Bewirtschaftung zu erreichen.

Die Erkenntnis, daß Brennstoffreserven nur begrenzt vorhanden sind, und die wachsende öffentliche Entrüstung über die Umweltverschmutzung durch ihre Verbrennung führten in den USA zu einer Kampagne für verstärkte Anstrengungen im geothermischen Bereich. Der Ergebnisbericht einer Konferenz im September 1972 in Seattle empfahl ein zehnjähriges Forschungsvorhaben für 684,7 Millionen Dollar, um die geothermischen Reserven zu erkunden und neue Bohrmethoden sowie Nutzanwendungstechnologien zu entwickeln. Als realistische Ziele wurden Erzeugungsleistungen von 750 MW für 1975, 132 000 MW für 1985 und 395 000 MW für das Jahr 2000 genannt. Das angestrebte Ergebnis für 1985 würde den USA fast 30% der Ölimporte ersparen, die für jenes Jahr zur Energiebedarfsdeckung vorgesehen sind.

Rex, der Leiter der Imperial Valley-Studie, sagte, daß die nationale Planung die geothermische Energie aus Unwissenheit ignoriere. Der Mangel an Daten wurde nach seiner Aussage „konstruiert", um ein Fehlen dieser Reserve anzuzeigen, obwohl die USA einen enormen Umfang an jungem vulkanischen Gestein und viele ruhende Vulkane besitzen. Als geeignete Gegenden nannte er nicht nur Hawaii, Alaska und die Golfküste, sondern auch die Appalachen, die noch Wärmereserven beherbergen, die an der Oberfläche als relativ warme Quellen auftreten. Besonders vielversprechende Gebiete seien in den beiden Virginia zu finden, im westlichen Maryland und in den Ozark- und Oachita-Bergen des Mittelkontinents.

In einer Reihe von Staaten, wo sich Atomkraftwerke in Planung befinden, sind die Planungsaussagen deshalb in Frage gestellt worden, weil alternative umweltfreundliche Energiequellen einschließlich geothermischer Wärme ignoriert wurden. Da diese begrabene Energie ständig durch das Anschwellen geschmolzenen Gesteins aus der Tiefe aufgefüllt wird, ist sie in gewissem Sinne unerschöpflich. Die Wassermenge in einem Reservoir aber ist jeweils beschränkt. Falls sie schneller abgezogen als wieder aufgefüllt und erhitzt wird, leert sich die Quelle. Die Dampflöcher des Geysirdampffeldes beginnen mit einer Produktion von 7–15 MW thermischer Energie, fallen aber langsam auf 1–3 MW ab, was das Bohren neuer Löcher erforderlich macht. Um die kleinste wirtschaftliche Anlage mit einer 55 MW-Leistung in Gang zu halten, werden mindestens 450 000 kp Dampf pro Stunde benötigt. Dafür sind

üblicherweise sechs Dampflöcher erforderlich, und sie müssen lange genug produzieren, um den Bau einer Anlage zu rechtfertigen.
In den frühen 1960er Jahren hemmten solche Unsicherheiten die schnelle Entwicklung des Geysirdampffeldes. Carel Otte, der Chef-Geologe der geothermischen Abteilung bei der Union Oil Company, meinte dazu: „Man kann keine Investition verlangen, wenn es keinen garantierten Ertrag gibt.“ In der Erdöl- und Gasindustrie ist das Verhalten von Erdgaslagern gut genug bekannt, so daß nur wenige Versuchsbohrungen nötig sind, um eine Firmenleitung zu überzeugen, daß sich eine große Investition lohnt.
Ein wesentlicher Faktor für die Zukunft der geothermischen Energie ist nach Ottes Aussage die Öffnung bundesstaatlichen Landbesitzes in Nevada und Kalifornien für geothermische Untersuchungen. Das Gesetz über den geothermischen Dampf von 1970 gestattete die Verpachtung von Bundesgebieten zur Entwicklung solcher Reserven. Es sah vor, daß der Innenminister ein „Known Geothermal Resources Area“ (= bekanntes geothermisches Quellengebiet) oder KGRA benennen konnte, in dem einzelne Plätze durch Versteigerung verpachtet werden konnten. 1971 veröffentlichte der Geologische Untersuchungsdienst eine Karte mit den geothermischen Quellengebieten in den westlichen Bundesstaaten. Ebenso wurden Gebiete als „voraussichtlich wertvoll“ bezeichnet, wo die Aussicht auf Erfolg nicht so sicher wie in einem KGRA war. Aus der Karte ist weiter ersichtlich, daß die Verteilung dieser Stellen mit der Tektonik der westlichen Staaten zusammenhängt.
Wenn auch Rex und andere Spezialisten glauben, das Geysirdampffeld sei mit einer stetigen Leistung von vielleicht 10 000 MW das größte der Welt, so bleibt doch die tatsächliche Leistungsfähigkeit und Lebensdauer solcher Felder ungewiß. Bei dem UNO-Treffen von 1973 behandelte Banwell das Problem, wobei er sich auf die beiden langlebigsten Gebiete bei Wairakei in Neuseeland und in der Larderello-Region in Italien konzentrierte. Nachdem zu Beginn der Nutzung in Neuseeland zwischen 1957 und 1964 Versorgungsschwierigkeiten aufgetreten waren, stabilisierte sich danach die Lage, und die natürliche Auffüllung konnte die Dampfentnahme wieder ausgleichen.
In Larderello gab es ebenfalls zu Anfang einen Druckabfall. Dann vollzog sich eine Angleichung. Doch man fand heraus, daß es keinen Produktivitätsanstieg gibt, wenn die Zahl der Bohrungen innerhalb eines bestimmten Gebietes eine gewisse Dichte übersteigt, weil die Dampfbildung im Erdinneren offensichtlich nur bis zu einer bestimmten Grenze möglich ist. Banwell meinte, daß es in solchen Feldern, um eine ausreichende Produktion bis weit in die Zukunft aufrechtzuerhalten, wahr-

scheinlich notwendig sein wird, das Untergrundreservoir wieder aufzuladen und durch rationelle Verwaltung eine Überstrapazierung zu vermeiden.
Auf jeden Fall variieren die Schätzungen der Lebensdauer eines typischen geothermischen Feldes von einigen Dutzend bis zu Tausenden von Jahren, wobei die große Zahl wahrscheinlicher ist, wenn die Nutzung kontrolliert wird. Wie Banwell bei dem UNO-Treffen betonte, gibt es keinen Meinungsunterschied über das Ausmaß der gelagerten Energie innerhalb der Erde. Nach Auffassung von Banwell und Meidav entspricht diese Energie in der 7,5 km dicken oberen Erdkruste pro Quadratkilometer einer Menge von 21 Millionen Tonnen Erdöl! Mit anderen Worten: diese Energiereserve übersteigt bei weitem die optimistischsten Schätzungen der Erdreserven an Brennstoffen.
Zum Prozentsatz der thermischen Energie, die auf ökonomische Weise angezapft werden kann, sagte Barnea auf dem UNO-Treffen: „Es ist wahrscheinlich, daß Anzeichen für geothermische Energie häufiger auftauchen werden als für Erdöl und daß in 50 Jahren die geothermische Energie als bedeutendere Energiequelle als das Erdöl angesehen wird.“ Wenn solche Kommentare auch recht enthusiastisch sind, so läßt doch das Engagement von Großunternehmen wie Union Oil vermuten, daß innerhalb einer Generation ein merklicher Anteil der Weltenergie aus geothermischen Quellen kommen wird. Nach Dampf oder heißem Wasser bohren bietet für die Erdölindustrie einen gewissen Anreiz, da sie sich einer endgültigen Ausschöpfung der Erdöl- und Gaslager gegenüberstehen sieht. Die Technologien haben vieles gemeinsam, obwohl Dampfbohrlöcher tendenziell größer sind und man dabei mit hohen Temperaturen umgehen muß.
Viele, die die zukünftigen Energiebedürfnisse der Welt untersuchen, bezweifeln, daß geothermische Energie andere Quellen vollständig ersetzen kann, aber sie hoffen, daß sie einen bedeutenden Beitrag leisten wird. Vorhersagen sind wegen der Ungewißheit über den Zugang zu den Lagerstätten schwierig, ebenso sind noch große technologische Probleme bei der Stromerzeugung aus heißem Wasser und Dampf zu lösen. Solange aber unser Planet bewohnbar bleibt, sollte der Mensch fähig sein, wenigstens einen kleinen Bruchteil der Energie zu gewinnen, welche die Schollen der Erdoberfläche hin- und herschiebt.

20 Die Geschichte der Erde und die Zukunft der Menschheit

Die Welt, so wie wir sie kennen, mit ihren Landmassen, den Ozeanen, der Atmosphäre und den Bodenschätzen ist letztlich ein Produkt der Kräfte, die die Schollen bewegen. Das schließt auch den Menschen und seine Werke ein. Am Anfang war die Erde wüst und leer, nur nackte, sonnenverbrannte Felsflächen. Die Lufthülle und der Wasserdampf, der sich schließlich als Regen niederschlug, das Land formte und die Meere füllte, stammten hauptsächlich aus dem Erdinneren und stiegen durch die Vulkane empor.

Unsere Erde wäre heute eine riesige Wasserwüste, gäbe es nicht die Kräfte im Inneren, die das Land verjüngen. Genauso wie das Leben auf ihrer Oberfläche erneuert sich auch die Erde selbst stets wieder. Berge, Flüsse und Seen sind ein Produkt dieses fortwährenden Wandels. Sie durchleben eine Jugendzeit, ein Mittelalter, das Greisentum und erleiden den Tod, um schließlich neuen Formen Platz zu machen.

Jangtse, Amazonas und Mississippi verdanken ihre heutige Gestalt der Erhebung der Hochebene von Tibet, der Anden und der Rocky Mountains, wenngleich sie in älteren Flußsystemen ihre Vorläufer hatten. Ja, sogar die Meere sind vergänglich – stärker sogar als die Kontinente.

Bei der Regeneration der Erde entstehen neue Erzlagerstätten und werden die Voraussetzungen zur Bildung von Erdöl geschaffen. Diese Bodenschätze ermöglichten die Entwicklung der Kultur von der Bronzezeit über die Eisenzeit bis hin zur „industriellen Revolution“ mit ihrer Abhängigkeit von fossilen Brennstoffen, Mineralien und Edelmetallen, die ihr als Symbol des Reichtums dienen. Die Zukunft der Menschheit hängt wesentlich davon ab, ob es uns gelingt zu verstehen, wie und wo diese Bodenschätze entstanden sind.

Heiß umstritten ist heute die Frage, ob die Umgestaltung der Erdoberfläche durch die Verschiebung der Krusten während der vergangenen 200 Millionen Jahre auch die früheren Epochen der Erdgeschichte (insgesamt vier Milliarden Jahre) bestimmt hat. Die Aufmerksamkeit konzentriert sich dabei auf die Platten sehr alten Gesteins, die heute die Herzstücke der Kontinente bilden. Diese verfestigten Teile der Erdkruste, die auf tektonische Beanspruchung nur noch mit Bruchbildung und

nicht mit Faltung reagieren, werden heute Kratons genannt. Einige Kontinente sind um mehrere solcher Kerne aufgebaut. In Afrika konnte man acht Kratons ausmachen, die alle zwischen zwei und drei Milliarden Jahre alt sind; dazwischen liegen Streifen viel jüngeren Gesteins mit einem Alter von etwa 600 Millionen Jahren.
Der kanadische Schild ist ein typisches Kraton. Der Teil, der nicht durch jüngeres Gestein bedeckt ist, liegt in der Gegend zwischen den Großen Seen und der Hudsonbucht und erstreckt sich südwärts bis in die Mitte der USA. Das älteste Gestein auf dem nordamerikanischen Kontinent ist der Gneis des Minnesota-Flußtales mit einem Durchschnittsalter von 3,6 Milliarden Jahren. Das älteste Kraton scheint zwar oberflächlich von gleichartiger Beschaffenheit zu sein wie die großenteils flachen Granitmassen des kanadischen Schildes; bei genauerer Betrachtung jedoch zeigen sich deutliche Spuren von radikalen Umschichtungen in seiner Jugend. Es ist offensichtlich, daß auch diese Formationen durch eine lange Folge von Aufbrechen und Wiederverschweißen entstanden zu sein scheint. Damit dürfte die Erdgeschichte seit der ältesten Zeit aus einer Folge von Auseinanderbrechen und Wiedervereinigung bestehen.
Gesteinsformationen, wie sie typischerweise entlang von Inselbogen entstanden sind, findet man zuweilen als längliche Zonen innerhalb der Kratons. Diese Streifen sind zwar mehr als drei Milliarden Jahre alt; dennoch ist es möglich, aus der Struktur der Gesteine die Richtung der früheren Übereinanderschiebungen zu erkennen, manchmal kann diese Verlagerung mit Hilfe des schwankenden Kaliumgehaltes festgestellt werden. Eine solche „chemische Polarität" existiert beispielsweise im Grünstein-Gürtel des südlichen Ontario. Da die Verteilung der Erzlager mit der Richtung der Verschiebungen und damit auch der nachfolgenden Eruption zusammenhängt, können diese Hinweise von großer Bedeutung sein.
Ein Gürtel verstärkter Schwerkraft und hochmagnetischen Gesteins erstreckt sich vom Oberen See südwestlich bis nach Abilene in Kansas. Hier wirkten einst Kräfte, die den amerikanischen Kontinent auseinanderreißen wollten. In seinem nördlichen Teil liegt 1,14 bis 1,12 Milliarden Jahre altes vulkanisches Gestein offen an der Oberfläche. Im südlichen Teil ist dieses Eruptivgestein bis zu 1000 m tief mit abgelagertem Gestein bedeckt. Wegen des „Schwerkrafthochs", das auf diesem Gürtel liegt, läuft eine Pendeluhr in Minneapolis ein klein wenig schneller als in Chicago. Natur und Ausmaß des Gürtels sind in den sechziger Jahren durch magnetometrische Untersuchungen aus der Luft erforscht worden. 1973 kam man zum Schluß, daß es sich vielleicht um einen alten

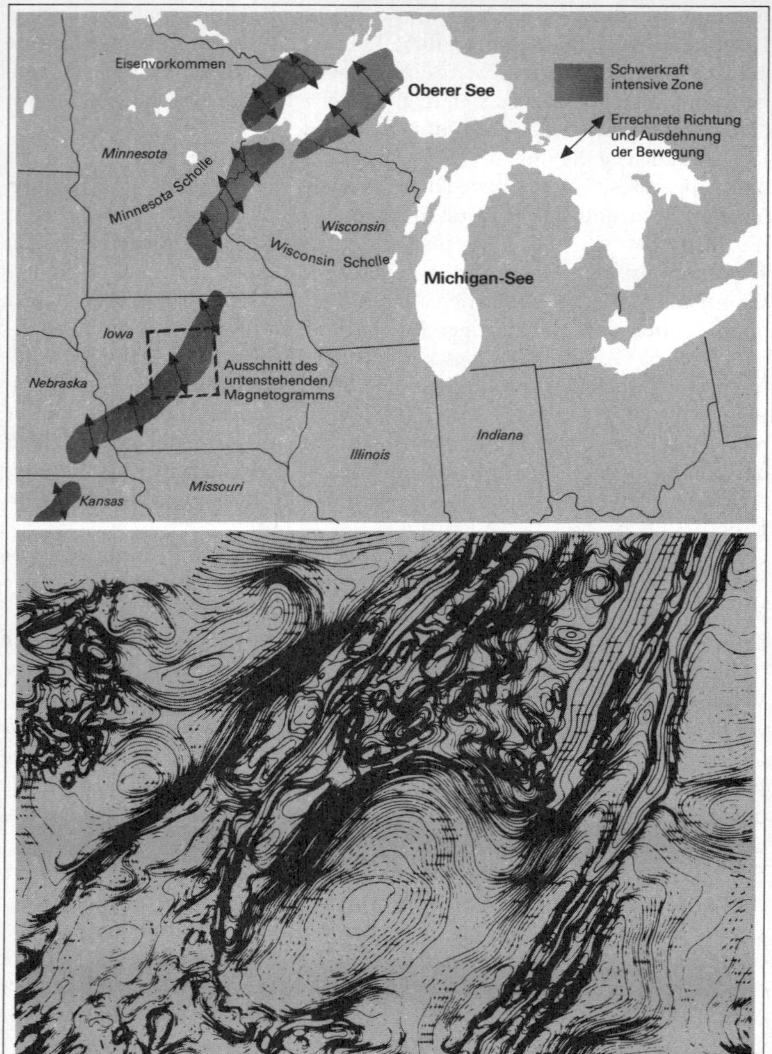

Eisenvorkommen
Schwerkraft intensive Zone
Oberer See
Errechnete Richtung und Ausdehnung der Bewegung
Minnesota
Minnesota Scholle
Wisconsin
Wisconsin Scholle
Michigan-See
Iowa
Nebraska
Ausschnitt des untenstehenden Magnetogramms
Indiana
Illinois
Missouri
Kansas

Bruch handeln könnte, ähnlich dem, der in jüngerer Zeit die Bruchtäler Afrikas formte. Möglich sei auch, daß hier der Rand einer früheren Kontinentplatte liege.

In einem kürzlich von der amerikanischen Akademie der Wissenschaften veröffentlichten Bericht wird die Frage nach der Bedeutung des Zusammenfalls der Hauptmetallager mit stufenweisen Abweichungen im Schwerkrafthoch der Kontinentmitte aufgeworfen. Nördlich des Hochs, in Minnesota, liegen die Eisenlager des Mesabi-Gebirges. Sie lieferten zwischen 1892 und 1950 mehr als eineinhalb Milliarden Tonnen hochwertigen Erzes. Zusammen mit dem benachbarten Vorkommen sind im Mesabi-Gebirge rund zwei Drittel aller jemals in Amerika abgebauten Eisenerze gefördert worden.

Sind diese Lager durch Plattenverschiebungen vor mehr als einer Milliarde Jahren entstanden? Wenn ja, liegen unter den dicken Sedimentschichten im Süden weitere Eisenvorkommen, die die komplexen Magnetbilder miterklären, die sich aus den magnetometrischen Flügen ergaben? Falls entlang dieser Linie einst ein Ozean ausgelöscht wurde, würde man hier Bruchstücke des Meeresbodens, sogenannte Ophioliten, erwarten, doch hat man bis heute keine gefunden.

Anderswo aber, etwa in Afrika, deuten Spuren auf den Zusammenstoß von Kontinenten hin. So läuft eine Ophiolitenzone von Accra an der Küste Ghanas landeinwärts und trennt das westafrikanische Gebiet vom Kongo-Kraton. Man vermutet, daß hier Gebirge vom Ausmaß des Himalaya lagen, die jedoch durch Erosion abgetragen wurden.

Diese These tauchte auf, als sich im März 1972 fünfundsechzig Wissenschaftler in Airlie, Virginia, trafen, um die Bedeutung der Schollentheorie für die Entstehung der Kontinente zu diskutieren. Auf der einen Seite standen die Vertreter der Theorie vom „Großen Knall". Sie glauben, daß die Kontinente im wesentlichen zum gleichen Zeitpunkt vor mindestens drei Milliarden Jahren entstanden, als ein „Schaum" aus leich-

---

◀ *Seit einigen Jahren ist bekannt, daß sich eine Zone ungewöhnlich hoher Schwerkraft vom Oberen See nach Kansas erstreckt. In jüngster Zeit durchgeführte Magnetfelduntersuchungen aus der Luft ergaben, daß dieser Landstrich auch deutliche und komplizierte magnetische Eigenschaften besitzt, wie ein kleiner Ausschnitt aus der Magnetkarte (unten) zeigt. Man nimmt an, daß dieser Gürtel durch das Auseinanderbrechen zweier Kontinentalplatten vor mehr als einer Milliarde Jahren entstanden ist, und zwar in Richtung der auf der Karte eingezeichneten Pfeile; die Brüche sind dabei längs des mittelozeanischen Gebirges entstanden. In diesem Gebiet lag eines der bis zu seinem Abbau reichsten Eisenerzlager der Erde. Im südlichen Teil gibt es vielleicht noch mehr Erz, allerdings tief unter Sedimentgestein begraben.*

tem Gestein aus dem heißen, brodelnden Erdinneren aufstieg. Auf der anderen Seite erklären die Verfechter der „steten Entwicklung" die Geburt der Kontinente mit den Schollenbewegungen und den damit zusammenhängenden Ablagerungen und mit vulkanischer Tätigkeit. (Die Begriffe „großer Knall" und „stete Entwicklung" sind natürlich von den Kosmologen übernommen, stehen hier aber in keiner Beziehung zur Entstehung des Universums.)
Eine weitere Konfrontation fand zwischen denen statt, die glauben, daß die Verteilung von Ozeanen und Landmassen relativ stabil geblieben ist, und jenen, die die Meinung vertreten, daß sich die Weltmeere während der ganzen Entstehungszeit der Kontinente ständig aufgetan und wieder geschlossen haben. Die ersteren erklären, daß es vor der Spaltung von Pangaea eine Bruchlinie des Kontinents gab, die jedoch nur neue Gräben und Vulkantätigkeit, aber keine neuen Ozeane erzeugte. Eruptionen und Sedimentablagerungen in diesen Vertiefungen könnten jene Formation zwischen den Kratons hinreichend erklären, die man so gern mit den heutigen Inselketten in Verbindung bringt.
Die Verfechter der zweiten Theorie hingegen zitieren die gegenwärtige Norddrift Australiens als Beispiel dafür, wie Inselketten in einem Kontinent eingebettet werden. Hält die Drift an, würde Australien die indonesischen Inseln mitreißen, ehe es sich mit Asien zu einem neuen Superkontinent verbindet. In diesem Fall, so heißt es im Schlußbericht der Konferenz, wird die entstehende Berührungszone ein Durcheinander alter Inselreste enthalten, wie man sie in ähnlicher Form in der kanadischen Churchill-Provinz oder in Teilen Afrikas findet.
Warren Carey, der redegewandte Verfechter der Erdausdehnungstheorie, nahm an der Konferenz teil, und unterstrich die Vorzüge der Krustentheorie gegenüber der Schollentheorie.
Eines der Argumente, deren sich Carey und seine Gesinnungsgenossen wie der Ungar Laszlo Egyed bedienen, ist die Tatsache, daß sich die Kontinente im Laufe der letzten 500 Millionen Jahre immer mehr aus den Meeren erhoben haben. Berechnet man anhand von versteinerten Meereslebewesen den Wasserspiegel, ergeben sich zwar größere periodische Schwankungen; auf lange Sicht aber wird eine Senkung des Meeresspiegels um mindestens 300 m deutlich. Da die Ozeane durch die Vulkantätigkeit stets neu gespeist werden, könnte man eine gegenläufige Entwicklung erwarten, Carey aber erklärt, daß sich die Ozeanbecken vergrößern, so daß der Wasserspiegel absinken muß.
Ein Jahr zuvor hatte Anthony Hallam in Oxford eine andere Erklärung vorgeschlagen; er glaubt, daß die Kontinente durch neues Material „unterlegt" würden. Man nimmt vielfach an, daß leichtere Bestandteile des

im wesentlichen schweren Gesteins des Mantels ausgeschieden und den Kontinenten entweder durch Vulkanausbrüche hinzugefügt werden, die neues Material auf die Landoberfläche häufen, oder aber durch „Unterlegen“ der Kontinente. Falls der Meeresspiegel in den letzten 500 Millionen Jahren um 300 m gefallen ist, könnte man dies dadurch erklären, daß alle tausend Jahre den Unterseiten der Kontinente ein Millimeter hinzugefügt wird, wodurch sie langsam aber stetig höher steigen. Hat man eine derart plausible Erklärung zur Hand, sagte Hallam, könnte man das Fallen des Meeresspiegels nicht mehr als Beweis für die Ausdehnung der Erde heranziehen. Zusammen mit anderen Wissenschaftlern behauptet er, daß die Kratons auch in ihrer Jugend relativ dünn waren – etwa 12–15 km – und seither stets dicker wurden. Eine weitere Annahme besagt, daß die Innentemperatur der Erde anfangs derart hoch war, daß sie die Bildung einer dicken und völlig starren Kruste verhinderte.

Nach Hallams These sind auch die früheren Schwankungen des Meeresspiegels in erster Linie auf die unterschiedliche Ausdehnung des Meeresbodens zurückzuführen. Eine schnellere Ausdehnung würde die ozeanischen Gebirge wachsen und damit den Meeresspiegel steigen lassen. Die Bildung immer größerer ozeanischer Gebirgszüge sei die Ursache für die weltweiten Überflutungen während der Kreidezeit gewesen. Die Ausdehnung hätte mit dem Auseinanderdriften der Kontinente begonnen.

Bei ihrer Suche nach den alten, „ursprünglichen“ Bruchstücken der Kontinentalmasse stoßen die Forscher immer wieder auf eine „Zeitmauer“. Man hat zwar das Alter einiger Steine, die die Astronauten vom Mond mitbrachten, auf weit über 4 Milliarden Jahre bestimmt. Es gibt auch deutliche Beweise dafür, daß alle Himmelskörper unseres Sonnensystems, darunter der Mond, die Erde und die Meteoriten, vor ziemlich genau 4,65 Milliarden Jahren entstanden; auf der Erde jedoch hat man kaum ein Gestein gefunden, das älter als 3 Milliarden Jahre ist, und wenn doch, dann handelt es sich vornehmlich um „Grüngestein“ vulkanischen Ursprungs.

Eine bemerkenswerte Ausnahme war die 1971 durch ein Forscherteam aus Oxford erfolgte Entdeckung von granitartigem Gneis auf Westgrönland. Dieses Gestein ist mindestens 3,7 Milliarden Jahre alt. Man glaubt deshalb, daß die Mehrheit der Granit-Kratons schon so früh entstanden ist, die meisten aber etwa 700 Millionen Jahre später (also vor 3 Milliarden Jahren) durch eine gewaltige Katastrophe unter riesigen Massen vulkanischen Gesteins begraben wurden. An der Oberfläche blieben nur in Schottland, auf Grönland und in der UdSSR Überreste des Urgesteins.

Die Geschichte des Mondes unterscheidet sich von der der Erde offenbar so stark, daß das ältere Gestein von der Oberfläche des Trabanten noch mindestens eine halbe Milliarde Jahre älter ist als das älteste Gestein, das man auf Grönland gefunden hat. Eine mögliche Erklärung wäre die, daß die von Anfang an heißere Erde länger brauchte, um eine feste Kruste zu bilden. Vielleicht aber haben die plattentektonischen Vorgänge das Krustenmaterial so gründlich umgestaltet, daß vom ursprünglichen Gestein nichts mehr übrigblieb.

Es ist noch zu früh, um die Rolle der Schollentheorie bei der Erforschung neuer Erdöl- und Erzlager abschätzen zu können. Sicher aber ist, daß Suchaktionen heute zum erstenmal im Rahmen eines relativ vollständigen Erdbildes stattfinden können. Als einigermaßen gesichert gilt, daß die Entstehung der Erdöl- und Erdgasvorkommen während der letzten 200 Millionen Jahre wesentlich durch die Bewegungen der Schollen zustande kam. Der genaue Prozeß der Entstehung des Erdöls ist zwar noch unbekannt, aber die vorherrschende Anschauung geht dahin, daß es biologischen Ursprungs ist. Im Laufe von hunderten Jahrmillionen haben die Pflanzen durch die chemische Zauberei der Photosynthese die Energie des Sonnenlichtes eingefangen und organisches Material produziert. Die Pflanzen werden von Tieren gefressen, die daraus andere organische Substanzen herstellen. Man nimmt an, daß ohne diese Tätigkeit von Tieren und Pflanzen, die der Luft CO_2 entziehen, die Atmosphäre der Erde jener der Venus gliche, das heißt, sie bestünde fast zu 100 % aus Kohlensäure. Die Folge wäre eine untragbare Hitze auf der Erdoberfläche. Statt dessen ist der atmosphärische Kohlenstoff heute fast vollständig in jungem und altem Ablagerungsgestein gebunden.

Philip H. Abelson vom Carnegie-Institut in Washington, ein Experte der Gesteinschemie, erklärte 1972 bei einem Symposium über die Schollentheorie, daß die Menge organischen Materials, das seit dem Beginn des Lebens von allen Lebewesen zusammen synthetisiert wurde, der Gesamtmasse der Erde selbst entspricht. Dabei muß man natürlich berücksichtigen, daß dasselbe Material mehrmals aufbereitet wurde.

Nur ein sehr geringer Teil des im Gestein enthaltenen organischen Materials ist in Erdöl verwandelt worden. Und von diesem Öl konnte wiederum nur ein kleiner Teil in winzigen Tröpfchen durch das Gestein wandern, um sich schließlich in großen Lagern anzusammeln, wo es vom energiehungrigen Menschen abgebaut werden kann. D.H. Tarling von der Universität Newcastle schrieb 1973 in der Zeitschrift *Nature* über die Rolle der Schollenbewegung bei der Entstehung von Öllagern. Er vertrat die Meinung, daß Erdöl hauptsächlich aus tierischem Material gebildet wird, wohingegen pflanzliche Rückstände Erdgas erzeugen.

Damit in der Erde Gas und Öl entstehen können, muß die Ablagerung rasch erfolgen, zum Beispiel an einer Flußmündung, wo die Überreste von Tieren und Pflanzen rasch zugedeckt werden, ehe die Fäulnisbakterien sie auffressen. Unter Idealbedingungen ist der Sauerstoffgehalt des Wassers in der Tiefe sehr gering, wodurch der Zerfall weiter behindert wird. Erwärmung – in diesem Fall die relativ hohe Erwärmung, die aus dem Erdinneren nach oben steigt – beschleunigt die Umwandlung organischer Rückstände in Öl. Tarling führte aus, daß die sehr ergiebigen Ölfelder in Nordwest-Sibirien sich wahrscheinlich über einem unter dem Kontinent liegenden Ausläufer des aktiven Gebirgszuges unter dem arktischen Meer befinden. An dieser Stelle erfolgt wohl eine stärkere Übertragung der Erdwärme zur Oberfläche hin.
Etwa neun Zehntel aller Erdöl- und Erdgasvorkommen liegen in der Nachbarschaft ausgedehnter Salzlager. Laut Tarling können sich diese Salzschichten zum Beispiel dort bilden, wo das Auseinanderbrechen der Kontinente begonnen hat. Zunächst entsteht an den Küsten eine Reihe flacher Becken, deren Wasser vom offenen Meer getrennt ist und nicht mehr ergänzt werden kann. Während die Kontinente auseinanderrükken, sinken die Böden dieser Becken langsam ab. So können nach und nach neue Wassermengen eindringen und durch Verdunstung Salzschichten bilden. Die gesammelten Salzschichten erreichen manchmal eine Dicke von mehreren Kilometern. Zuweilen stoßen sie auch als „Salzberge" durch die darüberliegenden und später entstandenen Sedimentschichten. Dazu ist eine Schichtdicke des Salzes von mindestens 600 m nötig.
Wegen der entscheidenden Rolle, die Flußdeltas bei der Anlage von Öllagern bilden, ist es wichtig, die Lage früherer Deltas zu kennen. Dies aber wird, so Tarling, durch die starken Veränderungen der Geographie sehr erschwert. Zum Beispiel scheint es, daß damals, als Afrika und Südamerika zusammenhingen, der Ur-Amazonas von Afrika quer durch Südamerika in den Pazifik floß, der heutigen Richtung entgegengesetzt. Das war, bevor durch die Westwärtsdrift Südamerikas das Andengebirge entstand. In den letzten Jahren hat man auf der Ostseite der Anden ausgedehnte Ölvorkommen entdeckt, deren Entstehung laut Tarling auf das Wirken dieses Urstroms zurückzuführen sind.
Während die Bedingungen für die Bildung und Sammlung von Öl sowohl in einer warmen wie in einer kalten Umgebung eintreten können, bilden sich nach Ansicht Tarlings die großen Salzlager, die oft eine Bedingung für die Ansammlung und Wanderung von Öl sind, nur in einem heißen und trockenen Klima. Da die Kontinentaldrift im Laufe der letzten 400 Millionen Jahre fast alle nördlichen Landmassen irgend-

wann in die Nähe des Äquators führte, wird man dort und in den angrenzenden Meeren eher Öl finden als in den südlichen Ländern. Eine Ausnahme wären die riesigen Erdgaslager unter dem Meer bei Tasmanien und Neuseeland. Das letztere ist das größte auf der Erde bisher entdeckte. Zwar sind die tasmanischen und neuseeländischen Gasfelder heute weit getrennt; wenn jedoch diese beiden Länder und die Antarktis einstmals als Gondwanaland zusammenhingen, können die beiden Felder und das Gebiet bei der antarktischen Küste, wo die *Glomar Challenger* bohrte, ganz nahe beisammen gelegen haben.
Bereits zu Beginn des Tiefseebohrungsprojektes erkannte man, daß beiderseits des Atlantik Salzstöcke von unten durch den Meeresboden hochgedrückt worden sind. Eine Erhebung, die man fand, war zwar vulkanischen Ursprungs; andere Ergebnisse bestätigen jedoch die Existenz ausgedehnter Salzlager unter dem Meeresboden. Sie dürften entstanden sein, als der Atlantik noch jung und schmal war, und wurden dann durch dicke Schichten anderer Ablagerungen zugedeckt, etwa denen aus den großen Flüssen Afrikas und Amerikas, die viel organisches Material mitführten. Die Erwärmung des Gebietes, die mit der schnelleren Öffnung des Atlantik einsetzte, könnte die Umwandlung des organischen Materials in Öl beschleunigt haben.
Als vor 205 bis 160 Millionen Jahren der Atlantik noch ein kleines Meer war, so meint der Meeresforscher Peter Rona aus Miami, glich der entstehende Ozean dem heutigen Roten Meer. Dort haben sich im Laufe der letzten Jahrmillionen Salzlager mit einer Mächtigkeit bis zu 5 km gebildet. Die atlantischen Salzlager, so glaubt Rona, haben sich gespalten und liegen jetzt an den Küsten zu beiden Seiten des ausgewachsenen Ozeans. Und es gibt Anzeichen dafür, daß sich auch in beiden Gebieten Ölvorkommen befinden. Die früher herrschende Anschauung, daß sich Salzstöcke nur in geringen Meerestiefen finden, ist durch Bohrungen an den tiefsten Stellen des Mittelmeeres und im Golf von Mexiko entkräftet worden. 1973 schrieb Rona im *Scientific American*: „Man hat Grund zu der Annahme, daß sich Erdölansammlungen seewärts unter dem Kontinentalschelf, dem Kontinentalabhang und der Kontinentalerhebung bis zu einer Wassertiefe von 5500 m entlang der östlichen und der westlichen Küste des gesamten Atlantik befinden."
Im Rahmen des „Internationalen Jahrzehnts zur Erforschung des Meeres" hat 1971 ein auf mehrere Jahre angelegtes Vorhaben mit der Erkundung der kontinentalen Randgebiete des östlichen Atlantik begonnen. Dabei nahm die *Atlantis II* in den Jahren 1972/73 95 800 qkm Meeresbodenprofile vor Westafrika auf. Für den größten Teil der Strecke erstellte man auch Schwerkraft- und Magnetismusprofile. Dabei konnte

man drei Regionen tiefer Ablagerungen und Salzstockgebilde ausmachen: erstens von Angola die Küste aufwärts bis Gabun, zweitens vor Nigeria, und drittens vor Marokko. In einigen Fällen wird in der Nähe der Küste bereits Öl aus ähnlichen geologischen Formationen gewonnen. Die Ölsuche im Meer begann hier erst Ende der 60er Jahre, aber heute macht der Ertrag schon 30% der gesamten westafrikanischen Produktion aus. Noch aber ist keiner der Salzstöcke im tiefen Wasser angebohrt worden; dort befinden sich wahrscheinlich reichhaltige Lager.
H. Douglas Klemme schrieb dabei der Bewegung der Erdkruste über „heißen Stellen" und „Plumes", wie sie Jason Morgan entworfen hatte, besondere Bedeutung zu, ebenso den Zonen starken Wärmeflusses an der Landseite von Inselketten. Eine gewisse Wärmemenge, die über eine bestimmte Zeit hinweg einwirken müsse, sei nötig, um die im Sedimentärgestein enthaltenen Eiweißmoleküle und Kohlenwasserstoffe in Erdöl umzubauen. Übermäßige Wärme jedoch führt den Umwandlungsprozeß zu weit, und es entsteht Gas. Bei einer Temperatur von 107° C beginnt nach Klemme die Umwandlung des Öls in Methan und andere Gase. Bei einer Temperatur von über 350° C wird die gesamte Ölmenge in Gas verwandelt. Dies bedeutet, daß es illusorisch ist, in großer Tiefe auf ausgedehnte Ölvorräte zu hoffen. Die Flammen heißen Gesteins, die „plumes of hot rock", die unter den driftenden Kontinenten aufsteigen, haben die Wirkung eines Bunsenbrenners, erklärte Klemme. Und die sedimentären Becken, die über diese Plumes hinweggeführt wurden, glichen vollgeladenen Öltankern. Auf diese Weise wird das Sedimentärgestein gerade lang genug geschmort, um Öl aus Schiefer oder anderem stark organischen Gestein auszuscheiden. Es kann auch Restwasser aus dem Gestein austreiben, so daß dieses porös genug wird, um das Öl wandern und sich sammeln zu lassen.
Brennt die Plume jedoch zu heiß oder zu lange, oder wird die Hitze durch eine zu große Deckschicht gestaut, kann das Öl in Gas verwandelt werden.
Die amerikanische Vereinigung der Erdölgeologen hat für die drei nordamerikanischen Staaten Mexiko, USA und Kanada eine Übersicht der Wärmeflußgradienten erstellt, wie sie etwa in Ölsucheberichten enthalten sind, die normalerweise streng geheimgehalten werden. Diese Karte der Wärmeflußgradienten könnte für die weitere Suche nach Erdöl wichtig werden. Lewis G. Weeks aber warnte davor, daß die Erdölgeologie, ebenso wie andere Wissenschaften, Modeströmungen folgt. „Jetzt ist gerade der Wärmefluß modern", sagte er, und wies darauf hin, daß einige der reichsten Öllager der Erde, etwa in Arabien und im Iran, in Gebieten mit nur mäßigem Wärmefluß liegen. Man kann aber nicht un-

bedingt vom heutigen Zustand auf die Vergangenheit schließen, und es kann auch sein, daß unter günstigen Umständen ein langsames Kochen auf kleiner Flamme die Umwandlung genausogut vollbringt.
Die Entdeckung ausgedehnter Ölfelder beiderseits des Ural und an der landwärtsliegenden Seite der Anden läßt darauf schließen, daß die Randzonen früherer Kontinente genauso wahrscheinliche Öllagerstätten sind wie Ränder der heutigen Kontinente. Da das Rote Meer und der Golf von Aden vermutlich das Frühstadium der Entwicklung eines kontinentalen Randgebietes darstellen, und es damit hier auch zur Bildung von Erdöl kommen konnte, hat eine Reihe von Geologen dieses Gebiet sehr genau unter die Lupe genommen. Es umfaßt auch das Afar-Dreieck, das bis vor kurzem eine der am wenigsten erforschten Zonen der Erde war. Im Rahmen einer solchen Studie untersucht David J.J. Kinsman aus Princeton ein Gebiet an der Nordküste der Republik Somalia am Golf von Aden. Wenn sich der Golf und das Rote Meer zu einem Ozean weiten, wird sich der Mantel unter diesen Küsten mehr und mehr abkühlen und absinken, während er sich vom Zentralkamm entfernt. Dabei sinkt das jetzige Küstenland und bildet den Kontinentalschelf. Die Hügelketten der Küsten des entstehenden Ozeans werden unter dem Meer zum Kontinentalabhang, der vom Schelf bis zum Boden der Tiefsee reicht.
Wenn wir dank der neuen Theorie jetzt besser verstehen, warum man hier Öl und Gas findet und dort nicht, dann gilt dies noch stärker für Erzvorkommen. Bei den Metallausscheidungen aus heißen wäßrigen Lösungen wurde das Metall häufig an Schwefel gebunden. Typisch für solche Sulfidlager sind die Kupfervorkommen auf Zypern. Fred Vine und andere zeigten, daß die Ophiolitenfolge auf Zypern – das Troodos-Massiv, das die Insel teilt – ein Querschnitt durch den Ozeangrund ist, der auf einem mittelozeanischen Kamm entstanden sein dürfte.
Auf Zypern ist schon um 3 000 vor Christus Kupfer abgebaut worden. Im Laufe der Geschichte schlugen sich Ägypter, Assyrer, Phönizier, Griechen, Perser und Römer um den Besitz dieser Insel mit ihren reichen Bodenschätzen. Für die Römer war Zypern die Hauptquelle für Kupfer. Sie nannten das Metall Cyprium, daraus wurde später „cuprum" und, im Deutschen, „Kupfer". Die zyprischen Erzlager, die sich im „Lavakissen" der Ophiolitenfolge befinden, sind auch reich an anderen Metallen. Die Vorkommen bei Mavrovouni betragen schätzungsweise 15 Millionen Tonnen. Sie enthalten 43 % Eisen, 48 % Schwefel, 4 % Kupfer sowie Spuren von Zink, Gold und Silber. Die Erzgruben auf Zypern sind noch immer rentabel; 1970 betrug der Erzexporterlös rund 75 Millionen Mark.

Die Theorie, daß solche Lager durch Aktivität entlang den mittelozeanischen Gebirgen entstehen und dann von den wandernden Schollen fortbewegt werden, ist durch Tiefseebohrungen erhärtet worden. Metallreiche Schichten sind am Fuß der Ablagerungen im Atlantik, im Pazifik und im Indischen Ozean ausgemacht worden. Bei einer Bohrung 650 km südöstlich von New York förderte ein Bohrkern eine schmale Ader reinen Kupfers. Auf dem Kamm des „Neunzig-Ost"-Gebirges im Indischen Ozean drang der Bohrmeißel der *Glomar Challenger* im Basalt unter den Ablagerungen auf Kupfer. Damit war bewiesen, daß die hydrothermische Umsetzung nicht nur in den Sedimenten, sondern auch im Grundgestein stattgefunden hat.
Bei genauerer Betrachtung der Verteilung der verschiedenen Metallvorkommen unter den heißen Stellen des Roten Meeres bleibt jedoch ungewiß, ob sie aus den Ablagerungen ausgesondert und konzentriert wurden oder von unten aus dem heraufdrängenden Mantelgestein stammen und somit den Weltvorrat an zugänglichem Metall tatsächlich vermehrt haben. Diese Frage ist noch umstritten, obgleich verschiedene Forscher Anzeichen dafür gefunden haben, daß das in die Ablagerungen der ostpazifischen Erhebung injizierte Metall von Heißwasserströmen mehrere Kilometer tief aus dem unter dem Sediment liegenden Basalt ausgeschwemmt worden ist.
In jedem Fall befinden sich die meisten bis heute ausgebeuteten Erzlager auf den Kontinenten, und zwar hauptsächlich in Gebirgen, die sich über einer absinkenden ozeanischen Platte aufgetürmt haben. Nicht nur die Gebirge, auch die meisten metallreichen Zonen liegen parallel zu diesen Niederdrückungszonen. Dies trifft zum Beispiel für die Gebirge zu, die sich längs der Westküste beider Amerika von Alaska bis hinunter nach Feuerland erstrecken. Außerdem gibt es Anzeichen dafür, daß sich die Zusammensetzung des Erzes ändert. Ähnlich wie der Kaliumgehalt des Eruptivgesteins nimmt auch der Erzgehalt zumindest in einigen Regionen von der Küste gegen das Landinnere zu, also dort, wo die Lava aus immer tieferen Schichten der ansinkenden Platte herausgequollen ist. In Küstennähe, also in Formationen, die aus der geringsten Tiefe stammen, findet man Eisen. Etwas weiter landeinwärts stößt man auf Kupfer und Gold, wie im Kupfergürtel der Foothills, der Mother Lode in Kalifornien und der Comestock Lode von Nevada. Noch weiter landeinwärts folgen in diesem zugegebenermaßen etwas stark vereinfachten Beispiel Silber, Blei und Zink, wie jene im Hinterland von British Columbia und im nördlichen Idaho. Die gleichen Verhältnisse findet man in den Anden in Südamerika. Richard H. Sillitoe vom geologischen Forschungsinstitut in Santiago de Chile glaubt, daß die Art und Weise,

wie diese Erze aus dem Erdinneren heraufgekommen sind, irgendwie mit dem Vorgang der Kalium-Extraktion zusammenhängt.

Natürlich gibt es auch weitab von jeder Küste Erzlager, die sich schlecht mit irgendwelchen bekannten Schollenbewegungen in Verbindung bringen lassen. Das gilt zum Beispiel für die Felsengebirgszone der Rocky Mountains. Frederick J. Sawkins von der Universität Minnesota hat die These aufgestellt, daß die Erzvorkommen in diesem Gebiet darauf hinweisen, daß die pazifische Platte in einem sehr flachen Winkel abgesunken ist. Das Muster könnte aber auch bedeuten, daß ein Stück der Platte abgebrochen ist und von der westwärts wandernden amerikanischen Platte überlagert wurde, wie die geologische Forschungsgruppe in Denver glaubt. Es fällt auf, daß die reichen Kupferlager des nordamerikanischen Kontinents, die von Butte in Montana über das Grubengebiet von Salt Lake City bis zu den ausgedehnten Vorkommen in Arizona reichen, entlang der kaliumarmen Zone liegen. Nach Ansicht der Geologen aus Denver befinden sich diese Lager über der dünnsten Randschicht des alten Kontinents.

Sawkins glaubt, daß das Absinken einer ozeanischen Platte unter Indonesien und Südostasien für die Zinn- und Wolframvorkommen in dieser Region verantwortlich ist. Dasselbe dürfte für die japanischen Kupfervorkommen zutreffen. Mikroskopisch kleine Wassereinschlüsse im japanischen Erz deuten darauf hin, daß sie durch unterseeische Eruptionen entstanden sind. Erstaunlich ähnliche, aber sehr viel ältere Erze findet man in Kanada, weitab vom Rand irgendeiner heutigen Platte. In Manitoba reicht ein Gürtel von Kupfer- und Nickelsulfiderzen vom Thompson- bis zum Moak-See. Man glaubt, daß eine unter einen alten Inselbogen abgesunkene Platte dafür verantwortlich ist. Andere Vorkommen mitten im Land gibt es am Ural; auch sie kann man auf das Absinken eines früheren Meeresbodens zurückführen. Nahezu alle bekannten Porphyr-Kupfer-Vorkommen befinden sich in drei Niederdrückungszonen: in der Region vom östlichen Mittelmeer bis nach Pakistan, am Gürtel rund um den Pazifik und auf den Antillen.

Laut Sillitoe ist der Prozeß der Erzablagerungen am Rande der Kontinente äußerst langwierig, eine Warnung an jene, die unsere Metallvorräte für unerschöpflich halten. Die Metalle der Kordilleren, die von Chile nach Norden reichen, sind nach seiner Auffassung aus dem Mantelgestein der ostpazifischen Erhebung herausgezogen und durch die Ausdehnung dieses Gebirges langsam westwärts geschoben worden. Als dann der Ozeanboden mitsamt einem Teil der darauf liegenden Ablagerungen unter den Kontinent gedrückt wurde, kam das Metall hier und dort wieder mit der aufsteigenden Lava empor.

Wenn Tausende von Kilometern Ozeanboden auf diese Weise abgesunken sind, deutet dies allein schon auf eine lange Zeitspanne hin, die zu Metallablagerungen notwendig war. Das Zinn in Bolivien wurde im späten Trias, vor 200 Millionen Jahren, bis vielleicht vor wenigen hunderttausend Jahren abgelagert. Die Kupferbildung in Chile reichte vom Jura bis zum Pliozän (170 Millionen bis 5 Millionen Jahre zurück). Diese Versuche, die Metallvorkommen auf der Erde mit der Schollentheorie in Einklang zu bringen, sind recht neu. Sie begannen erst in den siebziger Jahren; und wie Sawkins sagt, „muß eine Übereinstimmung der Meinungen der Wirtschaftsgeologen zur Verteilung der Erze in den Kordilleren erst noch gefunden werden".

Das Verständnis für diese Vorgänge ist für alle jene sehr wichtig, die mit den schwindenden Weltvorräten an Metallen zu tun haben. Wenn man nicht weiß, wie die Erzlager entstanden sind, ist es schwierig, noch verborgene Schätze nur anhand der mageren Spuren an der Erdoberfläche zu suchen.

1973 gab die staatliche geologische Untersuchungsbehörde der USA eine umfangreiche Bestandsaufnahme der Erzvorräte in den USA und der übrigen Welt heraus. Darin heißt es: „Das wirkliche Ausmaß unserer Abhängigkeit von Bodenschätzen gefährdet nicht nur den Wohlstand, sondern die gesamte menschliche Zivilisation überhaupt." Bei gleichbleibendem Verbrauch wären die Kupfervorräte binnen fünfzig Jahren erschöpft.

Der Bedarf an Zink ist so stark gestiegen, daß allein in den Jahren 1950 bis 1970 so viel verbraucht wurde wie zuvor in der ganzen menschlichen Geschichte überhaupt.

Die Metallvorräte Amerikas sind stark dezimiert worden. Die USA müssen heute ein Drittel ihres Eisenbedarfs, 87 % des Aluminiums und nahezu ihren ganzen Bedarf an Chrom und Mangan einführen.

1973 haben die USA 35 % ihres Bedarfs an Erdöl und Erdgas importiert, und seither vermutlich noch mehr.

Nach einem Bericht der EG-Kommission wird der Energiebedarf auf der ganzen Welt bis zum Ende dieses Jahrhunderts um 150 % steigen. Vincent E. McKelvey sagte bei der Vorlage seines Berichtes: „Wenn es nicht gelingt, bis in die ferne Zukunft genügend Rohstoffe nachzuweisen, ist ein grundlegender Wandel unserer Weltanschauung, unserer Ziele und unserer Art zu leben zwangsläufig." Anders ausgedrückt: Wir werden zu einer einfacheren Lebensart auf dem Land zurückkehren müssen, so wie sie unsere Vorfahren vor 100 bis 200 Jahren kannten. Eine Wendung, die manche – in Unkenntnis der damit verbundenen Entbehrungen – vielleicht begrüßen würden. H.E. Goeller vom Nationalen Forschungszentrum der USA in Oak Ridge, Tennessee, hat nachgewiesen, daß das Recycling entscheidend dazu beitragen könnte, eine solche Rückkehr in die Vergangenheit auszuschließen. Außerdem kann man für zahlreiche Zwecke, für die heute Kupfer und andere Metalle verwendet werden, Ersatzstoffe einsetzen. Einige der knapp gewordenen Metalle kommen in relativ großen Mengen auf dem Meeresboden vor. Große Hoffnungen hat man in die Manganknollen gesetzt, die über weite Gebiete des Ozeans verstreut liegen. Das Spezialschiff *Deepsea Miner* versuchte solche Knollen vom Grund des Atlantik hochzusaugen, damit man die wirtschaftliche Ausbeutung dieser Schätze testen kann. 1972 hob das amerikanische Forschungsschiff *Discoverer* aus der Senke in der Mitte des mittelatlantischen Gebirges eine 4,3 cm dicke Steinplatte die zu 40 % aus Mangan bestand. Vermutlich stammt diese Probe aus einer ausgedehnten Ablagerung, die durch Heißwasserzirkulation im Gestein unter dem Bruchtal entstanden ist. Sie liegt ungefähr auf halbem Wege zwischen Florida und der afrikanischen Küste und deutet darauf hin, daß dort gegenwärtig Erzlager entstehen, die denen auf Zypern gleichen, wo sie mit der Insel aus dem Meer gehoben wurden. Aber wie soll man die Vorkommen tief unter dem Meeresgrund erforschen und abbauen? In einem Beitrag im *Scientific American* beschreibt Peter Rona die Manganbaggerung der *Discoverer* und andere Versuche der letzten Zeit:

„Stellen sie sich vor, wie wenig wir über die Bodenschätze unserer Kontinente wüßten, wenn wir uns nur eines Freiballons bedienen könnten, der nur bis zu 10 km Höhe schweben kann. Aus ihm müßten wir dann an einem Kabel einen Eimer zur Erdoberfläche herablassen und damit die frei herumliegenden Steine sammeln. Wie wären unter diesen Umständen unsere Chancen, wesentliche Erzlager zu finden, die meist auf einer relativ kleinen Fläche von weniger als 3 qkm konzentriert sind? Bezogen auf die Gesamtfläche der Ozeane haben wir bis heute nur etwa drei Steinproben pro Million Quadratkilometer Meeresboden heraufgeholt!"

Die Erforschung und Ausbeutung der Mineralien unter und auf dem Meeresboden ist ein kostspieliges und schwieriges Unternehmen. Die technischen Voraussetzungen dafür werden zur Zeit entwickelt, aber sie konzentrieren sich gegenwärtig noch auf die Suche nach Öl und Gas; gebietsmäßig hat man sich bisher auf den Kontinentalschelf beschränkt. Im Golf von Mexiko sind Bohrinseln vor der Küste bereits alltäglich, in der Nordsee im Vormarsch.

In der Antarktis liegen die Erzvorkommen nicht nur unter der gewaltigen Eisschicht, sondern auch entlang der Küste. Als der Verfasser dieses

Buches 1957 zu Fuß über das schneefreie Gelände der Clark-Halbinsel auf dem Wilkesland wanderte, bemerkte er im Gneis eines Gebirgszuges eine Ader schwarzen Gesteins mit metallischem Schimmer. Sie hatte stellenweise grüne Flecken, die vermutlich von Malachit, einem Kupferkarbonat, stammten. Die Untersuchung einiger Gesteinsproben ergab, daß es sich um ein Tephroit mit einem 65 %-Manganoxidgehalt handelte. Dieses Mineral weist in der Regel auf bedeutende Erzvorkommen hin, zum Beispiel auf Zink bei Franklin, New Jersey, auf Blei und Zink in Broken Hill, Australien, und auf Eisen und Mangan bei Langban in Schweden. Wahrscheinlich haben Schollenbewegungen in der Antarktis ebenso wie in anderen Kontinenten reiche Erzlager geschaffen. Aber ebenso wie auf dem Meeresgrund werden der schwierige Zugang durch den Packeisgürtel und die unklaren Souveränitätsverhältnisse den Abbau noch einige Zeit verzögern. Für die Ausbeutung des Meeresbodens hat die Generalversammlung der UNO 1969 eine Resolution verabschiedet, die es „Staaten und natürlichen sowie juristischen Personen verbietet, vor Errichtung einer internationalen Behörde für den Meeresgrund die Schätze des Ozeanbodens außerhalb der Grenzen der Territorialgewässer in irgendeiner Weise auszubeuten".

Für unser aller Wohlergehen weniger wichtig als die Erzlager, für Edelsteinsucher aber von großem Interesse, ist die Anwendung der Schollentheorie für das Auffinden von Diamanten und Edelsteinen. Es ist schon lange bekannt, daß Diamanten in röhrenartigen Strukturen entstehen. Dazu fand man in den letzten Jahren eine Erklärung, die die dramatischsten Vorstellungen der Anhänger der Katastrophentheorie in den Schatten stellt.

Der Diamant, als die härteste natürliche Substanz bekannt, ist als stark verdichtete Form des Kohlenstoffs unter Bedingungen entstanden, wie sie nur tief im Erdinneren herrschen. Kohlenstoffatome, in einer eher offenen Struktur angeordnet, kennen wir als Kohle. Sie können auch in einen engeren Verband, in Graphit, gepreßt werden. Unter ausreichend hohem Druck bilden sie ein engmaschiges Kristallgitter, das wir Diamant nennen.

Der für die Entstehung von Diamanten erforderliche Druck herrscht im Erdinneren erst in einer Tiefe von 145 km. Also nahm man an, daß die Diamanten mit einer Eruption durch vulkanische Röhren aus solchen Tiefen heraufgekommen sind. Eine höchst bemerkenswerte Eigenschaft dieser Ablagerungen ist die Tatsache, daß sie keineswegs dem normalen Eruptivgestein ähneln, sondern aus zahllosen, oft zusammenzementierten Bruchstücken bestehen, die erstaunlich gerundet sind. Einige waren so groß wie Felsblöcke in einem Fluß, andere so klein wie Kiesel am

Strand. Außerdem bestehen sie aus einem Konglomerat verschiedenartigster Minerale, und nicht aus einer homogenen Masse, wie man das von Eruptivgestein aus großer Tiefe erwarten würde. Weil solche Konglomerate ein Kennzeichen der berühmten Diamantröhren in Kimberley in Südafrika sind, wird dieses Gestein Kimberlit genannt. Es ist für die Diamantröhren in vielen Teilen der Welt typisch, so z. B. in Arkansas und in Sibirien.

Mit neuartigen Untersuchungsmethoden fand man Hinweise, wie die Diamanten an die Oberfläche gelangt sind. Man versucht dabei, die Eruptionen mit den Schollenbewegungen in Verbindung zu bringen. Eine Methode bedient sich dabei einer besonderen Form weinroten Granats, reich an Chrom und Magnesium, der in den Diamantenröhren und anderen Kimberlit-Ablagerungen vorhanden ist. Ein automatisches Untersuchungsgerät schießt einen scharf gebündelten Elektronenstrahl auf ein Stückchen Probematerial. Die daraufhin von der Probe ausgesandten Röntgenstrahlen geben Aufschluß über die Zusammensetzung des Materials. Dadurch ist es möglich, die anteiligen Bestandteile des Granats an zwei verschiedenen Formen einer Pyroxen genannten Substanz festzustellen. Das Verhältnis der beiden Substanzen gibt Aufschluß darüber, bei welchem Druck und bei welcher Temperatur dieser Granat entstanden ist. Da diese Faktoren in einem direkten Verhältnis zur Tiefe stehen, kann man abschätzen, wo die verschiedenen Kimberlit-Granate entstanden sind.

In seiner Präsidialrede vor der Geochemischen Gesellschaft berichtete Francis R. Boyd vom Carnegie-Institut in Washington im Jahre 1972, daß einige Granate aus den südafrikanischen Röhren in einer Tiefe von 145 km bei einer Temperatur von 940° C entstanden sind, andere dagegen in einer Tiefe von 200 km bei einer Temperatur von 1360° C kristallisierten.

Als die Natur der Ophioliten offenbar wurde, die einen von oben bis unten reichenden Querschnitt durch die Lithosphäre darstellen, erkannte man auch, daß die Mischung runder Steine in den Röhren Proben aus einem großen Querschnitt der Erdrinde bis zu einer Tiefe von 200 km entspricht – bis hinunter zur relativ weichen Asthenosphäre.

Thomas R. McGetchin und G. Wayne Ullrich vom MIT entwarfen eine ziemlich sensationell anmutende Theorie über die Entstehung der Diamantenröhren und anderer ähnlicher eruptiver Formationen, die man insgesamt Diatreme nennt. Das erodierte Äußere der Bruchstücke ist anscheinend die Folge ihrer gewaltsamen und raschen Reise herauf aus den großen Tiefen der Erde. Die Eruption wird durch eine Ansammlung verschiedener Substanzen, hauptsächlich Wasser und Kohlendioxid, in der äußerst heißen, unter höchstem Druck stehenden Umgebung des oberen Mantels vorangetrieben. Die Gase, zunächst noch in flüssiger Form, beginnen sich einen Weg nach oben durch die Lithosphäre zu bahnen. Zuerst geht es nur langsam. Dann aber, wenn nahe der Erdoberfläche der Druck geringer wird, verdampfen die Gase und treiben die Eruption immer schneller voran, bis sie schließlich mit gewaltigem Donner und Getöse durch die Erdoberfläche bricht.

McGetchin und Ullrich verglichen diesen Vorgang mit dem Gasfluß durch ein Raketentriebwerk, wobei die Rakete mit der Spitze nach unten im Boden steckt und das Gas kalt austritt. Der Kühleffekt, der bei Entspannung von Gasen auftritt, ist bekannt. Bei CO_2-Feuerlöschern zum Beispiel wandelt sich das Gas zu „Trockenschnee". Das gleiche gilt wohl auch für Gaseruptionen. Geologen, die in der Umgebung von Diatremen unveränderte Kohleschichten fanden, wunderten sich, wie Material aus dem rotglühenden Mantel solche Formationen durchstoßen konnte, ohne sie dabei zu rösten.

Wenn ein Diatrem oder eine Diamantenröhre ausbricht, werden anscheinend Bruchstücke, die entlang des ganzen Weges mitgerissen wurden, hoch in den Himmel geschleudert und bilden einen Krater, ähnlich denen, die bei den Hochgeschwindigkeits-Gaseruptionen in Nilahue, Chile, 1956 beobachtet wurden. Aber die gewaltigen Eruptionen aus bis zu 200 km Tiefe sind so selten, daß sie bis heute noch von keinem Menschen beobachtet wurden. Und seit dem letzten Ausbruch ist schon so viel Zeit vergangen, daß der entstandene Krater längst durch Erosion abgetragen wurde. So blieb nur die Mündung der Röhre übrig, die sich mit dem Material verstopfte, das vor dem Versiegen des Gasstroms nicht mehr hinausgeblasen werden konnte. Die Bildung der südafrikanischen Diamanten-Röhren dürfte vor 120 Millionen Jahren stattgefunden haben, die in Utah und Arizona vor 30 Millionen Jahren. Damals bewegten sich die afrikanische bzw. die nordamerikanische Platte sehr schnell.

Die Ansicht, daß Druckwasser die vornehmliche Treibkraft dieser Ereignisse war, ist durch die Untersuchungsergebnisse von Charles F. Melton und A.A. Giardini von der Universität Georgia untermauert worden. Sie zerrieben und untersuchten Diamanten auf darin enthaltene Fremdstoffe. Tatsächlich entdeckten sie „Kristallflaschen", die winzige Mengen an Wasser, Alkohol und anderen Substanzen aus der Region des oberen Erdmantels enthielten, wo die Diamanten entstanden sind. Die Forscher zerrieben die Diamanten im Hochvakuum, so daß alle aus dem Kristall austretenden Gase von einem Massenspektrometer erfaßt werden konnten. Bei einem brasilianischen Diamanten machte der Gasanteil ein Hunderttausendstel der Diamantenmasse aus. Von diesem

Gas waren 85 % Wasser, 0,1 % Äthylalkohol, ferner gab es Spuren von Kohlendioxid und anderen Gasen. Ein Kimberley-Diamant enthielt außerdem noch Butan, ein Kohlenwasserstoff mit drei Kohlenstoff- und sechs Wasserstoffatomen.

Die Entdeckung, daß Wasser das in Diamanten vorherrschende Gas ist, untermauert nicht nur die These, wonach es die treibende Kraft bei den Diamanteneruptionen ist, sie stützt auch die Theorie, daß das Vorhandensein von freiem (also nicht chemisch gebundenem) Wasser in der Asthenosphäre die Schmelzpunkte erniedrigt und diese Region weich genug macht, damit sie als Schmierunterlage für die Schollenbewegung dienen kann.

Die neuen Erkenntnisse über Diamanten, insbesondere die Rolle spezieller Granatarten als Hinweise auf Diamantenröhren, ermöglichten es den Sowjets, den Weg aufzuspüren, den Diamanten in der Eiszeit von einer unbekannten Diamantenquelle in Nordsibirien mit den Gletschern nach Süden nahmen. Indem für die sowjetischen Geologen die Granatstücke die Rolle der Brotkrumen bei Hänsel und Gretel spielten (nur mit größerem Erfolg, denn die Brotkrumen wurden ja von den Vögeln gefressen), konnten sie die Granatspur 300 km weit bis zu einem großen Diamantenvorkommen verfolgen. Vielleicht wird es auf diese Weise einmal möglich sein, verborgene Diamantenröhren nördlich der Großen Seen in Amerika aufzuspüren.

Die Entdeckung, daß Diatreme Gesteinsklumpen enthalten, die sie im Laufe der 200 km langen Reise vom Grunde der Lithosphäre herauf mitgerissen haben, ist für die Geologen von größtem Interesse. Diese Formationen sind, wie McGetchin es ausdrückt, „natürliche Maulwurflöcher". Die Mikroproben-Analyse macht es möglich, bei den Proben die Tiefen zu bestimmen, aus denen sie stammen.

Das neue Verständnis der Erde wird zwangsläufig die Suche nach Rohstoffen entscheidend beeinflussen. Wie Tuzo Wilson es 1967 in seiner Ansprache über die Revolution in der Geologie formulierte, sind „die Erde und ihre wirtschaftlich nutzbaren Schätze Teile eines Erdsystems, in dem alle Teile aufeinander reagieren. Neue Methoden geben uns zum erstenmal die Möglichkeit, das ganze System zu erforschen, das Erdinnere und den Meeresboden ebenso wie die Landflächen. Was für eine erregende Herausforderung! Welch eine Chance für neue große Entdekkungen."

Natürlich ist es richtig, daß auf der Erde die Rohstoffreserven, auch die noch nicht entdeckten, beschränkt sind. Aber vielleicht lernen wir Metalle abzubauen, die im Gestein des Meeresgrundes eingebettet sind. Wir können tiefer graben oder neue Energiequellen wie etwa die Energie der

Kernfusion einsetzen, um auch geringerwertige Erze zu nutzen. Aber auf wirklich lange Sicht, während unsere Zivilisation älter und hoffentlich weiser wird, sollten wir versuchen, unseren Bedarf an neuen Rohstoffen so zu steuern, daß wir mit den Mengen auskommen, die bei dem langsamen Ausdehungsprozeß des Meeresbodens aus dem Mantel herausgezogen und in für uns zugängliche Gebiete eingebettet werden. Dies wäre ein wichtiger Teil der Versöhnung des Menschen mit den Beschränkungen des Planeten, auf dem wir leben.

21 *Und sie bewegt sich doch!*

Am 22. Juni 1633 sank ein älterer Mann im Kloster von Santa Maria Sopra Minerva in Rom mühselig auf die Knie. Vor ihm saßen die Kardinäle des Inquisitionsgerichtes. Durch eine Seitentür, so heißt es, konnte er einen bereitstehenden Folterknecht sehen. Er begann, eine Erklärung zu verlesen, die man ihm übergeben hatte.

„Ich, Galileo, Sohn des verstorbenen Vincenzio Galilei aus Florenz, bin im Alter von siebzig Jahren vor den Gerichtshof Eurer Eminenzen, der höchstwürdigen Kardinäle, der Generalinquisitoren gegen Ketzerei geladen worden . . . und schwöre, daß ich immer geglaubt habe, jetzt glaube, und mit Gottes Hilfe hinfort glauben werde, was von der Heiligen katholischen und apostolischen Kirche gelehrt und gepredigt wird. Weil ich jedoch, nachdem gegen mich ein rechtmäßiges Urteil gefällt worden war, wonach ich die falsche Ansicht, daß die Sonne der Mittelpunkt der Welt sei und stillstehe, die Erde hingegen nicht der Mittelpunkt der Welt sei und sich bewege, ganz und gar aufzugeben hätte, dennoch ein Buch geschrieben und veröffentlicht habe, in dem die verdammte Lehre behandelt wurde und in dem ich sehr wirkungsvolle Gründe zu deren Gunsten anführte, ohne eine Lösung anzubieten, verdächtigt mich dieses heilige Offizium aufs dringendste der Ketzerei."

Es wird berichtet, daß sich Galilei nach dem Widerruf seiner Ansichten hochrappelte und murmelte: „Und sie bewegt sich doch" (Eppur si muove!). Manche glauben allerdings, daß er diese berühmte, wenn auch nicht genau belegte Bemerkung später machte, als er keine Repressalien mehr befürchten mußte. Wie dem auch sei – über Generationen hinweg war Galilei ein tröstendes Beispiel dafür, daß sich wissenschaftliche Wahrheiten nicht lange durch Dogmen unterdrücken lassen.
Die „Inquisition", der Alfred Wegener gegenüberstand, war sanfter. Diejenigen, die seine Auffassungen über die Wanderung der Kontinente in Zweifel zogen, hatten legitime Gründe dafür, Gründe, die erst heute zu den Akten gelegt wurden. Das neue revolutionäre Bild der Erde unterscheidet sich ebensosehr von dem bisherigen, wie das Weltbild des Kopernikus, dem Galilei abschwören mußte, von dem früher gültigen. Die alte Annahme, daß die Erde stillsteht, und die Sterne und die ande-

ren Himmelskörper sich um sie herum bewegen, ist vollkommen natürlich. Wir spüren keine Bewegung und sehen die Gestirne im Osten auf- und im Westen untergehen. Genauso vernünftig ist die Ansicht, daß die Kontinente stillstehen.
Die Entdeckung, daß sich die Erde in steter Wandlung befindet, das Verständnis für Struktur und Gärungsprozesse in ihrem Inneren sind ein Ereignis, wie es nicht oft in der menschlichen Geschichte wiederkehrt. Wir werden mit der nahezu unglaublichen Tatsache konfrontiert, daß zwar unsere Vorfahren aus dem Meer kamen, aber alle heutigen Meere jünger als die frühesten Säugetierarten auf dem Land sind. Die Geographie der Erde befindet sich in ständiger Veränderung. Gemessen an der winzigen Lebensspanne des Menschen sind die Veränderungen bescheiden. In einem Lebensalter wird der Atlantik um die Körperlänge eines Mannes breiter. Würde Kolumbus heute seine große Reise wiederholen, wäre sein Weg um ein Fußballfeld länger. Wenn die alten Griechen aus der Zeit des Sokrates heute über das Mittelmeer nach Alexandrien führen, wäre ihr Weg um die Länge eines Fußballfeldes kürzer. Die Lektion der Drifttheorie, die in ihrer Entstehung scheinbar so absurd war, sollte von künftigen Generationen bei der Forschung nach den Wahrheiten in der Natur nicht vergessen werden.
Mißtraut dem Dogma! Thomas Henry Huxley, der große Verfechter von Darwins radikalen Anschauungen vor mehr als einem Jahrhundert, hat es gut formuliert:

„Der Verbesserer des Wissens um die Natur weigert sich absolut, Autoritäten als solche anzuerkennen. Die Skepsis ist ihm die vornehmste Pflicht; blindes Vertrauen dagegen eine unverzeihliche Sünde. Und anders kann es auch nicht sein, denn jeder große Fortschritt in der Naturwissenschaft setzte die absolute Ablehnung der Autorität, die Hochschätzung der schärfsten Skepsis und die Vernichtung des blinden Vertrauens voraus. Und der eifrigste Verfechter einer Theorie hängt ihr nicht an, weil von ihm hochverehrte Männer sie teilen, sondern weil Zeichen und Wunder für ihre Wahrhaftigkeit bürgen; weil seine Erfahrung ihn lehrt, daß jedesmal, wenn er seine Überzeugung in Verbindung mit ihrem Ursprung, der Natur, bringt, jedesmal, wenn er sie durch Versuch und Beobachtung erproben will, die Natur sie bestätigt. Der Wissenschaftler hat gelernt, an die Rechtfertigung zu glauben, die sich nicht auf Vertrauen, sondern auf Beweise stützt."

So ging es den frühen Verfechtern der Drift, obgleich beachtliche und manchmal scheinbar unwiderlegbare Argumente gegen sie vorgebracht wurden. Heute gehört ihnen das Feld. Die Schlacht ist gewonnen,

wenn auch der Kampf noch nicht vorbei ist. Die Debatte über die Vorgänge in der Tiefe der Erde, die die Drift verursachen, geht weiter. Wir haben die Botschaften auf dem Meeresboden und im Gestein der Kontinente gelesen; mit Sicherheit aber können wir die etwa vorhandenen Hinweise auf die Natur des Vorgangs unterhalb der Lithosphäre in der weichen Asthenosphäre noch nicht entziffern, der die Schollen an manchen Stellen auseinanderdrückt, an anderen wiederum zusammenpreßt. Uns behindert die Tatsache, daß auf dem Meeresboden nur das allerjüngste Kapitel der Erdgeschichte verzeichnet ist und auf den Kontinenten die Spuren alter Auseinandersetzungen zwischen den einzelnen Platten komplex und verwirrend sind. „Die Geologen müssen ein neuartiges Schachspiel spielen“, sagte Patrick Hurley vom MIT, „mit einem kugelförmigen Spielbrett und komplizierten Regeln“. Dieses Spiel dürfte vie- Generationen andauern.
Für die Kraft in der Tiefe, die die Schollen bewegt, hört man immer wieder neue Erklärungen. So ist zum Beispiel die alte Vorstellung wieder aufgegriffen worden, daß die Drehung der Erde eine Rolle spielt. Das heißt, daß die Hauptdrift nach Westen geht, weil die Erde sich nach Osten dreht. Die europäische Atlantikküste scheint zwar vom mittelatlantischen Kamm weg nach Osten zu driften, aber in Wirklichkeit bewegt sich der Kamm nach Westen und läßt hinter sich neuen Meeresboden entstehen. Amerika und der Westatlantik dagegen bewegen sich noch schneller westwärts, so daß sich beide Schollen vom Kamm wegbewegen. Offensichtlich ist es die Schwerkraft von Sonne und Mond, die an der Erde zerrt – genauso wie sie die Gezeiten verursacht.
Leon Knopoff und A. Leeds von der Universität von Kalifornien in Los Angeles halten dagegen eine andere, noch unbekanntere Kraft für die Ursache. Seit Jahren glaubte man, daß die Gezeitenkraft von Sonne und Mond für die stetige, wenn auch winzig kleine Verlangsamung der Erddrehung in östlicher Richtung verantwortlich sei. So wird der Tag in jedem Jahrhundert um den Bruchteil einer Sekunde länger. 1922 schrieb Sir Arthur Eddington, daß diese zerrende Kraft auf die ganze Lithosphäre einwirkt und diese mehr oder weniger stark nach Westen treibt. Weil diese Bewegung aber an verschiedenen Stellen auf unterschiedliche Reibung trifft, verlaufe die Bewegung nicht überall gleichmäßig nach Westen, so daß sich auch die geographische Breite der Punkte auf der Erdoberfläche ändert. Dies wäre eine mögliche Erklärung für die Entstehung der Eiszeiten. Walter Munk und Gordon MacDonald sind in ihrer Arbeit über die Erdrotation zu dem Schluß gekommen, daß die Gezeitenkraft viel zu schwach sei, um die Verlangsamung einer so großen Masse wie der Erde zu bewirken. Es müsse also eine andere Kraft geben.

In ihrer Arbeit von 1972 bezeichneten sie diese unbekannte Kraft als Ursache für die Westwärtsdrift der Schollen. Zur Prüfung ihrer These analysierten sie die Bewegung der zehn wichtigsten Schollen und stellten dabei eine überwiegend nach Westen gerichtete Drift fest. Die untersuchten Schollen umfaßten auch die sechs ursprünglich von Le Pichon ausgemachten; die amerikanische Scholle, die den Westatlantik und den amerikanischen Doppelkontinent umfaßt, die eurasische Scholle mit Eurasien und dem Nordostatlantik, die pazifische und die afrikanische Scholle (letztere mit dem Südostatlantik und dem westlichen Indischen Ozean), die indische Scholle mit dem Rest des Indischen Ozeans und Australien, und schließlich die antarktische Scholle. Die vier zusätzlichen Schollen waren eine eigene chinesische Platte, eine Philippinen-Platte sowie die Cocos- und Nazca-Schollen westlich von Mittel- bzw. Südamerika. Knopoff und Leeds vermuteten, daß die antarktische Platte, die ja ziemlich genau um die Erdachse zentriert ist, auf die Drehkräfte nicht reagieren und stationär bleiben würde. Tatsächlich ist die Antarktis als einzige Scholle ringsum von sich ausdehnenden Gebirgskämmen umgeben. So wird sie zum Aussätzigen unter den Schollen, vor dem alle anderen fliehen. Die Wissenschaftler benutzten die Antarktis als Bezugssystem für die Messung der Bewegungen der anderen Schollen. Mehr als die Hälfte der auf diese Weise festgestellten Gesamtdrift nach Westen geht auf das Konto der riesigen pazifischen Scholle. Nach Veröffentlichung der Arbeit ergänzte Knopoff seine Ausführungen dahin, daß er irgendeine Art konvektiver Strömung im Erdinnern für die wahrscheinlichste treibende Kraft hält, obgleich er weitere Faktoren nicht ausschließt. Andere hingegen zweifeln jede Verbindung zur Erdumdrehung an und weisen auf frühere nördliche oder südliche Driften der Kontinente hin, die keine ursächliche Beziehung zur Drehrichtung haben konnten. Die Stabilität der Erdachse in der Vergangenheit aber ist fraglich.
Eine andere Schule hält dagegen die Plume-Theorie für die wahrscheinlichste Erklärung. Die These besagt, daß etwa 20 „Flammen" heißen, flüssigen Gesteins an strategischen Punkten (so z. B. in Island) in „Plumes" tief aus dem Mantel hervorquellen und so die Schollen auseinanderdrücken. Nach dieser Theorie von Jason Morgan und anderen wird die Wärme aus dem Mantel nur durch die Plumes emporgetragen. Die Wärme, die durch den Meeresboden nach oben strömt, stammt von sich ausbreitendem heißen Gestein. Die Energie, die aus der Tiefe kommt, wird auch in Vulkanen, Erdbeben und in anderen Vorgängen deutlich, die die Erde „am Leben" halten, indem sie neue Gebirge und Hochebenen schaffen, um so die Wirkung der Erosion auszugleichen.

Die Anhänger der „Plume"-Theorie sehen eine erstaunliche Ähnlichkeit zwischen der neuerkannten Dynamik des Erdinneren und den schon bekannten Vorgängen in der Atmosphäre und in den Meeren. Alle drei Teile unserer Welt – die gasförmige Hülle, die Wasserdecke und ihr nicht so festes Inneres – haben gemeinsame Eigenschaften. Die Beweglichkeit der Atmosphäre ist uns wohlbekannt, sehen wir doch alle, wie große Wolkendecken mit den Luftströmungen über uns hinwegtreiben. Eine wichtige Rolle spielt dabei die Konvektion: das Ansteigen feuchter, energiereicher (also warmer) Luft in den Cumuluswolkensystemen der Tropen. Ein großer Teil der Energie, die auf der ganzen Erde das Wetter bestimmt, steigt auf diese Weise nach oben. Für die hypothetischen „Plumes", die „Federn" des Erdmantels, stellt man sich einen in etwa ähnlichen Prozeß vor.

Im Meer sind Oberflächenströmungen wie der Golfstrom seit Jahrhunderten bekannt. Sie werden von den Seefahrern praktisch genutzt. In den letzten Jahren hat man ein noch umfassenderes Bild der Gesamtzirkulation in den Meeren gewonnen, das auch senkrechte Bewegungen, wie die in der norwegischen See, in der Arktis und der Weddellsee in der Antarktis einschließt.

Schließlich nimmt man an, daß es im Erdinneren „Fronten" gibt, die sich mit den bekannten Wetterfronten rund um unseren Erdball vergleichen lassen. Ein Beispiel dafür wäre das Emporschießen der „Plumes", das sich Peter Vogt zufolge in der Reihe V-förmiger Formationen mit dem Mittelpunkt am Reykjanes-Kamm südlich von Island manifestiert. Vogt hat einen ungefähren Zusammenhang gefunden zwischen den hypothetischen Aufwärtsströmungen unter Island und der Folge von Eruptionen, die seiner Theorie zufolge aus der „Plume" stammen, die heute – oft auch als „Röhre" bezeichnet – unter der Hauptinsel von Hawaii liegt. Diese Feder oder „heiße Stelle" schuf nacheinander die Inselkette von Hawaii und davor vielleicht die „Kaiserberge" unter dem Meer, die die Inselkette (wenn auch in anderer Richtung) fortsetzen bis zu der Stelle, wo der Bogen der Aleuteninseln auf den Bogen von Kamtschatka trifft. Die Richtungsänderung der Kaiser-Unterseeberge wäre dann die Folge einer Richtungsänderung in der Wanderung der pazifischen Platte vor etwa 40 Millionen Jahren.

In einem 1972 in *Nature* erschienenen Beitrag stellte Vogt die These auf, daß die Aktivität der Plumes weltweit etwa alle fünfzig oder sechzig Millionen Jahre ein Maximum erreicht, das umwälzende Veränderungen des Lebens sowohl auf dem Land als auch im Wasser nach sich zieht. Eine verstärkte Aktivität aus den Plumes würde intensive und weitverbreitete Vulkanausbrüche bedingen, einmal über den Plumes selbst,

dann durch die sich ergebende stärkere Ausdehnung des Meeresbodens auch an den Kämmen und an den Zonen, wo die Schollen in den Mantel hinuntergedrückt werden. Erneute Gebirgsbildung durch Zusammenstoßen von Schollen und durch ein Aufbeulen über den Plumes würde das Klima auf den Kontinenten verändern. Die Atmosphäre würde durch vulkanische Materie verschmutzt. Durch die Vermehrung der Spurenelemente im Meerwasser könnten zahlreiche Tierarten aussterben, ebenso durch Klimaveränderungen auf dem Land.
Allan Cox, einer der ersten, der die wechselnde Polarität des Erdmagnetismus dokumentierte, vermutete, daß die wechselnde Stärke der Plume-Aktivität den Fluß der Materie im Erdkern ausreichend beeinflussen könnte, um auf die Frequenz dieser Veränderungen einzuwirken.
Vogt zufolge ereignete sich das letzte große Maximum an Plume-Aktivität in der späten Kreide- und frühen Tertiärzeit, also vor siebzig bis fünfzig Millionen Jahren. Wenn der Zyklus stimmt, steht ein weiteres Aktivitätsmaximum bevor. „Zusätzlich zum Schaden, den die Menschen heute der Umwelt zufügen", schrieb er, „könnte – geologisch gesprochen – eine natürliche Krise der Fauna unmittelbar bevorstehen." Trotz der augenblicklichen Beliebtheit der Plume-Theorie weisen Skeptiker darauf hin, daß bis heute keinerlei überzeugende Anhaltspunkte für die Existenz dieser Plumes gefunden wurden, wie sie zum Beispiel für die Ausbreitung des Meeresbodens existieren.
Zur Zu- und Abnahme der Schollen gibt es verschiedene Annahmen. Unter der Voraussetzung, daß sich die Erde insgesamt nicht ausdehnt und die Kontinente allenfalls sehr langsam wachsen, muß die vom Meeresboden bedeckte Gesamtfläche unseres Planeten in etwa gleich bleiben. Für jeden Quadratkilometer Meeresgrund, der entlang den Kämmen neu gebildet wird, verschwindet irgendwo anders ein Quadratkilometer im Graben. Nach den Berechnungen von Kenneth Deffeyes in Princeton werden jedes Jahr 2,6 Quadratkilometer Ozeanplatte neu geschaffen und ebensoviel vernichtet. Er vermutet, daß eine Platte im Laufe ihrer langen und langsamen Wanderung über die „weiche" Asthenosphäre dicker wird, weil die Asthenosphäre abkühlt und die oberste Schicht sich zu einem Teil der Platte wandelt. Auf diese Weise wächst die Platte bis zu einer Dicke von 100 km an, ehe sie wieder in den Mantel hinabtaucht; somit dürften jährlich 260 cbkm Platten entstehen und ebensoviel „vernichtet" werden. Insgesamt sollen die Plumes mehr als zweimal soviel Material emportragen, aber davon kommt nicht alles weit genug hoch, um ein Teil der starren Lithosphäre zu werden.
Wenn weiterhin die Platten oder Schollen, die den Planeten wie ein großes, sphärisches Mosaik bedecken, einerseits entlang den Kämmen

wachsen und andererseits im Graben verschwinden, sollte es doch möglich sein, eine globale Bilanz der Richtungen und Geschwindigkeiten sowie der Zu- und Abgänge aufzustellen. Ein ehrgeiziger Versuch für eine solche Haushaltsrechnung ist von Xavier Le Pichon und seinen Mitarbeitern vom Ozeanologischen Zentrum der Bretagne bei Brest unternommen worden. Sie haben alles in der Welt zur Verfügung stehende Zahlenmaterial über solche Hinweise erfaßt, wie z. B. die magnetischen „Fahrpläne", die dem Meeresboden aufgedrückt sind, die Linien der Erdbebenaktivität und andere von den Geologen auf den Kontinenten gefundene Hinweise. In ihrem Buch *Plattentektonik* werfen Le Pichon, Jean Francheteau und Jean Bonnin auch einen skeptischen Blick auf die Versuche, Gebirgssysteme und andere Gesichtszüge der Kontinente mit Hilfe der Schollentheorie zu erklären. Das zur Verfügung stehende Material sei so dürftig, daß solche Versuche „gewisse träumerische Eigenschaften" bekommen. Diese Zweifel und Kritik erinnern uns daran, daß der Fortschritt in der Wissenschaft, trotz seinem Bekenntnis zur objektiven Rationalität, doch ein sehr menschlicher Prozeß ist. Die Schollentheorie ist so elegant und ordentlich abgerundet, daß sie die wissenschaftliche Gemeinde wie eine Epidemie erfaßt hat. Trotz der starken Beweise für ihre Grundelemente – Schollenbewegung, Wachstum an den Kämmen und Verschwinden in den Gräben – werden die spezielleren Anwendungen, wie sie in den vorhergehenden Kapiteln beschrieben wurden, sicherlich noch einige Änderungen erfahren. Es lohnt sich, die mahnenden Worte von W. Beloussow, dem sowjetischen Geologen, zu zitieren, die er 1968 in seinem Disput mit Tuzo Wildon aussprach: Er erinnerte daran, wie die Wissenschaftler der Erdschrumpfungstheorie zur Erklärung der Gebirgsbildung zugestimmt hatten; dennoch seien die Fundamente dieser Theorie zusammengebrochen.
1973 waren die Beweise zugunsten der Plattentektonik so stark angewachsen, daß nur noch eine Handvoll Erdforscher dagegen war, darunter Arthur Meyerhoff von der amerikanischen Vereinigung der Erdölgeologen. Meyerhoff führte eine Reihe von Beobachtungen an, die sich nicht mit der Theorie in Einklang bringen lassen. Schon Sir Edward Bullard sagte, daß es „Erscheinungen wie Eiszeiten oder Gewitterstürme gibt, die sich unwiderlegbar beweisen lassen, für deren Entstehung es jedoch keine Theorie gibt, die sich nicht anfechten ließe". Selbst Beloussow, der alte Kämpfer gegen die Theorie, ließ sich 1972 als Vorsitzender des siebenköpfigen Büros des „Upper Mantle Projekt" (UMP) dazu überreden, eine Schlußerklärung des multinationalen Programms zu unterschreiben, in der die Schollentheorie als Revolution in der Erdforschung begrüßt wird.

Das UMP hat 1964 auf drei Gebieten koordinierte Untersuchungen durchgeführt: 1. Kontinentränder und Inselbögen, 2. das Weltsystem der Brüche und 3. Laborstudien des Verhaltens von Gestein, das für den Bereich des oberen Mantels typisch sein soll. Auf Vorschlag von Tuzo Wilson wurde ein weiteres Ziel gesteckt: „man solle beweisen, ob die Kontinente driften oder nicht".
Die Schlußerklärung wurde von Leon Knopoff, dem Generalsekretär des UMP so redigiert, daß auch Beloussows verbleibenden Zweifeln Rechnung getragen wurde. Ebenso hielt man seine und seiner sowjetischen Kollegen Überzeugung fest, daß die von der *Glomar Challenger* geförderten Proben der „zweiten Schicht" unter dem Meeresboden diese Frage beantworten würden. Der Bohrer des Schiffes war wiederholt bis in die Basalt- und Kissenlava-Schichten unter dem Sediment vorgedrungen. Die meisten Forscher betrachteten dies im wesentlichen als die „zweite Schicht", den ursprünglichen Meeresboden also. Vor allem unter den Sowjets gab es jedoch Leute, die meinten, dies sei nur eine dünne Schicht, die eine weitere, tiefreichende Folge abwechselnder Lava- und Sedimentschichten abdecke. Die Schlußerklärung, die in mancher Hinsicht gewandt zusammenfaßt, was sich bis 1972 ereignet hatte, führte unter anderem aus:

„In den Zeitabschnitt des UMP fiel tatsächlich eine außerordentliche Entwicklung der Erdforschung, die weithin als ‚Revolution' angesehen wird: die Entstehung einer übergreifenden, umfassenden Theorie der Plattentektonik. Man sollte betonen, daß das bis heute gefundene Material gegenwärtig zugunsten der Plattentektonik spricht; die endgültige Antwort wird jedoch dann kommen, wenn direktes Material über die Struktur der Ozeankruste – zumindest der zweiten Schicht – als Ergebnis von Bohrungen vorliegt . . . Die Grundzüge des Konzeptes der Ausdehnung des Meeresbodens und der Plattentektonik werden heute von den meisten Forschern anerkannt. Dieses umfassende Modell ist gewiß eines der fundamentalsten und wichtigsten Konzepte in der Geschichte geologischer Untersuchungen und geht weit über die begründeten Erwartungen der Planer des UMP hinaus. Als Nebenprodukt wird auch noch die Frage nach der Drift der Kontinente beantwortet . . . Der Geist der Zusammenarbeit und des gegenseitigen Verständnisses unter den Geoforschern vieler Länder ist stark angewachsen. In den letzten Jahren begann sich ein bemerkenswerter Grad von interdisziplinärem Erfahrungsaustausch zu entwickeln. So sind wir von Seismologen, Erdölforschern oder anderen Spezialisten der unterschiedlichsten Disziplinen zu Erdforschern geworden. Vor hundert Jahren war die

Geologie – unter dem Eindruck der Evolutionstheorie, der Erklärung der Prinzipien der Stratigraphie (Schichtenbeschreibung) und ausgedehnter Forschungsarbeit – wohl die erregendste aller Wissenschaften. Im Laufe der Jahre ist die Aktivität der Geologen von den Fortschritten in der Chemie, der Physik, der Biologie und der Astronomie überschattet worden. Die neuesten Entdeckungen zur Natur unserer eigenen Erde aber haben die Erdwissenschaftler wieder in die vorderste Front geschoben . . ."

Von großer Wichtigkeit, so hieß es in der Erklärung, sei die Entdekkung, daß der Mantel keineswegs einheitlich aufgebaut ist, sondern daß dort vielmehr „dynamische Instabilitäten" herrschen.

„Wir haben heute die allgemeine Vorstellung, daß das Geschehen auf der Erdoberfläche in einem viel stärkeren Maße als früher angenommen von den Vorgängen im Mantel bestimmt wird. So deutet das bis heute vorliegende Material auf das geringe Alter des Meeresbodens hin. Die Verbindung zwischen der Plattentektonik und der Entstehung der Kontinente ist dagegen weniger klar: geologische Vorgänge, die das Plattentektonik-Schema nicht vorsieht, laufen auf den Kontinenten ab. Die Frage der Wechselbeziehungen zwischen Ozeanen und Kontinenten bleibt das wichtigste Gebiet zukünftiger Forschung."

Tatsächlich ist dies nur eine von vielen Fragen, die für jene offenbleiben, die die Schollentheorie „vor Ort" anwenden wollen. Charles L. Drake, Ordinarius für Geologie am Dartmouth College, der selbst maßgeblichen Anteil an der Entwicklung der Theorie hatte, sagte: „Es ist eines der Probleme einer erfolgreichen Revolution, daß die Revolutionäre regieren müssen, nachdem sie die Oberhand gewonnen haben. Allzuoft geht nach dem Siegestaumel dann der Hauptschwung in der Masse von Einzelheiten und Widersprüchen verloren, die die Wiederherstellung von Ordnung begleiten. Dies trifft auf wissenschaftliche und technische Revolutionen ebenso wie auf politische zu. Die Einfachheit eines neuen Konzeptes schwindet, wenn neue Tatsachen oder Gedanken ans Licht kommen, Änderungen vorgenommen werden und alles schließlich in einem Meer von Komplikationen untergeht.
Damit dieses Schicksal der Schollentheorie nicht widerfährt, hat Drake die Führung eines internationalen Forschungsprojektes übernommen, das die treibenden Kräfte ergründen und einige der Zweifel, Widersprüche und Komplikationen auflösen will, um die Theorie universell anwenden zu können. Das geodynamische Projekt wurde 1967–70 vom Internationalen Rat Wissenschaftlicher Vereinigungen als direkter

Nachfolger des Internationalen Geophysikalischen Jahres 1957/58 und dem darauffolgenden UMP organisiert. Die Haupt-Beobachtungs- und Forschungszeit fällt in die Jahre 1974 bis 1979. Drake wurde zum Präsidenten der Koordinierungs-Kommission und zum Vorsitzenden des amerikanischen Programms ernannt.

Das Projekt, an dem bis 1974 50 Nationen teilnahmen, ist laut seiner eigenen Definition „ein internationales Programm zur Erforschung der Erddynamik und deren Geschichte mit besonderer Betonung der tiefsitzenden Ursprünge geologischer Phänomene. Es umfaßt Untersuchungen der früheren und heutigen Bewegungen und Verformungen der Lithosphäre sowie aller relevanten Eigenschaften des Erdinneren unter besonderer Berücksichtigung der Bewegungen in der Tiefe."

Das Organisationskomitee für das amerikanische Programm wies in einer Zielerklärung von 1971 und einer weitergehenden von 1973 darauf hin, daß die Pioniere der Schollentheorie glaubten, man könne die Aktivität tief im Inneren der Erde ganz einfach von den Beweisen an der Erdoberfläche ablesen. „Man hielt die Bruchlinien, Gräben und Erhebungshügel an der Oberfläche für relativ unverzerrte Spiegelbilder der Vorgänge in der Tiefe. Diese vereinfachte Anschauung ist nicht mehr haltbar."

Die Erklärung führte Beispiele an, die sich nicht ohne weiteres mit der Theorie erklären lassen. Wieso z. B. ereignen sich größere Erdbeben wie jenes, das 1811 Neumadrid in Missouri heimsuchte, mitten auf der amerikanischen Platte? Wie kann die Plattentheorie die Vulkantätigkeit erklären, die zur Entstehung der San Juan-Berge in Colorado führte? Warum gibt es an manchen Stellen im Pazifik regelrechte Schwärme von Seebergen anstelle der langgezogenen, von Südost nach Nordwest reichenden Inselreihen die man erwarten müßte, wenn die Scholle über eine heiße Stelle gedriftet wäre? Warum sind unterseeische Gebirgszüge entstanden, so etwa die Bermuda-Erhebung, die scheinbar keine Beziehung zu Plattenrändern haben und keine Erdbebenaktivität oder Spuren von Plume-Aktivität aufweisen? Wenn die Alpen über einer untergehenden Ozeanplatte entstanden sind, warum gibt es dann dort kein Andesitgestein wie in den Anden und weiteren auf diese Weise entstandenen Gebirgen?

Die neuen Beweise für horizontale Bewegungen haben die Aufmerksamkeit von der Tatsache weggelenkt, daß es auch starke vertikale Bewegungen gegeben hat. Viele haben ein solches Ausmaß, „daß zu ihrer Entstehung großvolumige seitliche Massenverlagerungen in oder unterhalb der Lithosphäre erforderlich wären". Von diesen Bewegungen sind nicht nur kontinentale Gebiete wie die Hochebenen von Tibet und Colorado be-

troffen; es gibt auch Beweise für abwechselnde starke Erhebungen und Absenkungen der mittelozeanischen Gebirge. Außerdem sind in den letzten 100 bis 200 Millionen Jahren der Ostrand Nordamerikas sowie die Golfküste und Teile des Landesinneren in einer Weise abgesunken, die manche für typisch für den Rand eines sich ausdehnenden Ozeans wie des Atlantik halten. Dieses Absinken hat zur Anlage großer Sedimentschichten geführt, die an mehreren Stellen zu Öl- und Gaslagern geworden sind. Ein Teil der senkrechten Bewegungen der Kontinente ist eindeutig auf die starke Entlastung der Landmasse nach der letzten Eiszeit zurückzuführen. Das Nordufer des Michigansees stieg im Laufe des vergangenen Jahrhunderts gegenüber dem Südufer um 0,5 m. Daraus kann man errechnen, daß vielleicht eines Tages die großen Seen statt in den St. Lorenz in den Mississippi abfließen. Aufschluß über die veränderte Neigung der Landschaft könnten die Uferlinien früherer Seen geben. In manchen Regionen, so z. B. in der Becken- und Ebenen-Provinz, wo die eiszeitlichen Seen zum großen Teil vertrocknet sind, werden solche fossilen Uferlinien sichtbar und können als Wasserwaagen dienen, die Aufschluß über die Änderungen der Neigung geben.
Ein weiteres Gebiet der Unsicherheit ist die Rolle, die Lageänderungen der Erdachse in bezug auf die geographischen Gesichtszüge der Oberfläche gespielt haben. Um zwischen Veränderungen aufgrund der Plattenbewegungen einerseits und solchen, die durch Lageänderungen der Drehachse bedingt sind, unterscheiden zu können, muß man so weit zurück wie nur möglich eine lückenlose Aufstellung sowohl der Lage der Kontinente in Bezug zueinander wie zu den Magnetpolen aufstellen. Dies sollte möglich sein, wenn genügend Kontinentgestein, Lavaergüsse und ozeanische Bohrkerne gesammelt und auf ihre alte magnetische Ausrichtung hin untersucht worden sind.
Mit neuzeitlichen Untersuchungsmethoden ist es möglich, frühere Lagen des Magnetpols auf fünf Grad genau zu bestimmen, sofern Gesteinsproben mit eingefrorenen Magnetkompaßnadeln von hinreichender Zweifelsfreiheit gefunden werden.
Wo diese Untersuchungen für einen bestimmten Zeitabschnitt in der Vergangenheit keine Veränderung in der Lage der Kontinente zueinander, wohl aber ein Driften des Pols ergeben, kann man dies auf die Polwanderung zurückführen. Bis heute jedoch ist das vorliegende Material zu lückenhaft, um eine überzeugende Darstellung des Ausmaßes einer solchen Verlagerung zu liefern.
Ein Punkt besonderen Interesses bringt die Untersuchung, ob zu irgendeiner Zeit der Erdgeschichte Kontinentalmassen an beiden Polen lagen. Manche glauben, daß dies eine Abkühlung des ganzen Erdklimas und

alsdann eine Vergletscherung des gesamten Planeten zur Folge gehabt hätte. Um die Bewegung der Schollen im Laufe der letzten 200 Millionen Jahre genau nachzuzeichnen, ist es erforderlich, die großen Lücken in der Kartographie der magnetischen „Fußspuren" auf dem Meeresboden zu schließen. Für die ältere Erdgeschichte ist man auf die im Gestein der Kontinente eingefrorenen „Kompaßnadeln" angewiesen. Wenn dann die Wanderungen einer Landmasse von den kalten zu den warmen Breitengraden und umgekehrt bekannt sind, kann man daraus neue Aufschlüsse für die Entwicklung des Lebens in jenen Gebieten ziehen.

Eine besonders lohnende Aufgabe wird es sein, aus den früheren Richtungen des Erdmagnetfeldes, die im Gestein erhalten sind, herauszulesen, ob eine Drift und wenn ja welche sich vor der Bildung Pangaeas ereignet hat – also im Vorkambrium vor mehr als 600 Millionen Jahren. In der Vorschau des Geodynamischen Komitees heißt es dazu:

„Wir wissen, daß die Erde im Vorkambrium ein Magnetfeld hatte, daß dieses Feld wechselte und die Pole wanderten. Um Art, Bewegung und Lage der präkambrischen Platten bestimmen zu können, sind zusätzliche Untersuchungen erforderlich. Wenn die dynamischen Prozesse im Laufe der ganzen Erdgeschichte so lebhaft gewesen sind wie in den vergangenen siebzig Millionen Jahren, dann ist die Aufgabe, paläomagnetisch das vorkambrische Puzzlespiel zusammenzusetzen, ungeheuer; wegen der Wichtigkeit der Informationen über frühere Stadien der geodynamischen Prozesse aber ist es lohnend, sie zu verfolgen."

Die Schrift weist weiter darauf hin, daß trotz der Erfolge von Bullard und Elsasser, eine brauchbare Erklärung für das Erdmagnetfeld zu liefern, dessen eigentlicher Ursprung eine der am wenigsten verstandenen erdbezogenen Erscheinungen ist. „Wir sind relativ sicher, daß das Erdmagnetfeld durch magnetohydrodynamische Prozesse in der flüssigen äußeren Kernschicht der Erde erzeugt wird. Nach 15 Jahren Forschung auf diesem Gebiet aber konnte lediglich bewiesen werden, daß das hydrodynamische Modell brauchbar ist." Wie wird zum Beispiel das Feld neu aufgebaut? Wird es hauptsächlich durch Konvektion oder aber durch die Drehbewegung erzeugt? Warum schwankt seine Intensität im Laufe der Jahre um 50 % des Durchschnittswertes nach oben und unten? Was verursacht die Polaritätswechsel? Warum sind sie unregelmäßig? Man vermutet, daß Änderungen in der Wechselfrequenz Veränderungen in der Grenzzone zwischen Kern und Mantel wiedergeben. Wenn die Plumes wirklich so tief unten entspringen, könnte man die Veränderungen des Magnetfeldes zu den Veränderungen in der Plume-Tätigkeit in Beziehung setzen. Lernen wir so den Erdmagnetismus besser verstehen, können wir einen tieferen Einblick in das eigentliche Herz unseres Planeten erhalten.

Das Hauptziel des geodynamischen Projektes ist, die Natur der Kräfte zu erkennen, die die Platten der Lithosphäre hin- und hertreiben. Außer den wenigen, die davon überzeugt sind, daß Kräfte im Spiel sind, die irgendwie mit der Erddrehung zu tun haben, gibt es eine Mehrheit, die an irgendeine Art der Konvektion glaubt, also an die Aufwärtsströmung heißer Materie im Mantel. „Am offensichtlichsten ist die Tatsache, daß die Lithosphäre anscheinend die oberste Schicht eines Konvektionssystems ist, das an der Oberfläche durch die Schollenbewegungen gekennzeichnet ist, dessen Bewegungen in der Tiefe wir jedoch noch nicht kennen. Die Erzeugung neuen Meeresbodenmaterials längs der ozeanischen Gebirge und deren Absorption in den Gräben ist wohl nur ein kleiner Teil dieses ganzen Flusses." Die Strömung könnte an der Unterseite des Mantels entspringen, wie es die Plume-Theorie vorsieht, oder aber nur wenige hundert Kilometer tief.

Neuerdings zur Verfügung stehende Meß- und Beobachtungsmethoden sind unsere beste Hoffnung, eine Antwort auf diese Grundfrage zu finden. Die Wissensexplosion, die gegenwärtig in der Naturwissenschaft stattfindet und die vom Meeresgrund bis zu den entferntesten Sternsystemen und in die innersten Bereiche des Atoms reicht, ist genauso auf neue Beobachtungstechniken wie auf den Erfindergeist der Theoretiker zurückzuführen.

Versuche mit einem neuen, zweifarbigen Laser ergaben, daß man Entfernungen bis zu 20 km mit einer Genauigkeit von wenigen Millimetern messen kann. Das Lasergerät hingegen, mit dem vor kurzem die Dehnung der Insel Island nach dem Ausbruch des Vulkans Hekla gemessen wurde, arbeitete nur mit einer einzigen Wellenlänge, so daß ein gewisser Unsicherheitsfaktor in Kauf genommen werden muß. Er beruht auf unbekannten Lichtleitungseigenschaften der Luft zwischen dem Sender und dem Reflektor. Benutzt man zwei verschiedene Lichtfarben – also unterschiedliche Wellenlängen –, die auf die Eigenschaften des leitenden Mediums unterschiedlich reagieren, so ist es möglich, diesen Fehler zu kompensieren. Mißt man mit einem solchen Gerät die alljährlichen Verwerfungen der Landschaft in der Becken- und Ebenen-Provinz in den USA und bezieht noch Messungen der wechselnden mechanischen Spannung des Gesteins an der Oberfläche sowie ausgedehnte seismische Untersuchungen in die Betrachtung ein, sollte es möglich sein, eine Erklärung dafür zu finden, wieso sich die restliche Zugbewegung, die die

pazifische Scholle an der kalifornischen Küste verursacht und die sich nicht an der San Andreas-Bruchkante zeigt, in Landverwerfungen und Bergerhebungen weiter im Osten auswirkt.
Weit größere Entfernungen kann man mit Systemen messen, die Laserreflektoren auf Erdsatelliten als Bezugspunkte anwenden. Auf diese Weise überwindet man die Grenzen, die durch die Erdkrümmung gesetzt werden. Das astrophysikalische Observatorium der Smithsonian Institution in Cambridge, Massachusetts, hat sein in den 50er Jahren entwickeltes „Satellitenverfolgungsprogramm" des internationalen geophysikalischen Jahres in ein „Erddynamikprogramm" umgewandelt. Dabei wurden eine Reihe neuer Instrumente eingesetzt, um die Form und Ausdehnung der Erdoberfläche zu vermessen. Mit der Basisinterferometrie auf sehr langer Basis zum Beispiel kann man mit Hilfe von Radioteleskopen, die auf die gleiche Signalquelle eingestellt sind, sehr genau die Entfernungen zwischen Kontinenten messen. Man vermutet, daß Buckel in der Erdform auf aufsteigende Plumes hinweisen. Wenn die Bewegungen der Kontinente gegeneinander direkt nachgewiesen werden können – zum Beispiel durch Laser, die auf die von den Astronauten auf der Mondoberfläche zurückgelassenen Reflektoren gerichtet werden –, dann sollte man damit die Drift direkt feststellen können. Man glaubt mit diesen Methoden im Laufe eines Jahrzehnts Plattenbewegungen in der Größenordnung von einem Zentimeter pro Jahr aufzeichnen zu können, ebenso wie Polschwankungen von einem Zentimeter pro Tag.
Es ist zwar wahrscheinlich, daß die Kräfte, die die Schollen fortbewegen, auch die Form der Erde verwinden, doch scheint es gegenwärtig zu kostspielig, solche Verwindungen weltweit aufzuzeichnen. Sie können aber vielleicht schon auf einem Kontinent bewiesen werden. Die Messung solcher Deformationen aber kann das wichtigste Indiz zur Erforschung der Natur der die Schollen treibenden Kräfte sein.
Ein weiteres neues Instrument im Werkzeugkasten der Erdforscher ist ein System, mit dem man Kontinentalplatten auf ähnliche Weise ausloten kann, wie das Untergrund-Echolot der Ozeanographen in die Schichten unter dem Meeresboden eindringt. Das System ist bereits bei der Erdölsuche eingesetzt worden. Durch Vergrößerung der Geräte hofft man, bis in die Tiefe des Moho und womöglich durch die gesamte Lithosphäre vorzudringen. Die Methode bedient sich mehrerer schwerer Fahrzeuge, die mit Hilfe von hydraulischen Pressen auf Stützen gehoben werden. Damit soll ein fester Kontakt mit dem Boden gewährleistet werden. Man stellt sie einige zehn Meter voneinander entfernt auf, dann werden sie elektrisch synchronisiert in Schwingungen versetzt. Die Fahr-

zeuge sind so angeordnet, daß die kombinierten Schwingungen eine Reihe von Wellen in den Boden schicken, ähnlich den Strahlen einer Richtantenne, die in einer bestimmten Richtung gebündelt werden.
Für eine Wellenfolge, deren Echo aus den tiefen Schichten ohne weiteres von natürlichen „Geräuschen“ unterschieden werden kann, durchläuft jede Vibrationsserie eine Reihe von Frequenzen. Wenn man mit diesem System in das Moho eindringen kann, müßte es auch möglich sein, mit einem Konvoi solcher Fahrzeuge, die gemeinsam klopfen, ein transkontinentales Profil der Krustenschichten zu erstellen. Dabei muß man so tief vorstoßen, daß man den Grund der Lithosphäre kartographieren und bis in die Asthenosphäre vordringen kann. Es scheint, daß die Schollen von den fließenden Massen der Asthenosphäre getragen werden. Deshalb ist die Grenzschicht zwischen Lithosphäre und Asthenosphäre, also die Unterseite der Schollen, zu einem der ersten Forschungsgebiete der Erdwissenschaften geworden.
Ein Test zur Erklärung der Schollenbewegung ist die Bestimmung der Dicke der Asthenosphäre. Wenn sie, wie behauptet wird, dünn ist, dann müßte hier Konvektion im Spiele sein, die Wärme aus den Tiefen des Mantels heraufbringt (wie in der Plume-Theorie), denn sonst könnte man die Wärmemenge, die durch die ozeanische Kruste nach oben fließt, nur schwer erklären. Blicke in die Asthenosphäre sind dank großer, miteinander verbundener Seismometer-Netze möglich geworden, die ständig die gewonnenen Daten in einen zentralen Computer einspeisen. LASA (Large Aperture Seismic Array – seismische Anordnung mit großer Öffnung), eines der ersten und größten dieser Verbundsysteme, wurde in Montana errichtet. 50 Seismometer und insgesamt 525 Instrumente sprechen auf Wellen unterschiedlicher Wellenlänge an, die sich in verschiedenen Richtungen ausbreiten. Das NORSAR-System in Norwegen besteht aus 22 Untersystemen. Ebenso wie LASA wurde es vom amerikanischen Verteidigungsministerium eingerichtet, um unterirdische Atomversuche aufzuspüren. Es eignet sich aber auch zur Feststellung tief in der Erde verborgener Eigenschaften.
LASA und NORSAR ermöglichen eine Feinanalyse von Erderschütterungen, die durch das Herz des Planeten gelaufen sind. Die Untersuchungen haben ergeben, daß es sogar in der Tiefe der Grenzzone zwischen flüssigem Außenkern und dem Mantel Strukturen gibt, die örtlich die Bebenwellen mit unterschiedlicher Geschwindigkeit weiterleiten. Im Idealfall sollte es möglich sein, die hypothetischen Plume-Ströme zu „sehen“, die beispielsweise unter Island und Hawaii aufsteigen. Die Schwierigkeit besteht bis heute darin, daß solche intensiven Tiefenuntersuchungen auf Regionen beschränkt bleiben müssen, wo man die Erd-

stöße, die durch diese Tiefen laufen, auch beobachten kann. Das hängt einmal von der Lage der Beobachtungsnetze, zum anderen vom Ursprung der Beben ab. Auf Grund der bisherigen Beobachtungen läßt sich sagen, daß die Asthenosphäre keineswegs eine homogene, schlammige „See“ ist, auf der die Schollen schwimmen, sondern vielmehr einen komplexen Aufbau hat. Manche glauben gar, daß sich dort noch Bruchstücke alter, längst untergegangener Schollen befinden.
Die Gruppe der Geologen in Denver vermutet, daß zwei solcher Bruchstücke unter dem Westen der USA liegen und dort die Erhebung der Rockies sowie die Aktivität im Becken- und Ebenen-Gebiet verursachen. Durch intensive seismische Beobachtungen der geschilderten Art könnte man prüfen, ob diese Theorie wahrscheinlicher ist als die These, daß heute unter dem Becken- und Ebenen-Gebiet eine „heiße Stelle“ liegt, die von der Westdrift des Kontinents überlagert wurde. Wenn eine Platte jedoch einmal in der Asthenosphäre versunken ist, also eine Tiefe von mehr als 700 km erreicht hat, erzeugt sie keine Beben mehr, mit denen sich ihre Spur verfolgen ließe. Bedeutet dies, daß sie zersplittert ist und sich aufgelöst hat? Oder bleiben zumindest Teile davon zurück, so daß die Asthenosphäre voller „Grabsteine“ früherer Platten ist? Unter Spanien, den Fidschi-Inseln und den Neuen Hebriden liegen tiefe Erdbebenzonen, die sich mit keiner der bekannten Schollenbewegungen erklären lassen. Es könnte sein, daß sie die Auswirkungen von Schollenbruchstücken sind, die sich noch nicht ganz aufgelöst haben.
Wissenschaftler aus Nord- und Südamerika wollen ihre besondere Aufmerksamkeit einer Scholle schenken, die sich zum Studium besonders gut eignet: der Nazca-Platte, die am ostpazifischen Kamm entsteht, ostwärts wandert und unter Südamerika wieder verschwindet. Sie bewegt sich ungewöhnlich schnell, und die Erzlager der Anden scheinen ebenso darauf zurückzuführen zu sein wie die schrecklichen Erdbeben in Chile. Die „Lebensgeschichte“ dieser Platte soll so genau wie möglich aufgezeichnet werden, wobei man sich nicht nur auf Untersuchungen an den Rändern beschränkt, sondern mit Hilfe des Bohrgerätes der *Glomar Challenger* auch die Mittelregion untersuchen will. Auf diese Weise könnte man, wenigstens andeutungsweise, die Spur der Metallablagerungen verfolgen, die am Ursprung der Platte entstehen, ostwärts wandern und schließlich auf dem Land im Gebirge deponiert werden. Wegen des schnellen Wachstums am ostpazifischen Kamm ist der Meeresboden hier weniger gebirgig als etwa im Nordatlantik mit seinem langsamer wachsenden Kamm; darum sollte hier die Ordnung der Ablagerungen besser erhalten sein. Mit speziellen Echolotreflektoren, die im Aleutengraben auf dem Meeresboden verankert werden, will man das

Versinken einer Scholle in einem Tiefseegraben direkt beobachten und die Wirkungen dieser Bewegung studieren. Ein Präzisionstiefenmesser zeichnet dabei die senkrechten Bewegungen dieser Reflektoren auf.
Ein weiterer Schwerpunkt intensiver Forschung liegt in der Arktis, wo die nordamerikanische auf die eurasische Scholle stößt, wobei deren Wechselwirkungen aufeinander noch weitgehend unbekannt sind. Interessant ist auch die Karibik. Ihre Stellung macht diese Gegend zum „schlimmsten Außenseiter in der Bullardschen Rekonstruktion", wie es im Geodynamik-Vorbericht heißt. Die Geschichte der Karibik ist noch unerforscht; ihr Studium könnte Aufschluß geben über andere Meere, die auf der Innenseite von Inselbögen liegen – vornehmlich das Japanische Meer, dessen Wärmefluß und andere Eigenschaften recht verwirrend erscheinen.
Weitere Schwerpunkte des Geodynamik-Projektes sind Laborstudien, mit denen man die Vorgänge tief unter der Erdkruste besser deuten will. Zu Beginn der Forschungsarbeiten besaßen zwar mehrere Institute Pressen, mit denen man zum Beispiel Temperatur- und Druckverhältnisse herstellen kann, die Diamanten produzieren; kaum eines verfügte jedoch über eine Druckkammer von ausreichender Größe, um wirklichkeitsnahe Experimente für Vorgänge tief in der Erde durchzuführen. Man benötigte also neue Geräte, um etwa die Frage zu beantworten, welche Rolle Spuren von Wasser bei der Umwandlung von Silikaten in der Erde spielen. Es zeigt sich, daß die Umsetzung des Kohlenstoffs von der Graphit- in die Diamantenform durch bestimmte Katalysatoren stark beschleunigt wurde. Solche phasenartigen Wandlungen, die unter bestimmten Temperatur- und Druckverhältnissen ablaufen, könnten für das Verhalten des Mantels von ausschlaggebender Bedeutung sein. Sie verändern das spezifische Gewicht und damit den Auftrieb des Mantelmaterials. Außerdem kann durch eine Phasenverwandlung Energie frei oder aber absorbiert werden, auch können sich die mechanischen Eigenschaften des Gesteins ändern. Aufgrund der Erfahrungen bei der Diamantensynthese darf angenommen werden, daß im Innern der Erde Phasenübergänge stattfinden, die für die geodynamischen Theorien von Bedeutung sind, im Labor dagegen so langsam ablaufen, daß man sie nicht beobachten kann.
Es ist möglich, daß Daten, die für die Fragen der Schollenbewegungen von direkter Bedeutung sind, bereits gesammelt und archiviert vorliegen, etwa auf Computerbändern in verschiedenen Instituten rund um die Erde. Die Meßergebnisse der letzten Jahre sind so umfangreich, daß das Problem der Auswertung und Deutung immer schwieriger wird. Die Bearbeitung dieses Materials ist ein wichtiger Bestandteil des geodyna-

mischen Projektes und dürfte die Geistesschärfe der Theoretiker auf die Probe stellen und an die Kapazitätsgrenze der Datenverarbeitungsanlagen stoßen. Noch ist es unmöglich, alle Vorgänge im Innern unseres Planeten zu erfassen und zu beschreiben, dennoch sollten sich die vorhandenen Erkenntnisse bei der Aufspürung von Bodenschätzen und bei der Erdbebenvorhersage verwenden lassen, vor allem für tektonisch aktive Zonen.

Das ehrgeizigste Projekt zur Erforschung des Wachstums des Meeresbodens ist das Französisch-Amerikanische Mitte-Ozean-Untersee-Studienvorhaben (French-American Mid-Ocean Undersea Study), abgekürzt FAMOUS. Es steht in engem Zusammenhang mit dem Geodynamik-Projekt und erinnert an die Abenteuer eines Jules Verne. Französische und amerikanische Meeresforschungsinstitute beschlossen, mit Tauchfahrzeugen in die Tiefe des Bruchtales im nordatlantischen Kamm sowie in die Quertäler hinabzutauchen, um an Ort und Stelle die Spuren der Vulkantätigkeit, die Geysire metallhaltigen Meeres sowie andere Auswirkungen des Entstehungsprozesses zu beobachten. Man kam überein, daß drei Fahrzeuge auf diese „phantastische Reise" gehen sollten: die *Alvin* vom Ozeanographischen Institut Woods Hole, der französische Bathyscaphe *Archimède* und die französische „tauchende Untertasse" *SP 3000.* Die *Alvin* hatte 1966 vor Palomares in Spanien bei einem Flugzeugabsturz verlorengegangene Wasserstoffbomben gefunden. Das Fahrzeug besteht aus einer bemannten, äußerst druckbeständigen Hohlkugel aus Metall, die von dicken Platten „syntaktischen Schaumes" umgeben ist, so daß das Fahrzeug nahezu auftriebsneutral ist. Zum Abstieg ist es daher nur notwendig, zwei Metallkugeln von der Größe eines Basketballs zu fluten. Zum Aufstieg wird das Wasser einfach wieder herausgeblasen. Wenn nötig, kann zusätzlich Ballast abgeworfen werden. Im Vergleich zu einem Bathyscaphe ist *Alvin* relativ beweglich. Der Hauptantrieb erfolgt durch einen hydraulisch angetriebenen Propeller, der zum Steuern wie ein Ruder schwenkbar ist. Zwei kleinere Propeller mit ebenfalls lenkbarer Schubrichtung sorgen für die Bewegung in der Senkrechten. Die Energieversorgung erfolgt durch unter der Kabine montierte Akkus, die für einen Notaufstieg abgeworfen werden können. Vor Beginn des Unternehmens FAMOUS bekam *Alvin* eine neue Druckkugel aus 5 cm dickem Titan. Sie ist das schwerste Stück, das jemals aus diesem kostbaren Leichtmetall gegossen wurde. Durch die Umrüstung wurden die mögliche Tauchtiefe sowie die Nutzlast verdoppelt, so daß *Alvin* auf dem Grund des mittelozeanischen Bruchtales operieren konnte.

Die *Archimède* bekommt ihren Auftrieb von einer mit Leichtbenzin gefüllten Hülle. Sie wird ebenfalls elektrisch betrieben und führt 10 t Ballast mit. Während *Alvin* mit einem Mann Bedienung auskommt und zwei Wissenschaftler mitnehmen kann, hat *Archimède* zwei Mann Besatzung und einen Beobachter an Bord. Auf- und Abbewegungen erfolgen ähnlich wie bei einem Freiballon durch Ablassen von Benzin bzw. Abwerfen von Ballast.

FAMOUS hatte vieles gemeinsam mit dem Apollo-Programm, das Menschen auf den Mond brachte. Ehe man Menschen in eine fremde Welt der ewigen Finsternis schickte, deren Oberflächengestalt so gut wie unbekannt war und wo ein Druck herrscht, der jedes gewöhnliche U-Boot zerquetscht hätte, startete man ein Unterwasserkartographierungs- und Fotografie-Programm zur unbemannten Erforschung des Zielgebietes 350 km südlich der Azoren. Schiffe der US-Marine mit Spezialecholoten zur genauen Erforschung tiefer Meeresgründe kreuzten über dem Abschnitt. Das britische Forschungsschiff *Discovery* schleppte *Gloria*, ein 16 t schweres Monstrum, hin und her. *Gloria* ist ein hochentwickeltes, bombenförmiges Echolotgerät, das den Meeresgrund 10 km zu beiden Seiten seines Kurses aufzeichnen kann.

Genau wie beim Apolloprojekt führte man einige der an den Tauchfahrten beteiligten Besatzungen an Landstriche der Erde, deren Oberflächengestalt wohl der des zu erforschenden Gebietes am nächsten kam: Island, das Afar-Dreieck und Hawaii. Fachleute entwickelten besondere ferngesteuerte Werkzeuge, mit denen die Männer in der Tauchkugel später Gesteinsproben aus Felswänden schlagen, Bodenproben aufnehmen und Wasserproben einschließen können.

Als Bezugspunkte für die Navigation verankerte man vier Spezialbojen einem Abstand von etwa 1000 m voneinander und in einer Höhe von 300 m über dem Meeresgrund. Durch diese Höhe schwebten sie über allen möglichen Hindernissen und wirkten wie Leuchttonnen. Die Bojen waren mit batteriebetriebenen Schallantwortgeräten bestückt. Jedesmal, wenn sie von einem Echolotstrahl getroffen werden, senden sie ein eigenes Signal aus, das nach oben bis zum Mutterschiff weiterwandert. So wurde das ursprünglich vom Tauchfahrzeug ausgesandte Signal über vier verschiedene Relaisstationen nach oben weitergeleitet.

Aus der zeitlichen Differenz der ankommenden Signale kann man die Entfernung des Fahrzeugs von den Echobojen bestimmen. Über einen Computer wird diese Angabe auf eine Karte des Meeresbodens übertragen, so daß man vom Schiff aus über das Unterwassertelefon den Leuten im Tauchfahrzeug mitteilen kann, in welchem Planquadrat sie sich befinden.

Am 2. August 1972 unternahm die *Archimède* die erste einer Serie von Tauchfahrten, die für die im darauffolgenden Sommer geplanten, ehr-

geizigeren Tauchgänge als „Generalprobe" dienen sollten. Als Wissenschaftler war Le Pichon an Bord, der zusammen mit James Heirtzler von Woods Hole einer der Väter des Projektes war. Beide hatten im Laufe ihrer gemeinsamen Arbeit im Observatorium von Lamont-Doherty dazu beigetragen, erste Beweise für die Aktivität aufzuspüren, die Le Pichon und andere Taucher nun an Ort und Stelle erforschen wollten. Sie brauchten eine ganze Stunde, um bis in diese große Tiefe zu sinken. Der Steuermann, Kapitän Huet de Froberville, stellte fest, daß sie von einer erstaunlich starken Strömung von dem durch die Echobojen markierten Zielgebiet weggetrieben wurden. Später schätzte er, daß die Strömung fast die höchste eigene Geschwindigkeit des Bathyscaphes erreichte (2 Knoten, also 3,7 km/h). Als sie am Grund der Schlucht angekommen waren, brauchten sie eine ganze Weile, um mit dem „Straza"-Gerät die weit abseits liegenden Echoreflektoren aufzuspüren: Dabei fanden sie längs der Mittellinie des Tales einen Grat. Le Pichon berichtete später, daß die ausgewerteten Messungen des Echolots und des „Straza"-Gerätes eine sehr rauhe Topographie dieses Zuges ergaben. „Fast senkrechte, 50–100 m hohe Klippen begrenzen das zentrale Hochtal", berichtete Le Pichon, „die im großen gesehen gradlinig verlaufen und häufig kleinere lappenförmige und halbkreisartige Gebilde zeigen."
Ihr erster Sichtkontakt mit dem Grund war nahe dem Fuß eines fast senkrechten, etwa 50 m hohen Abbruchs. Zum erstenmal erblickte ein Mensch die Bruchkante unter dem Meer, an der die Erdoberfläche auseinandergerissen und wieder neu geboren wird. Im Licht der vier starken Scheinwerfer des Bathyscaphes konnte Le Pichon erkennen, daß die Klippe die Front eines frischen Lavaergusses war. Anscheinend waren die „lappen- und halbkreisförmigen Gebilde" auf dem Echolotbild die Ergüsse einer Reihe kleiner Vulkane, die sich längs der Mittellinie des Bruchtales in Abständen von etwa 3 km erhoben. Es gab kaum tierisches Leben und nur einen Hauch von Ablagerungen. Le Pichon schrieb: „Zugegeben, ich war sehr erregt. Die Navigation war recht schwierig, da der Steuermann das Fahrzeug in einer recht starken Strömung in einem Abstand von 3 m zur Felswand halten mußte. Dazu mußte er unsere drei Motoren fast ständig einsetzen, wodurch eine Menge an Energie verbraucht wurde. Mehrmals scheuerte der Rumpf der *Archimède* an den Felsen entlang, eine Strapaze für unsere Nerven, denn das Auslaufen von Benzin hätte den Verlust unseres Auftriebs zur Folge. Wir setzten etwas weiter unten am Hang auf Lavakissen auf, die offenbar von einer vordrängenden Front abgebrochen waren. Dort entnahmen wir eine Probe aus einem relativ großen Kissen, während immerzu Fische an unsere Bullaugen stießen ..."

Dieser Bruch im Boden eines mittelozeanischen Tales wurde von einer vom Forschungsschiff Atlantis II *des Woods Hole Institute herabgelassenen Kamera aufgenommen. Die Aufnahme diente der Vorbereitung der bemannten Tauchfahrten in diesem Gebiet.*
Bei diesen Bruchstellen mußten die U-Boote mit größter Vorsicht manövrieren, damit sie nicht in einem Engpaß festgeklemmt wurden. Im Bild ist ein Kompaß sichtbar, der das Licht des Kamerablitzes widerspiegelt. Er hängt an einer Leine, und eine vom Kompaß ausgehende Fahne zeigt die Bewegungsrichtung von Kamera und Schiff an.

Bei den ersten Tauchgängen des Unternehmens FAMOUS fielen den Wissenschaftlern Lavaformationen auf, wie sie an Land nicht vorkommen. Die Lava war anscheinend in einem ständigen Strom aus einer einzigen Öffnung herausgedrückt worden und dann einen Hang hinabgeflossen. Die Formationen waren zehn bis zwanzig Zentimeter breit und manchmal einige Dutzend Meter lang. Diese hier wurde ebenfalls von einer vom Forschungsschiff Atlantis II *in das Bruchtal herabgelassenen Kamera aufgenommen.*

Besonders auffallend waren die Formationen, die man später als „Zahnpastenlava“ bezeichnete. Es waren lange, schlangenartige Gebilde von der Dicke eines menschlichen Oberschenkels, die anscheinend durch entsprechend enge Öffnungen gepreßt worden waren und dann wie Zahnpaste aus der Tube den Hang hinunterliefen. Nur einmal vorher, bei Tieftauchfahrten in ein Eruptionsgebiet vor Hawaii, hatte man solche Formationen gesehen. Während der zwei Stunden auf dem Grund legte die *Archimède* nur etwa 300 m in waagerechter Richtung zurück, die meiste Zeit aber verbrachte man mit Auf- und Absteigen an den durch zwei überlappende Lavafronten gebildeten Klippen. Für Le Pichon waren diese hohen Fronten und das allgemein rauhe Gelände „offensichtlich sehr verschieden“ von vulkanischen Formen an Land.
Entsprechend dem internationalen Charakter des Unternehmens war beim nächsten Abstieg des Bathyscaphe Robert Ballard aus Woods Hole dabei. Während Le Pichon ein Neuling beim Tieftauchen war, hatte Ballard schon mehrere Abstiege mit *Alvin* mitgemacht. Er sprach zwar nur wenig französisch, dafür konnten beide seiner Begleiter passabel Englisch. Wie viele, die sich tief hinunter ins Meer oder weit hinaus in den Weltraum wagen, ist Ballard aus einem besonderem Holz geschnitzt. Er verfügt über die richtige Mischung von Sachkenntnis und Selbstsicherheit, die im Augenblick der Krise zusammen mit einem Schuß Humor als wirksames Gegenmittel gegen Panik oder Verzweiflung dient. Diese Eigenschaften kamen ihm bei dieser Tauchfahrt, die nicht ganz regulär verlief, sehr zustatten.
In Jules Vernes Roman *Die Reise zum Mond*, die in vielen Punkten die jetzige Wirklichkeit hundert Jahre zuvor vorwegnahm, begleitet ein Franzose zwei Amerikaner in einem engen Raumschiff. Um die Spannung abzubauen, zaubert der Franzose plötzlich eine Flasche Wein, Chambertin Jahrgang 1853, hervor. Bei unserem Abstieg, als ein Amerikaner und zwei Franzosen in einer engen Kugel eingesperrt waren, kredenzten die Franzosen eine Flasche Beaujolais.
Als das Echolot anzeigte, daß sie sich dem Grund näherten, schaltete der Steuermann die nach unten gerichteten Motoren ein, um eine ähnliche Bremswirkung wie die des Apollo-Raumschiffes auf der Mondoberfläche zu erzielen. Hier wie dort wirbelte das Bremsmanöver eine Menge Staub auf. Es gab einen Stoß, und Ballard wußte, daß sie aufgesetzt hatten. Er blickte durch das Periskop nach draußen und sah, daß sie direkt an einer hohen senkrechten Klippe gelandet waren, die sich in erstaunlich gerader Linie über eine ziemliche Distanz fortsetzte. Als sie langsam weiterfuhren, erkannte Ballard, daß sich darüber eine zweite Klippe erhob, ähnlich einer gewaltigen Treppe. Diese Stufenform scheint sowohl

auf dem Land (wie zum Beispiel im Afar-Dreieck) als auch unter Wasser für solche Bruchkanten typisch zu sein. Ballards Aufgabe bestand unter anderem darin, einen möglichst frischen Lavabrocken auszuwählen, der dann mit dem Greifer des Bathyscaphes eingesammelt werden sollte. Gleichzeitig durch das Periskop zu blicken und die Mannschaft zum Ziel hin zu dirigieren, war nicht nur wegen der Sprachschwierigkeiten schwierig, das Boot schwankte auch noch. Jedesmal, wenn die Klaue bereit war, die Probe zu greifen, wurde das Fahrzeug abgetrieben. „Ich wollte mit der Hand hinauslangen und das Ding packen!" sagte Ballard. Als die Probe endlich eingefangen und verstaut war, setzten sie ihre bedächtige Reise fort. Da die Sicht nur 10–30 m betrug, konnten sie die andere Wand der Schlucht nicht erkennen, aber aufgrund des Widerhalls im Unterwassertelefon wußten wir, daß sie vorhanden war.
Dann ging plötzlich etwas kaputt. Die Stromspannung fiel stark ab. Der Bathyscaphe kehrte den Bug nach unten. Durch den Spannungsabfall war eine Sicherheitsvorrichtung aktiviert worden, die 1,5 t Ballast abwarf. Dieser Ballast befand sich am Heck, das nun leichter war. Ballard bemerkte, wie die Digitalanzeige auf dem Tiefenmesser zu laufen begann. Sie waren auf dem Weg nach oben.
Dies war kein großes Unglück, denn sie hatten die vorgesehene Tauchzeit sowieso nahezu beendet. Aber dann entwickelte sich Rauch in der Kabine. Die Isolierung irgendwelcher Leitungen begann zu schmoren. Einer von der Besatzung griff zum Telefon und begann aufgeregt auf französisch hineinzurufen. Ballard konnte zwar nichts verstehen, die Stimme beunruhigte ihn dennoch. Da die Rauchgase giftig sein konnten, griffen sie den Sauerstoffvorrat für Notfälle an. Jeder nahm ein Mundstück. Je tiefer aber Ballard durch sein Mundstück atmete, um so schwindliger wurde ihm. Einer seiner Begleiter erkannte Ballards Lage und die Ursache: der Amerikaner hatte vergessen, das Ventil an seinem Mundstück zu öffnen. So atmete er immerfort die eben ausgeatmete Luft wieder ein. Der Rauch brannte in den Augen, worauf die Insassen der Kugel Tauchermasken anlegten. Endlich erreichten sie die Oberfläche. Der Brandschaden war zum Glück nur gering, und die elektrische Anlage konnte auf See repariert werden, so daß man noch eine Tauchfahrt wagte, ehe man zur Vorbereitung weiterer Erkundungen in den Hafen auf den Azoren zurückkehrte. Claude Riffaud, der Leiter des ozeanographischen Zentrums der Bretagne, das für das Unternehmen federführend war, sagte, es sei ein erfreuliches Ergebnis der ersten drei Tauchfahrten gewesen, daß man *Archimède* auf hoher See für einen neuen Tauchgang klarmachen konnte. Insgesamt fanden 1973 sieben Tauchfahrten statt, die jeweils sieben bis acht Stunden dauerten und 2600 bis

2800 m tief in den von den Franzosen so bezeichneten „Nabel der Welt“ hinabreichten.
Wenn wir uns, gestützt auf die vielen Forschungsergebnisse, ein Bild von der Erdgeschichte machen können, vermögen wir dann auch in die Zukunft zu blicken? Die Bewegungen im Erdinnern laufen so langsam ab, daß man etwa 50 Millionen Jahre mit einem einzigen Tagesablauf in der Atmosphäre vergleichen muß. Nimmt man an, daß die heutigen Schollenbewegungen über die nächsten 50 Millionen Jahre andauern, ist es möglich, eine Karte der Erde für jene Zeit zu entwerfen. Robert Dietz und John Holden, die schon die vergangenen 200 Millionen Jahre rekonstruiert hatten, taten dies. Dabei zeigte sich, daß Australien Indonesien überlagert hat. Ein neues Meer entsteht in den ostafrikanischen Bruchtälern. Der Atlantik ist größer, der Pazifik hingegen kleiner. Und wo wird alles enden? Wird sich der Pazifik schließen, so daß Amerika mit Asien zusammen ein neues Pangaea bildet? Schließlich kann auf einer Kugeloberfläche eine Scholle nicht einfach treiben, ohne irgendwann mit einer anderen zusammenzustoßen. Sind es in der Tat Zusammenstöße zwischen Kontinenten, die schließlich die Plattenbewegungen in neue Richtungen bringen? Oder ist der ganze Vorgang der Plattentektonik dazu verdammt, eines Tages aufzuhören, so daß die Erde ein „toter“ Planet wie etwa der Mars oder der Mond sein wird – ohne Schollenbewegungen, ohne Erdbeben und Vulkane, ohne Gebirgsneubildung?
Diesen ziemlich trüben Ausblick haben William R. Dickinson und William C. Luth in Stanford entworfen. Sie glauben, daß der Prozeß, durch den langsam leichteres Material aus dem Mantel aufgestiegen ist, um die Erdkruste zu bilden, sich seinem Ende zuneigt. Während die Lithosphäre dicker wird, wird die dazwischenliegende Asthenosphäre, die Schicht zwischen dem inneren Mantel und der Lithosphäre, die die Schollenbewegungen ermöglicht, immer dünner, wobei die Aussicht besteht, daß sie binnen einer Milliarde Jahre verschwindet. Von dann an würde die Erde immer mehr zu einer langweiligen, flachen Kugel werden, die am Ende wahrscheinlich ganz vom Meer überspült ist.
Diese These beruht auf einer Reihe von Annahmen, für die es bis heute kaum Beweise gibt. Sollte dies aber tatsächlich das schließliche Schicksal der Erde sein, dann ist es noch weit, weit entfernt.
Mittlerweile könnte die langsame Unruhe anhalten, die Kontinente wachsen läßt, Gebirge und Hochebenen hochpreßt, gewaltige Eruptionen erzeugt und durch Erdbeben Zerstörung und Verderben bringt. Wäre der Mars ähnlich dynamisch, würden wir die Schlangenlinien der Plattenränder sehen können, man erkennt aber keine solchen Linien,

und der Mars besitzt auch keine Meere. Die Oberfläche der Venus ist unter ihrer ständigen Wolkendecke unsichtbar, aber ihre Geschichte unterscheidet sich eindeutig von der der Erde, so daß auch sie unbewohnbar ist. Blicken wir weiter hinaus ins All, müssen wir schollentragende Planeten als wahrscheinliche Reiche des Lebens und der Zivilisation suchen.

Es ist unser Glück, in einer Zeit zu leben, die es dem Menschen ermöglicht, seine Erde besser als jemals zuvor zu verstehen. Bis vor kurzem hatten die Geologen erst ein Viertel der Erdoberfläche studiert (den Teil nämlich, der nicht von Wasser oder Eis bedeckt ist), sie hatten gerade 1% des Erdradius untersucht und 10% der geologischen Zeit. Jetzt haben sie, wie es der sowjetische Geologe Alexander Peyve ausdrückt, entdeckt, „daß die Kontinente in den Meeren geboren wurden".

Was für eine radikale Änderung hat unser Weltbild erfahren. Der Ozeanboden erneuert sich ständig, die Kontinente sind zwanzigmal älter als jeder Teil des Meeresbodens! Die einzelnen Veränderungen waren zwar Episoden, aber sie liefen allmählich ab. Die Lehre der Gleichförmigkeit lebt! Aber die Ereignisse waren deshalb nicht weniger gewaltig. Und während wir sie allmählich besser verstehen lernen, sind unsere eigenen Aussichten gleichzeitig größer geworden. Wir werden uns der Sterblichkeit der Landschaften ebenso wie aller Werke des Menschen bewußt. Die Erhebungen der Erde sind dazu bestimmt, langsam abgetragen zu werden oder in den Gräben der Zeit unterzugehen. Neue Berge, Täler und Ströme lösen sie ab. Was übrigbleibt, ist, genau wie in der Geschichte der Menschheit, der Kern des Großartigen: die Kontinente. Sie werden von der Zeit entscheidend verändert, aber nicht zerstört.

Dank des Verfassers

Dieses Buch beschäftigt sich mit vielen Wissenschaftsbereichen und weit auseinanderliegenden Regionen der Erde. Es hätte daher nicht ohne die großzügige Hilfe vieler Fachleute aus den Vereinigten Staaten und von anderswo geschrieben werden können. Sir Edward Bullard, University of Cambridge, Sheldon Judson, Princeton University and J. Tuzo Wilson, University of Toronto, lasen größere Teile des Manuskripts und gaben dazu Kommentare ab. Besonderer Dank gebührt jenen, die einzelne Kapitel genau prüften; besonders erwähnen möchte ich hier John Bird, Cornell University; Kenneth Hsü, Eidgenössisches Institut für Technologie, Zürich; John Rodgers, Yale University, und Warren Hamilton, United States Geological Survey. Letztere überprüften die Kapitel in verschiedenen Stadien meiner Arbeit. Eine Unzahl andere lieferten wertvolle Informationen oder prüften Abschnitte des Manuskripts, die sich mit ihrem Gebiet beschäftigten.

Da es unmöglich ist, alle die aufzuführen, die mir halfen, möchte ich meine Dankesschuld, abgesehen von den bereits oben erwähnten, bei den folgenden Wissenschaftlern abstatten:

H. van Andel, Oregon State University; Don Anderson, Direktor des Seismological Laboratory of the California Institute of Technology; Tanya Atwater, Massachusetts Institute of Technology; Robert Ballard, Woods Hole Oceanographic Institution; William E. Benson, National Science Foundation; Lord Blackett (P. M. S. Blackett), Royal Society of London; Robert Bostrom, University of Washington; F. R. Boyd, Geophysical Laboratory of the Carnegie Institution of Washington; Edwin H. Colbert, Museum of Northern Arizona; Stirling A. Colgate, Präsident New Mexico Institute of Mining and Technology; Allan Cox, Stanford University; Kenneth Deffeyes und R. H. Dicke, Princeton University; William R. Dickinson, Stanford University; Robert S. Dietz, National Oceanic and Atmospheric Administration; Charles L. Drake, Dartmouth College; Helen Dukas, Einstein Estate; David H. Elliot, Ohio State University; Maurice Ewing †, früherer Direktor des Lamont-Doherty Geological Laboratory, und Páll Einarsson.

Ebenso Rhodes Fairbridge, Columbia University; Charles H. Hapgood, Keene State Teachers College; Pembroke J. Hart, Geophysics Research Board of the National Academy of Sciences; John H. Healy, National Center for Earthquake Research; James R. Heirtzler, Woods Hole Oceanographic Institution; Lowell S. Hilpert, U.S. Geological Survey; John T. Hollin, University of Maine; Sir Harold Jeffreys, University of Cambridge; F. K. Jones und V. M. Gray, Archivare am Jesus College, Cambridge; H. D. Klemme, Weeks Natural Resources, Inc.; Leon Knopoff, University of California, Los Angeles; Roger L. Larson und Walter C. Pitman III, Lamont-Doherty Geological Observatory; Xavier Le Pichon, Centre Océanologique de Bretagne, und John Lyman, University of North Carolina.

Ebenso Paul S. Martin, University of Arizona; Thomas R. McGetchin, M.I.T.; Charles E. Melton, University of Georgia; H. W. Menard, Scripps Institution of Oceanography; A. A. Meyerhoff, American Association of Petroleum Geologists; Paul A. Mohr, Smithsonian Astrophysical Observatory; Jason Morgan, Princeton University; Walter H. Munk, University of California, San Diego; Otto Nathan, Einstein Estate; Carel Otte, Union Oil Company of California; Melvin Peterson, Lynn Victoria Allan und Tom Wiley, Deep Sea Drilling Project; Troy L. Pewe, Arizona State University; Ruth Piggot (Mrs. Charles S. Piggot), Robert W. Rex, University of California, Riverside; Peter A. Rona, NOAA; William B. F. Ryan, Lamont-Doherty Geological Observatory; James M. Schopf, U.S. Geological Survey; Frederick J. Sawkins, University of Minnesota; Bobb Schaeffer, American Museum of Natural History; Sean C. Solomon, M.I.T.; Lynn Sykes, Lamont-Doherty Geological Observatory; Stephen L. Talbott, Herausg. von Pensée; Haroun Tazieff, Centre National de la Recherche Scientifique; Nikolaas Tinbergen, Oxford University; Victor Vacquier, Scripps Institution of Oceanography; James M. Valentine, University of California, Davis; Immanuel und Elisheva Velikovsky; Frederick J. Vine, University of East Anglia; Peter R. Vogt, U.S. Naval Oceanographic Office; Meyer W. Weisgal, Weizmann Institute of Science; J. D. H. Wiseman, British Museum (Natural History) und Isidore Zietz, U.S. Geological Survey.

Einige der in diesem Buch behandelten Konzepte sind weiterhin kontrovers, und daher kann niemand der oben aufgeführten Wissenschaftler in irgendeiner Weise für den Inhalt des Buches verantwortlich gemacht werden.

Speziellen Dank schulde ich verschiedenen Bibliotheken, die besonders hilfreich waren: den Bibliotheken des California Institute of Technology, der Columbia University und der Princeton University sowie die Ab-

teilung Science and Technology der New York Public Library und die Wissenschaftsabteilung der mid-Manhattan-Library.
Die Leser des Buches, die mit dem Stoff noch nicht ausreichend vertraut sind, werden es begrüßen, daß zahlreiche Schemazeichnungen und Abbildungen das Verständnis des Textes erleichtern. Der Verfasser hat dieses Material aus zahlreichen Buch- und Zeitschriften-Veröffentlichungen zusammengetragen. Er stützt sich dabei auf die Forschungsergebnisse der in seinem Buch zitierten Wissenschaftler aller Fakultäten und aller Nationen. Die Zeichnungen der deutschen Ausgabe sind von Conrad Höllerer, Stuttgart, angefertigt worden, der als Vorlage die Zeichnungen der amerikanischen Originalsausgabe benutzte. Fotos auf Seite 14, 293 (2) dpa; Seite 224, 225 (3) Franz Karl Frh. v. Linden, Waldsee.

Quellenverzeichnis

Der Verfasser hat ein sehr umfangreiches Quellenmaterial sorgfältig ausgewertet und im Text jeweils zitiert. Wir beschränken uns hier auf die wichtigsten und nach Kapiteln geordneten Quellenangaben.

KAPITEL 1

Du Toit, Alex. L., *Our Wandering Continents – An Hypothesis of Continental Drifting,* Oliver and Boyd (Edinburgh, 1937). Nachdruck von Greenwood Press (Westport, Connecticut, 1972),

Georgi, Johannes, „Memories of Alfred Wegener", in *Continental Drift,* S. K. Runcorn, Ed., Academic Press (New York, 1962).

Georgi, Johannes, *Mid-Ice – The Story of the Wegener Expedition to Greenland,* Dutton (New York, 1935).

Holmes, Arthur, *Principles of Physical Geology,* Revised ed. The Ronald Press (New York, 1965).

Sueß, Eduard, Das Antlitz der Erde, 1885.

Wegener, Alfred, Die Entstehung der Kontinente und Ozeane, Friedr. Vieweg & Sohn (Braunschweig, [4]1929).

KAPITEL 2

Bondi, H., and T. Gold, „On the damping of the free nutation of the Earth", *Monthly Notices of the Royal Astronomical Society,* Band 115 (1955).

Gold, Thomas, „Instability of the Earth's Axis of Rotation", *Nature,* Band 175, (1955).

Hapgood, Charles H., *Earth's Shifting Crust – A Key to Some Basic Problems of Earth Science,* Pantheon (New York, 1958).

Hapgood, Charles H., *The Path of the Pole,* Chilton (Philadelphia, 1970).

Munk, Walter H., and G. J. F. MacDonald, *The Rotation of the Earth, A Geophysical Discussion* (Cambridge, 1960).

Munk, Walter, and Roger Revelle, „Sea Level and the Rotation of the Earth", *The American Journal of Science,* Band 250 (1952).

Smylie, D. E., and L. Mansinha, „The Rotation of the Earth", *Scientific American,* (Dec., 1971)

KAPITEL 3

Cohen, I. Bernard, „An Interview with Einstein", *Scientific American,* (July, 1955)

Gould, S. J., „Is Uniformitarianism Necessary?" *The American Journal of Science,* (March, 1965).

Heezen, Bruce C., „The Origin of Submarine Canyons", *Scientific American,* (Aug., 1956).

Heezen, Bruce C., and Maurice Ewing, „Turbidity currents and submarine slumps and the 1929 Grand Banks earthquake", *American Journal of Science,* (Dec. 1952).

Hollin, John T., „Wilson's Theory of Ice Ages", *Nature,* (Oct. 2, 1965).

Kuenen, Ph. H., „Turbidity Currents", in *The Encyclopedia of Oceanography,* R. W. Fairbridge, Editor, Reinhold (New York, 1966).

Margolis, Stanley V., and James P. Kennett, „Antarctic Glaciation during the Tertiary Recorded in Sub-Antarctic Deep-Sea Cores", *Science* (Dec. 4, 1970)

Margolis, Stanley V., and James P. Kennett, „Paleoglacial history of Antarctica recorded in deep-sea cores", *Antarctic Journal of the U.S.* (Sept.–Oct. 1971)

Martin, Paul S., „The Discovery of America", *Science* (March 9, 1973)

Oswald, G. K. A., and G. deQ. Robin, „Lakes Beneath the Antarctic Ice Sheet", *Nature* (Oct. 5, 1973).

Pettersson, H., „Exploring the Ocean Floor", *Scientific American* (August, 1950)

Velikovsky, Immanuel, *Ages in Chaos,* Doubleday (Garden City, 1952).

Velikovsky, Immanuel, *Cosmos Without Gravitation – Attraction, Repulsion, and Electomagnetic Circumduction in the Solar System – Synopsis, Scientific Report IV, Scripta Academica Hiersolymitana,* Simon Velikovsky Foundation (Tel-Aviv, 1946).

Velikovsky, Immanuel, *Worlds in Collision,* Macmillan (New York, 1950).

KAPITEL 4

Heezen, Bruce C., „The Rift in the Ocean Floor", *Scientific American* (Oct. 1960).
Jordan, Pascual, *The Expanding Earth: Some Consequences of Dirac's Gravitational Hypothesis* (Oxford, 1971).
Teller, Edward, „On the Change of Physical Constants", *Physical Review* (April 1, 1948).
Wilson, J. T., „Some Consequences of Expansion of the Earth", *Nature* (March 26, 1960)

KAPITEL 5

Anderson, Don L., „The Plastic Layer of the Earth's Mantle", *Scientific American* (July, 1962).
Buddington, A. F., „Memorial to Harry Hammond Hess 1906–1969", *The Geological Society of America Memorials* Band 1 (1973).
Bullard, Sir Edward, „Heat-Flow through the floor of the ocean", *Deep-Sea Research,* Band 1 (1954).
Dietz, Robert S., „Continent and Ocean Basin Evolution by Spreading of the Sea Floor", *Nature* (June 3, 1961)
Ewing, John, and Maurice Ewing„Seismic-refraction measurements in the Atlantic Ocean basins, in the Mediterranean Sea, on the Mid-Atlantic Ridge and in the Norwegian Sea", *Geological Society of America Bulletin* (March, 1959)
Fisher, R. L., and Roger Revelle, „The Trenches of the Pacific", *Scientific American* (Nov., 1955).
Gutenberg, Beno, „Wave Velocities in the Earth's Crust", in *Crust of the Earth* Geological Society of America (1955).
Hess, Harry H., „Drowned Ancient Islands of the Pacific Basin", *American Journal of Science* (Nov., 1946).
Menard, H. W., „The Deep-Ocean Floor", *Scientific American* (Sept., 1969).
Oliver, Jack, and Bryan Isacks, „Deep Earthquake Zones, Anomalous Structures in the Upper Mantle, and the Lithosphere", *Journal of Geophysical Research* (Aug. 15, 1967).
Revelle, Roger, and Arthur E. Maxwell, „Heat Flow through the Floor of the Eastern North Pacific Ocean", *Nature* (Aug. 2, 1952).
Runcorn, S. K., „Towards a theory of continental drift", *Nature,* (Jan. 27, 1962).
Vening Meinesz, Felix Andries, „The Earth's Crust and Mantle", *Developments in Solid Earth Geophysics,* Band 1 (Amsterdam, 1964).
Wilson, J. T., „Cabot Fault, An Appalachian equivalent of the San Andreas and Great Glen Faults and some implications for continental displacement". *Nature* (July 14, 1962).
Wilson, J. T., „Continental Drift", in *Scientific American* (April, 1963).
Wilson J. T., „Hypothesis of Earth's Behaviour", *Nature* (June 8, 1963).
Wilson, J. T., „Did the Atlantic close and then reopen?" *Nature* (Aug. 13, 1966).
Wilson, J. T., „Submarine Fracture Zones, Aseismic Ridges and the International Council of Scientific Unions Line: Proposed Western Margin of the East Pacific Ridge", *Nature* (Aug. 28, 1965).

KAPITEL 6

Blackett, P. M. S., „A Negative Experiment Relating to Magnetism and the Earth's Rotation", *Philosophical Transactions of the Royal Society of London, Series A* (Dec. 16, 1952).
Bullard, Sir Edward, „The Bakerian Lecture, 1967 – Reversals of the Earth's magnetic field", *Philosophical Transactions of the Royal Society of London* (Dec. 12, 1968).
Clegg, J. A., „Rock Magnetism", *Nature* (Nov. 17, 1956).
Cox, Allan, G. Brent Dalrymple and Richard R. Doell, „Reversals of the Earth's Magnetic Field", *Scientific American* (Feb., 1967)
Cox, Allan, R. R. Doell and G. B. Dalrymple, „Geomagnetic Polarity Epochs and Pleistocene Geochronometry", *Nature* (June 15, 1963).
Glass, Billy P., and Bruce C. Heezen, „Tektites and Geomagnetic Reversals", *Scientific American* (July, 1967)
Hays, James D., „Faunal Extinctions and Reversals of the Earth's Magnetic Field", *Geological Society of America Bulletin* (Sept., 1971).
Heirtzler, J. R., „Evidence for Ocean Floor Spreading Across the Ocean Basins", *The History of The Earth's Crust, A Symposium,* Robert A. Phinney, Editor, (Princeton, 1968).
Heirtzler, J. R., „Sea-Floor Spreading", *Scientific American,* (Dec., 1968).
Irving, E., and W. A. Robertson, „Test for Polar Wandering and Some Possible Implications", *Journal of Geophysical Research* (Feb. 15, 1969).

Johnson, G. Leonard, and Bruce C. Heezen, „The Arctic Mid oceanic Ridge“, *Nature* (Aug. 12, 1967).
Le Pichon, Xavier, „Sea-Floor Spreading and Continental Drift“, *Journal of Geophysical Research* (June 15, 1968).
Menard, H. W., „The East Pacific Rise“, *Science* (Dec. 9, 1960).
Opdyke, N. D., B. Glass, J. D. Hays and J. Foster, „Paleomagnetic Study of Antarctic Deep-Sea Cores“, *Science*, (Oct. 21, 1966).
Raff, Arthur, D., „The Magnetism of the Ocean Floor“, *Scientific American*, (Oct., 1961).
Runcorn, S. K., „The Earth's Magnetism“, *Scientific American* (Sept., 1955).
Runcorn, S. K., „Rock Magnetism – Geophysical Aspects“, *Advances in Physics*, Band 4 (1955).
Talwani, Manik, Xavier Le Pichon and J. R. Heirtzler, „East Pacific Rise: The Magnetic Pattern and the Fracture Zones“, *Science* (Nov. 26, 1965)
Vine, F. J., „Spreading of the Ocean Floor: New Evidence“, *Science*, (Dec. 16, 1966).

KAPITEL 7

Beloussov, V. V., „Against the Hypothesis of Ocean-Floor Spreading“, *Tectonophysics* (June, 1970).
Bolt, Bruce A., „The Fine Structure of the Earth's Interior“, *Scientific American* (March, 1973).
Bullard, Sir Edward, J. E. Everett and A. Gilbert Smith, „The fit of the continents around the Atlantic“. *Philosophical Transactions of the Royal Society of London, Series A*, Band 258 (1965).
Ewing, Maurice, and Leonard Engel, „Seismic Shooting at Sea“, *Scientific American* (May 1962).
Hurley, Patrick M., „The Confirmation of Continental Drift“, *Scientific American* (April, 1968).
Hurley, P. M., et al., „Test of Continental Drift by Comparison of Radiometric Ages–A pre-drift reconstruction shows matching geologic age provinces in West Africa and Northern Brazil“, *Science* (Aug. 4, 1967).
Menard, H. W., „The Deep-Ocean Floor“, *Scientific American* (Sept., 1969).
Menard, H. W., „Extension of Northeastern-Pacific Fracture Zones“, *Science* (Jan. 6, 1967).
Meyerhoff, A. A., and Howard A. Meyerhoff, „The New Global Tectonics': Major Inconsistencies“ and „The New Global Tectonics': Age of Linear Magnetic Anomalies of Ocean Basins“, *The American Association of Petroleum Geologists Bulletin* (Feb., 1972).
Morgan, W. Jason, „Rises, Trenches, Great Faults, and Crustal Blocks“, *Journal of Geophysical Research* (March 15, 1968).
Oliver, Jack, „Contributions of Seismology to Plate Tectonics“, *American Association of Petroleum Geologists Bulletin*, (Feb., 1972).
Wilson, J. T., „A New Class of Faults and Their Bearing on Continental Drift“, *Nature* (July 24, 1965).
Wilson, J. T., „A Revolution in earth science“, *Geotimes* (Dec., 1968).

KAPITEL 8

Bascom, Willard, „The Mohole“, *Scientific American*, Band 200 (1959).
Estabrook, Frank B., „Geophysical Research Shaft“, *Science*, Band 124 (1956).
Hess, H. H., „Scientific Objectives of the Mohole and a Predicted Section“, Abstracts of New York Meeting. *Geological Society of America Bulletin*, Band 71 (1960).
Lill, Gordon G., and Arthur E. Maxwell, „The Earth's Mantle“, *Science*, Band 129, (1959).

KAPITEL 9

Initial Rᵊports of the Deep Sea Drilling Project, herausgegeben von der National Science Foundation, Washington.
van Andle, Tjeerd H., „Deep-Sea Drilling For Scientific Purposes: A Decade of Dreams“, *Science*, Band 160 (1968).
Ewing, John, Maurice Ewing, „Sediment Distribution on the Mid-Ocean Ridges with Respect to Spreading of the Sea Floor“, *Science;* Band 156 (1967).
Fleischer, R. L., J. R. M. Viertl, P. B. Price, F. Aumento, „Mid-Atlantic Ridge: Age and Spreading Rates“, *Science*, Band 161 (1968).
Maxwell, Arthur E., Richard P. Von Herzen, K. Jinghwa Hsü, James E. Andrews, Tsunemasa Saito, Stephen F. Percival, Jr., E. Dean Milow, Robert E. Boyce, „Deep Sea Drilling in the South Atlantic“, *Science*, Band 168 (1970).
Pautot, Guy, Jean-Marie Auzende, and Xavier Le Pichon, „Continuous Deep Sea Salt Layer along North Atlantic Margins related to Early Phase of Rifting“. *Nature*, Band 227 (1970).

KAPITEL 10

Gartner, Stefan, Jr., „Sea-Floor Spreading, Carbonate Dissolution Level, and the Nature of Horizon A", *Science*, Band 169 (1970).
Hsü, Kenneth J., „When the Mediterranean Dried Up", *Scientific American*, Band 227 (1972).
Hsü, K. J., W. B. F. Ryan, M. B. Cita, „Late Miocene Desiccation of the Mediterranean", *Nature*, Band 242 (1973).
Scholl, David W., et al., „Deep Sea Drilling Project Leg 19", *Geotimes*, Band 16 (1971).
Tschoegl, Nicholas, „Atlantis: Cradie of Western Civilization?" *Engineering and Science*, Band 35 (Calif. Inst. of Tech. 1972).

KAPITEL 11

Barker, P. F., „Plate Tectonics of the Scotia Sea Region", *Nature*, Band 228 (1970).
Barker, P. F., and D. H. Griffiths, „The evolution of the Scotia Ridge and Scotia Sea", *Philosophical Transactions of the Royal Society of London, Series A* Band 271 (1972).
Breed, William J., „Permian stromatolites from Coalsack Col", *Antarctic Journal of the U.S.*, Band 6 (1971).
Colbert, Edwin H., „Antarctic Fossils and the Reconstruction of Gondwanaland", *Natural History*, Band 81 (1972).
Colbert, Edwin H., *Wandering Lands and Animals*, E. P. Dutton (New York, 1973).
Dalziel, Ian W. D., and David H. Elliot, „Evolution of the Scotia Arc", *Nature*, Band 233 (1971),
Dietz, Robert S., und John C. Holden, „The Breakup of Pangaea", *Scientific American*, Band 223 (1970).
Dietz, Robert S., and John C. Holden, „Reconstruction of Pangaea: Breakup and Dispersion of Continents, Permian to Present", *Journal of Geophysical Research*, Band 75 (1970).
Dietz, Robert S., and Walter P. Sproll, „Fit Between Africa and Antarctica: A Continental Drift Reconstruction", *Science*, Band 167 (1970).
Elliot, David H., und Donald A. Coates, „Geological Investigations in the Queen Maud Mountains", *Antarctic Journal of the U.S.* Band 6 (1971).
Elliot, David H., Edwin H. Colbert, William J. Breed, James A. Jensen and Jon S. Powell, „Triassic Tetrapods from Antarctica: Evidence for Continental Drift", *Science*, Band 169 (1970).
Green, A. G., „Seafloor Spreading in the Mozambique Channel", *Nature Physical Science*, Band 236 (1972).
Kitching, James W., James W. Collinson, David H. Elliot, Edwin H. Colbert, „Lystrosaurus Zone (Triassic) Fauna from Antarctica", *Science*, Band 175 (1972).
Shackleton, Sir Ernest, *The Heart of the Antarctic*, William Heinemann (London, 1932).
Tarling, D. H., „Another Gondwanaland", *Nature*, Band 238 (1972).

KAPITEL 12

Colbert, Edwin H., *Evolution of the Vertebrates–A History of the Backboned Animals Through Time*, Wiley (New York, 1969).
Flemming, N. C., und D. G. Roberts, „Tectono-eustatic Changes in Sea Level and Seafloor Spreading", *Nature*, Band 243 (1973).
Fooden, Jack, „Breakup of Pangaea and Isolation of Relict Mammals in Australia, South America, and Madagascar", *Science*, Band 175 (1972).
Fooden, Jack, „Rifting and Drift of Australia and the Migration of Mammals", *Science*, Band 180 (1973).
Purrett, Louise, „Continental drift and the diversity of species", *Science News*, Band 100 (1971).
Valentine, James W., und Eldridge Moores, „Global Tectonics and the Fossil Record", *Journal of Geology*, Band 80 (1972).

KAPITEL 13

Bonatti, Enrico, Cesare Emiliani, Gote Ostlund, Harold Rydell, „Final Desiccation of the Afar Rift, Ethiopia", *Science*, Band 172 (1971).

Bonatti, Enrico, and Haroun Tazieff, „Exposed Guyot from the Afar Rift, Ethiopia", *Science*, Band 168 (1970).
Degens, Egon T., und David A. Ross, „The Red Sea Hot Brines", *Scientific American*, Band 222 (1970)
Griffiths, D. H., R. F. King, M. A. Khan, D. J. Blundell, „Seismic Refraction Line in the Gregory Rift", *Nature Physical Science* Band 229 (1971).
Leakey, R. E. F., A. K. Behrensmeyer, F. J. Fitch, J. A. Miller, M. D. Leakey, „New Hominid Remains and Early Artefacts from Northern Kenya", *Nature*, Band 226 (1970).
Lowell, James D., und Gerard J. Genik, „Sea-Floor Spreading and Structural Evolution of Southern Red Sea". *American Association of Petroleum Geologists Bulletin*, Band 56 (1972).
Mohr, P. A., „The Afar Triple Junction and Sea-Floor Spreading". *Journal of Geophysical Research*, Band 75 (1970).
Ross, David A., „The Red and the Black Seas", *American Scientist*, Band 59 (1971).
Tazieff, Haroun, „The Afar Triangle", *Scientific American*, Band 222 (1970).
Tazieff, Haroun, und Jacques Varet, „Signification Tectonique et Magmatique de l'Afar Septentrional (Éthiopie)", *Revue de Géographie Physique et de Géologie Dynamique* Band 11, (Paris, 1969).

KAPITEL 14

Colgate, S. A., and Thorbjörn Sigurgeirsson, „Dynamic Mixing of Water and Lava", *Nature*, Band 244 (1973).
Duncan, R. A., N. Petersen and R. B. Hargraves, „Mantle Plumes, Movement of the European Plate, and Polar Wandering", *Nature*, Band 239 (1972)
Gibson, I. L., and J. D. A. Piper, „Structure of the Icelandic basalt plateau and the process of drift", *Philosophical Transactions of the Royal Society of London, Series A.*, Band 271 (1972).
Le Pichon, Xavier, Jean Francheteau, und Jean Bonnin, *Plate Tectonics*. Elsevier (Amsterdam, 1973).
Maack, Reinhard, *Kontinentaldrift und Geologie des südatlantischen Ozeans*, Walter de Gruyter (Berlin, 1969).
Morgan, W. Jason, „Convection Plumes in the Lower Mantle", *Nature*, Band 230 (1971).
O'Hara, M. J., „Non-Primary Magmas and Dubious Mantle Plume beneath Iceland", *Nature*, Band 243 (1973).
Orowan, Egon, „The Origin of the Oceanic Ridges", *Scientific American*, Band 221 (1969).
Schilling, J-G., „Iceland Mantle Plume: Geochemical Study of Reykjanes Ridge", *Nature*, Band 242 (1973).
Vogt, P. R., „Evidence for Global Synchronism in Mantle Plume Convection, and Possible Significance for Geology", *Nature*, Band 240 (1972).
Vogt, P. R., G. L. Johnson, T. L. Holcombe, J. G. Gilg und O. E. Avery, „Episodes of Sea-Floor Spreading Recorded by the North Atlantic Basement", in „Global Tectonics and Sea-Floor Spreading", Special Issue of *Tectonophysics*, Band 12 (1971).
Williams, Richard S. und James G. Moore, „Iceland Chills a Lava Flow", *Geotimes*, Band 18 (1973).
Wilson, J. Tuzo, „Evidence from Islands on the Spreading of Ocean Floors", *Nature*, Band 197 (1963).
Wilson, J. Tuzo, „A Possible Origin of the Hawaiian Islands", *Canadian Journal of Physics*, Band 41 (1963).

KAPITEL 15

Bailey, Edward B., *Tectonic Essays, Mainly Alpine*, Oxford (1935).
Elsasser, Walter M., „The Earth as a Planet–Origin of the Surface Features", *Encyclopedia Britannica*, Band 7 (Chicago, 1963).
Hsü, K. J., „Origin of the Alps and Western Mediterranean", *Nature*, Band 233 (1971).
Hsü, K. J., „Paleocurrent Structures and Paleogeography of the Ultrahelvetic Flysch Basins, Switzerland", *Geological Society of America Bulletin*, Band 71 (1960).
Hsü, K. J., and S. O. Schlanger, „Ultrahelvetic Flysch Sedimentation and Deformation Related to Plate Tectonics", *Geological Society of America Bulletin*, Band 82 (1971).
Laubscher, H. P., „The Large-Scale Kinematics of the Western Alps and the Northern Apennines and Its Palinspastic Implications", *American Journal of Science*, Band 271 (1971).
Le Pichon, Xavier, Guy Pautot, J. P. Weill, „Opening of the Alboran Sea", *Nature Physical Science*, Band 236 (1972).
Le Pichon, Xavier, and Jean-Claude Sibuet, „Western Extension of Boundary Between European and Iberian Plates During the Pyrenean Orogeny", *Earth and Planetary Science Letters*, Band 12 (1971).

Moores, E. M., und F. J. Vine, „The Troodos Massif, Cyprus and other ophiolites as oceanic crust: evaluation and implications", *Philosophical Transactions of the Royal Society of London, Series A*, Band 268 (1971).
Smith, A. Gilbert, „Alpine Deformation and the Oceanic Areas of the Tethys, Mediterranean, and Atlantic", *Geological Society of America Bulletin*, Band 82 (Aug., 1971).
Staub, R., „Der Bau der Alpen", Beiträge zur geologischen Karte der Schweiz (Bern, 1924).

KAPITEL 16

Bird, John M., John F. Dewey, W. S. F. Kidd, „Proto-Atlantic Oceanic Crust and Mantle: Appalachian/Caledonian Ophiolites", *Nature Physical Science*, Band 231 (1971).
Burke, Kevin, and J. B. Waterhouse, „Saharan Glaciation Dated in North America", *Nature*, Band 241 (1973).
Dewey, John F., and John M. Bird, „Plate Tectonics and Geosynclines", *Tectonophysics*, Band 10 (1970).
Dietz, Robert S., „Geosynclines, Mountains, and Continent-Building", *Scientific American*, Band 226 (1972).
Dott, Robert H., Jr., „Geosyncline concept – alive and well?" *Geotimes*, Band 18 (1973).
Fairbridge, Rhodes W., „The Sahara Desert Ice Cap", *Natural History*, Band 80 (1971).
Fairbridge, Rhodes W., „South Pole Reaches the Sahara", *Science*, Band 168 (1970).
Le Pichon, Xavier, and Paul J. Fox, „Marginal Offsets, Fracture Zones, and the Early Opening of the North Atlantic", *Journal of Geophysical Research*, Band 76 (1971).
May, Paul R., „Pattern of Triassic-Jurassic Diabase Dikes around the North Atlantic in the Context of Predrift Position of the Continents", *Geological Society of America Bulletin*, Band 82 (1971).
Rodgers, John, „Latest Precambrian (Post-Grenville) Rocks of the Appalachian Region", *American Journal of Science*, Band 272 (1972).
Rodgers, John, „The Taconic Orogeny", *Geological Society of America Bulletin*, Band 82 (1971).
Wilson J. Tuzo, „Did the Atlantic Close and Then Re-Open?" *Nature*, Band 211 (1966).

KAPITEL 17

Anderson, Don L., „The San Andreas Fault", *Scientific American*, Band 225 (1971).
Atwater, Tanya, „Implications of Plate Tectonics for the Cenozoic Tectonic Evolution of Western North America", *Geological Society of America Bulletin*, Band 81 (1970).
Ernst, W. G., „Tectonic Contact between the Franciscan Mélange and the Great Valley Sequence – Crustal Expression of a Late Mesozoic Benioff Zone", *Journal of Geophysical Research*, Band 75 (1970).
Francis, T. J. G., „Effect of Earthquakes on Deep-Sea Sediments", *Nature*, Band 233 (1971).
Gough, D. I., „Dynamic Uplift of Andean Mountains and Island Arcs", *Nature Physical Science*, Band 242 (1973).
Hamilton, Warren, „The Volcanic Central Andes – A Modern Model For the Cretaceous Batholiths and Tectonics of Western North America", in *Proceedings of the Andesite Conference (International Upper Mantle Project, Scientific Report 16);* Oregon Dept. of Geology and Mineral Industries, *Bulletin 65*, A. R. McBirney, ed. (1969).
Hsü, K. Jinghwa, „Franciscan Mélanges as a Model for Eugeosynclinal Sedimentation and Underthrusting Tectonics", *Journal of Geophysical Research*, Band 76 (1971).
James, David E., „The Evolution of the Andes", *Scientific American*, Band 229 (1973).
Kropotkin, P. N., „Eurasia as a composite continent", in „Global Tectonics and Sea-Floor Spreading", special issue of *Tectonophysics*, Band 12 (1971).
Kropotkin, P. N., „The Mechanism of Crust Movements", *Geotectonics* (English Edition), No. 5 (1967).
Lipman, Peter W., Harold J. Prostka, Robert L. Christiansen, „Evolving Subduction Zones in the Western United States, as Interpreted from Igneous Rocks", *Science*, Band 174 (1971).
McKenzie, D. P., and J. G. Sclater, „The Evolution of the Indian Ocean", *Scientific American*, Band 228 (1973).
Rutland, R. W. R., „Andean Orogeny and Ocean Floor Spreading", *Nature*, Band 233 (1971).
Scholl, David W., Mark N. Christensen, Roland von Huene, Michael S. Marlow, „Peru-Chile Trench Sediments and Sea-Floor Spreading", *Geological Society of America Bulletin*, Band 81 (1970).
Wilson, J. Tuzo, and Kevin Burke, „Two Types of Mountain Building", *Nature*, Band 239 (1972).

KAPITEL 18

Abelson, Philip H., „Observing and Predicting Earthquakes“, *Science*, Band 180 (1973).
Challinor, R. A., „Variations in the Rate of Rotation of the Earth“, *Science*, Band 172 (1971).
Hammond, Allen L., „Earthquake Predictions: Breakthrough in Theoretical Insight?“ *Science*, Band 180 (1973).
Kelleher, John A., „Rupture Zones of Large South American Earthquakes and Some Predictions“, *Journal of Geophysical Research*, Band 77 (1972).
Kisslinger, Carl, „Earthquake Prediction Research in Japan and the USSR“, paper presented at the symposium on earthquake prediction, National Academy of Sciences, 1972.
Scholz, Christopher H., Lynn R. Sykes, Yash P. Aggarwal, „Earthquake Prediction: A Physical Basis“, *Science*, Band 181 (1973).
Sykes, L. R., „Aftershock Zones of Great Earthquakes, Seismicity Gaps, and Earthquake Prediction for Alaska and the Aleutians“, *Journal of Geophysical Research*, Band 76 (1971).
Tamrazyan, Gurgen P., „Principal Regularities in the Distribution of Major Earthquakes Relative to Solar and Lunar Tides and Other Cosmic Forces“, *Icarus*, Band 9 (1968).
Whitcomb, James H., Jan D. Garmany, Don L. Anderson, „Earthquake Prediction: Variation of Seismic Velocities before the San Francisco Earthquake“, *Science*, Band 180 (1973).

KAPITEL 19

Barnea, Joseph, „Geothermal Power“, *Scientific American*, Band 226 (1972).
Fenner, David, and Joseph Klarmann, „Power from the Earth“, *Environment*, Band 13 (1971).
Gilmore, C. P. „Hot New Prospects for Power from the Earth“, *Popular Science*, Band 201 (1972).
Hammond, Allen L., „Geothermal Energy: An Emerging Major Resource“, *Science*, Band 177 (1972).
Harlow, Francis H., and William E. Pracht, „A Theoretical Study of Geothermal Energy Extraction“, *Journal of Geophysical Research*, Band 77 (1972).
Rex, Robert W., „Geothermal Energy – The Neglected Energy Option“, *Science and Public Affairs (Bulletin of the Atomic Scientists)*, Band 27 (1971).
United Nations Department of Economic and Social Affairs, *New Sources of Energy and Economic Development* (1957).

KAPITEL 20

Brobst, Donald A., und Walden P. Pratt, „Introduction“, *United States Mineral Resources*, Geological Survey Professional Paper 820, D. A. Brobst and W. P. Pratt, editors (Washington, 1973).
Brookfield, M., „Location of Ancient Mid-oceanic Rises“, *Nature Physical Science*, Band 229 (1971).
Burk, C. A., „Global Tectonics and World Resources“, *The American Association of Petroleum Geologists Bulletin*, Band 56 (1972).
Chase, Clement G., and Todd H. Gilmer, „Precambrian Plate Tectonics: The Midcontinent Gravity High“, *Earth and Planetary Science Letters*, Band 21 (1973).
Commission of the European Communities, „A Community Policy to Meet the Changes in the World Energy Market“, *Industry Research and Technology*, No. 187 (1973).
Engel, A. E. J., und Donald L. Kelm, „Pre-Permian Global Tectonics: A Tectonic Test“, *Geological Society of America Bulletin*, Band 83 (1972).
Goeller, H. E., „The Ultimate Mineral Resource Situation – An Optimistic View“, *Proceedings, National Academy of Sciences USA*, Band 69 (1972).
Hammond, Allen L. „Plate Tectonics: The Geophysics of the Earth's Surface“, *Science*, Band 173 (1971).
Horsfield, Brenda, and John Dewey, „How continents are made and moved“, *Science Journal*, Band 7 (1971).
King, Elizabeth R., and Isidore Zietz, „Aeromagnetic Study of the Midcontinent Gravity High of the Central United States“, *Geological Society of America Bulletin* Band 82 (1971).
Moorbath, S., R. K. O'Nions, R. J. Pankhurst, N. H. Gale, V. R. McGregor, „Further Rubidium-Strontium Age Determinations on the Very Early Precambrian Rocks of the Godthaab District, West Greenland“, *Nature Physical Science*, Band 240 (1972).
Noble, James A., „Metal Provinces of the Western United States“, *Geological Society of America Bulletin*, Band 81 (1970).
Purrett, Louise A., „Before Pangaea – What?“ *Science News*, Band 102 (1972).

Rona, Peter A., „Plate Tectonics and Mineral Resources", *Scientific American*, Band 229 (1973).
Sawkins, Frederick J., „Sulfide Ore Deposits in Relation to Plate Tectonics", *The Journal of Geology*, Band 80 (1972).
Sutton, John, „Two billion years of global change", *New Scientist and Science Journal, Band 49 (1971).*
Sykes, Lynn R., „Earthquake Swarms and Sea-Floor Spreading", Journal of Geophysical Research, Band 75 (1970).
Tarling, D. H., „Continental Drift and Reserves of Oil and Natural Gas", *Nature*, Band 243 (1973).

KAPITEL 21

Drake, Charles, L., „Future Considerations Concerning Geodynamics", *American Association of Petroleum Geologists Bulletin*, Band 56 (1972).
„Earth Dynamics Program Begun", *SAO News*, Band 12 (1972), Smithsonian Astrophysical Observatory.
Gilluly, James, „Steady Plate Motion and Episodic Orogeny and Magmatism", *Geological Society of America Bulletin*, Band 84 (1973).
Hess, H. H., „Seismic Anisotropy of the Uppermost Mantle under Oceans", *Nature*, Band 203 (1964).
Kane, Martin F., „Rotational Inertia of Continents: A Proposed Link between Polar Wandering and Plate Tectonics", *Science*, Band 175 (1972).
Knopoff, Leon, K. A. Poehls, R. C. Smith, „Drift of Continental Rafts with Asymmetric Heating", *Science*, Band 176 (1972).
Nelson, T. H., and P. G. Temple, „Mainstream Mantle Convection: A Geologic Analysis of Plate Motion", *American Association of Petroleum Geologists, Bulletin*, Band 56 (Feb., 1972).
Oxburgh, E. R., und D. L. Turcotte, „Thermal Structure of Island Arcs", *Geological Society of America Bulletin*, Band 81 (1970).
Turcotte, D. L., und G. Schubert, „Frictional Heating of the Descending Lithosphere", *Journal of Geophysical Research*, Band 78 (1973).

Literaturempfehlungen für den deutschen Leser

Anderson, Alan H.: *Die Drift der Kontinente. Alfred Wegeners Theorie im Licht neuer Forschungen.* Wiesbaden: Brockhaus Verlag 1974.
Ernst, Werner: *Erdbebenvorhersage.* München: Wilhelm Goldmann Verlag 1970.
Herrmann, Ernst: *Die Werkstatt Vulkans.* (Welt d. Wissens.) Berlin: Safari-Verlag 1963.
Jung, K.: *Kleine Erdbebenkunde.* (Verständl. Wissen 37.) Berlin: Springer-Verlag, 2. Aufl. 1953.
Koenig, Martin A.: *Vulkane und Erdbeben. Mit einem Abriß über die Geologie des Mondes.* Thun: Ott-Verlag 1970.
Naturgewalten, Hrsg. Vivian Fuchs. Frankfurt/M.: Umschau Verlag. Erscheint im Januar 1978.
Schneider, Götz: *Erdbeben. Entstehung – Ausbreitung – Wirkung.* Stuttgart: Enke Verlag 1975.
Tazieff, H.: *Vulkanismus und Kontinentwanderung.* Stuttgart: Deutsche Verlags-Anstalt 1974.
Vulkane, Hrsg. Ch. Krüger. Wien: Schroll 1970.
Alfred Wegener: *Die Entstehung der Kontinente und Ozeane.* Braunschweig: Verlag Friedr. Vieweg & Sohn 1962.
Wunderlich, Hans G.: *Das neue Bild der Erde. Faszinierende Entdeckungen der modernen Geologie.* Hamburg: Hoffmann und Campe Verlag 1975.

REGISTER